수면파 이론

이승준 지음

Theory of Water Surface Waves

GS인터비전

서문

이제 은퇴를 목전에 두고 있다. 아직도 갈 길은 멀고, 뜻은 있지만 언제나 능력이 미치지 못함을 통감한다. 그 사이 대학원 박사 과정에서 수면파에 관한 강의를 진행해 오면서 줄곧 적절한 교재의 필요성을 느껴 왔는데, 이제야 책의 형태로 정리할 수 있었다.

수면파는 파동에 관한 인접 분야의 이론을 많이 공용하고 있으므로 접근이 쉽지 않은 분야이지만 대학원 석사 과정 이래 평생 전공으로 알고 공부해 왔다. 다행히 가르침을 아끼지 않으신 선생님들을 모시고 배울 기회가 있어, 그나마 몇 개의 언덕을 넘을 수 있었다. 서울대학교의 황종흘 교수, Caltech의 Wu Yao-Tsu (吳耀祖) 교수와 Whitham 교수를 위시하여 가르침을 주신 많은 선생님들께 존경과 감사의 뜻을 이 자리를 빌려 표한다.

그 사이 강의를 하거나, 또 이 책을 쓰는데, 유학 시절 수업 시간 처음 뵈었던 Whitham 교수의 책과 강의 노트가 가장 큰 도움이 되었고, 지금도 연구 관련 의심쩍은 부분이 생길 때마다 큰 도움을 받고 있다. 수면파에 관한 책은 Wehausen & Laitone(1960), Mei(1989)와 같이 고전으로 불러도 좋을 책들이 꽤 있는데, 다양한 방법론의 서술 및 그 결과의 제시라는 측면에서 항상 옆에 두고 사용하고 있다. 하지만 배우는 사람의 입장에서 그 이론적 기초를 확실히 다지기 위한 목적으로는 역시 교재로의 사용을 전제로 하고 쓰인 책이 필요하다고 생각하며, 이런 관점에서 대학원 박사 과정 학생들을 염두에 두고 작성된 Whitham (1974)을 개인적으로는 가장 좋아한다.

이 책에서는 Whitham 교수의 파동을 분류하는 방법에 근거하여 전체적으로 Whitham(1974)을 따라 수면파이론을 전개하고자 하였으며, 특히 11장, 12장은 Whitham(1979)에 의거하여 따라 다양한 응용수학적 기법의 예시라는 점을 생각하며 기술하였다. 물론 Wu

교수의 수면파에 관한 생각도 다수 참조하였는데, 8장, 9장은 그의 역학 전반에 관한 스타일, 관점에 입각하여 작성하였다. 물론 이 책에 포함된 오류는 전적으로 저자의 몫이다.

GS인터비전에서 출판하는 10번째 책인 이 책을 포함하여 그 사이 저자의 저술들과 관련하여 보여주신 GS인터비전의 후의에 심심한 감사의 뜻을 이 자리를 빌려 전하고자 한다. 책을 쓴다는 것은 예외 없이 시간에 쫓기는 힘든 일이 되어버리지만, 결과적으로 그러한 과정을 통해 가장 많이 배우는 사람은 저자 본인이다. 저술을 핑계로 이런 저런 집안일에 무심하였던 것을 기억해내며 또 가족들의 도움 없이는 이와 같은 저술 활동이 불가능하였을 것을 절감하며, 이 책을 아내 인숙에게 바친다.

2017년 2월 유성에서 이승준.

차 례

Theory of Water Surface Waves

Theory of Water Surface Waves

1 Intro

수면파는 수면, 즉 공기와 물의 경계면 상에 만들어진 파도를 뜻한다. 수면파에 대한 논의를 할 경우, 대부분 공기의 운동은 무시하고 수표면에서의 압력이 대기압과 같다고 간주하는데, 이는 공기의 밀도가 물의 밀도의 1/800 정도밖에 되지 않아 대부분의 문제에 대해 공기의 영향이 무시할 수 있을 만큼 작다고 볼 수 있기 때문이다.

파도(wave) 또는 **파동**(wave motion)은 물리학 전반에 걸쳐 사용되는 용어로 한마디로 정의하기는 곤란한데, 대체적으로 '어떤 속도로 전파되는 인식 가능한 어떤 **신호**(signal)'로 이해할 수 있다. 수면파의 경우에는 **수표면의 변위**(water surface elevation), 즉 정적 평형 상태로부터 위 또는 아래로 위치가 얼마나 바뀌었는지를 그와 같은 신호로 보아 정량화할 수 있다.

수면파에 대한 이론적 연구는 Poisson(1818){1}과 Cauchy(1827){2}에 의해 시작된 것으로 볼 수 있는데, 이는 물리학에서 다루는 광학 등의 다른 파동 현상에 대한 연구에 비하면 상당히 늦은 것이라고 할 수 있다. 이에 대한 이유는 나중에 차차 밝혀지겠지만 수면파는 매질의 내부를 전파해 가는 파동, 즉 빛이나 소리와는 매우 달리 매질의 경계면을 따라 전파해 가는 특성을 가지고 있기 때문이다.

수면파에 대한 연구가 진전되면서 파동을 다루는 인접 분야에서의 연구 방법, 개념 등이 원용되기 시작하여 이제는 수면파에 대한 용어들의 상당수가 이들 인접 분야에서 비롯된 것들이 사용되고 있으며, 따라서 이들 분야에 대한 최소한의 지식이 없는 경우, 수면파와 관련된 여러 가지 현상에 대해 충분히 이해하기 힘든 상황이 되었다.

우리나라의 교육 특성 상, 다른 전공 분야의 지식을 습득하는 것이 쉽지 않으므로, 이 책에서는 먼저 1부 3장(음향학, 탄성론, 전자기역학)과 6장(기체동역학)에서 인접 분야 중 가장 관련이 많다고 볼 수 있는 네 분야에 대해 가능한 한 간단히 살펴보기로 한다.

파동 현상을 다루기 위해서는 이와 같이 분야의 경계를 넘나들면서 각 분야에서 사용되는 개념들을 공용하고 있는데, 광범위한 파동 현상을 체계적으로 이해하기 위해서는 어떤 형태로든지 이들을 분류하여 나누어 생각할 필요가 있다. 물론 현상적인 분류도 가능하지만, 여기서는 파동을 다루는 다양한 방법론에 대해 생각할 것이므로, Whitham(1974)[1]을 좇아 **쌍곡선형 파도**(hyperbolic waves)와 **분산성 파도**(dispersive waves)로 나누어 논의를 전개하기로 한다.

1부에서는 전반적인 파동 이론의 기초에 대해 살펴보는데, 2장에서 먼저 파도의 분류에 대해 논의하고, 3장에서는 d'Alembert(1746){3}에 의해 편미분 방정식 중에서 가장 먼저 알려진 **파동 방정식**(wave equation)을 중심으로 인접 분야에서 나타나는 파동 현상에 대해 알아보고, 가장 간단한 형태를 가지는 해로 평면파, 구면파, 원주파 등에 대해 차례로 생각해본다.

4장에서는 1계 편미분 방정식으로 주어진 가장 기본적인 쌍곡선형 파도의 수학적 기술에 대해 논의하고, **특성 곡선**(characteristic curves)의 성질과 비선형성에 의한 파도의 깨짐, 즉 쇄파 및 **충격파**(shock waves)에 대해 논의하고, **약해**(weak solution)를 정의하여 충격파를 해로 수용할 수 있는 수학적 정당화에 대해 알아보기로 한다.

5장에서는 **포물선형**(parabolic) 편미분 방정식인 **확산 방정식**(diffusion equation)의 해가 가지는 특성에 대해 알아보고, **Burgers 방정식**(Burgers equation)의 해의 특성에 대해 고려함으로써 확산이 쌍곡선형 파도에 미치는 영향에 대해 토의한 후, **상사 변환**(similarity transform)에 의한 해법을 다루기로 한다.

6장에서는 **기체동역학**(gas dynamics)에서 발생하는 쌍곡선형 파도에 대해 생각하면서, 그와 같은 파도를 다루는데 있어 주요한 개념 중의 하나인 **리만 불변량**(Riemann invariants)을 소개하기로 하고, 간단한 예로 피스톤 문제를 다루기로 한다.

7장에서는 선형 분산성 파도의 개괄을 시도하고, 그 기본적 특성을 살펴보며, **푸리에 변환**(Fourier transform)에 의한 해를 고려하여 선형해의 일반적 성질에 대해 알아본다. 특히 엄밀해와 점근해를 비교하여 분산성 파도의 본질에 대한 이해를 높이고자 한다.

2부에서는 본격적으로 **수면파 이론**(water surface waves)을 다루는데, 8장에서는 보다 엄밀한 의미에서 기본 방정식을 유도하고 그 특성에 대해 알아보며, 특히 점성의 영향에 대해 고찰하기로 한다.

9장에서는 수면파에 대한 선형 이론을 먼저 표면장력을 포함한 형태로 고려하고, 또 균일 유동 중에 발생하는 **수평 1차원**(horizontally 1-dimensional) 수면파에 대해 고찰하며, 각종 교란체에 의해 발생되는 수면파에 대해 논의한 후, **수평 2차원**(horizontally 2-dimensional) 수면파에 대해 알아본다.

10장에서는 수면파에 대한 비선형 이론의 예로서 천수파에 대한 기본 방정식을 유도하고, 또 **섭동법**(perturbation method)의 기초를 제공한 심해 및 유한 수심에 대한 Stokes의 고차 근사 이론에 대해 차례로 고려하기로 한다.

11장에서는 수평 1차원 **경사 해안**(sloping beach)에 대해 선형 천수파 이론과 **대수적 특이성**(logarithmic singularity)을 가지는 해에 대해 고려하고, 선형 수면파 이론의 **천수 근사**(shallow water approximation)에 대해 논의한다.

12장에서는 수평 2차원 경사 해안 문제를 고려하여, 천수에서의 **파도 갇힘**(wave trapping)에 대해 논의하고, **가장자리 파도**(edge waves)에 대해 고찰한 후, 선형 이론을 사용하여 **경사 입사**(oblique incidence) 문제의 해에 대해 알아본다.

마지막으로 13장에서는 비선형 분산성 천수파 문제를 다루어 그 지배 방정식인 **Boussinesq 방정식**(Boussinesq equation)을 유도하고, 또 파도의 진행 방향을 한 방향으로 제한함으로써 이 식으로부터 **KdV 방정식**(KdV, Korteweg-de Vries equation)을 유도한 후, KdV 방정식을 만족하는 해의 특성에 대해 여러 가지 관점에서 고찰하기로 한다.

1부

파동 이론의 기초

2 파도의 분류

2.1 파도의 분류

2계 선형 편미분 방정식과 관련하여 가장 잘 알려진 방정식 중의 하나인 **파동 방정식**(wave equation)은 함수 $\phi(x,t)$에 대해 다음과 같이 주어진다.

$$\phi_{tt} = c_0^2 \phi_{xx} \,, \tag{2.1}$$

여기서 하첨자는 그에 대한 편미분을 뜻하며, c_0는 주어진 상수로 속도의 차원을 가진다.

물론 위 방정식은 보다 간단한 경우에 대해 다음과 같은 1계 편미분 방정식으로 쓸 수도 있다.

$$\phi_t + c_0 \phi_x = 0 \,, \tag{2.2}$$

위 두 방정식 사이의 관계에 대해서는 다음 절에서 곧 다루기로 한다.

위와 같이 파도 현상이 본질적으로 파동 방정식에 의해 기술될 수 있는 파도를 **쌍곡선형**(hyperbolic) 파도라고 부르기로 하는데, 이는 식 (2.1)이 2계 선형 편미분 방정식의 분류상 쌍곡선형으로 분류되기 때문이다[1).

한편, 대단히 많은 파동 현상은 다음과 같은 **요소해**(elementary solution)를 사용하여 나타낼 수 있는데,

$$\phi(x,t) = a\cos(kx - \omega t) \,, \tag{2.3}$$

1) 2계 선형 편미분 방정식의 분류에 대해서는 편미분 방정식을 다루는 공학수학 교재, 예를 들면 Greenberg(1998)[2]를 참조하기 바란다.

$$\omega = W(k), \tag{2.4}$$

여기서 a는 주어진 상수이고, k는 파수, ω는 진동수라고 부르며, 각각 식 (2.3) 우변 코싸인 함수의 공간 및 시간에 대한 주기성을 나타낸다. 식 (2.4)는 시간적 주기성 ω와 공간적 주기성 k 사이의 관계식으로, **분산관계식**(dispersion relation)이라고 불리며, 식 (2.3), (2.4)로 주어지는 파도는 **분산성**(dispersive) 파도라고 부르기로 한다. 아래에서는 다음을 가정하기로 하며,

$$\frac{d^2\omega}{dk^2} \neq 0, \tag{2.5}$$

다시 말하면 $W(k)$가 k의 1차 함수가 아님을 가정하는데, 이렇게 가정함으로써 다음과 같이 정의되는 위상속도(phase velocity) c가 상수인 경우는 배제된다.

$$c = \frac{\omega}{k}. \tag{2.6}$$

물론 어떤 파도는 쌍곡선형이면서 동시에 분산성 파도일 수도 있는데, 예를 들어 다음과 같은 Klein-Gordon 방정식을 생각하면,

$$\phi_{tt} - \phi_{xx} + \phi = 0, \tag{2.7}$$

이 식은 분산관계식이 다음과 같을 경우 식 (2.3)을 해로 가지는 것을 쉽게 증명할 수 있으므로 분산성 파도로 볼 수 있으며,

$$\omega^2 = k^2 + 1, \tag{2.8}$$

동시에 식 (2.7)의 2계 편미분 항들은 식 (2.1)의 특수한 경우이므로 쌍곡선형 파도로도 볼 수 있어서 위에서 언급한 바와 같이 식 (2.7)을 만족하는 해는 쌍곡선형이면서 동시에 분산성 파도임을 확인할 수 있다.

2.2 쌍곡선형 파도

식 (2.1)로 주어진 파동 방정식은 공간에 대한 독립 변수가 하나, 즉 1차원적이므로 이와 같은 방정식을 만족하는 파도는 **평면파**(plane waves)라고 부르는데, 이 방정식에 대해 다음과 같이 x와 t의 조합으로 주어지는 새로운 두 변수를 도입해보자.

$$\alpha = x - c_0 t\,,\ \beta = x + c_0 t\,. \tag{2.9}$$

식 (2.1)에 포함된 2계 편미분 항들을 새로운 변수들인 α, β를 사용하여 나타내기 위해 **연쇄율**(chain rule)을 이용하여 먼저 다음을 생각하고,

$$\phi_t = \phi_\alpha \frac{\partial \alpha}{\partial t} + \phi_\beta \frac{\partial \beta}{\partial t} = c_0(-\phi_\alpha + \phi_\beta), \tag{2.10}$$

$$\phi_x = \phi_\alpha \frac{\partial \alpha}{\partial x} + \phi_\beta \frac{\partial \beta}{\partial x} = \phi_\alpha + \phi_\beta, \tag{2.11}$$

이들을 각각 한 번 더 편미분하여 다음을 얻는다.

$$\begin{aligned}\phi_{tt} &= c_0(-\phi_\alpha + \phi_\beta)_\alpha \frac{\partial \alpha}{\partial t} + c_0(-\phi_\alpha + \phi_\beta)_\beta \frac{\partial \beta}{\partial t} \\ &= -c_0^2(-\phi_{\alpha\alpha} + \phi_{\beta\alpha}) + c_0^2(-\phi_{\alpha\beta} + \phi_{\beta\beta}) \\ &= c_0^2(\phi_{\alpha\alpha} - 2\phi_{\alpha\beta} + \phi_{\beta\beta}),\end{aligned} \tag{2.12}$$

$$\begin{aligned}\phi_{xx} &= (\phi_\alpha + \phi_\beta)_\alpha \frac{\partial \alpha}{\partial x} + (\phi_\alpha + \phi_\beta)_\beta \frac{\partial \beta}{\partial x} \\ &= (\phi_{\alpha\alpha} + \phi_{\beta\alpha}) + (\phi_{\alpha\beta} + \phi_{\beta\beta}) \\ &= (\phi_{\alpha\alpha} + 2\phi_{\alpha\beta} + \phi_{\beta\beta}),\end{aligned} \tag{2.13}$$

이 결과를 식 (2.1)에 대입하여 $\phi(\alpha, \beta)$에 대한 2계 편미분 방정식을 다음과 같이 얻는다.

$$\phi_{\alpha\beta} = 0. \tag{2.14}$$

이 식은 적분 가능한 형태이므로, β에 대해 한 번 적분하여 다음을 얻고,

$$\phi_\alpha = const. = f_0(\alpha), \tag{2.15}$$

이 식을 α에 대해 또 한 번 적분하여 다음을 얻는다.

$$\phi(\alpha,\beta) = f(\alpha) + g(\beta). \tag{2.16}$$

여기서 $f(\alpha) = \int^\alpha f_0(\xi)d\xi$이며, f와 g는 임의의 함수이다.

식 (2.16)을 원래의 독립 변수 x, t를 사용하여 다시 쓰면 다음을 얻는데,

$$\phi(x,t) = f(x - c_0 t) + g(x + c_0 t), \tag{2.17}$$

이 결과를 식 (2.1)에 대입하여 식 (2.17)이 식 (2.1)을 만족하는 것을 쉽게 보일 수 있으며, 이 해는 D'Alembert의 **일반해**(general solution)라고 부른다.

식 (2.17)에 따르면 파동 방정식의 해는 x의 양의 방향으로 c_0의 속도로 전파하는 파도 f와 음의 방향으로 같은 크기의 속도로 전파하는 파도 g의 합으로 주어진다.

식 (2.9)로부터 $x(\alpha,\beta)$, $t(\alpha,\beta)$를 구하면 다음을 얻으므로,

$$x = \frac{1}{2}(\alpha+\beta),\ t = \frac{1}{2c_0}(-\alpha+\beta), \tag{2.18}$$

이를 이용하여 다음을 얻을 수 있음을 고려하고,

$$\frac{\partial}{\partial\alpha} = \frac{\partial t}{\partial\alpha}\frac{\partial}{\partial t} + \frac{\partial x}{\partial\alpha}\frac{\partial}{\partial x} = -\frac{1}{2c_0}\frac{\partial}{\partial t} + \frac{1}{2}\frac{\partial}{\partial x} = -\frac{1}{2c_0}\left(\frac{\partial}{\partial t} - c_0\frac{\partial}{\partial x}\right), \tag{2.19}$$

$$\frac{\partial}{\partial\beta} = \frac{\partial t}{\partial\beta}\frac{\partial}{\partial t} + \frac{\partial x}{\partial\beta}\frac{\partial}{\partial x} = \frac{1}{2c_0}\frac{\partial}{\partial t} + \frac{1}{2}\frac{\partial}{\partial x} = \frac{1}{2c_0}\left(\frac{\partial}{\partial t} + c_0\frac{\partial}{\partial x}\right), \tag{2.20}$$

또 식 (2.1)은 편미분 연산자의 인수 분해에 의해 다음과 같이 쓸 수 있으므로,

$$\phi_{tt} - c_0^2 \phi_{xx} = \left(\frac{\partial}{\partial t} - c_0 \frac{\partial}{\partial x}\right)\left(\frac{\partial}{\partial t} + c_0 \frac{\partial}{\partial x}\right)\phi = 0, \tag{2.21}$$

이 식에 위의 식 (2.19), (2.20)를 대입하면 다음을 얻는다.

$$\phi_{tt} - c_0^2 \phi_{xx} = -4c_0^2 \frac{\partial}{\partial \alpha}\frac{\partial \phi}{\partial \beta} = 0, \tag{2.22}$$

이 식은 바로 위에서 얻은 식 (2.14)와 동일한 식이다. 따라서 식 (2.21)에 보인 바와 같은 연산자의 인수 분해로부터 위의 식 (2.9)에서 도입하였던 새로운 독립 변수를 얻을 수 있음을 알 수 있다.

한편, 식 (2.1)은 2계 편미분 방정식으로 그 해를 보면 식 (2.17)에서 알 수 있는 바와 같이 x의 양의 방향과 음의 방향으로 일정한 속도로 전파되는 파도로 구성되어 있으므로, 만약 파도의 진행 방향을 한 방향, 예를 들어 x의 양의 방향, 즉 오른쪽으로만 한정하여 생각한다면, 다음과 같은 1계 편미분 방정식으로 바꾸어 파도의 전파 현상을 나타낼 수 있을 것이다.

$$\phi_t + c_0 \phi_x = \left(\frac{\partial}{\partial t} + c_0 \frac{\partial}{\partial x}\right)\phi = 0. \tag{2.23}$$

이 식은 위의 식 (2.20)을 이용하여 다음과 같이 쓸 수 있으므로,

$$\phi_\beta = 0, \tag{2.24}$$

그 해는 $\phi(x,t) = f(\alpha)$로 주어짐을 알 수 있다.

지금까지 다룬 파동 방정식은 **선형**(linear)으로 만약 함수 $\phi_1(x,t)$, $\phi_2(x,t)$가 주어진 미분 방정식을 만족한다면, 두 함수의 어떠한 **선형 결합**(linear combination), $a_1\phi_1 + a_2\phi_2$도 주어진 미분 방정식을 만족한다. 여기서 a_1, a_2는 임의의 상수이다.

또한 위에서 얻은 해에 따르면, 예를 들어 식 (2.23)의 경우, 오른쪽으로 일정한 속도,

c_0 로 움직이는 파도를 나타내고 있는데, 만약 파도의 전파 속도가 파도의 크기에 따라 변화할 수 있다면, 다음과 같은 식에 의해 파도의 전파 현상을 기술할 수 있을 것이다.

$$\phi_t + c(\phi)\phi_x = 0. \tag{2.25}$$

물론 위의 식 좌변 둘째 항이 미지 함수와 미지 함수의 도함수의 곱으로 되어 있으므로, 위의 식은 **비선형**(nonlinear)이며, 식 (2.24) 아래에서 언급한 선형 문제의 특성을 더 이상 가지지 않는다.

위에서는 쌍곡선형 파도와 관련하여 식 (2.25)를 고려하였는데, 이 식은 파도의 전파 현상만을 생각하기 위해 특별히 고안된 식이 아니라는 점을 먼저 강조하고 싶다. 유체역학에서 고려하는 비점성 비압축성 유체, 즉 이상유체의 1차원 유동에 대한 오일러 운동 방정식은 $u(x,t)$를 속도, ρ는 밀도, $p(x,t)$를 압력이라고 할 때, 중력의 영향을 고려하지 않아도 좋은 경우, 다음과 같이 쓸 수 있는데,

$$u_t + u u_x = -\frac{1}{\rho}\frac{\partial p}{\partial x}, \tag{2.26}$$

이 식의 좌변은 식 (2.25) 좌변의 특별한 경우이다. 이 식의 좌변은 오일러 변수, 즉 공간에 고정되어 있는 좌표인 x를 사용하는 경우, 시간에 대한 변화율을 나타내므로 가속도에 해당하며, 우변은 유체에 작용하는 압력에 기인하는 힘인데, 만약 유동장 전역에 걸쳐 압력이 일정하여 우변을 영으로 볼 수 있다면, 속도 u는 그 크기가 클수록 빨리 전파되는 파도로 이해될 수 있다는 것을 뜻한다. 물론 u는 유체 입자의 속도이므로 이는 당연한 결과이기는 하지만, 쌍곡선형 파동에 대한 이해가 유체 유동에 대한 이해를 넓혀줄 수 있다는 사실을 시사하고 있다.

오일러 운동 방정식뿐만 아니라 점성 유체에 대한 **NS**(Navier-Stokes) **운동 방정식**의 경우에도 가속도는 같은 형태로 주어지고, 이들 운동 방정식이 유체의 운동을 기술하는 기본적인 방정식임을 생각하면, 비선형 파동을 나타내는 식 (2.25)가 적용될 수 있는 물리적 현상은 거의 모든 유체 현상을 포함한다고 해도 과언이 아닐 것이다.

아래에서는 식 (2.25)를 기준으로 잡아 쌍곡선형 파도의 특성에 대해 고찰하기로 한다. 이 식은 선형이었던 식 (2.23)과는 달리 파도의 전파 속도가 일정하지 않은 것에 기인하여 **쇄파**(breaking waves) 및 **충격파**(shock waves) 등의 해를 가지는 것을 4장에서 보일 것

이며, **약해**(weak solution)의 개념을 도입하여 이들 해의 수학적, 물리적 특성에 대해 고찰할 것이다.

나아가 공학수학에서 배운 바와 같이 **확산 방정식**(diffusion equation 또는 heat equation)은 다음과 같은 형태를 가지는데,

$$\phi_t = \nu \phi_{xx}\,, \tag{2.27}$$

여기서 ν는 주어진 양의 상수이다. 이 식 우변의 항은 **확산**(diffusion)의 영향을 나타내는 항으로 알려져 있으며, 만약 식 (2.25)와 같은 문제에 대해 확산의 영향을 같이 고려해야 하는 경우에는 예를 들어 다음과 같은 방정식에 대해 고려해야 할 수도 있다.

$$\phi_t + \phi\phi_x = \nu \phi_{xx}. \tag{2.28}$$

이 식은 Burgers **방정식**(Burgers equation)으로 불리는데, NS 방정식에서 점성의 영향이 이 식 우변의 확산과 같은 역할을 하므로, 이 식의 해에 대한 이해를 넓힘으로써 NS 방정식의 해의 특성에 대해 보다 더 잘 이해할 수 있을 것이다. 5장에서는 이 방정식과 관련하여 확산이 쌍곡선형 파도의 전파에 미치는 영향에 대해 생각하기로 한다.

위에서는 1계, 2계 편미분 방정식을 따로 고려하였으나, 물론 다음 방정식에서 볼 수 있는 바와 같이 이들이 동시에 나타나는 방정식도 생각할 수 있다.

$$\epsilon\left(\phi_{tt} - c_0^2 \phi_{xx}\right) + \left(\phi_t + a_0 \phi_x\right) = 0. \tag{2.29}$$

여기서 ϵ, c_0, a_0는 주어진 상수이다. 위의 논의를 원용하여 이 문제에 대해 생각하면, 이 문제의 해는 오른쪽과 왼쪽으로 c_0의 속도로 움직이는 파도와 오른쪽으로 a_0의 속도로 움직이는 파도로 구성될 것이다.

2.3 분산성 파도

앞 절에서는 넓은 의미에서 파동 방정식이라고 부를 수 있는 편미분 방정식에 의해 기술되는 파도를 생각하였다면, 이 절에서는 그와는 다르게 그 해가 식 (2.3)과 같은 형태로 주어지는 문제를 생각하기로 한다.

식 (2.3)에서 k는 **파수**(wave number), ω는 **원 진동수**(circular frequency) 또는 줄여서 **진동수**라고 불리는 매개변수인데, 이들은 식 (2.3)으로 주어지는 해의 공간적 및 시간적 주기성을 정량적으로 규정하고 있다. 분산성 파도의 경우에는 분산관계식, 즉 시간적 주기성과 공간적 주기성 사이의 관계식이 해의 성질을 결정한다고 할 수 있다. 위상속도는 식 (2.6)에 보인 바와 같이 정의되는데, 이는 식 (2.3)을 다음과 같이 바꾸어 쓸 수 있다는 점을 생각하면,

$$\phi(x,t) = a\cos\{k(x-ct)\}, \tag{2.30}$$

위 식으로 주어지는 해는 오른쪽으로 c의 속도로 전파하는 코싸인 파임을 알 수 있다.

재료역학과 진동공학에서 많이 사용되는 **보 방정식**(beam equation)은 다음과 같이 주어질 수 있으며

$$\phi_{tt} + \gamma^2 \phi_{xxxx} = 0, \tag{2.31}$$

여기서 γ는 양의 상수이다. 이 식에 식 (2.3)을 대입하면 다음을 얻으므로,

$$\omega^2 = \gamma^2 k^4, \tag{2.32}$$

결국 다음을 얻는다.

$$\omega = \pm\, W(k), \quad W(k) = \gamma k^2. \tag{2.33}$$

또 **선형** Boussinesq **방정식**이 다음과 같이 주어진다고 하자.

$$\phi_{tt} - c_0^2 \phi_{xx} - \beta^2 \phi_{xxtt} = 0. \tag{2.34}$$

여기서 c_0, β는 양의 상수이다. 이 식에 식 (2.3)을 대입하여 ω에 대해 정리하면 다음을 얻는다.

$$\omega = \pm W(k), \quad W(k) = c_0 k \left(1 + \beta^2 k^2\right)^{-1/2}. \tag{2.35}$$

잘 알려진 바와 같이 **선형 수면파**에 대한 분산관계식은 다음과 같다.

$$\omega = \pm W(k), \quad W(k) = \sqrt{gk\tanh kh}. \tag{2.36}$$

여기서 g는 중력 가속도, h는 수심이다.

또한 **선형 KdV 방정식**을 다음과 같이 쓸 수 있다.

$$\phi_t + c_0 \phi_x + \nu \phi_{xxx} = 0. \tag{2.37}$$

여기서 c_0, ν는 양의 상수이다. 이 식에 식 (2.3)을 대입하면 다음을 얻는다.

$$\omega = W(k) = c_0 k - \nu k^3. \tag{2.38}$$

위에서 얻은 분산관계식 중 식 (2.33), (2.35), (2.36)과 같이, 하나의 k 값에 대해 음과 양, 두 개의 ω값을 주는 것은 같은 파수의 파도가 좌우로 진행할 수 있는 것을 뜻하며, 단 식 (2.38)이 하나의 ω값을 주는 것은 KdV 방정식의 경우, 파도의 진행 방향을 오른쪽으로 한정시켜 생각하기 때문임에 유의한다.

선형 분산성 파도에 대해서는 **푸리에 합성**(Fourier synthesis)에 의해 식 (2.3)으로 주어지는 해를 다음과 같이 일반화할 수 있고,

$$\phi(x,t) = \int_0^\infty a(k)\cos(kx - Wt)\,dk, \tag{2.39}$$

여기서 각각의 성분파는 $c(k) = \dfrac{W(k)}{k}$로 주어지는 위상속도로 전파한다.

7장에서 또 논의하겠지만, 분산성 파도와 관련하여 물리적으로 중요한 의미를 가지는 속도는 다음과 같이 정의되는 **군속도**(group velocity) c_g 이다.

$$c_g(k) = \frac{dW(k)}{dk} \,. \tag{2.40}$$

군속도의 특성에 대해 고려하기 위해 다음을 생각하는데, 먼저 분산성 파도에 대해서는 다음과 같이 **위상함수**(phase function) $\theta(x,t)$ 를 정의하는 것이 편리하다.

$$\theta(x,t) = kx - \omega t \,. \tag{2.41}$$

이를 이용하여 식 (2.3)을 다시 쓰면 다음을 얻는데,

$$\phi(x,t) = a\cos\theta \,, \tag{2.42}$$

이미 언급한 바와 같이 여기서 a 는 상수이다.

하지만 보다 복잡한 파계에 대해서는 식 (2.42) 대신에 다음과 같이 파도의 크기와 위상함수가 시간과 공간에 따라 변화하는 것을 고려해야 할 필요가 있는데,

$$\phi(x,t) = a(x,t)\cos\theta(x,t) \,, \tag{2.43}$$

여기서 $a(x,t)$ 는 **진폭함수**(amplitude function)라고 불리며, 진폭함수와 위상함수 $\theta(x,t)$ 는 x 와 t 의 **지변 함수**(slowly-varying functions)로, 식 (2.41)로 주어지지 않는 것이 일반적이다. 이와 같은 경우에는 오히려 파수 k 와 진동수 ω 를 위상함수 $\theta(x,t)$ 를 이용하여 다음과 같이 **국부적으로**(locally) 정의할 수 있으며,

$$k(x,t) = \frac{\partial\theta}{\partial x} \,, \tag{2.44}$$

$$\omega(x,t) = -\frac{\partial\theta}{\partial t} \,, \tag{2.45}$$

한편, 분산관계식 $\omega = W(k)$는 여전히 성립하는 것으로 간주할 수 있다.

따라서 분산관계식은 식 (2.44), (2.45)을 이용하여 다음과 같이 쓸 수 있다.

$$\frac{\partial \theta}{\partial t} + W\left(\frac{\partial \theta}{\partial x}\right) = 0\,. \tag{2.46}$$

식 (2.44)와 (2.45)로부터 다음과 같은 **적합 조건식**(compatibility condition)을 얻으며,

$$\frac{\partial k}{\partial t} = \frac{\partial^2 \theta}{\partial t \partial x} = -\frac{\partial \omega}{\partial x}\,, \tag{2.47}$$

이로부터 위상함수 $\theta(x,t)$가 만족해야 하는 식을 다음과 같이 얻고,

$$\frac{\partial k}{\partial t} + \frac{\partial \omega}{\partial x} = 0, \tag{2.48}$$

이 식 좌변 둘째 항에 분산관계식을 대입하여 다음을 얻는다.

$$\frac{\partial k}{\partial t} + \frac{dW}{dk}\frac{\partial k}{\partial x} = \frac{\partial k}{\partial t} + c_g(k)\frac{\partial k}{\partial x} = 0. \tag{2.49}$$

이 식은 파수 $k(x,t)$에 대한 식으로, 식 (2.25)에서 고려한 쌍곡선형 파도에 대한 식이다. 다시 말하면 이 식은 파수 k에 대한 쌍곡선형 파동 방정식이며, 군속도 c_g는 파수가 전파되는 속도임을 뜻한다. 또한 (x,t) 평면 상에 주어진 곡선 C를 따라 k의 시간에 대한 변화율을 구하면 다음을 얻는다.

$$\frac{dk}{dt} = \frac{\partial k}{\partial t} + \frac{dx}{dt}\frac{\partial k}{\partial x}. \tag{2.50}$$

여기서 $\dfrac{dx}{dt}$는 곡선 C가 $x = x(t)$로 주어졌을 때의 기울기이다.

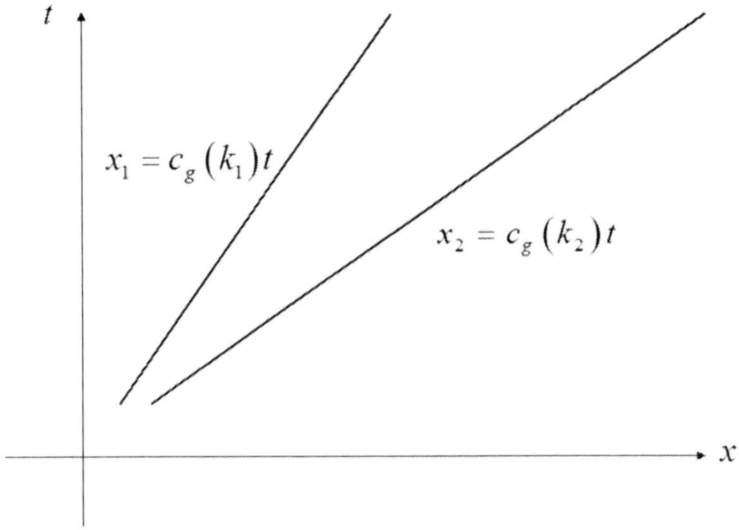

그림 2.1 선형 분산성 파도의 파수 전파 속도인 군속도

따라서 만약 $x = c_g t$인 직선을 생각하면, 이 직선 상에서는 $\dfrac{dx}{dt} = c_g$이므로, 식 (2.49), (2.50)에 의해 $\dfrac{dk}{dt} = 0$가 성립해야 한다. 또한 이 직선 상에서는 파수 k가 변화할 수 없으며, 이 직선을 따라 움직이면 항상 같은 파수를 가지는 파도를 보게 될 것이다(그림 2.1 참조).

이상의 논의로부터 분산성 파도의 파수 k는 오히려 쌍곡선형 파동의 성질을 가지는 것을 알 수 있으며, 앞에서 논의한 두 종류의 파도가 매우 밀접한 연관을 가지고 있음을 알 수 있다.

2.4 비선형 분산성 파도

수면파는 분산성 파도의 대표적인 예에 속하는데, 수면파의 경우 파도의 크기가 증가할 때, 비선형성을 고려하지 않으면 실제 관측되는 많은 현상을 제대로 설명하기 어렵다는 것은 잘 알려져 있다.

스토크스(Stokes, 1847){4}는 심해에서의 수면파 $\eta(x,t)$에 대해 고차 섭동 이론을 사용하여 다음과 같은 사실을 밝혔다[2].

$$\eta(x,t) = a\cos(kx-\omega t) + \frac{1}{2}ka^2\cos 2(kx-\omega t) + \frac{3}{8}k^2a^3\cos 3(kx-\omega t) + \cdots, \quad (2.51)$$

$$\omega^2 = gk\left(1 + k^2a^2 + \cdots\right). \quad (2.52)$$

다시 말하면, 수면파 η를 식 (2.41)로 정의된 $\theta = kx - \omega t$의 함수로 볼 때, 식 (2.51)은 $\eta(\theta)$의 푸리에 급수로 볼 수 있으므로, $\eta = a\cos\theta$는 최저차 근사로 $ka \ll 1$일 때만 적절한 결과이며, $ka \ll 1$이 성립하지 않을 때는 고차의 보정항이 필요하고, 특히 식 (2.52)에 보인 바와 같이 진동수가 ka의 함수로 주어지므로, 위상속도 $c = \dfrac{\omega}{k}$ 또한 a의 함수로 주어지며, a가 클수록 위상속도도 크다는 결과를 준다. 이는 최저차 근사의 경우 그 위상속도가 진폭 a의 크기에 관계없이 결정되는 것과는 대조되며, 이와 같이 파도의 크기가 커짐에 따라 파도의 전파 속도가 증가하는 것은 식 (2.25)에서 보았던 쌍곡선형 파도의 비선형성과 유사한 성질이다. 식 (2.52)에서와 같이 진동수가 a의 함수로 주어지는 파도를 **비선형 분산성**(nonlinear dispersive) 파도라고 부른다.

한편 비선형 천수파 $\eta(x,t)$에 대한 **Korteweg-deVries(KdV) 방정식**(Korteweg-deVries equation)은 다음과 같이 쓸 수 있다.

$$\eta_t + (c_0 + c_1\eta)\eta_x + \nu\eta_{xxx} = 0. \quad (2.53)$$

여기서 c_0, c_1, ν는 주어진 양의 상수이다. 이 식 좌변의 비선형 항인 $c_1\eta\eta_x$는 그 형태상 식 (2.25)의 비선형 항의 특수한 경우이며, 이 항을 무시하면 위의 식 (2.38)에서 고려

2) 10.2절을 참고하기 바란다.

한 분산관계식을 적용할 수 있는 분산성 파도임은 위에서 밝힌 바 있다. 따라서 식 (2.53) 또한 비선형 분산성 파도를 기술하는 방정식임을 알 수 있는데, 위 식은 사실 식 (2.25)의 좌변에 분산성을 나타내는 $\nu\eta_{xxx}$가 더해진 식이기도 하다.

13.3절에서 보일 바와 같이 KdV 방정식은 **Jacobi의 타원 함수**(Jacobian elliptic function) cnθ로 주어지는 **주기해**(periodic solution)를 가지며, 분산관계식은 $\omega = W(k,a)$의 형태로 주어지므로, 이 역시 비선형 분산성 파도이다.

KdV 방정식은 20세기 후반 파동역학을 연구하던 학자들에 의해 재미있는 성질이 많이 밝혀진 식이기도 한데, 이 방정식은 주기해의 극한적인 형태로 하나의 **파정**(hump)을 가지고 **일정한 형태**(permanent form)를 유지한 채 일정한 속도 c로 전파하는 다음과 같이 주어지는 **고립파**(solitary wave)를 그 해로 가진다.

$$\eta(x,t) = H_0 \operatorname{sech}^2\left\{\sqrt{\frac{c_1 H_0}{12\nu}}\,(x-ct)\right\}, \tag{2.54}$$

$$c = c_0 + \frac{1}{3}c_1 H_0 . \tag{2.55}$$

식 (2.55)에 따르면 고립파의 전파 속도 c는 고립파의 크기 H_0의 함수이며, 따라서 비선형 분산성 파도로 볼 수 있는데, 식 (2.54)로 주어지는 고립파는 Scott Russell(1844){5}에 의해 우연히 발견된 후 그림 2.2에 보인 바와 같은 실험을 통해 그와 관련된 많은 성질이 밝혀진 바 있다.

파도의 전파와 관련하여 파형의 변화가 없는 파도는 일반적으로 식 (2.17)에 보인 바와 같이 파동 방정식의 해로, 비분산성 파도라고 생각되어 왔으나, 위의 고립파는 분산성 파도임에도 불구하고 비선형성과의 균형에 의해 파형이 일정하게 유지되며 전파되는 특성을 가짐에 유의한다.

식 (2.53)의 KdV 방정식 외에도 비선형 편미분 방정식 중에 위에서 설명한 바와 같이 분산성과 비선형성의 균형에 의해 고립파를 해로 가지는 많은 방정식들이 알려졌다. **Klein-Gordon 방정식**(Klein-Gordon equation)은 다음과 같이 주어질 수 있는데,

$$\phi_{tt} - \phi_{xx} + \phi = 0 , \tag{2.56}$$

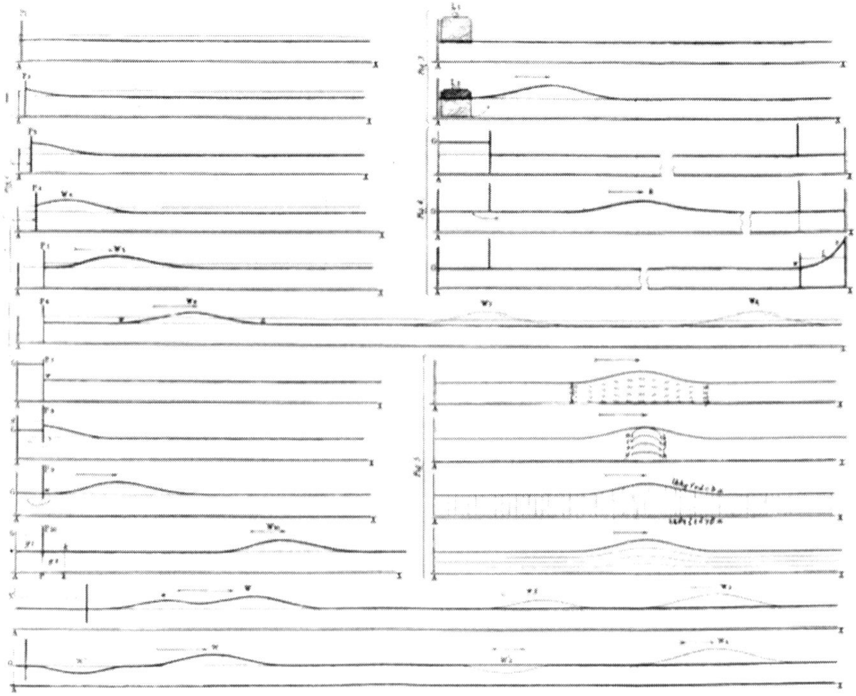

그림 2.2 Russell(1844)의 고립파 관련 실험

일반화된 형태는 다음과 같은 **비선형** Klein-Gordon **방정식**으로 주어질 수 있다.

$$\phi_{tt} - \phi_{xx} + \frac{dV(\phi)}{d\phi} = 0\,. \tag{2.57}$$

여기서 $V(\phi)$는 주어진 함수이다.

극한해로서의 고립파는 그들끼리의 충돌을 포함하여 여러 가지 특이한 성질을 가짐이 밝혀졌으므로, 고립파를 하나의 단위로 간주하고자 하는 관점에 의해 **고립자**(soliton)로 불리기도 하며, 이에 대한 연구 또한 활발히 이루어진 바 있다.

연습문제

1. 식 (2.1)을 만족하고, $t=0$ 일 때 다음 초기조건을 만족하는 해를 구하시오.

$$\phi(x,0)=\phi_0(x)=\begin{cases} A\cos kx,\ x\in\left[-\frac{\pi}{k},\frac{\pi}{k}\right], \\ 0, \qquad\qquad x\notin\left[-\frac{\pi}{k},\frac{\pi}{k}\right], \end{cases} \tag{연2.1}$$

여기서 A, k는 주어진 상수라고 한다.

2. 식 (2.25)에서 $c(\phi)=\phi$ 라고 할 때, 만약 함수 $\phi_1(x,t)$, $\phi_2(x,t)$가 주어진 식 (2.25)를 만족한다면, 두 함수의 선형 결합, $a_1\phi_1+a_2\phi_2$는 주어진 식 (2.25)를 만족하지 않는 것을 대입에 의해 보이시오, 단 a_1, a_2는 임의의 실수이다.

3. 식 (2.30)은 다음과 같이 다시 쓸 수 있는데,

$$\phi(x,t)=Re\,ae^{i(kx-\omega t)}, \tag{연2.2}$$

여기서 우변 Re은 뒤에 따르는 함수의 실수부(real part)를 뜻한다. 이 식의 우변을 식 (2.31)에 대입하여 식 (2.32)에 보인 분산관계식을 구할 수 있음을 보이시오.

4. 식 (2.36)으로 주어진 선형 수면파에 대한 분산관계식을 사용하여 위상속도 c, 군속도 c_g를 구하고, $kh\ll 1$ 일 때, $c=c_g=c_0=\sqrt{gh}$ 임을 보이시오.

3 파동 방정식

2장에서 생각했던 $\phi(x,t)$에 대한 파동 방정식인 식 (2.1)은 3차원 공간에 대한 파동 방정식으로 확장하여 생각할 수 있는데, 이 장에서는 1, 2, 3절에서 각각 음향학, 탄성론, 전자기학의 기본 방정식들로부터 파동 방정식을 유도함으로써 파동과 관련된 물리 현상에 대한 이해를 높이고, 파동 방정식의 1차원 해로 볼 수 있는 **평면파**(plane wave)를 4절에서, **구면파**(spherical wave)를 5절에서, **원주파**(cylindrical wave)를 6절에서 각각 간단히 살펴보기로 한다.

3.1 음향학(Acoustics)

압축성 유체, 즉 기체에 대해 점성과 중력의 영향을 무시할 수 있을 때, 이에 대한 기본 방정식은 다음과 같이 쓸 수 있다.

$$\frac{\partial \rho}{\partial t} + \nabla \cdot (\rho \underline{u}) = 0\,, \tag{3.1}$$

$$\frac{\partial \underline{u}}{\partial t} + (\underline{u} \cdot \nabla)\underline{u} = -\frac{\nabla p}{\rho}\,. \tag{3.2}$$

여기서 ρ는 유체의 밀도, $\underline{u}$는 속도 벡터, p는 압력이다. 식 (3.1)은 압축성 유체에 대한 질량 보존을 뜻하는 연속 방정식이며, 식 (3.2)는 비점성 유체에 대한 **오일러**(Euler) 운동 방정식이다(Newman(1977)[3] 참조).

논의를 간단히 하기 위해 **이상기체**(ideal gas)를 가정하기로 하면, 닫힌 계의 단열 과정에 대한 가정으로부터 다음 식을 얻을 수 있는데(이승준(2009)[4] 참조),

$$\frac{dp}{d\rho} = c_0^2, \tag{3.3}$$

여기서 c_0 는 속도의 차원을 가지는 양이다.

위의 방정식들에 대해 소리의 전파는 미소 압력의 전파임을 고려하여 다음과 같이 압력과 밀도를 바꾸어 쓰기로 하는데,

$$p = p_0 + p_1, \tag{3.4}$$

$$\rho = \rho_0 + \rho_1, \tag{3.5}$$

여기서 하첨자 0는 평형 상태에서의 값으로 상수를 뜻하며, 1은 미소 변화량을 나타낸다. 식 (3.3)에 따르면 미소 압력 변화와 미소 밀도 변화는 서로 비례하는 것으로 볼 수 있으므로, p_1과 ρ_1은 다음 관계를 만족한다.

$$p_1 = c_0^2 \rho_1, \tag{3.6}$$

또한 이와 같은 압력과 밀도의 미소 변화에 따라 발생하는 속도 벡터의 크기도 매우 작을 것이므로, 다음을 가정하기로 한다.

$$|\underline{u}| \ll 1. \tag{3.7}$$

식 (3.4), (3.5)를 식 (3.1), (3.2)에 대입하고 식 (3.7), (3.6), (3.3)을 이용하면 다음을 얻는다([연습문제 2] 참조).

$$\frac{\partial \rho_1}{\partial t} = -\rho_0 \nabla \cdot \underline{u}, \tag{3.8}$$

$$\frac{\partial \underline{u}}{\partial t} = -\frac{\nabla p_1}{\rho_0} = -\frac{dp_1}{d\rho}\frac{\nabla \rho_1}{\rho_0} = -\frac{c_0^2}{\rho_0}\nabla \rho_1. \tag{3.9}$$

위 두 식으로부터 $\underline{u}$를 소거하기 위해, 식 (3.8)을 시간에 대해 편미분하여 얻어진 결과에 식 (3.9)를 대입하여 다음을 얻으며,

$$\frac{\partial^2 \rho_1}{\partial t^2} = \rho_0 \nabla \cdot \left(\frac{c_0^2}{\rho_0} \nabla \rho_1 \right) = c_0^2 \nabla \cdot (\nabla \rho_1), \tag{3.10}$$

이 식으로부터 결국 $\rho_1(\underline{x}, t)$에 대해 다음과 같은 **3차원 파동 방정식**(3-dimensional wave equation)을 얻는데,

$$\frac{\partial^2 \rho_1}{\partial t^2} = c_0^2 \nabla^2 \rho_1, \tag{3.11}$$

이 식에 따르면 c_0는 미소 밀도 변화가 전파되는 속도, 즉 음속임을 알 수 있고, 그 값은 식 (3.3)으로 주어진다. 물론 식 (3.6)으로부터 위의 파동 방정식은 미소 압력 $p_1(\underline{x}, t)$에 대해서도 그대로 성립하는 것을 알 수 있으며, 미소 압력 변화의 전파 속도를 통상 **음속**(sound speed)이라고 부르는 것이 타당함을 알 수 있다.

식 (3.11)을 보면, 1차원 파동 방정식과 비교하여 x에 대한 2계 편미분 연산자 $\frac{\partial^2}{\partial x^2}$가 라플라스 연산자 ∇^2으로 바뀐 것을 알 수 있으며, 이 식은 **2차원 유동**(2-dimensional flow) 중의 **음파**(sound wave)에 대해서도 그대로 성립함에 유의한다.

한편 기체의 **체적 탄성계수**(bulk modulus of elasticity)를 K라고 하면, K의 정의로부터 다음이 성립하므로(이승준(2009)[4] 참조),

$$\left. \frac{dp}{d\rho} \right|_{\rho = \rho_0} = \frac{K}{\rho_0}, \tag{3.12}$$

음속 c_0에 대해 식 (3.3)으로부터 다음 결과를 얻는다.

$$c_0 = \sqrt{\frac{dp}{d\rho}} = \sqrt{\frac{K}{\rho_0}}. \tag{3.13}$$

예를 들어 15℃인 공기에 대해 $K = 142\, kPa$, $\rho_0 = 1.224\, kg/m^3$이 성립하므로, 공기 중에서의 음속에 대해 다음과 같이 잘 알려진 결과를 얻는다.

$$c_0 = \sqrt{\frac{K}{\rho_0}} = \sqrt{\frac{14.2}{1.224}} \times 10^2 = 340.6\, m/s\,. \tag{3.14}$$

3.2 탄성론(Theory of elasticity)

선형 탄성(linear elastic)의 고체에 대해 그 **변위**(displacement) 벡터 $\underline{\xi}(\underline{x},t) = (\xi,\eta,\zeta)$가 매우 작고, **체적력**(body force)을 무시할 수 있는 경우에는 다음이 성립한다[3].

$$\rho_0 \frac{\partial^2 \underline{\xi}}{\partial t^2} = \nabla \cdot \underline{\sigma}. \tag{3.15}$$

여기서 ρ_0는 평형 상태에서의 밀도이고, $\underline{\sigma}$는 **응력 텐서**(stress tensor)이다.

미소 변형의 경우에는 **미소 변형도 텐서**(infinitesimal strain tensor) $\underline{\epsilon}$이 다음과 같이 주어지며,

$$\underline{\epsilon} = \frac{1}{2}\left[\nabla \underline{\xi} + (\nabla \underline{\xi})^T\right], \tag{3.16}$$

여기서 우변의 상첨자 T는 **전치**(transpose)를 나타낸다.

선형 탄성체에 대해서는 다음과 같은 Hooke의 법칙이 성립하며,

$$\underline{\sigma} = \underline{C}\underline{\epsilon}, \tag{3.17}$$

여기서 $\underline{C}$는 물성을 나타내는 **4-텐서**(four-tensor)로 상수로 주어진 성분을 가진다. $\underline{C}$는 일반적인 경우, 독립적인 성분의 수가 꽤 많지만, **등방성 균질 물체**(isotropic homogeneous material)에 대해서는 위 식을 다음과 같이 쓸 수 있으며,

$$\underline{\sigma} = \lambda(\mathrm{Tr}\,\underline{\epsilon})\underline{1} + 2G\underline{\epsilon}, \tag{3.18}$$

여기서 λ는 **Lame의 제1 상수**(Lame's first constant), G는 전단 탄성계수, $\underline{1}$은 **단위 텐서**(unit tensor)이다.

λ는 G와 **프와송 비**(Poisson ratio) ν의 함수로 다음과 같이 주어지며,

3) 이 절과 관련된 부분은 Fung(1965)[5]를 참조하기 바란다.

$$\lambda = \frac{2G\nu}{1-2\nu}, \tag{3.19}$$

또한 식 (3.18) 우변의 Tr는 텐서를 행렬로 나타냈을 때, 주대각선 상에 있는 성분들의 합으로 $\underline{\epsilon}$에 대해서는 다음과 같이 주어지는데,

$$\mathrm{Tr}\,\underline{\epsilon} = \epsilon_{11} + \epsilon_{22} + \epsilon_{33} = \frac{\partial \xi}{\partial x} + \frac{\partial \eta}{\partial y} + \frac{\partial \zeta}{\partial z} = \nabla \cdot \underline{\xi} \equiv \mathrm{e}, \tag{3.20}$$

여기서 e는 **팽창율**(dilatation)이라고 부른다.

식 (3.18), (3.16)을 식 (3.15) 우변에 대입하여 다음을 얻으며([연습문제 3] 참조),

$$\begin{aligned} \rho_0 \frac{\partial^2 \underline{\xi}}{\partial t^2} &= \lambda \nabla \mathrm{e} + 2G \nabla \cdot \underline{\epsilon} = (\lambda + G) \nabla \mathrm{e} + G \nabla \cdot \nabla \underline{\xi}. \\ &= (\lambda + G) \nabla \mathrm{e} + G \nabla^2 \underline{\xi}, \end{aligned} \tag{3.21}$$

이 식의 양변을 ρ_0로 나누어 다음을 얻는다.

$$\frac{\partial^2 \underline{\xi}}{\partial t^2} = \frac{\lambda + G}{\rho_0} \nabla \mathrm{e} + \frac{G}{\rho_0} \nabla^2 \underline{\xi}. \tag{3.22}$$

위 식에 $\nabla \cdot$을 취하면 다음을 얻으므로,

$$\frac{\partial^2 \mathrm{e}}{\partial t^2} = \frac{\lambda + G}{\rho_0} \nabla^2 \mathrm{e} + \frac{G}{\rho_0} \nabla^2 \mathrm{e} = \frac{\lambda + 2G}{\rho_0} \nabla^2 \mathrm{e}, \tag{3.23}$$

결국 팽창율 e에 대해 다음과 같은 3차원 파동 방정식을 얻고,

$$\frac{\partial^2 \mathrm{e}}{\partial t^2} = c_L^2 \nabla^2 \mathrm{e}, \; c_L^2 = \frac{\lambda + 2G}{\rho_0}, \tag{3.24}$$

이 식으로부터 팽창율은 c_L의 속도로 전파하는 파동임을 알 수 있으며, e는 압력에 비례하는 양이므로([연습문제 4] 참조), 이 파도는 통상 **압력파**(pressure wave), **1차파**(primary wave), 또는 줄여서 **P-파**(P-wave)라고도 부른다.

예를 들어 강(steel)에 대해 $G = 78\ GPa$, $\nu = 0.29$, $\rho_0 = 7850\ kg/m^3$이 성립하므로, 식 (3.19)로부터 $\lambda = \dfrac{156 \times 0.29}{0.42} = 108\ GPa$을 얻고, 식 (3.24)로부터 압력파의 전파 속도, 즉 음속 c_L에 대해 다음을 얻는다.

$$c_L = \sqrt{\frac{\lambda + 2G}{\rho_0}} = \sqrt{\frac{108 + 156}{785}} \times 10^4 = 5.80\ km/s\,. \tag{3.25}$$

한편 식 (3.22)에 $\nabla \times$를 취하고 $\underline{\Omega} = \nabla \times \underline{\xi}$라고 하면 다음을 얻으므로,

$$\frac{\partial^2 \underline{\Omega}}{\partial t^2} = c_T^2 \nabla^2 \underline{\Omega},\ c_T^2 = \frac{G}{\rho_0}, \tag{3.26}$$

결국 $\underline{\Omega}$도 3차원 파동 방정식을 만족하며, 강의 경우, $\underline{\Omega}$의 전파 속도 c_T는 위의 자료를 이용하여 다음을 얻는다.

$$c_T = \sqrt{\frac{G}{\rho_0}} = \sqrt{\frac{78}{785}} \times 10^4 = 3.15\ km/s\,. \tag{3.27}$$

$\underline{\Omega}$는 전단 응력과 관련이 있으므로, 통상 **전단파**(shear wave), **2차파**(secondary wave) 또는 줄여서 **S-파**(S-wave)라고도 부르며, 식 (3.24)와 (3.26)의 전파 속도에 대한 식들로부터 $c_L > c_T$이 성립함을 알 수 있고, 그들의 관계에 대해 다음을 얻는다.

$$c_L = \sqrt{\frac{G}{\rho_0}} \sqrt{\frac{\lambda}{G} + 2} = c_T \sqrt{\frac{2\nu}{1 - 2\nu} + 2} = c_T \sqrt{\frac{2(1-\nu)}{1 - 2\nu}}\,. \tag{3.28}$$

여기서 둘째 등호를 얻기 위해서는 식 (3.19)를 사용하였다. 이 식에 따르면 예를 들어 강

의 경우, $\nu = 0.29$ 이므로, $c_L = 1.84\,c_T$를 얻는다.

$\underline{\xi} = (\xi(x,t),0,0) = \xi\hat{i}$ 로 주어진 경우, $\mathrm{e} = \dfrac{\partial\xi}{\partial x} = \xi_x$로 주어지며, 따라서 파동 방정식으로부터 e는 x 방향으로 c_L의 속도로 움직이는 파동임을 얻으므로, 변위와 파도의 전파 방향이 같아 압력파는 **종파**(longitudinal waves)임을 알 수 있다. 한편, $\underline{\xi} = (0,\eta(x,t),0) = \eta\hat{j}$로 주어진 경우, $\underline{\Omega} = (0,0,\eta_x)$로 주어지며, 따라서 파동 방정식으로부터 $\underline{\Omega} = \eta_x\hat{k}$는 z 방향으로 c_T의 속도로 움직이는 파동임을 얻으므로, 변위와 파동의 전파 방향이 서로 직각을 이루어 전단파는 **횡파**(transverse waves)임을 알 수 있다.

이상에서 선형 탄성체 중에서의 미소 변위 또는 미소 압력 변화에 기인하는 파도와 전단 응력의 변화에 기인하는 파도는 모두 3차원 파동 방정식을 만족하는 것을 보였으며, 그들의 속도는 각각 물성에 의해 결정되는데, 강의 경우 전단파의 속도는 압력파의 속도의 54% 정도임을 보였다.

3.3 전자기학(Electromagnetics)

맥스웰(Maxwell, 1862)은 전하가 없고 전류가 흐르지 않는 **자유 공간**(free space) 중의 **전기장**(electric field) $\underline{E}$와 **자기장**(magnetic field) $\underline{B}$는 다음 식을 만족함을 보였다[4].

$$\nabla \cdot \underline{E} = 0, \tag{3.29}$$

$$\nabla \cdot \underline{B} = 0, \tag{3.30}$$

$$\nabla \times \underline{E} = -\frac{\partial \underline{B}}{\partial t}, \tag{3.31}$$

$$\nabla \times \underline{B} = \epsilon_0 \mu_0 \frac{\partial \underline{E}}{\partial t}. \tag{3.32}$$

여기서 ϵ_0은 **유전율**(permittivity), μ_0은 **투과율**(permeability)이다. 유전율은 $8.854 \times 10^{-12} A^2 s^2/Nm^2$, 투과율은 $4\pi \times 10^{-7} N/A^2$이다.

식 (3.29)는 고려 중인 영역 내에 전하가 없을 경우, 그 영역에 대한 전기장의 **플럭스**(flux)는 영이 되어야 한다는 **가우스**(Gauss) **법칙**을 나타내며, 식 (3.30)은 자기장과 관련하여서는 전기장의 음 또는 양 전하에 해당하는 **단극**(monopole)이 존재하지 않는다는 자기장에 대한 가우스 법칙을 뜻한다. 또한 식 (3.31)은 자기장의 시간에 대한 변화율과 전기장의 세기에 대한 관계식인 **패러데이**(Faraday) **법칙**이고, 식 (3.32)는 전기장의 시간에 대한 변화율과 자기장의 세기에 대한 **암페어-맥스웰**(Ampere-Maxwell) **법칙**이다.

식 (3.32)를 시간 t에 대해 편미분한 후 식 (3.31)을 대입하여 $\underline{B}$를 소거하면 다음을 얻고,

$$\frac{\partial^2 \underline{E}}{\partial t^2} = -\frac{1}{\epsilon_0 \mu_0} \nabla \times (\nabla \times \underline{E}), \tag{3.33}$$

4) 이 절과 관련된 부분은 대부분의 일반 물리 교과서에서 다루고 있으며, 예를 들어 Feynman et al.(1964)[6]을 참조하기 바란다.

이 식 우변의 벡터 미분 연산자 ∇ 의 연산과 관련하여 [연습문제 5]의 관계식을 사용하고 식 (3.29)를 대입하면 다음을 얻는다.

$$\frac{\partial^2 \underline{E}}{\partial t^2} = -\frac{1}{\epsilon_0 \mu_0}[\nabla(\nabla \cdot \underline{E}) - (\nabla \cdot \nabla)\underline{E}]$$
$$= \frac{1}{\epsilon_0 \mu_0}(\nabla \cdot \nabla)\underline{E} = \frac{1}{\epsilon_0 \mu_0}\nabla^2 \underline{E}. \tag{3.34}$$

이 식을 위에서 얻었던 식 (3.26)과 비교하여 보면 $(\epsilon_0 \mu_0)^{-1}$ 는 속도 제곱의 차원을 가져야 함을 알 수 있으며, 사실 μ_o 의 값은 $(\epsilon_0 \mu_0)^{-1}$ 의 값이 진공 중에서의 광속인 $c = 3.00 \times 10^8\, m/s$ 의 제곱과 같도록 결정되어야 함이 알려졌다. 따라서 식 (3.34)는 다음과 같이 쓸 수 있는데,

$$\frac{\partial^2 \underline{E}}{\partial t^2} = c^2 \nabla^2 \underline{E}, \tag{3.35}$$

같은 방법을 사용하여 자기장 $\underline{B}$ 도 이와 같은 식을 만족함을 보일 수 있으며, 이들 식에 근거하여 맥스웰(Maxwell, 1865){6}은 **빛**(light), **전파**(radio wave) 등이 **전자파**(electromagnetic wave)의 일종임을 밝힐 수 있었고, 그의 결론은 Hertz(1887){7}에 의해 수행된 전파의 생성과 관련된 실험에 의해 확인되었다.

3.4 평면파(Plane wave)

앞에서 고려했던 기체 내에서의 음파, 탄성체 내에서의 압력파와 전단파, 자유 공간 중의 전기장 또는 자기장은 모두 3차원 파동 방정식을 만족하는데, 미지 함수가 $\phi(x,t)$인 경우, 2장에서 생각했던 1차원 파동 방정식, 식 (2.1)을 만족한다.

1차원 파동 방정식을 만족하는 파도는 평면파라고 부르기도 하는데, 이에 대해서는 식 (2.17)에서 보인 바와 같이 D'Alembert의 일반해가 알려져 있다.

$$\phi(x,t) = f(x-ct) + g(x+ct). \tag{2.17}$$

이 식 우변의 첫째 항은 x의 양의 방향으로 c의 속도로 움직이는 파도이며, 둘째 항은 음의 방향으로 같은 크기의 속도로 움직이는 파도이다. 아래에서는 먼저 경계조건이 주어진 두 경우에 대해, 그리고 초기조건이 주어진 경우에 대해 차례로 생각하기로 한다.

1) 1차원 파동 방정식에 대해 $x=0$에서 미지 함수 $\phi(x,t)$에 대한 경계조건이 다음과 같이 부과되어 있다고 할 때,

$$\phi = P(t),\ x=0\text{에서}, \tag{3.36}$$

주어진 함수 P가 $x=0$로부터 오른쪽으로 전파해 가는 경우, $x>0$에 대해서만 생각하기로 하면, 식 (2.17)의 일반해로부터 다음을 얻고,

$$\phi(x,t) = f(x-ct), \tag{3.37}$$

주어진 경계조건으로부터 다음을 얻으므로,

$$\phi(0,t) = f(-ct) = P(t), \tag{3.38}$$

이로부터 결국 다음과 같이 미지 함수 $\phi(x,t)$를 얻는다.

$$\phi(x,t) = P\left(-\frac{x-ct}{c}\right) = P\left(t-\frac{x}{c}\right). \tag{3.39}$$

이 식에 따르면 $t=0$일 때의 P의 값, $P(0)$는 $x=ct$를 따라 전파되며, 뿐만 아니라 $t=\tau>0$의 값, $P(\tau)$는 $x=c(t-\tau)$를 따라 전파함을 알 수 있다.

2) 만약 $x=0$에서의 경계조건이 1차 편도함수에 대해 다음과 같이 주어졌다고 하면,

$$\phi_x = Q(t), \; x=0 \text{에서}, \tag{3.40}$$

위에서와 같은 방법으로, 식 (2.17)의 일반해와 경계조건으로부터 다음을 얻고,

$$\phi_x(0,t) = f'(-ct) = Q(t), \tag{3.41}$$

이를 적분하여 다음을 얻는다.

$$f(\xi) = \int Q\left(-\frac{\xi}{c}\right)d\xi = \int Q(\eta)(-c\,d\eta) = -c\int Q(\eta)d\eta = -c\,Q_1\left(-\frac{\xi}{c}\right). \tag{3.42}$$

여기서 둘째 등호를 얻기 위해서는 $\eta = -\dfrac{\xi}{c}$의 치환을 사용하였으며, Q_1은 Q의 부정적분으로 주어지는 함수이다. 따라서 결국 다음과 같이 미지 함수 $\phi(x,t)$를 얻는다.

$$\phi(x,t) = -c\,Q_1\left(-\frac{x-ct}{c}\right) = -c\,Q_1\left(t-\frac{x}{c}\right). \tag{3.43}$$

이 식에 따르면 경계조건으로 주어진 함수의 부정적분에 $-c$를 곱해 준 값이 $x=c(t-\tau)$를 따라 전파됨을 알 수 있다.

3) 만약 $t=0$에서의 초기조건이 다음과 같이 주어졌다고 하면,

$$\phi = \phi_0(x), \; \phi_t = \phi_1(x), \; t=0 \text{에서}, \tag{3.44}$$

식 (2.17)의 일반해로부터 다음을 얻는데,

$$\phi(x,0) = f(x) + g(x) = \phi_0(x), \tag{3.45}$$

$$\phi_t(x,0) = -cf'(x) + cg'(x) = \phi_1(x)\,, \tag{3.46}$$

식 (3.46)을 c로 나누고 자변수에 대해 한 번 적분하여 다음을 얻는다.

$$-f(x) + g(x) = \int_0^x \frac{\phi_1(\xi)}{c} d\xi\,. \tag{3.47}$$

이 식과 식 (3.45)로부터 $g(x)$를 소거하여 다음을 얻고,

$$f(x) = \frac{1}{2}\left\{\phi_0(x) - \int_0^x \frac{\phi_1(\xi)}{c} d\xi\right\}, \tag{3.48}$$

또 $f(x)$를 소거하면 다음을 얻는다.

$$g(x) = \frac{1}{2}\left\{\phi_0(x) + \int_0^x \frac{\phi_1(\xi)}{c} d\xi\right\}. \tag{3.49}$$

따라서 결국 다음과 같이 미지 함수 $\phi(x,t)$를 얻는다.

$$\begin{aligned}
\phi(x,t) &= f(x-ct) + g(x+ct) \\
&= \frac{1}{2}\left\{\phi_0(x-ct) - \int_0^{x-ct} \frac{\phi_1(\xi)}{c} d\xi\right\} + \frac{1}{2}\left\{\phi_0(x+ct) + \int_0^{x+ct} \frac{\phi_1(\xi)}{c} d\xi\right\} \\
&= \frac{1}{2}\{\phi_0(x-ct) + \phi_0(x+ct)\} + \frac{1}{2c}\left\{\int_0^{x+ct} \phi_1(\xi)\,d\xi - \int_0^{x-ct} \phi_1(\xi)\,d\xi\right\} \\
&= \frac{1}{2}\{\phi_0(x-ct) + \phi_0(x+ct)\} + \frac{1}{2c}\int_{x-ct}^{x+ct} \phi_1(\xi)d\xi\,.
\end{aligned} \tag{3.50}$$

이 식에 따르면 초기조건으로 주어진 함수 ϕ_0의 절반이 좌우 양쪽으로 나뉘어 c의 속도로 전파되며(그림 3.1 참조), ϕ_1의 값은 $t=0$에 $\xi \in (x-ct, x+ct)$의 값들만 $\phi(x,t)$의 값에 영향을 준다. 다시 말하면 $\xi \notin (x-ct, x+ct)$인 영역의 ϕ_1 값을 변화시킨다고 하더라도 $\phi(x,t)$에는 영향을 미칠 수 없다(그림 3.2 참조). 따라서 점 (x,t)에 대해 $\xi \in (x-ct, x+ct)$는 **종속영역**(region of dependence)이라고 부르며, 한편, $t=0$일 때의

점 $x=\xi$에 대해 영역 $x \in (\xi - ct, \xi + ct)$은 **영향영역**(region of influence)이라고 부른다.

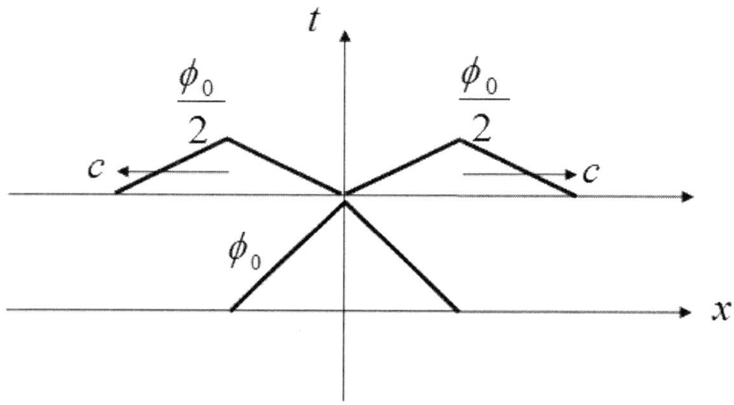

그림 3.1 초기조건 $\phi_0(x)$의 전파

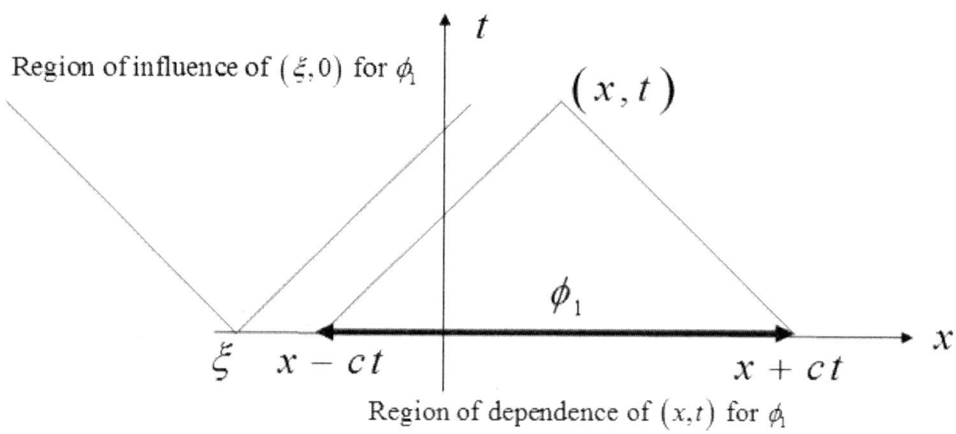

그림 3.2 초기조건 $\phi_1(x)$의 영향

3.5 구면파(Spherical wave)

3차원 공간에서 좌표계의 원점 O에 대해 대칭인 파동 $\phi(\underline{x},t)$는 구면 좌표계 $(R,\theta,\psi)=\left(\sqrt{x^2+y^2+z^2}, \sin^{-1}\frac{z}{\sqrt{x^2+y^2+z^2}}, \tan^{-1}\frac{y}{x}\right)$를 사용하여 나타내면 R과 t만의 함수로 주어지므로, 파동 방정식은 다음과 같이 쓸 수 있다(이승준(2010)[7] 참조).

$$\phi_{tt}=c^2\nabla^2\phi=c^2\left(\phi_{RR}+\frac{2}{R}\phi_R\right). \tag{3.51}$$

한편, 이 식의 우변 괄호 안의 양은 다음과 같이 다시 쓸 수 있으므로,

$$\phi_{RR}+\frac{2}{R}\phi_R=\frac{1}{R}(R\phi_{RR}+2\phi_R)=\frac{1}{R}\frac{\partial}{\partial R}(R\phi_R+\phi)=\frac{1}{R}\frac{\partial^2}{\partial R^2}(R\phi), \tag{3.52}$$

이를 식 (3.51)에 대입하여 다음을 얻는다.

$$(R\phi)_{tt}=c^2(R\phi)_{RR}. \tag{3.53}$$

이 식을 1차원 파동 방정식 $\phi_{tt}=c^2\phi_{xx}$과 비교하면 식 (2.17)로 주어진 D'Alembert의 일반해는 식 (3.53)에 대해 다음과 같이 주어짐을 알 수 있으며,

$$R\phi(R,t)=f(R-ct)+g(R+ct), \tag{3.54}$$

이 식으로부터 식 (3.51)의 일반해를 다음과 같이 얻는다.

$$\phi(R,t)=\frac{f(R-ct)}{R}+\frac{g(R+ct)}{R}. \tag{3.55}$$

이 식 우변의 첫째 항은 원점으로부터 외부를 향해 전파해 나가는 **외향파**(outgoing wave)이며, 둘째 항은 외부로부터 원점을 향해 전파해 들어오는 **내향파**(incoming wave)이

다. 구면파가 외부로 전파해 나가는 경우, 구면의 면적은 R^2에 비례하여 증가하며, 일반적으로 파도의 에너지는 ϕ^2에 비례하므로, 식 (3.55) 우변 각 항에 보이는 분모의 R은, $\phi^2 R^2$이 일정해야 한다는 즉 에너지 보존 법칙과 일관된 결과로 볼 수 있다. 따라서 구면파는 이와 같은 기하학적인 성질을 제외하면 평면파와 유사한 특성을 가짐을 알 수 있다.

예를 들어 $R=0$에 시간에 따라 변화하는 세기 $Q(t)$를 가진 **용출점**(source)이 놓여 있을 경우, $\phi(R,t)$는 식 (3.55) 우변 첫째 항으로 주어져야 하며, $Q(t)$는 그 정의에 의해 다음을 만족해야 하므로,

$$Q(t) = \lim_{R\to 0} 4\pi R^2 \frac{\partial\phi}{\partial R} = -4\pi f(-ct), \tag{3.56}$$

이 식으로부터 다음을 얻는다.

$$f(\xi) = -\frac{1}{4\pi} Q\left(-\frac{\xi}{c}\right). \tag{3.57}$$

따라서 결국 다음과 같은 해를 얻는다.

$$\phi(R,t) = -\frac{1}{4\pi R} Q\left(t - \frac{R}{c}\right). \tag{3.58}$$

이 결과를 식 (3.43)에서 얻었던 평면파에 대한 결과와 비교하면, 상당히 유사한 형태를 가지고 있지만, 기하학적인 상이성과 원점에서의 경계조건의 상이성에 의해 구면파의 경우에는 세기 Q가 c의 속도로 외부를 향해 전파해 나가되 ϕ는 R^{-1}에 비례하여 감소됨을 알 수 있다.

3.6 원주파(Cylindrical wave)

3차원 공간에서 좌표계의 한 축에 대해 대칭인 파동 $\phi(\underline{x},t)$는, 대칭축을 z 축으로 하는 원통 좌표계 $(r,\theta,z) = \left(\sqrt{x^2+y^2}, \tan^{-1}\frac{y}{x}, z\right)$를 사용하여 나타내면 r과 t만의 함수로 주어진다. 앞 절에서와 같은 방법을 사용하여 원주파를 구할 수도 있지만([연습문제 6] 참조), 이 절에서는 앞 절에서 식 (3.58)로 구한 용출점이 z 축 상에 분포되어 있는 경우를 고려하여 원주파의 특성에 대해 알아보기로 한다.

식 (3.58)로 주어지는 해를 가지는 용출점이 z 축 상에 분포되어 있는 경우, 파동 함수 $\phi(r,t)$는 다음과 같이 주어질 수 있다(그림 3.3 참조).

$$\phi(r,t) = -\frac{1}{4\pi}\int_{-\infty}^{\infty} Q\left(t-\frac{R}{c}\right)\frac{dz}{R} = -\frac{1}{2\pi}\int_{0}^{\infty} Q\left(t-\frac{R}{c}\right)\frac{dz}{R}. \tag{3.59}$$

여기서 $R=\sqrt{r^2+z^2}$ 이므로, $R = r\cosh\zeta$로 치환하면 $z = r\sinh\zeta$, 즉 $dz = r\cosh\zeta d\zeta = Rd\zeta$ 이므로, 위의 식은 다음과 같이 바꾸어 쓸 수 있다.

$$\phi(r,t) = -\frac{1}{2\pi}\int_{0}^{\infty} Q\left(t-\frac{r}{c}\cosh\zeta\right)d\zeta. \tag{3.60}$$

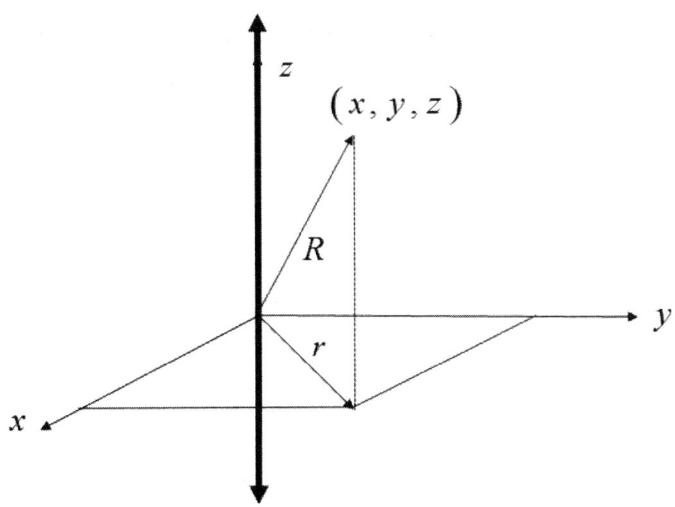

그림 3.3 대칭축인 z 축 상에 분포된 용출점

용출점의 세기가 조화 함수처럼 주기적으로 변화하는 경우에는, 복소 함수를 사용하여 $Q(t) = Re\{e^{-i\omega t}\}$로 나타내고, 이를 식 (3.60)에 대입하여 다음을 얻는다.

$$\phi(r,t) = -\frac{1}{2\pi}\int_0^\infty e^{-i\omega\left(t-\frac{r}{c}\cosh\zeta\right)}d\zeta. \tag{3.61}$$

여기서 복소 함수는 그 실수부를 취하는 것으로 하며, $k = \frac{\omega}{c}$로 쓰기로 하면 위 식은 다음과 같이 쓸 수 있다.

$$\phi(r,t) = -\frac{e^{-i\omega t}}{2\pi}\int_0^\infty e^{ikr\cosh\zeta}d\zeta. \tag{3.62}$$

한편, **제1종 0차 한켈 함수**(zeroth order Hankel function of the first kind) $H_0^{(1)}(\xi)$에 대해 다음이 알려져 있으므로([연습문제 7] 참조),

$$H_0^{(1)}(\xi) \equiv J_0(\xi) + iY_0(\xi) = \frac{2}{\pi i}\int_0^\infty e^{i\xi\cosh\zeta}d\zeta, \tag{3.63}$$

여기서 $J_0(\xi)$, $Y_0(\xi)$는 각각 **제1종** 및 **제2종 0차 베셀 함수**(zeroth order Bessel functions of the first and second kind)이다. 이를 식 (3.62)에 대입하여 다음을 얻는다.

$$\phi(r,t) = \frac{1}{4i}H_0^{(1)}(kr)\,e^{-i\omega t}. \tag{3.64}$$

제1종 0차 한켈 함수는 다음과 같은 점근적 성질을 가지므로(이승준(2014)[8] 참조),

$$H_0^{(1)}(\xi) = \begin{cases} \dfrac{2i}{\pi}\ln\xi, & \xi \to 0, \\ \sqrt{\dfrac{2}{\pi\xi}}\,e^{i\left(\xi-\frac{\pi}{4}\right)}, & \xi \to \infty, \end{cases} \tag{3.65}$$

파동 ϕ는 **근장**(near field)에서는 대수 함수적 성질을 가지고, **원장**(far field)에서는 $\dfrac{e^{i(kr-\omega t)}}{\sqrt{r}}=\dfrac{e^{ik(r-ct)}}{\sqrt{r}}$에 비례하며, 파동의 크기는 $r^{-1/2}$에 비례하여 감소하며 원점으로부터 바깥쪽으로 c의 속도로 전파해 나가는 외향파이다. 원주파의 경우 바깥쪽으로 전파해 나감에 따라 **원주**(circumference), 즉 원의 둘레의 길이가 r에 비례하여 증가하며, 파도의 에너지는 ϕ^2에 비례하므로, 파동의 크기가 $r^{-1/2}$에 비례하여 감소하는 것 또한 에너지 보존 법칙과 일관된 결과로 볼 수 있다. 따라서 원주파도 이와 같은 기하학적인 성질을 제외하면 평면파와 유사한 특성을 가짐을 알 수 있다.

연습문제

1. 음파와 관련하여 $\underline{u}$ 도 3차원 파동 방정식, 식 (3.11)을 만족함을 보이시오.

2. 식 (3.8), (3.9)를 유도하시오.

3. 식 (3.21)을 유도하시오.

4. 압력 p 는 식 (3.18)로 주어진 응력 텐서 $\underline{\sigma}$ 의 등방향 성분임을 고려하여 e가 압력에 비례함을 보이시오.

5. $\underline{a}\times(\underline{b}\times\underline{c}) = \underline{b}(\underline{a}\cdot\underline{c}) - \underline{c}(\underline{a}\cdot\underline{b})$ 을 이용하여 식 (3.34)에서 이용한 벡터 미분 연산자에 대한 관계식을 구하시오.

6. 제1종 0차 한켈 함수에 대한 식 (3.63)을 구하기 위해 다음을 생각하자.
   1) $f(\xi)$ 에 대한 0차 베셀 미분 방정식이 다음과 같이 주어졌다고 할 때,

$$\xi^2 f'' + \xi f' + \xi^2 f = 0, \qquad \text{(연3.1)}$$

   $H_0^{(1)}(\xi)$ 를 다음과 같이 정의하면,

$$H_0^{(1)}(\xi) = \frac{1}{\pi i}\int_C e^{\frac{\xi}{2}(t-t^{-1})}\frac{dt}{t}, \tag{연3.2}$$

이 식 우변이 식 (연3.1)을 만족하는 것을 보이기 위해 미분 방정식에 직접 대입하고 그 결과를 다음과 같이 바꾸어 쓸 수 있는 것을 보이시오.

$$\frac{1}{\pi i}\int_C \frac{d}{dt}\left\{e^{\frac{\xi}{2}(t-t^{-1})}(t+t^{-1})\frac{\xi}{2}\right\}dt. \tag{연3.3}$$

여기서 적분 경로 C는 위 피적분 함수의 { } 안의 영이 되도록 그림 연3.1에 보인 바와 같이 잡는다. 원점에서 실수 축을 따라 시작하는 적분 경로는 피적분 함수가 $t=0$에서 영의 값을 가지도록 함에 유의한다.

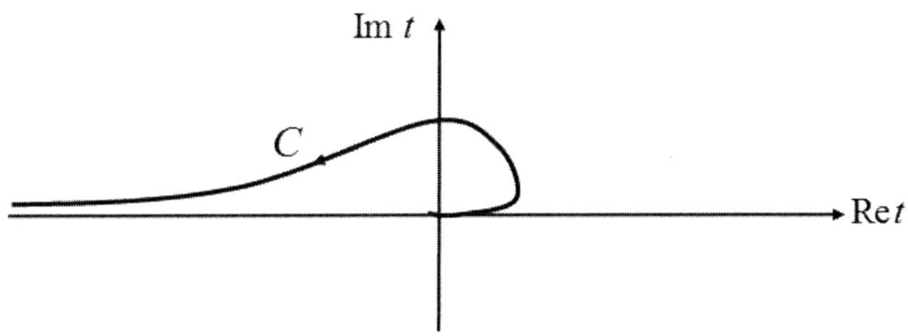

그림 연3.1

2) 식 (연3.2)의 피적분 함수에 대해 $t = ie^s$의 치환을 도입하여 다음과 같이 다시 쓸 수 있음을 보이시오.

$$H_0^{(1)}(\xi) = \frac{1}{\pi i}\int_{-\infty - i\pi/2}^{\infty + i\pi/2} e^{i\xi\cosh s}ds. \tag{연3.4}$$

여기서 적분 경로는 원점을 지나도록 취한다.

3) 식 (연3.4)의 적분은 식 (3.63)으로 다시 쓸 수 있음을 보이시오.

7. $\phi(r,t)$인 함수에 대해 3차원 파동 방정식을 고려하고, 변수 분리법을 사용하여 식 (3.64)로 주어지는 원주파를 구하시오.

4 1계 비선형 파동 방정식

이 장에서는 아래에 다시 보인 2장에서 생각했던 $\phi(x,t)$에 대한 비선형 파동 방정식인 식 (2.25)를 중심으로 쌍곡선형 비선형 파동 문제에 대해 생각하기로 한다.

$$\phi_t + c(\phi)\,\phi_x = 0. \tag{2.25}$$

여기서 $c(\phi)$는 파동 $\phi(x,t)$의 전파 속도인 것은 이미 지적한 바 있다.

먼저 1절에서는 간단한 예제를 통해 쌍곡선형 편미분 방정식의 해를 구하는 방법 중 특성곡선법과 해의 성질에 대해 고려하고, 2절에서는 1절에서 소개한 특성곡선법을 사용하여 구한 **연속해**(continuous solution)에 대해 생각하며, 3절에서는 주어진 초기조건에 따라 연속해가 얻어지지 않는 경우, 즉 **쇄파**(wave breaking)가 어떠한 기제를 통해 발생하는지에 대해 살펴본다. 4절에서는 쇄파 이후의 시간 영역에 대해, 물리적으로 타당한 해를 어떻게 얻을 수 있으며, 이때 얻어지는 **충격파**(shock waves)의 성질에 대해 논의하고, 5절에서는 이에 대한 수학적 정당성을 **약해**(weak solution)의 개념을 도입하여 고찰하기로 한다.

4.1 간단한 예제들

먼저 너무 간단하여 풀 것이 거의 없어 보이는 다음 식에 대해 생각하자.

$$\phi_t = 0\,. \tag{4.1}$$

이 식은 식 (2.25)에서 파동의 전파 속도 $c(\phi) = 0$인 경우에 상응하는 것으로 볼 수 있으며, 이 문제의 해는 그림 4.1에 보인 바와 같이 다음 식으로 주어질 수 있다.

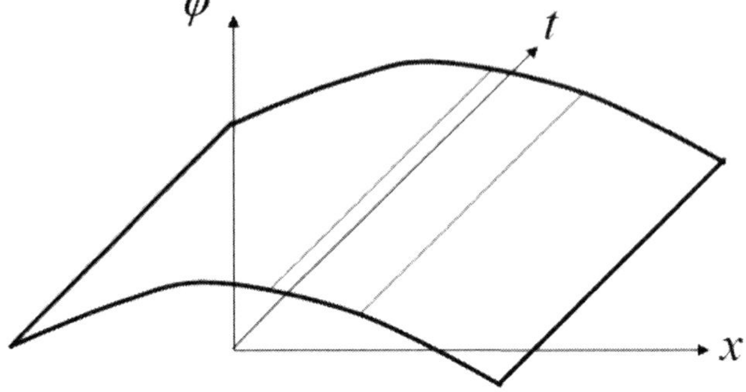

그림 4.1 식 (4.2) $\phi(x,t) = \phi(x)$로 주어지는 해

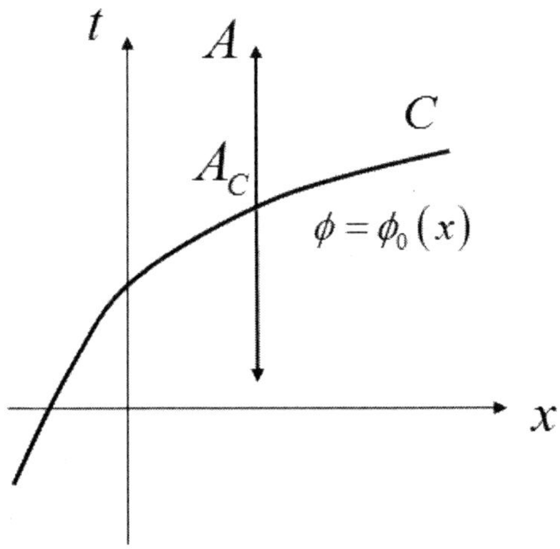

그림 4.2 곡선 C 상에 초기조건이 주어진 경우 식 (4.1)의 해

$$\phi(x,t) = \phi(x). \tag{4.2}$$

다시 말하면 파동 ϕ는 t에 무관하며, 나아가 만약 $x = const.$인 모든 직선과 오직 한 곳에서만 만나는 곡선 C 상에 '초기조건' $\phi = \phi_0(x)$가 주어진 다면, (x,t) 평면 상의 모든 점에서 식 (4.1)의 해는 $\phi(x,t) = \phi_0(x)$로 주어진다(그림 4.2 참조).

단 이때 $x = const.$인 직선은 여러 가지 면에서 특별한 의미를 가진다.

1) 예를 들어 그림 4.2에서 점 A_C를 지나는 $x = const.$인 직선 A 상의 모든 점에서 파동 $\phi(x,t)$의 값은 점 A_C에서의 값과 같다.

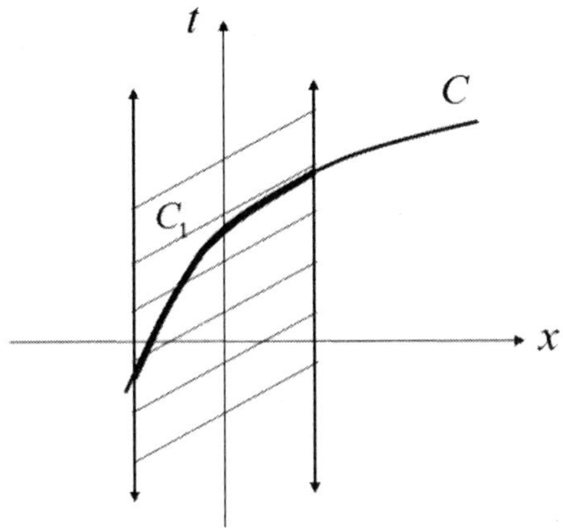

그림 4.3 곡선 C의 일부분인 C_1 상의 초기조건이 해에 영향을 미치는 영역

2) 만약 곡선 C 상에 주어진 초기조건 $\phi = \phi_0(x)$가 조금 달라졌다고 할 때, 이와 같은 변화가 식 (4.1)의 해에 미치는 영향은 제한적이다. 그림 4.3에 보인 바와 같이 예를 들어 곡선 C의 일부분인 C_1 상에서의 초기조건은 그 양 끝점을 지나는 $x = const.$ 인 두 직선 사이의 해에 대해서만 영향을 끼친다.
3) 만약 초기조건인 $\phi_0(x)$가 $x = x_1$에서 그 1차 도함수가 불연속인 경우, 파동 $\phi(x,t)$는 $x = x_1$을 지나는 직선 상의 모든 점에서 그 시간에 대한 1차 도함수가 불연속이어야 하므로, 초기조건의 불연속성은 이 직선을 따라서 전파한다.
4) 편미분 방정식인 식 (4.1)을 $x = const.$ 인 직선 상에 국한하여 생각하면, 이 직선 상에서는 $\dfrac{dx}{dt} = 0$ 이므로 식 (4.1)을 다음과 같이 다시 쓸 수 있으며,

$$\frac{d\phi}{dt} = \frac{\partial\phi}{\partial t} + \frac{\partial\phi}{\partial x}\frac{dx}{dt} = \frac{\partial\phi}{\partial t} = 0, \tag{4.3}$$

따라서 상미분 방정식 $\dfrac{d\phi}{dt} = 0$ 으로 간주할 수 있다.

두 개의 독립 변수를 가지는 함수에 대한 일반적인 1계 편미분 방정식에 대해 위의 $x = const.$ 인 직선들과 같이 그 곡선 상에서 주어진 편미분 방정식을 상미분 방정식으로 다룰 수 있는 곡선을 **특성곡선**(characteristics)이라고 부른다. 편미분 방정식을 푸는 간단한 방법들로 변수 분리법, **상사 변환**(similarity transform), **특성곡선법**(method of characteristics)

등을 들 수 있는데, 이들의 공통점은 주어진 편미분 방정식을 상미분 방정식으로 바꾸어 준다는 것에 유의한다. 특성곡선법을 사용하기 위해서는 우선적으로 주어진 편미분 방정식에 대한 특성곡선을 구해야 하며 특성곡선은 상미분 방정식의 해로 주어지고, 또한 주어진 편미분 방정식도 특성곡선 상에서는 상미분 방정식으로 바뀌므로, 특성곡선법을 사용하여 편미분 방정식을 푸는 경우에는 하나의 편미분 방정식 대신에 두 개의 상미분 방정식을 푸는 것이 된다.

나아가 미지 함수 $f(x)$에 대해 주어진 상미분 방정식을 푸는 방법으로는

1) $f(x)$를 미정의 지수 λ를 가지는 지수 함수, $e^{\lambda x}$로 가정하는 방법,
2) $f(x)$를 **무한 급수**(infinite series)로 가정하는 Frobenius 방법,
3) $f(x)$를 **고유 함수**(eigenfunction)를 이용하여 전개하는 방법,
4) **그린 함수**(Green function) 기법

등을 들 수 있는데, 여기서 앞의 세 방법은 모두 주어진 상미분 방정식을 결국은 **대수 방정식**(algebraic equation)으로 바꾸는 방법이라는 점에 유의한다.

2장에서 고려하였던 선형 파동 방정식을 특성곡선을 사용하여 다시 한 번 생각하기로 한다. 먼저 편미분 방정식이 다음과 같이 주어진 경우,

$$\phi_t + a\phi_x = 0, \tag{4.4}$$

여기서 a는 주어진 상수이며, 초기조건은 다음과 같다고 하자.

$$\phi(x,0) = \phi_0(x),\ x \in (-\infty, \infty). \tag{4.5}$$

물론 이 식의 해는 식 (2.24) 아래에 보인 바와 같이 다음처럼 쓸 수 있다.

$$\phi(x,t) = \phi(x-at) = \phi_0(x-at). \tag{4.6}$$

다시 말하면 파도가 그 형태를 변화하지 않은 채 x 축의 양의 방향으로 a의 속도로 전파하는 경우이다(그림 4.4 참조).

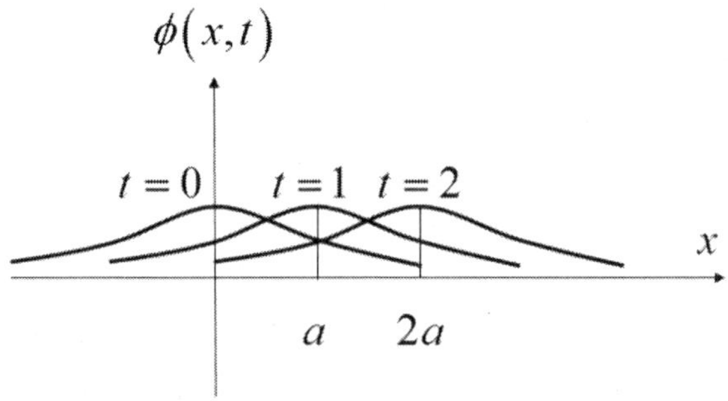

그림 4.4 같은 형태로 x 축의 양의 방향으로 a 의 속도로 전파하는 파도;
식 (4.6)으로 주어진 해

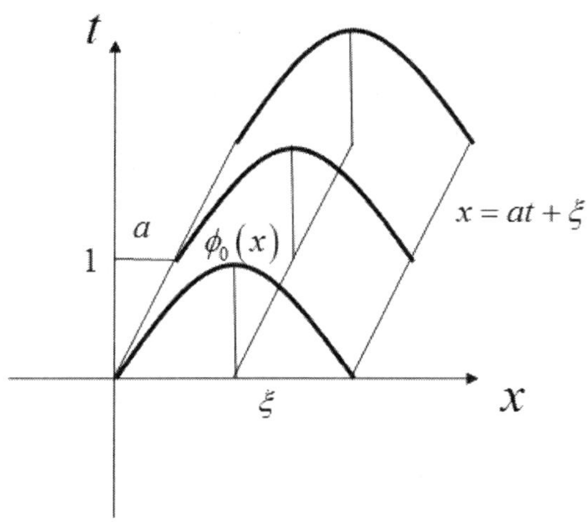

그림 4.5 같은 형태로 x 축의 양의 방향으로 a 의 속도로 전파하는 파도;
식 (4.10)으로 주어진 해

특성곡선법을 사용하기 위해 $\phi(x,t)$ 에 **연쇄율**(chain rule)을 적용하여 얻어지는 다음 관계를 생각하면,

$$\frac{d\phi}{dt} = \frac{\partial\phi}{\partial t} + \frac{\partial\phi}{\partial x}\frac{dx}{dt}, \tag{4.7}$$

이 식과 식 (4.4)를 비교하여 다음을 얻는다.

$$\frac{d\phi}{dt} = 0, \tag{4.8}$$

$$\frac{dx}{dt} = a \text{ 에서.} \tag{4.9}$$

이 두 식을 풀어 $x = at + C$에서 $\phi = const.$ 임을 얻는데, 여기서 C는 상수로 $t = 0$에서의 x 값으로 ξ를 쓰기로 하면, 결국 다음과 같은 해를 얻는다.

$$\phi = const.,\ x = at + \xi \text{ 에서.} \tag{4.10}$$

그림 4.5에 이 해를 보였는데, 그림 4.4에 보인 식 (4.6)과 식 (4.10)의 두 해가 같은 결과를 주는 것을 확인할 수 있다.

단 식 (4.6)의 해를 구하기 위해 2장에서 사용했던 방법은 비선형 파동의 경우에는 적용하기 힘들지만, 식 (4.10)을 얻을 때 사용했던 특성곡선법은 비선형 파동의 경우에도 그대로 적용할 수 있다.

먼저 다음과 같이 주어진 비선형 파동 방정식을 생각하기로 하자.

$$\phi_t + (1 + k\phi)\phi_x = 0. \tag{4.11}$$

여기서 $k > 0$는 주어진 상수이며, 초기조건은 식 (4.5)로 주어진다고 하자.

위에서와 같은 방법을 사용하여 특성곡선에 대한 식을 다음과 같이 얻으며,

$$\frac{dx}{dt} = 1 + k\phi, \tag{4.12}$$

이 식의 해로 주어지는 특성곡선 상에서는 식 (4.11)과 식 (4.7)의 비교로부터 식 (4.8)이 성립하므로, $\phi = const.$ 임을 얻는다. 따라서 하나의 특성곡선 상에서는 ϕ가 일정한 값을 가지므로, 식 (4.12) 우변은 상수로 볼 수 있어 특성곡선에 대해 다음 결과를 얻는다.

$$x(t) = (1 + k\phi)t + C. \tag{4.13}$$

이 식 우변의 C는 상수로 $t=0$에서의 x 값인 ξ를 쓸 수 있고, 또 ϕ도 $\phi_0(\xi)$로 쓸 수 있으므로, 결국 특성곡선을 다음과 같이 얻는다.

$$x(t)=\{1+k\phi_0(\xi)\}t+\xi. \tag{4.14}$$

위에서 언급한 바와 같이 ϕ는 특성곡선 상에서 일정한 값을 가지므로, 결국 식 (4.11)의 해는 다음과 같이 쓸 수 있다.

$$\phi(x,t)=\phi_0(\xi),\ x(t)=\{1+k\phi_0(\xi)\}t+\xi\text{에서.} \tag{4.15}$$

물론 위에 주어진 두 식으로부터 ξ를 소거하여 $\phi(x,t)$를 얻을 수도 있으며 소거할 수 없는 경우에도, 식 (4.15)로 주어지는 해는 그림 4.5에 보인 해에서 특성곡선의 기울기만 $1+k\phi$로 변화해 주면 그대로 성립한다. 또한 식 (4.15)에 따르면 식 (4.11) 좌변 괄호 안의 양 $1+k\phi$는 위에서 누차 언급한 바와 같이 파동의 전파 속도로 볼 수 있다는 점을 확인할 수 있다.

4.2 연속해

앞 절에서 생각한 식 (4.11)의 해에 대해 예를 들어 초기조건이 다음과 같이 **오르막 사다리 함수**(forward slope function)로 주어진 경우에 대해 생각해 보자(그림 4.6a 참조).

$$\phi_0(x)=\begin{cases}0, & x\in(-\infty,0],\\ \dfrac{x}{\epsilon}, & x\in[0,\epsilon],\\ 1, & x\in[\epsilon,\infty).\end{cases} \tag{4.16}$$

여기서 $\epsilon>0$은 주어진 상수이다.

위와 같은 초기조건에 대해, $\phi_0=0$, $\phi_0=1$인 부분에 대해서는 파동의 전파 속도가 각각 1, $1+k$가 되어야 하므로, $x\in(-\infty,t)$인 구간에서 $\phi=0$이고, $x\in[(1+k)t+\epsilon,\infty)$인 구간에서 $\phi=1$임은 쉽게 알 수 있다. 한편, $t=0$일 때 $x\in[0,\epsilon]$, 즉 $\xi\in[0,\epsilon]$에 대해서는 식 (4.14)로부터 특성곡선을 다음과 같이 얻으므로,

$$x(t)=\left(1+\frac{k\xi}{\epsilon}\right)t+\xi=t+\left(1+\frac{kt}{\epsilon}\right)\xi, \tag{4.17}$$

이 식을 ξ에 대해 정리하여 다음 결과를 얻는다.

$$\xi(x,t)=\frac{\epsilon(x-t)}{kt+\epsilon}. \tag{4.18}$$

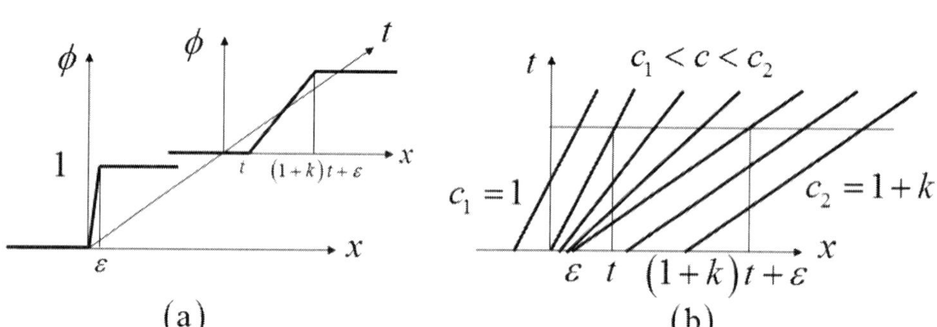

그림 4.6 초기조건이 오르막 사다리 함수인 경우의 연속해

이를 식 (4.15)에 대입하고 위의 결과를 종합하여 다음과 같이 해 $\phi(x,t)$를 얻는다(그림 4.6a, b 참조).

$$\phi(x,t)=\begin{cases}0, & x\in(-\infty,t],\\ \dfrac{x-t}{kt+\epsilon}, & x\in[t,(1+k)t+\epsilon],\\ 1, & x\in[(1+k)t+\epsilon,\infty).\end{cases} \tag{4.19}$$

그림 4.6b에는 (x,t) 평면 상에 특성곡선을 보였는데, $\xi\in(-\infty,0)$을 지나는 특성곡선의 기울기는 1이고, $\xi\in[\epsilon,\infty)$를 지나는 특성곡선의 기울기는 $1+k$이며, 그 사이인 $\xi\in[0,\epsilon]$을 지나는 특성곡선의 기울기, 또는 파동의 전파 속도 c는 1부터 $1+k$까지 연속적으로 변화하는 값을 가짐을 확인할 수 있다.

위의 식 (4.16)에서 생각한 초기조건에서 $\epsilon\ll 1$일 경우, ϕ_0는 매우 짧은 구간에서 상당히 급격하게 변화하는 함수가 되며, 그 극한을 생각하여 $\epsilon\to 0$의 극한을 취하면 다음과 같은 **오르막 계단 함수**(forward step function)를 얻는다(그림 4.7a 참조).

$$\phi_0(x)=\begin{cases}0, & x\in(-\infty,0),\\ 1, & x\in(0,\infty).\end{cases} \tag{4.20}$$

이 함수는 $x=0$에서 불연속이지만, 위의 극한 과정을 고려하면 매우 급격하게 변화하는 함수로 간주할 수 있다.

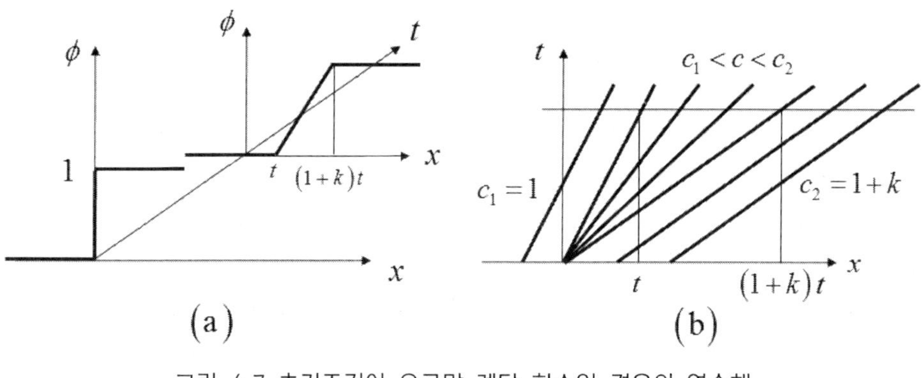

그림 4.7 초기조건이 오르막 계단 함수인 경우의 연속해

초기조건이 식 (4.20)과 같이 주어진 문제에 대한 해는 식 (4.19)로부터 $\epsilon \to 0$의 극한을 취하여 다음과 같이 얻는다.

$$\phi(x,t) = \begin{cases} 0, & x \in (-\infty, t], \\ \dfrac{x-t}{kt}, & x \in [t, (1+k)t], \\ 1, & x \in [(1+k)t, \infty). \end{cases} \tag{4.21}$$

식 (4.20)으로 주어진 초기조건은 $x=0$에서 불연속이지만, 식 (4.21)로 주어진 해는 모든 $t>0$에 대해 연속이다. 또한 그림 4.7b에 보인 특성곡선을 보면, 원점으로부터 그 기울기, 또는 전파 속도 c가 1부터 $1+k$까지 연속적으로 변화하는 값을 가지는 무한히 많은 특성곡선이 시작됨을 알 수 있다. 이와 같이 한 점으로부터 시작된 기울기가 연속적으로 변화하는 무수히 많은 특성곡선에 의해 만들어지는 영역은 **팽창부채**(expansion fan)라고 부른다.

팽창부채는 위에서 보인 바와 같이 초기조건에 포함된 불연속점 부근에서의 파동의 변화를 식 (4.16)에 보인 바와 같이 $x \in (0,\epsilon)$에 대해 $\phi_0(x) = \dfrac{x}{\epsilon}$로 주어진 연속적인 경우의 $\epsilon \to 0$인 극한적 상태와 등가로 보아서 얻어진다는 점에 유의한다. 팽창부채의 길이는 시간이 지남에 따라 점차 길어지며, 양단의 값은 각각 0과 1로 정해져 있으므로, ϕ의 기울기는 점차 감소한다.

팽창부채는 초기조건이 오르막 계단 함수를 포함하는 경우 항상 발생하는 것으로 볼 수 있으며, 이는 초기의 불연속성이 점차 그 변화율이 작아지는 연속적인 함수로 변화한다는 것을 뜻한다.

나아가 초기조건이 x의 증가에 따라 파동의 크기가 증가하는, 즉 **단조 증가 함수**(monotonic increasing function)로 주어지는 경우, 식 (4.11)의 해는 크기가 큰 파동이 빨리 전파해야 하므로, 시간이 지날수록 더욱 그 변화율이 작아지는 연속해로 주어질 것임을 알 수 있다. 오르막 계단 함수에 대한 해는 보다 일반적인 문제에 대한 **장시간해**(long time solution 또는 large time solution)를 구하는데도 기본 블록으로 사용되며, 식 (4.11)과 같은 비선형 파동 방정식의 연속해의 특성을 대변하고 있음에 유의한다.

그러나 만약 초기조건이 다음과 같이 **내리막 계단 함수**(backward step function)로 주어질 경우, 어떤 해가 얻어질까에 대해 생각해 보기로 하자[그림 4.8a].

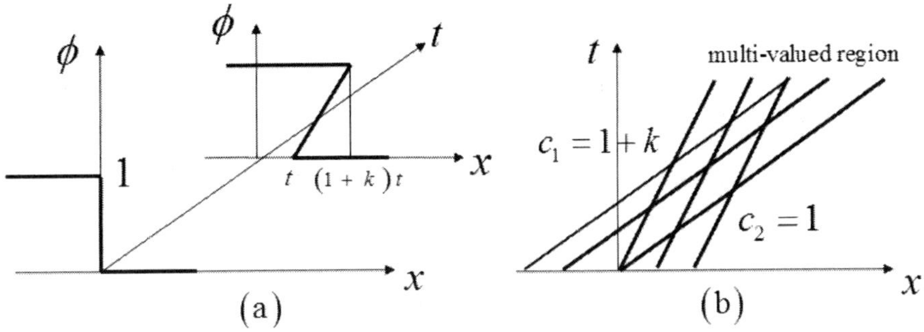

그림 4.8 초기조건이 내리막 계단 함수인 경우

$$\phi_0(x) = \begin{cases} 1, x \in (-\infty, 0), \\ 0, x \in (0, \infty). \end{cases} \tag{4.22}$$

여기서 $x = 0$ 에서의 ϕ_0 의 값은, 위의 오르막 계단 함수에 대한 경우와 같이, $0 < \epsilon \ll 1$ 이라고 할 때, $x \in (0, \epsilon)$ 에 대해 $\phi_0(x) = 1 - \dfrac{x}{\epsilon}$ 로 주어진 경우의 $\epsilon \to 0$ 인 극한적 상태로 간주할 수 있음에 유의한다.

위와 같은 초기조건에 대해 오르막 계단 함수가 초기조건으로 주어진 경우와 같은 방법으로 해를 구하면, $\phi_0 = 1$, $\phi_0 = 0$ 인 부분에 대해서는 파동의 전파 속도가 각각 $1 + k$, 1 이 되어야 하므로, 오히려 뒤쪽의 파도가 앞쪽의 파도보다 앞서 나가는 형태가 되어 그림 4.8a에 보인 바와 같이 $t > 0$ 이면 $x \in (t, (1+k)t)$ 인 때, 하나의 x 값에 대해 세 개의 ϕ 값이 상응하여 이들을 해로 간주하기 곤란한 상황이 발생한다. 그림 4.7b에서 오르막 계단 함수에 대해 팽창부채가 발생하였던 영역이, 내리막 계단 함수에 대한 경우에는 그림 4.8b에 보인 바와 같이 기울기가 $1 + k$ 인 특성곡선과 1 인 특성곡선들이 서로 만나는 영역이 되어, 이 영역에 대해 함수의 값을 어떻게 결정할 것인지에 대한 부가적인 고려가 필요하며, 다음 절들에서는 이 문제에 대해 생각하기로 한다.

4.3 초기 쇄파

앞 절에서는 내리막 계단 함수가 초기조건으로 주어진 경우에 대해 생각하여 식 (4.11)의 연속해가 얻어지지 않는 예를 살펴보았는데, 이 절에서는 다음과 같은 **정상 분포**(normal distribution)의 형태로 주어진 초기조건에 대해 먼저 생각해 보기로 한다.

$$\phi_0(x) = \exp\left(-\frac{x^2}{2}\right) \equiv E(x). \tag{4.23}$$

이 함수는 좌우 대칭이며, $x < 0$ 인 구간에서는 단조 증가, $x > 0$ 인 구간에서는 단조 감소 함수임에 유의한다.

식 (4.11)의 해는 식 (4.15)에 이미 보인 바 있으며, 이를 이용하여 초기조건이 식 (4.23)으로 주어진 경우에 대한 해는 다음과 같이 얻을 수 있다.

$$\phi(x,t) = \phi_0(\xi),\ x(t) = \{1 + kE(\xi)\}t + \xi \text{에서}. \tag{4.24}$$

이 식에 따르면, 초기조건에서 $\xi < 0$ 인 구간은 앞 절에서 살펴 본 바와 같이 시간이 지남에 따라 점차 그 변화율이 작아지겠지만, $\xi > 0$ 인 구간은 $t = t_b > 0$ 인 순간에 파동의 기울기가 어느 점에서 ∞ 가 되고 $t > t_b$ 에 대해서는 앞 절에서 본 바와 같이 ϕ 가 세 개의 값을 가지는 현상이 발생할 것을 알 수 있다(그림 4.9 참조).

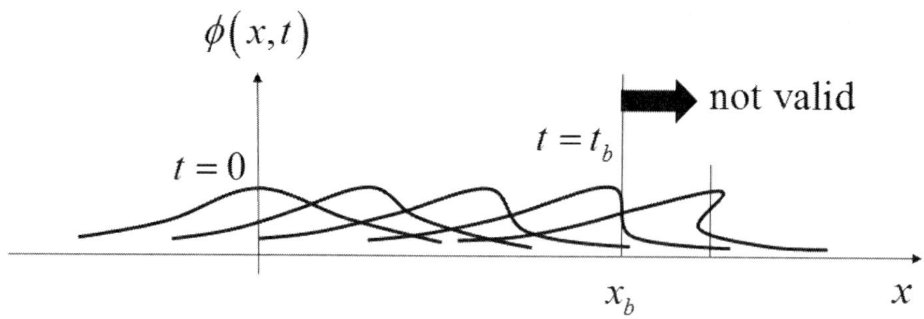

그림 4.9 $t = t_b$ 에 기울기가 ∞ 인 점이 발생하여 연속해가 더 이상 성립되지 않는 경우

따라서 먼저 최대값을 가지는 $\xi=0$ 에 상응하는 점, **정점**(peak)의 전파에 대해 생각하면, 그 궤적은 식 (4.24)로부터 다음과 같이 얻을 수 있으며,

$$x(t)=(1+k)t, \tag{4.25}$$

다시 말하면 정점은 $c=1+k=const.$ 의 속도로 전파한다.

다음으로 해가 '**깨지는**(breaking)', 즉 파동의 한 점에서 기울기가 ∞ 가 되는 시간 t_b 를 구하기 위해 ϕ_x 를 구하면 다음을 얻고,

$$\frac{\partial\phi}{\partial x}=\frac{d\phi}{d\xi}\frac{\partial\xi}{\partial x}=-\xi E(\xi)\xi_x, \tag{4.26}$$

식 (4.24)의 특성곡선에 대한 식을 x 에 대해 편미분하여 다음을 얻는다.

$$1=\{-kt\xi E(\xi)+1\}\xi_x. \tag{4.27}$$

이 식을 ξ_x 에 대해 정리하고, 그 결과를 식 (4.26)에 대입하여 ϕ_x 를 다음과 같이 얻는데,

$$\frac{\partial\phi}{\partial x}=-\frac{\xi E(\xi)}{1-kt\xi E(\xi)}, \tag{4.28}$$

이 식 우변으로부터 $\phi_x=\infty$ 가 발생하는 시간 t 에 대해 다음을 얻으며,

$$t=\{k\xi E(\xi)\}^{-1}, \tag{4.29}$$

식 (4.24)의 특성곡선에 대한 식에 이를 대입하면 다음을 얻는다.

$$x(t)=\{1+kE(\xi)\}t+\xi=t+\frac{1}{\xi}+\xi. \tag{4.30}$$

이 식의 양변에 ξ를 곱하면 ξ에 대한 2차 방정식을 다음과 같이 얻고,

$$\xi^2 - (x-t)\xi + 1 = 0\,, \tag{4.31}$$

이 식의 근을 다음과 같이 얻는다.

$$\xi = \frac{1}{2}\left\{(x-t) \pm \sqrt{(x-t)^2 - 4}\right\}. \tag{4.32}$$

ξ가 실근을 가지기 위해서는 $|x-t| \geq 2$이어야 하며, 최초로 해가 깨지는 시점인 t_b는 $|x-t_b| = 2$로 주어짐을 알 수 있으며, 이에 상응하는 ξ_b는 0보다 커야 하므로 $x-t_b$의 부호를 양으로 취하려 다음과 같이 얻는다.

$$\xi_b = \frac{x-t_b}{2} = 1. \tag{4.33}$$

따라서 이에 상응하는 특성곡선은 다음과 같다.

$$x(t) = \{1 + kE(\xi_b)\}t + \xi_b = \left(1 + \frac{k}{\sqrt{e}}\right)t + 1. \tag{4.34}$$

이 식과 식 (4.25)를 비교하면 정점의 전파 속도 $c = 1+k$가 위 식으로 주어지는 특성곡선의 기울기 $1 + \dfrac{k}{\sqrt{e}}$ 보다 크므로, 당연히 $t = t_b > 0$인 어느 시점부터 $\phi(x,t)$는 **단가 함수**(single-valued function)가 될 수 없음을 알 수 있다.

식 (4.30)으로부터 $\xi = \xi_b = 1$일 때에 대해 $x = t+2$를 얻으므로, 이를 식 (4.34)에 대입하여 **초기 쇄파**(initial breaking)가 발생하는 t_b에 대해 다음 결과를 얻는다.

$$t + 2 = \left(1 + \frac{k}{\sqrt{e}}\right)t + 1, \qquad \therefore t_b = \frac{\sqrt{e}}{k}. \tag{4.35}$$

편의상 $k = \dfrac{1}{\sqrt{2\pi}}$로 취하면, 초기 쇄파가 발생하는 t_b와 x_b에 대해 다음을 얻는다.

$$t_b = \sqrt{2\pi e} \doteq 4.133, \tag{4.36}$$

$$x_b = 2 + t_b = 2 + \sqrt{2\pi e} \doteq 6.133. \tag{4.37}$$

위에서 초기 쇄파에 대해 얻은 결과를 조금 다른 관점에서 접근하여 얻어보기로 하자. 식 (4.24)의 특성곡선에 대한 식을 다음과 같이 다시 쓸 수 있는데,

$$x(t) = c(\xi)t + \xi,\ c(\xi) = 1 + kE(\xi), \tag{4.38}$$

초기 쇄파는 인접한 두 개의 특성곡선이 만남에 의해 발생할 것임을 고려하여(그림 4.10 참조), 각각의 특성곡선에 상응하는 ξ를 ξ_1, ξ_2라고 하면 위 식으로부터 다음을 얻으며,

$$c(\xi_1)t + \xi_1 = c(\xi_2)t + \xi_2, \tag{4.39}$$

두 특성곡선은 인접해 있어야 하므로 $\xi_2 \to \xi_1$임을 고려하면, 이 식으로부터 결국 다음 결과를 얻는다.

$$t = \lim_{\xi_2 \to \xi_1} \frac{\xi_2 - \xi_1}{c(\xi_1) - c(\xi_2)} = -\frac{1}{c'(\xi_1)} = \frac{1}{k\xi_1 E(\xi_1)}. \tag{4.40}$$

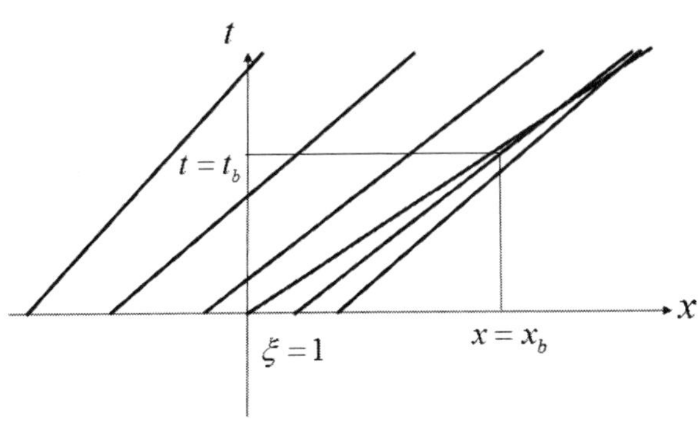

그림 4.10 인접한 두 특성곡선의 교차와 쇄파

초기 쇄파는 위 식을 만족하는 t 중, 가장 작은 값에 상응하는 순간에 발생할 것이므로 t_b는 위 식으로 주어지는 t의 최소값이어야 하며, 따라서 위 식 우변의 분모는 최대값이어야 하므로, 다음 결과를 얻는데,

$$t_b = \min t = \frac{1}{k}\frac{1}{\max\{\xi_1 E(\xi_1)\}}, \tag{4.41}$$

$\max(\xi E)$는 $\dfrac{d(\xi E)}{d\xi} = 0$에 의해 주어지므로 다음을 얻고,

$$E - \xi^2 E = (1-\xi^2)E = 0, \tag{4.42}$$

이 식으로부터 $\xi_1 = 1$을 얻어, 이를 식 (4.41)에 대입하여 다음 식을 얻는다.

$$t_b = \frac{1}{k}\frac{1}{\max\{\xi_1 E(\xi_1)\}} = \frac{\sqrt{e}}{k}. \tag{4.43}$$

물론 이는 위에서 얻은 결과 식 (4.35)와 동일하며, 또 식 (4.42)로부터 얻은 $\xi_1 = 1$은 식 (4.33)에서 얻은 결과 $\xi_b = 1$과 동일함에 유의한다.

이상으로 초기조건이 정상 분포로 주어지는 경우에 대해 초기 쇄파가 일어나는 시점과 그 위치를 구하였으며, 따라서 다음 문제는 $t > t_b$인 영역에 대해 비선형 파동 방정식인 식 (4.11)의 해를 어떻게 구할 수 있느냐 일 것이다.

4.4 충격파

앞 절에서 본 바와 같이 식 (4.11)과 같은 비선형 파동 방정식에 대해 파동의 초기조건이 식 (4.22) 또는 식 (4.23)과 같이 주어진 경우에 대해서는 $t = t_b > 0$ 인 영역에서 쇄파가 발생하는데, 이 절에서는 $t > t_b$ 인 영역에 대해 해를 어떻게 구할 수 있을 것인가에 대해 생각하기로 한다.

수학적으로는 특성곡선법을 사용하여 구한 해, 식 (4.24)가 어떠한 오류도 포함하고 있지 않으므로, 비선형 파동 방정식인 식 (4.11)의 물리적 의미에 대해 다시 한 번 생각해 보기로 한다. 예를 들어 $\phi(x,t)$ 가 유체의 밀도 $\rho(x,t)$ 를 나타낸다고 하면, 압축성 유체의 1차원 유동에 대한 질량 보존 법칙으로부터 다음을 얻을 수 있다(그림 4.11 참조).

$$\frac{d}{dt}\int_{x_2}^{x_1}\rho(x,t)dx = q(x_2,t) - q(x_1,t). \tag{4.44}$$

여기서 $q(x,t)$ 는 **질량 유량**(mass flux)이다.

물론 식 (4.44)에서 $x_2 \to x_1$ 인 극한을 취하면 다음과 같은 편미분 방정식을 얻으며,

$$\frac{\partial \rho}{\partial t} + \frac{\partial q}{\partial x} = 0, \tag{4.45}$$

여기서 $q = Q(\rho)$ 를 가정하기로 하면, 이 관계를 식 (4.45)에 대입하여 다음을 얻는다.

$$\frac{\partial \rho}{\partial t} + \frac{dQ}{d\rho}\frac{\partial \rho}{\partial x} = \frac{\partial \rho}{\partial t} + c(\rho)\frac{\partial \rho}{\partial x} = 0,\ c(\rho) = \frac{dQ}{d\rho}. \tag{4.46}$$

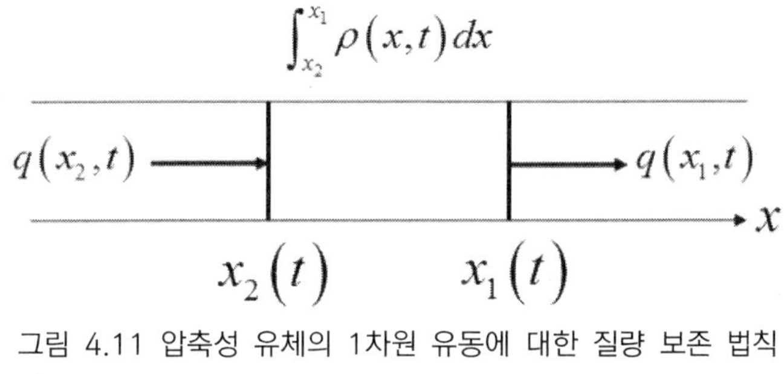

그림 4.11 압축성 유체의 1차원 유동에 대한 질량 보존 법칙

식 (4.44)와 같이 적분 형태로 주어진 방정식으로부터 극한을 취하여 식 (4.46)과 같은 편미분 방정식을 얻는 과정을 **국부화**(localization)라고 부르며, 식 (4.44)는 질량 보존 법칙의 **광역형**(global form), 식 (4.46)은 **국부형**(local form)이라고 부른다. 식 (4.44)와 (4.46)은 모두 하나의 물리 법칙인 질량 보존 법칙을 수학적으로 표현한 식들이지만, 상이한 점은 $\rho(x,t)$의 미분 가능성이다. 국부형인 식 (4.46)의 해 $\rho(x,t)$는 1계 편미분 ρ_x와 ρ_t를 가져야 하지만, 광역형인 식 (4.44)의 해 $\rho(x,t)$는 적분 가능이기만 하면 되므로, 국부화에 의해 미지 함수의 **유연성**(smoothness)에 대한 조건이 매우 심화된다는 것을 알 수 있다.

만약 $Q(\rho)$를 다음과 같다고 가정하면,

$$Q(\rho) = \frac{k}{2}\rho^2 + \rho + C, \tag{4.47}$$

여기서 $k > 0$로 주어진 상수이고, C는 임의의 상수이다. 이 식을 식 (4.46)에 대입하여 다음을 얻으며,

$$\frac{\partial \rho}{\partial t} + (1 + k\rho)\frac{\partial \rho}{\partial x} = 0, \qquad c(\rho) = 1 + k\rho, \tag{4.48}$$

이 식은 식 (4.11)과 같은 식임을 확인할 수 있다. 따라서 식 (4.48)의 연속해를 구하는 것이 어려운 경우에 대해서는 대신 식 (4.44)를 고려할 수도 있다는 점을 알 수 있다.

유체의 밀도가 어떤 점에서 무한히 큰 변화율을 가진다는 것은, $\rho(x,t)$가 그 점에서 불연속, 즉 **점프**(jump)를 가진다는 것을 뜻한다. 이와 같은 점프를 공기역학에서는 **충격파**(shock waves)라고 부르므로, 여기서도 같은 명칭을 사용하기로 하면, 이 절의 도입부에서 제기된 문제인 $t > t_b$인 영역에 대한 해는 충격파를 허용함으로써 얻을 수 있다. 물론 충격파를 허용한다는 것은 국부형인 식 (4.48) 대신에 광역형인 식 (4.44)를 사용하여 문제를 푼다는 것을 뜻한다.

질량 보존 법칙의 광역형인 식 (4.44)를 사용하기로 하면, $x \in (x_2, x_1)$인 구간 내의 $x = s(t)$에 충격파를 가지는 경우, 다음을 얻는다.

$$\frac{d}{dt}\left\{\int_{x_2}^{s} \rho(x,t)dx + \int_{s}^{x_1} \rho(x,t)dx\right\} = q(x_2,t) - q(x_1,t). \tag{4.49}$$

x_1, x_2가 고정되어 있다고 하면, **라이프니쯔 규칙**(Leibniz rule)을 사용하여 이 식으로부터 다음을 얻는데,

$$\left\{\int_{x_2}^{s} \frac{\partial \rho}{\partial t} dx + \rho(s^-,t)\frac{ds}{dt} + \int_{s}^{x_1} \frac{\partial \rho}{\partial t} dx - \rho(s^+,t)\frac{ds}{dt}\right\} - q(x_2,t) + q(x_1,t) = 0, \quad (4.50)$$

여기서 s^-, s^+는 각각 s의 좌극한, 우극한을 뜻한다.

이 식에서 $\frac{ds}{dt} = \dot{s}$ 으로 표기하고, $x_2 \to s^-$, $x_1 \to s^+$의 극한을 취하면, 다음 결과를 얻는다.

$$\{\rho(s^-,t) - \rho(s^+,t)\}\dot{s} + q(s^+,t) - q(s^-,t) = 0. \quad (4.51)$$

함수의 불연속점에서의 점프를 다음과 같이 [ ]를 써서 나타내기로 하면,

$$[f(x)] = f(x^+) - f(x^-), \quad (4.52)$$

식 (4.51)로부터 $x = s(t)$에서의 점프에 대해 다음을 얻는다.

$$-[\rho]\dot{s} + [q] = 0. \quad (4.53)$$

이 식을 식 (4.45)와 비교하면 점프, 즉 충격파의 전파 속도에 대해 다음과 같은 **대응성**(correspondence)을 얻음에 유의한다.

$$\frac{\partial}{\partial t} = -[\ ]\dot{s}, \quad \frac{\partial}{\partial x} = [\ ]. \quad (4.54)$$

따라서 충격파의 전파 속도, 또는 줄여서 **충격 속도**(shock speed) $\dot{s}$에 대해 다음 결과를 얻으며,

$$\dot{s} = \frac{[q]}{[\rho]} = \frac{q_2 - q_1}{\rho_2 - \rho_1}, \tag{4.55}$$

여기서 하첨자 1은 불연속점의 좌극한, 2는 우극한을 뜻하고, 이 식은 통상 **점프 조건**(jump condition)이라고 부른다.

예를 들어 $Q(\rho)$가 식 (4.47)과 같이 주어진다면, 충격 속도 $\dot{s}$를 다음과 같이 얻는다.

$$\dot{s} = \frac{q_2 - q_1}{\rho_2 - \rho_1} = 1 + \frac{k}{2}(\rho_1 + \rho_2). \tag{4.56}$$

식 (4.48)에 주어진 바와 같이 파동의 전파 속도 $c(\rho) = 1 + k\rho$이므로, 충격 속도는 점프의 좌우 극한이 가지는 속도의 평균치임을 확인할 수 있다.

위에서 얻은 점프 조건의 적용 예를 보이기 위해 식 (4.48)의 비선형 파동 방정식에 대해 다음과 같은 **내리막 사다리 함수**(backward slope function)가 초기조건으로 주어진 경우를 생각해 보기로 한다(그림 4.12 참조).

$$\rho_0(x) = \begin{cases} 1, & x < 0, \\ 1 - x, & x \in [0,1], \\ 0, & x > 1. \end{cases} \tag{4.57}$$

이 경우에 대해 특성곡선은 식 (4.14)로부터 다음과 같이 주어지므로,

$$x(t) = \{1 + k\rho_0(\xi)\}t + \xi, \ x(0) = \xi, \tag{4.58}$$

$\xi \in (-\infty, 0]$인 파도에 대해서는 $x(t) = (1+k)t + \xi$, 또 $\xi \in [1, \infty)$인 파도에 대해서는 $x(t) = t + \xi$를 얻으므로, 각각 $c_1 = 1 + k$와 $c_2 = 1$의 속도로 전파한다(그림 4.13 참조).

그림 4.13에 보인 바와 같이 $t < t_b$인 영역에 대해서는 연속해가 존재하는데, 식 (4.14)를 $\xi \in [0,1]$의 ξ에 대해 정리하여 다음을 얻으므로,

$$\xi = \frac{x - (1+k)t}{1 - kt}, \tag{4.59}$$

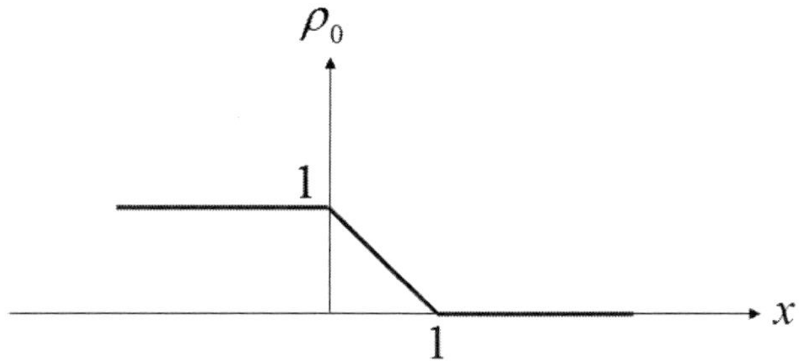

그림 4.12 내리막 사다리 함수로 주어진 초기조건

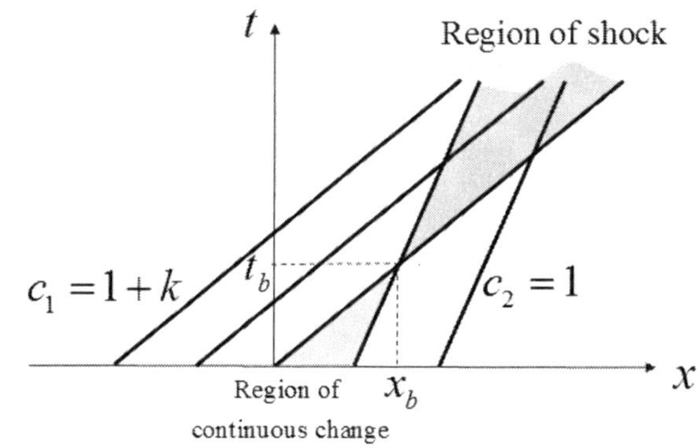

그림 4.13 초기조건이 내리막 사다리 함수로 주어진 경우에 대한 특성곡선

따라서 식 (4.15)로부터 연속해를 다음과 같이 얻는다.

$$\rho(x,t) = \frac{1-x+t}{1-kt},\ x \in [(1+k)t, t+1],\ t < t_b. \tag{4.60}$$

이 식에 따르면, $\xi \in [0,1]$에 대해 연속해가 주어지는 구간의 길이는 시간이 지남에 따라 짧아지고, 파동의 기울기의 크기 즉 $\left|\frac{\partial \rho}{\partial x}\right| = \frac{1}{1-kt}$은 시간에 따라 점차 증가하다가, $t = t_b = k^{-1}$에서 ∞가 되어, $t > t_b$인 영역에 대해서는 불연속해를 고려해야 함을 알 수 있다.

한편, 그림 4.13에 보인 바와 같이 특성곡선들이 만나는 영역이 있으며, 위에서 본 바와 같이 $\frac{\partial \rho}{\partial x} = const.$, 즉 $\xi \in [0,1]$에 상응하는 부분은 항상 직선으로 주어지므로, 이 직선의 기울기가 무한히 커지는 것은 $\xi = 0$인 경우와 $\xi = 1$인 경우를 고려하여 다음을 얻는다.

$$x(t) = (1+k)t = t+1, \tag{4.61}$$

$$\therefore t_b = k^{-1}, \; x_b = k^{-1}+1. \tag{4.62}$$

t_b의 값은 식 (4.60)에 주어진 파동의 기울기가 ∞ 인 t의 값과 같음을 확인할 수 있다.

충격파에 대해 $\rho_1 = 1$, $\rho_2 = 0$이므로, 불연속해는 다음과 같이 주어지며,

$$\rho(x,t) = \begin{cases} 1, x < s(t), \\ 0, x > s(t), \end{cases} \tag{4.63}$$

따라서 충격 속도는 식 (4.56)으로부터 다음과 같이 주어지는데,

$$\dot{s} = 1 + \frac{k}{2}(\rho_1 + \rho_2) = 1 + \frac{k}{2}, \tag{4.64}$$

이 식 우변의 k는 주어진 상수이므로, 충격 속도 역시 상수이며, 충격파는 다음과 같은 직선을 따라 전파한다(그림 4.14 참조).

$$(s - x_b) = \left(1 + \frac{k}{2}\right)(t - t_b), \;\; \therefore s(t) = \left(1 + \frac{k}{2}\right)t + \frac{1}{2}. \tag{4.65}$$

그러므로 $t > t_b$인 영역에 대해, 국부형인 식 (4.48) 대신 광역형인 식 (4.44)를 푸는 것이 허용된다면, 점프의 크기가 1인 충격파가 위 식으로 주어지는 직선을 따라 전파함을 알 수 있다.

그림 4.14에 보인 바와 같이 내리막 사다리 함수가 초기조건으로 주어진 경우, 그 해는 $t \geq t_b$인 영역에서 내리막 계단 함수로 바뀌어 충격파를 나타내며, 이와 같은 현상은 4.2절에서 보인 바와 같이 오르막 사다리 함수 또는 오르막 계단 함수가 초기조건으로 주어진 경우, 모든 $t > 0$에 대해 연속해를 얻을 수 있었던 것과는 상당히 대조되는 결과이다.

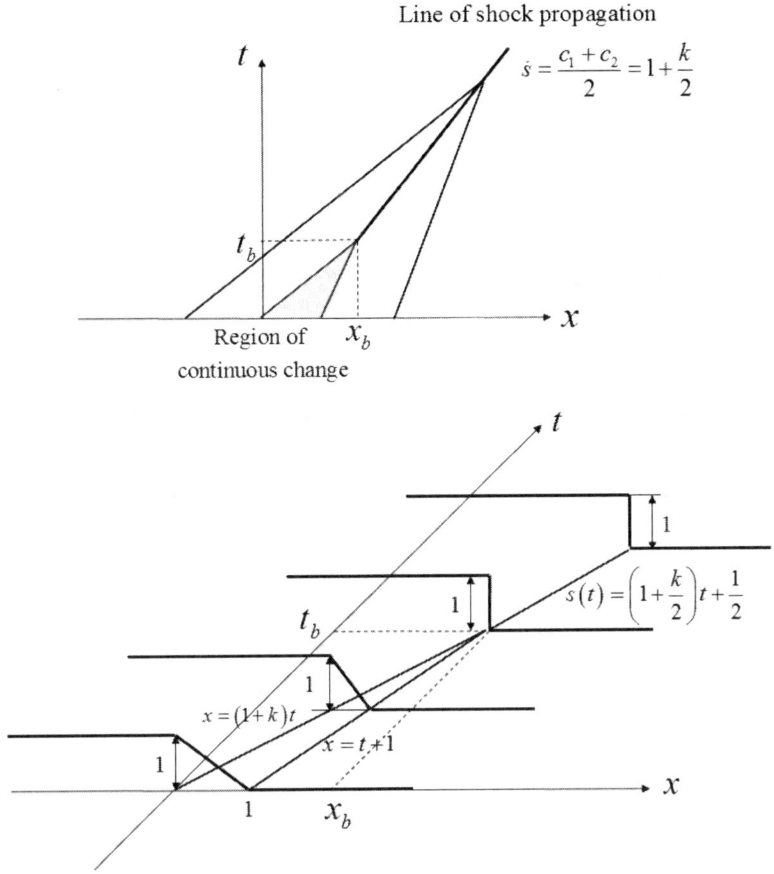

그림 4.14 초기조건이 내리막 사다리 함수로 주어진 경우에 대한 충격파를 포함하는 해

위에서는 질량 보존 법칙이라는 물리적 법칙을 사용하여 식 (4.48) 대신 식 (4.44)를 사용하는 것을 정당화하였으며, 또한 그로부터 얻은 점프 조건인 식 (4.53) 또는 (4.56)을 사용하여 불연속인 해를 얻었다. 그러나 일반적인 형태의 편미분 방정식에 대해 점프를 포함하는 해를 허용할 수 있기 위해서는 이와 같이 물리적 법칙에만 의존하는 방법으로는 수학적 정당성이 확보되지 않으므로, 다음 절에서는 편미분 방정식의 해의 개념을 확장, 즉 **약해**(weak solution)의 개념을 도입하여 이와 같은 정당성을 어떻게 확보할 수 있는지 알아보기로 한다.

4.5 약해

약해의 개념을 설명하기 위한 비선형 편미분 방정식의 모델로는 아래에 다시 보인 식 (4.11)을 고려하기로 한다.

$$\phi_t + (1 + k\phi)\phi_x = 0. \tag{4.11}$$

어떤 함수 $f(x,t)$가 이 방정식을 어떤 **영역**(domain) D에서 만족하고, 그 영역에서 연속이며, 또 **부분연속**(piecewise continuous)인 1계 편도함수들 f_x, f_t를 가지면, 함수 $f(x,t)$는 식 (4.11)의 **강해**(strong solution)라고 부른다. 여기서 영역은 **열려있고 연결되어 있는 집합**(open and connected set)을 뜻한다.

만약 어떤 함수 $u(x,t)$가 영역 D에서 무한히 미분 가능하고, R을 D의 닫힌 **부분영역**(subregion)이라고 할 때, R에 속하지 않는 D의 모든 점에서 $u(x,t) \equiv 0$일 경우, 함수 $u(x,t)$는 영역 D에 대한 **시험 함수**(test function), R은 시험 함수 $u(x,t)$의 **지지역**(support)이라고 부른다.

예를 들어 함수 $u(x,t)$를 다음과 같이 정의하고,

$$u(x,t) = \begin{cases} 0, & (x,t) \notin R, \\ \exp\left\{-\dfrac{1}{a^2 - (x^2 + t^2)}\right\}, & (x,t) \in R, \end{cases} \tag{4.66}$$

여기서 D는 그림 4.15에 보인 바와 같고, $R(x,t)$: $x^2 + t^2 \le a^2$라고 하면, 함수 $u(x,t)$는 D에 대한 시험 함수임을 확인할 수 있다.

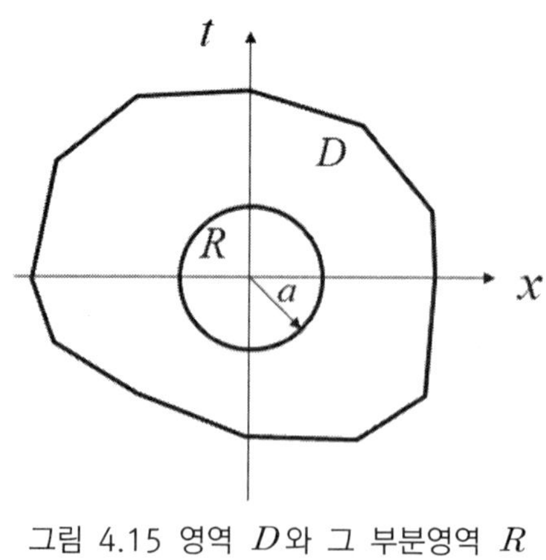

그림 4.15 영역 D와 그 부분영역 R

이제 $\phi(x,t)$가 영역 D에서 식 (4.11)의 강해라고 하고, $u(x,t)$는 D에 대한 시험 함수라고 하면, 영역 D에 속하는 모든 점에 대해 다음이 성립하며,

$$u\{\phi_t + (1+k\phi)\phi_x\} = 0, \tag{4.67}$$

따라서 다음 식이 성립한다.

$$\int_D u\{\phi_t + (1+k\phi)\phi_x\}dA = 0. \tag{4.68}$$

$1+k\phi = b(\phi)$라고 정의하고, $\dfrac{dB}{d\phi} = b(\phi)$라고 하면, 식 (4.11)은 다음과 같이 다시 쓸 수 있으므로,

$$\phi_t + B_x = 0, \tag{4.69}$$

식 (4.68)로부터 다음을 얻고,

$$\int_D u(\phi_t + B_x)dA = \int_D \{(u\phi)_t - u_t\phi + (uB)_x - u_x B\}dA = 0, \tag{4.70}$$

이 식으로부터 시험 함수의 정의를 이용하여 다음 결과를 얻는다.

$$\int_R \{\nabla \cdot (uB, u\phi) - u_t\phi - u_x B\}dA = 0. \tag{4.71}$$

여기서 $\nabla = \partial_x \hat{i} + \partial_t \hat{j}$이다. 이 식에 **가우스 정리**(Gauss theorem)를 적용하고 ∂R에서 $u = 0$임을 이용하면 다음을 얻는다.

$$\int_{\partial R} u(B,\phi) \cdot \hat{n}\,dl - \int_R (u_t\phi + u_x B)dA = -\int_R \{\phi u_t + B(\phi)u_x\}dA = 0. \tag{4.72}$$

여기서 $\hat{n}$은 ∂R 상에서 R에 외향인 단위 법선 벡터이다.

만약 $\phi(x,t)$가 영역 D에서 부분연속이며, 위 식의 마지막 등식, 즉 다음 식이 D에 대한 모든 시험 함수 $u(x,t)$에 대해 성립하면,

$$\int_R \{\phi u_t + B(\phi)u_x\} dA = 0, \tag{4.73}$$

함수 $\phi(x,t)$는 D에 대해 주어진 편미분 방정식, 식 (4.11)의 **약해**(weak solution)라고 부른다.

위와 같은 정의에 따르면, 모든 강해는 약해이며, 또 약해 중 보다 '**부드러운**(smooth)' 약해는 강해라고 할 수 있다. 여기서 '부드럽다'고 하는 것은 연속이고, 또 부분연속인 1계 도함수들을 가짐을 뜻한다.

이하에서는 약해 중에서도 특수한 종류의 약해를 생각하기로 한다. $\phi(x,t)$는 D에 대한 약해이지만, 영역 D 내의 곡선 C 상의 점들을 제외한 곳에서는 부드럽다고 가정하자. 다시 말하면 $\phi(x,t)$는 곡선 C를 가로 질러 불연속이며, 또한 점프는 곡선 C를 따라 전파한다고 간주하자. 만약 $D_1 = D - C$라고 하면, $\phi(x,t)$는 D_1에 대해서도 약해이며, 위에서 기술한 바와 같이 부드러운 약해는 강해이므로, $\phi(x,t)$는 D_1에 대해 강해이기도 하다. 그림 4.16에 보인 바와 같이, C 상의 한 점을 골라 P라고 하고, 점 P를 중심으로 반경이 짧아서 충분히 R에 속하는 원 Γ를 그리면, 식 (4.73)으로부터 다음 식을 얻는다.

$$\int_{R_+} \{\phi u_t + B(\phi)u_x\} dA + \int_{R_-} \{\phi u_t + B(\phi)u_x\} dA = 0. \tag{4.74}$$

이 식 좌변 첫째 적분에 대해 다음을 얻으며,

$$\begin{aligned}\int_{R_+} \{\phi u_t + B(\phi)u_x\} dA &= \int_{R_+} \{(\phi u)_t - \phi_t u + (Bu)_x - B_x u\} dA \\ = \int_{R_+} \{(\phi u)_t + (Bu)_x\} dA &= \int_{\partial R_+} u(B,\phi)\cdot \hat{n} dl = \int_{C_1} u(B,\phi)\cdot \hat{n}_+ dl,\end{aligned} \tag{4.75}$$

여기서 둘째 등호를 얻는 데는 ϕ가 R_+에서 강해임을 이용하였으며, C_1은 Γ 안에 포함된 C의 부분이다. 둘째 적분에 대해서도 같은 방법으로 다음을 얻으므로,

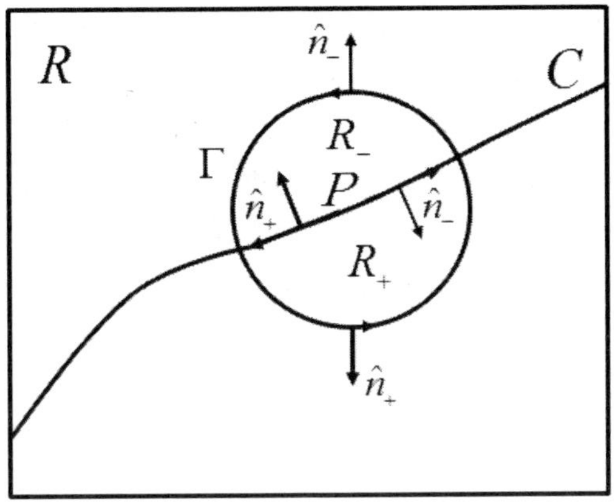

그림 4.16 약해와 관련된 보조도

$$\int_{R_-} \{\phi u_t + B(\phi) u_x\} dA = \int_{C_1} u(B, \phi) \cdot \hat{n}_- dl, \tag{4.76}$$

이들을 식 (4.74)에 대입하고 $\hat{n}_+ = -\hat{n}_-$ 임을 이용하여 다음을 얻는다.

$$\int_{C_1} u\left[(-B_+ + B_-, -\phi_+ + \phi_-) \cdot \hat{n}_-\right] dl = -\int_{C_1} u\left[([B], [\phi]) \cdot \hat{n}_-\right] dl = 0. \tag{4.77}$$

시험 함수 u는 일반적으로 0이라고 볼 수 없으므로, 이 식으로부터 국부화를 통하여 C_1 상의 어떤 점에 대해서도 성립해야 하는 다음 결과를 얻는다.

$$([B], [\phi]) \cdot \hat{n}_- = 0. \tag{4.78}$$

(x, t) 평면 상에서 곡선 C가 $x = s(t)$로 주어진다면, 접선 방향의 벡터는 $(\dot{s}, 1)$로 주어지며, 이에 수직한 단위 법선 벡터 $\hat{n}_-$는 $(1, -\dot{s})$과 평행할 것이므로, 식 (4.78)은 다음과 같이 다시 쓸 수 있다.

$$[B] - [\phi]\dot{s} = 0. \tag{4.79}$$

충격파가 곡선 C를 따라 전파된다면, $\dot{s}$ 은 충격파의 전파 속도이다. 이 식을 식 (4.53)과 비교하면, 위 식의 B는 식 (4.53)을 유도하는 과정에서 고려하였던 Q와 같은 양이므로, 바로 점프 조건임을 알 수 있다. 따라서 곡선 C를 따라 전파되는 불연속해, 즉 충격파는 점프 조건인 식 (4.53) 또는 (4.79)를 만족하는 식 (4.11)의 약해로 주어짐을 알 수 있다.

아래에서는 지금까지의 논의를 활용하여 다음과 같은 형태로 주어지는 보다 일반적인 비선형 편미분 방정식의 해에 대해 고려하기로 하자.

$$\phi_t + c(\phi)\,\phi_x = 0. \tag{4.80}$$

주어진 초기조건에 따라 연속해 또는 불연속해를 가질 수 있겠지만, 불연속해의 점프는 그리 크지 않아 소위 **약충격**(weak shock)을 가정할 수 있다고 하자. 위 식에서 $c(\phi)$는 파동의 속도로 볼 수 있다는 점에 대해서는 누차 밝힌 바 있는데, $c(\phi)$에 대해 선형 근사를 하기로 하면 다음과 같이 가정할 수 있으며,

$$c(\phi) = 1 + k\phi\,, \tag{4.81}$$

여기서 k는 주어진 상수이다. 이와 같은 근사는 $Q = q(\phi)$에 대한 2차 근사와 등가임에 유의하고, 이와 같은 근사를 식 (4.80)에 대입하면 식 (4.11)을 얻음에 유의한다.

위 식이 성립하면 $\dfrac{dc}{d\phi} = c' = k$를 얻으므로, 식 (4.80)의 양변에 c'을 곱하여 정리하면 주어진 편미분 방정식, 식 (4.80)을 다음과 같이 $c(x,t)$에 대한 편미분 방정식으로 바꾸어 쓸 수 있다.

$$c_t + c\,c_x = 0. \tag{4.82}$$

식 (4.54)에 보인 대응성을 고려하면 이 식에 대한 점프 조건을 다음과 같이 얻으며,

$$-[c]\dot{s} + \left[\frac{c^2}{2}\right] = 0\,, \tag{4.83}$$

따라서 c의 충격파의 전파 속도에 대해 다음을 얻는다.

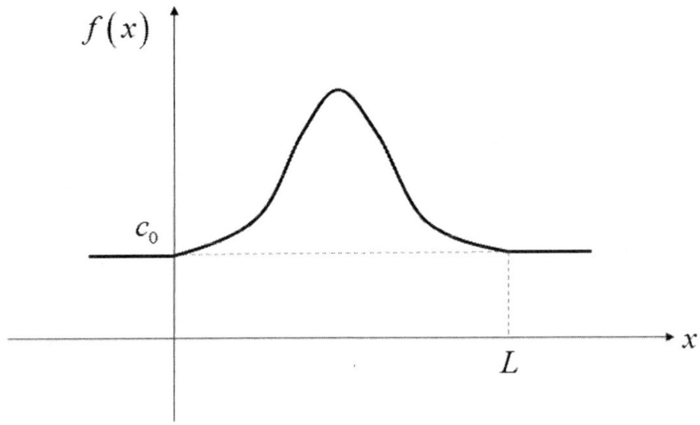

그림 4.17 $c(x,t)$에 대한 초기조건 $f(x)$

$$\dot{s} = \frac{[c^2]}{2[c]} = \frac{c_2^2 - c_1^2}{2(c_2 - c_1)} = \frac{c_1 + c_2}{2}. \tag{4.84}$$

다시 한 번 충격파의 전파 속도는 충격파 좌우의 파동 속도의 평균치임을 얻으며, 식 (4.81)에 보인 바와 같이 c는 ϕ의 1차 함수이므로 위 식으로 주어지는 충격파의 전파 속도는 바로 ϕ의 충격파의 전파 속도이기도 하다.

마지막으로 식 (4.82)의 $c(x,t)$에 대한 초기조건이 다음과 같이 주어졌다고 하자.

$$c(x,0) = f(x), \; x \in (-\infty, \infty). \tag{4.85}$$

여기서 $f(x)$는 그림 4.17에 보인 바와 같이 **하나의 국부 최대값**(single hump)을 가지는 형태로 주어졌다고 할 때, $t \to \infty$ 일 때의 점근해, 즉 그 장시간해에 대해 고려하기로 한다.

식 (4.82)에 특성곡선법을 사용하면 특성곡선과 관련하여 다음과 같은 두 개의 상미분 방정식을 얻으며,

$$\frac{dc}{dt} = 0, \; \frac{dx}{dt} = c \text{ 상에서,} \tag{4.86}$$

특성곡선 상에서는 $c = const.$ 이므로, 이들로부터 다음과 같이 위의 초기치 문제에 대한 해를 얻는다.

$$c(x,t) = f(\xi),\ x(t) = f(\xi)t + \xi \text{ 에서.} \tag{4.87}$$

그림 4.17에 보인 초기조건은 좌우 양단의 상수인 부분과, 단조 증가 및 단조 감소하는 부분으로 이루어져 있으며, 상수인 부분은 정해진 상수 c_0의 속도로 전파할 것이고, 단조 증가하는 부분은 시간이 지나면 점차 기울기가 작아지므로, 결국 그림 4.7에 보인 팽창부채, 즉 식 (4.21)에 따르면 $\phi \sim \dfrac{x-t}{kt}$로 주어지는 해를 가질 것이며, 따라서 다음을 얻는다.

$$c = 1 + k\phi(x,t) \sim 1 + \frac{x-t}{t} = \frac{x}{t},\ x \in [c_0 t, s(t)]. \tag{4.88}$$

여기서 $x = s(t)$는 충격파의 위치를 나타낸다.

한편 단조 감소하는 부분은 결국 불연속해로 변화할 것이며, 충격파의 좌우 극한에서 $c_1 = \dfrac{s}{t}$, $c_2 = c_0$ 임을 고려하여, 식 (4.84)로 주어진 점프 조건으로부터 다음을 얻으므로

$$\dot{s} = \frac{c_1 + c_2}{2} = \frac{1}{2t}(s + c_0 t), \tag{4.89}$$

이 식으로부터 $s(t)$에 대한 미분 방정식을 다음과 같이 얻는다.

$$2t\dot{s} - s = c_0 t. \tag{4.90}$$

식 (4.90)의 일반해는 다음과 같이 주어지며([연습문제 3] 참조),

$$s(t) = \alpha\sqrt{t} + c_0 t, \tag{4.91}$$

여기서 α는 아직 미정의 상수인데, 이를 결정하는 데는 소위 **동일 면적 법칙**(equal area rule)을 적용하기로 한다. 이는 ϕ가 밀도인 경우, 질량 보존 법칙과 일관되며, 임의의 시간 t에 ϕ, 또는 그 선형 함수인 c를 x의 함수로 그렸을 때 얻어지는 곡선 하의 면적이 항상 동일하도록 α를 결정함을 뜻한다. 그림 4.17에서 곡선 $c(x,0)$에 대해 c_0 위의 면적을 A라고 하면, $t \to \infty$ 일 때 단조 증가하는 부분은 식 (4.91)을 식 (4.88)에 대입하여 다음과 같이 얻으므로,

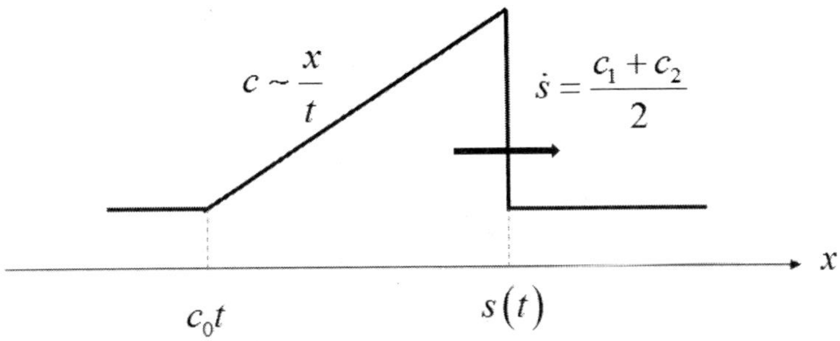

그림 4.18 장시간에 대한 점근해

$$c_1 \sim \frac{s}{t} = \frac{\alpha}{\sqrt{t}} + c_0,\ x \in [c_0 t, s(t)], \tag{4.92}$$

c_0 위의 부분은 길이 $s - c_0 t$, 높이 $\frac{\alpha}{\sqrt{t}}$ 인 삼각형의 형상을 가진다. 따라서 그 면적은 다음과 같이 주어지며(그림 4.18 참조),

$$A = \frac{\alpha}{2\sqrt{t}}(s - c_0 t) = \frac{\alpha^2}{2}, \tag{4.93}$$

여기서 둘째 등호는 식 (4.91)을 이용하여 얻었다. 이 식으로부터 α에 대해 다음 결과를 얻는다.

$$\alpha = \sqrt{2A}. \tag{4.94}$$

이 식을 식 (4.91)에 대입하여 충격파의 전파 곡선에 대해 다음을 얻고,

$$s(t) = \sqrt{2At} + c_0 t, \tag{4.95}$$

또한 식 (4.92)로부터 점프의 크기를 주는 c_1에 대해 다음 결과를 얻는다(그림 4.19 참조).

$$c_1 = c_0 + \sqrt{\frac{2A}{t}},\ x \in [c_0 t, c_0 t + \sqrt{2At}]. \tag{4.96}$$

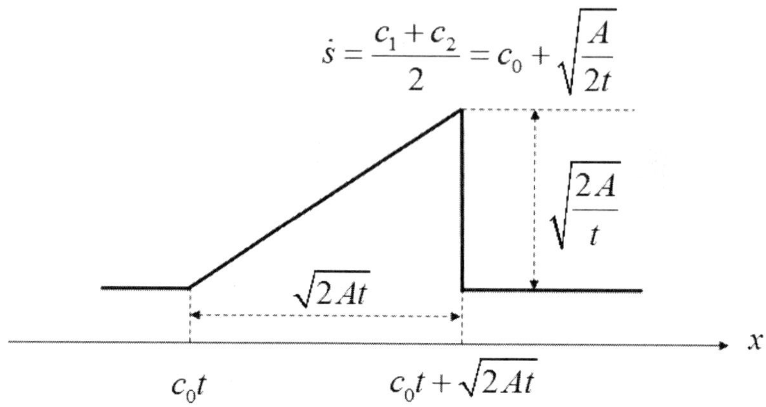

그림 4.19 장시간해의 구조

장시간해는 따라서 좌우 양단의 상수인 부분과 직선적으로 증가하는 단조 증가 부분 및 불연속해로 구성되는 것을 알 수 있으며, 그들에 대한 자세한 기하학적인 자료는 그림 4.19에 보인 바와 같은데, 시간이 지남에 따라 점프의 크기는 $t^{-1/2}$에 비례하여 감소하며, 팽창부채의 길이는 $t^{1/2}$에 비례하여 증가하고, 충격파의 전파 속도는 항상 c_0보다는 크지만 그 잉여 부분은 $t^{-1/2}$에 비례하여 감소함을 알 수 있다. 특히 장시간해는 초기조건과 관련하여 곡선 하의 면적으로 볼 수 있는 A만을 그 매개변수로 포함하는 점에 유의한다.

이상으로 비교적 간단하지만 쌍곡선형 파동에 대한 1계 비선형 파동 방정식에 대해 논의하였으며, 비선형성에 의해 발생하는 불연속해를 어떻게 해의 일부로 수용할 수 있는지에 대해 알아보았다.

연습문제

1. 라이프니쯔 규칙을 증명하고, 이를 적용하여 식 (4.49)로부터 식 (4.50)을 유도하시오.

2. 모든 강해는 약해이며, 또 약해 중 연속이고, 그 1계 도함수들이 부분연속인 약해는 강해임을 보이시오.

3. 식 (4.90)의 **일반해**(general solution)를 구하시오. 단 1계 선형 상미분 방정식의 일반해는 **제차해**(homogeneous solution), 즉 우변을 0으로 놓았을 때의 해와 **특수해**(particular solution), 우변을 주어진 대로 취했을 때의 해의 합으로 구성된다.

5 Burgers 방정식

앞 장에서 비선형 파동 문제에 대해 생각하면서 비선형성에 의해 불연속해를 허용해야만 하는 상황이 발생함을 보았다. 그러나 불연속해는 매우 급격하게 변화하는 물리적인 현상에 대한 수학적 근사인 점을 고려하면, 실제로 충격파에 근접하는 급격한 물리적 변화가 발생하면 대체적으로 그 때까지 고려하지 않았던 성질, 즉 **확산**(diffusion)의 영향을 무시할 수 없게 되며, 식 (4.82) 대신 다음과 같은 **Burgers 방정식**(Burgers equation)을 고려해야 한다.

$$\phi_t + \phi\,\phi_x = \nu\,\phi_{xx}\,. \tag{5.1}$$

여기서 $\nu > 0$는 주어진 상수이다. 이 방정식은 1차원 유동에 대한 **NS**(Navier-Stokes) 방정식으로부터 압력과 중력의 영향을 무시할 수 있는 경우에 대해 얻어지는 운동 방정식임에 유의한다.

위 식에서 비선형 항을 제외시키면 매우 잘 알려져 있는 다음과 같은 **확산 방정식**(diffusion equation)을 얻는데,

$$\phi_t = \nu\,\phi_{xx}\,, \tag{5.2}$$

여기서 ν는 **확산율**(diffusivity)이라고 부르며, 전형적인 **포물선형**(parabolic type) 2계 선형 편미분 방정식이다.

1절에서는 먼저 확산 방정식과 그 해의 성질에 대해 예제를 통해 간단히 살펴보고, 2절에서는 식 (5.1)에 대해 고찰하여 확산이 쌍곡선형 비선형 파동에 미치는 영향에 대해 알아보며, 3절에서는 **상사 변환**(similarity transform)을 사용하여 식 (5.1)의 해를 구한 뒤, 얻어진 해의 성질에 대해 고찰하기로 한다.

5.1 확산 방정식5)

식 (5.2)로 주어지는 확산 방정식의 특성에 대해 알아보기 위해 다음과 같은 초기조건이 주어진 경우에 대해 해를 구하기로 한다.

$$\phi(x,0) = f(x), \ x \in (-\infty, \infty). \tag{5.3}$$

이 문제는 길이가 무한히 긴 봉에 대해 초기에 온도 분포가 주어졌을 때, 차후의 봉 내부의 온도 분포를 구하는 문제로 볼 수도 있다.

식 (5.2)의 양변에 e^{-ikx}를 곱하여 x에 대해 $-\infty$부터 ∞까지 적분하여 다음을 얻으며,

$$\int_{-\infty}^{\infty} \phi_t e^{-ikx} dx = \nu \int_{-\infty}^{\infty} \phi_{xx} e^{-ikx} dx, \tag{5.4}$$

이 식의 좌변 피적분 함수에 포함된 t에 대한 편미분은 적분 바깥으로 나올 수 있고, 그렇게 해서 얻어지는 적분은 $\phi(x,t)$의 x에 대한 **푸리에 변환**(Fourier transform) $\Phi(k,t)$이고, 우변에 대해서는 **부분 적분**(integration by parts)을 적용하고, $|x| \to \infty$일 때, ϕ와 ϕ_x가 0임을 고려하여 다음과 같은 상미분 방정식을 얻는다6).

$$\frac{d\Phi}{dt} = -\nu k^2 \Phi. \tag{5.5}$$

이 방정식의 해는 다음과 같이 쓸 수 있으며,

$$\Phi(k,t) = A(k) e^{-\nu k^2 t}, \tag{5.6}$$

식 (5.3)의 초기조건으로부터 다음을 얻으므로,

$$\Phi(k,0) = \int_{-\infty}^{\infty} f(x) e^{-ikx} dx = F(k), \tag{5.7}$$

5) 이 절에 대해 보다 자세한 부분은 Greenberg(1998)[2]를 참고하기 바란다.
6) 푸리에 변환에 대해서는 이승준(2014)[8], 또는 이승준(2016)[9]를 참고하기 바란다.

이 식과 식 (5.6)의 비교로부터 $A(k) = F(k)$를 얻어, 결국 다음을 얻으며,

$$\Phi(k,t) = F(k)\, e^{-\nu k^2 t}, \tag{5.8}$$

푸리에 역변환(Fourier inverse transform)으로부터 다음 결과를 얻는다.

$$\begin{aligned}\phi(x,t) &= \frac{1}{2\pi}\int_{-\infty}^{\infty} F(k) e^{-\nu k^2 t} e^{ikx} dk \\ &= \frac{1}{2\pi}\int_{-\infty}^{\infty}\int_{-\infty}^{\infty} f(\xi) e^{-ik\xi} d\xi e^{-\nu k^2 t + ikx} dk \\ &= \frac{1}{2\pi}\int_{-\infty}^{\infty} f(\xi) d\xi \int_{-\infty}^{\infty} e^{-\nu k^2 t + ik(x-\xi)} dk\,.\end{aligned} \tag{5.9}$$

이 식의 마지막 적분과 관련하여 다음과 같이 정의하면,

$$U(x-\xi,t) = \frac{1}{2\pi}\int_{-\infty}^{\infty} e^{-\nu k^2 t + ik(x-\xi)} dk, \tag{5.10}$$

이 식으로부터 [연습문제 1]에 보인 바와 같이 다음 결과를 얻을 수 있으며,

$$U(x-\xi,t) = \frac{e^{-\frac{(x-\xi)^2}{4\nu t}}}{2\sqrt{\pi\nu t}} = U(\xi-x,t), \tag{5.11}$$

이를 이용하여 식 (5.9)를 다시 쓰면 다음을 얻는다.

$$\phi(x,t) = \int_{-\infty}^{\infty} f(\xi)\, U(\xi-x,t) d\xi = \frac{1}{2\sqrt{\pi\nu t}}\int_{-\infty}^{\infty} f(\xi)\, e^{-\frac{(\xi-x)^2}{4\nu t}} d\xi. \tag{5.12}$$

여기서 함수 $U(\xi-x,t)$는 **핵함수**(kernel function)라고 부르고, 위의 식 첫째 등호 다음의 적분은 **컨볼루션**(convolution)으로 알려진 양이며, 다음과 같이 기호 $*$ 를 사용하여 나타내기도 한다.

$$\phi(x,t) = f(x) * U(x,t). \tag{5.13}$$

아래에서는 식 (5.12)로 주어진 해의 특성에 대해 알아보기 위해 세 가지 다른 초기조건에 대해 생각하기로 한다.

1) $f(x) = 1$.

이 경우에는 식 (5.12)로부터 $\phi(x,t)$가 다음과 같이 주어지며,

$$\phi(x,t) = \int_{-\infty}^{\infty} U(\xi - x,t)d\xi = \frac{1}{2\sqrt{\pi\nu t}}\int_{-\infty}^{\infty} e^{-\frac{(\xi-x)^2}{4\nu t}}d\xi, \tag{5.14}$$

[연습문제 2]에 보인 바와 같이 이 식의 마지막 적분에 대해 다음 결과를 얻으므로,

$$\int_{-\infty}^{\infty} e^{-\frac{(\xi-x)^2}{4\nu t}}d\xi = 2\sqrt{\pi\nu t}, \tag{5.15}$$

이를 식 (5.14)에 대입하여 $\phi(x,t) = 1$을 얻는다.

물리적으로 보면 위의 초기조건은 초기에 봉의 모든 곳에서 온도가 1인 것에 상응하며, 얻어진 해에 따르면 차후의 모든 $t > 0$에 대해 봉의 모든 곳에서 온도는 1이라는 것이므로, 이와 같은 결과는 물리적으로도 타당한 결과이다. 단 이 경우 $f(x)$의 푸리에 변환 $F(k)$는 존재하지 않음에도 불구하고 위와 같은 결과가 얻어졌는데, 이는 $U(x-\xi,t)$의 값이 $|\xi| \to \infty$일 때 매우 급격하게 0으로 수렴하는데 기인한다는 점을 지적해 둔다.

핵함수 U는 사실 $\xi = x$를 대칭축으로 하는 **정상 분포**(normal distribution 또는 Gaussian distribution)이며, 식 (5.15)에 따르면 이 곡선 아래의 면적은 1이다. 또한 $t \to 0$일 때, 식 (5.11)로부터 U는 $\xi = x$에 아주 가까운 부근을 제외하면 무한히 작은 값을 가지며, 또 식 (5.12)로부터 다음을 얻으므로,

$$\lim_{t\to 0}\int_{-\infty}^{\infty} f(\xi)\,U(\xi - x,t)d\xi = f(x)\lim_{t\to 0}\int_{-\infty}^{\infty} U(\xi - x,t)d\xi = f(x), \tag{5.16}$$

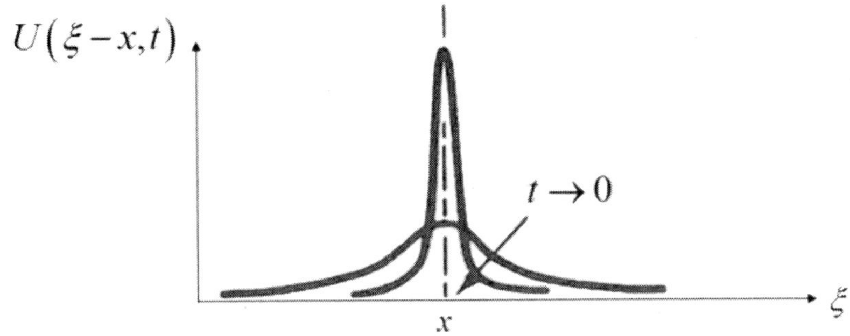

그림 5.1 델타 수열인 핵함수 $U(\xi - x,t)$

핵함수 $U(x-\xi,t)$는 **델타 수열**(δ sequence)임을 알 수 있으며, 핵함수의 $t \to 0$일 때의 극한, $\lim_{t \to 0} U(x-\xi,t)$는 **델타 함수**($\delta$ function)로 볼 수 있다(그림 5.1 참조)[7].

위의 결과에 따르면, 핵함수 $U(x-\xi,t)$는 델타 수열이므로, t가 증가하면 점차 최대치가 작아지고, 함수의 크기를 무시할 수 없는 범위가 커지므로, 식 (5.12)로 주어진 해는 시간이 지날수록 초기조건에 비해 함수의 변화율이 점차 감소할 것이 기대된다.

2) $f(x) = \delta(x - x_0)$.

이 경우에는 식 (5.12)로부터 $\phi(x,t)$가 다음과 같이 주어진다.

$$\phi(x,t) = \int_{-\infty}^{\infty} \delta(\xi - x_0)\, U(\xi - x,t) d\xi = U(x_0 - x,t). \tag{5.17}$$

위의 초기조건은 초기에 $x = x_0$ 바로 부근에만 온도가 꽤 높은 분포로 주어지고 다른 곳에서는 온도가 무시할 만한 경우에 상응하는데, 위에서 언급한 바와 같이 핵함수 U는 $x = x_0$를 대칭축으로 가지는 정상 분포이므로, t가 증가하면 그림 5.1에 보인 $t \to 0$인 경우와는 반대로 최대치는 점차 작아지며 U가 무시할 수 없을 정도로 큰 영역이 점차 증가하는 결과를 주고 있어 물리적으로도 타당하다고 볼 수 있다. 또한 핵함수 U로 주어진 곡선 아래의 면적은 모든 $t > 0$에 대해 1로 일정한 점에도 유의한다.

7) 델타 수열 및 델타 함수에 대한 부분은 이승준(2014)[8]을 참고하기 바란다.

3) $f(x) = H(x)$.

여기서 $H(x)$는 다음과 같이 주어지는 **단위 계단 함수**(unit step function) 이다.

$$H(x) = \begin{cases} 0, x \in (-\infty, 0), \\ 1, x \in (0, \infty). \end{cases} \tag{5.18}$$

이 경우에는 식 (5.12)로부터 $\phi(x,t)$를 다음과 같이 얻는다.

$$\phi(x,t) = \int_{-\infty}^{\infty} H(\xi)\, U(\xi - x, t) d\xi = \frac{1}{2\sqrt{\pi\nu t}} \int_0^{\infty} e^{-\frac{(\xi - x)^2}{4\nu t}} d\xi. \tag{5.19}$$

[연습문제 3]에 보인 바와 같이 이 식의 마지막 적분에 대해 다음 결과를 얻는데,

$$\int_0^{\infty} e^{-\frac{(\xi - x)^2}{4\nu t}} d\xi = \sqrt{\pi\nu t}\left\{1 + erf\left(\frac{x}{2\sqrt{\nu t}}\right)\right\}, \tag{5.20}$$

여기서 $erf(x)$는 다음과 같이 정의되는 **오차 함수**(error function)이다.

$$erf(x) = \frac{2}{\sqrt{\pi}} \int_0^{x} e^{-\zeta^2} d\zeta. \tag{5.21}$$

따라서 $\phi(x,t)$를 다음과 같이 얻는다(그림 5.2 참조).

$$\phi(x,t) = \frac{1}{2}\left\{1 + erf\left(\frac{x}{2\sqrt{\nu t}}\right)\right\}. \tag{5.22}$$

위의 초기조건은 $x = 0$에서 불연속이었지만, $\phi(x,t)$는 모든 $t > 0$에 대해 연속이며, 확산의 영향을 나타내는 ϕ_{xx} 항에 의해 급격한 변화가 주변으로 퍼져나가는, 즉 '확산되어' 가는 것을 확인할 수 있다. 또한 여기서 고려한 초기조건은 오르막 계단 함수였지만, 내리막 계단 함수가 초기조건으로 주어진 경우에도, 위에서 논의한 확산은 동

일하게 나타나, 4.2절에서 고려한 비선형 파동의 경우와는 매우 다른 경향을 보인다.

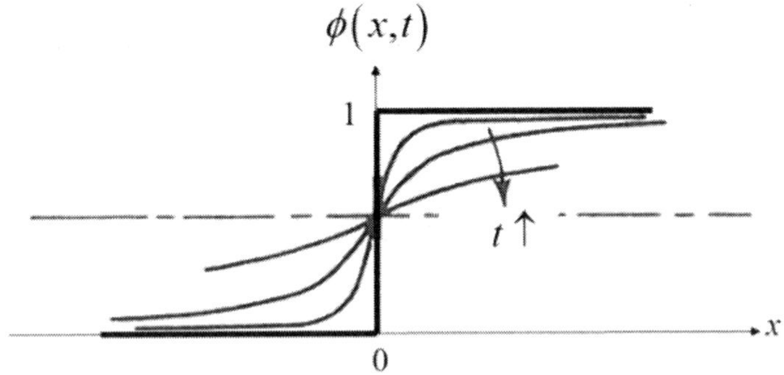

그림 5.2 초기조건이 단위 계단 함수인 경우의 $\phi(x,t)$

물론 확산의 영향은 $\nu>0$, t가 증가할 때 성립하며, 만약 $\nu<0$이거나, 또는 t가 감소한다면, ϕ_{xx}의 영향은 **음의 확산**(negative diffusion)이 되어 오히려 변화율이 증가하는 결과를 줄 것이다.

5.2 Cole-Hopf 변환

Burgers 방정식을 보존 법칙으로부터 얻기 위해 광역형 방정식으로부터 얻었던 식 (4.45)를 다시 생각하자.

$$\frac{\partial \rho}{\partial t}+\frac{\partial q}{\partial x}=0. \tag{4.45}$$

여기서 만약 $q(\rho)$가 다음과 같이 주어진다면,

$$q=Q(\rho)-\nu\rho_x,$$

이를 식 (4.45)에 대입하여 다음을 얻는다.

$$\rho_t+c(\rho)\rho_x=\nu\rho_{xx},\ c(\rho)=\frac{dQ}{d\rho}. \tag{5.23}$$

이 식에 $\frac{dc}{d\rho}=c'$을 곱하면 다음을 얻는데,

$$c'\{\rho_t+c(\rho)\rho_x\}=\nu c'\rho_{xx}, \tag{5.24}$$

이 식의 우변과 관련하여 c_{xx}에 대해 다음을 얻을 수 있으므로,

$$c_{xx}=\frac{d}{dx}(c'\rho_x)=c''\rho_x^2+c'\rho_{xx}, \tag{5.25}$$

이를 $c'\rho_{xx}$에 대해 정리하여 식 (5.24)의 우변에 대입하여 다음을 얻는다.

$$c_t+cc_x=\nu\left(c_{xx}-c''\rho_x^2\right). \tag{5.26}$$

만약 $Q(\rho)$가 2차 다항식이라면, $c'' = \dfrac{d^3 Q}{d\rho^3} = 0$이고, 또 현실적으로 $|c''| \ll 1$이므로, 다음과 같이 주어지는 Burgers 방정식은 식 (4.45)에 대해 훌륭한 근사임을 알 수 있다.

$$c_t + c c_x = \nu c_{xx} . \tag{5.27}$$

이 식은 좌변의 둘째 항 때문에 비선형 방정식이지만, Cole(1951), Hopf(1950)는 다음과 같은 변환에 의해 위 식을 선형인 확산 방정식으로 바꿀 수 있음을 보였다. **Cole-Hopf 변환**(Cole-Hopf transform)은 다음과 같이 2 단계로 진행할 수 있는데, 먼저 $c = \psi_x$로 치환하면 식 (5.27)로부터 다음을 얻으며,

$$\psi_{xt} + \psi_x \psi_{xx} = \nu \psi_{xxx} , \tag{5.28}$$

이 식을 x에 대해 적분하여 다음을 얻을 수 있다.

$$\psi_t + \frac{1}{2}\psi_x^2 = \nu \psi_{xx} . \tag{5.29}$$

다음으로 위 식에 $\psi = -2\nu \ln\phi$의 치환을 도입하면 다음을 얻으며,

$$-2\nu\frac{\phi_t}{\phi} + \frac{1}{2}\left(-2\nu\frac{\phi_x}{\phi}\right)^2 = -2\nu^2 \frac{\partial}{\partial x}\left(\frac{\phi_x}{\phi}\right) = -2\nu^2\left(\frac{\phi_{xx}}{\phi} - \frac{\phi_x^2}{\phi^2}\right), \tag{5.30}$$

이 식을 정리하여 결국 다음과 같이 $\phi(x,t)$에 대해 선형인 확산 방정식, 식 (5.2)를 얻는다.

$$\phi_t = \nu \phi_{xx} . \tag{5.2}$$

물론 위의 2 단계를 하나의 변환으로 쓰면 다음을 얻으며,

$$c = -2\nu\frac{\phi_x}{\phi} , \tag{5.31}$$

따라서 식 (5.2)에 대한 해를 얻으면, 이를 이용하여 $c(x,t)$를 구할 수 있다. 식 (5.30)에서 보인 바와 같이 비선형 치환을 이용하여 비선형 항을 상쇄시킴으로써 주어진 비선형 방정식으로부터 선형 방정식을 얻는 방법은 비선형 방정식을 푸는 유용한 방법이다. 비선형인 식 (5.27)의 해를 구하기는 쉽지 않지만, 선형인 식 (5.2)를 푸는 방법은 앞 절에서 보인 바와 같은 방법을 포함하여 다양한 방법들이 알려져 있으므로, Cole-Hopf 변환은 식 (5.27)의 해를 구하는 매우 유력한 방법으로 사용된다.

먼저 4.5절에서 특성곡선법을 사용하여 풀었던 식 (4.82)에 대한 초기치 문제에 대해 생각하면,

$$c_t + c c_x = 0, \tag{4.82}$$

$$c(x,0) = f(x), \ x \in (-\infty, \infty), \tag{4.85}$$

위 문제에 대한 연속해는 다음 결과로부터 얻을 수 있었고,

$$c(x,t) = f(\xi), \ x(t) = f(\xi)t + \xi \text{에서,} \tag{4.87}$$

또 불연속해에 대해서는 식 (4.84)에 보인 바대로 충격파의 전파 속도 U를 다음과 같이 얻었다.

$$U \equiv \dot{s} = \frac{c_1 + c_2}{2}. \tag{5.32}$$

아래에서는 Burgers 방정식, 식 (5.27)에 대해 식 (4.85)와 같은 초기조건이 주어졌을 때의 해를 Cole-Hopf 변환을 사용하여 구하기로 한다.

$$c_t + c c_x = \nu c_{xx}, \tag{5.27}$$

$$c(x,0) = f(x), \ x \in (-\infty, \infty). \tag{4.85}$$

Cole-Hopf 변환 $c = -2\nu \frac{\partial}{\partial x} \ln\phi$를 적분하여 $\phi(x,t)$에 대한 식을 다음과 같이 얻을 수 있으므로,

$$\phi(x,t) = \exp\left(-\frac{1}{2\nu}\int_{-\infty}^{x} c(\xi,t)\,d\xi\right), \tag{5.33}$$

식 (4.85)의 초기조건은 $\phi(x,t)$에 대해 다음과 같은 초기조건에 상응한다.

$$\Phi(x) \equiv \phi(x,0) = \exp\left(-\frac{1}{2\nu}\int_{-\infty}^{x} f(\xi)\,d\xi\right) = e^{-\frac{F(x)}{2\nu}},\ F(x) = \int_{-\infty}^{x} f(\xi)\,d\xi. \tag{5.34}$$

따라서 식 (5.12)의 확산 방정식에 대한 해로부터 $\phi(x,t)$를 다음과 같이 얻는다.

$$\phi(x,t) = \frac{1}{2\sqrt{\pi\nu t}}\int_{-\infty}^{\infty} \Phi(\eta)\, e^{-\frac{(\eta-x)^2}{4\nu t}}\,d\eta = \frac{1}{2\sqrt{\pi\nu t}}\int_{-\infty}^{\infty} e^{-\frac{F(\eta)}{2\nu}-\frac{(\eta-x)^2}{4\nu t}}\,d\eta. \tag{5.35}$$

이 결과를 Cole-Hopf 변환 $c = -2\nu\dfrac{\phi_x}{\phi}$에 대입하여 Burgers 방정식에 대한 해 $c(x,t)$를 다음과 같이 얻는다.

$$c(x,t) = \frac{\displaystyle\int_{-\infty}^{\infty}\frac{x-\eta}{t}E(\eta,x,t)\,d\eta}{\displaystyle\int_{-\infty}^{\infty}E(\eta,x,t)\,d\eta}, \tag{5.36}$$

$$E(\eta,x,t) \equiv e^{-\frac{G(\eta,x,t)}{2\nu}},\ G(\eta,x,t) \equiv F(\eta) + \frac{(\eta-x)^2}{2t}. \tag{5.37}$$

$\nu \to 0$일 때, 즉 확산의 영향이 점차 작아져 무시할 수 있을 때에 대한 위 식의 근사가 식 (4.87)에 보인 특성곡선법으로 구한 해와 어떤 관계에 있는지에 대해 살펴보기로 하자.

먼저 식 (5.37)에 보인 바와 같이 함수 $E(\eta,x,t)$의 지수는 다음과 같이 쓸 수 있는데,

$$-\frac{G(\eta,x,t)}{2\nu} = -\frac{1}{2\nu}\left\{F(\eta) + \frac{(\eta-x)^2}{2t}\right\}, \tag{5.38}$$

$\nu \to 0$ 일 때의 적분값은, **최대경사 하강법**(method of steepest descent)[8]에 의하면, $\dfrac{\partial G}{\partial \eta} = 0$을 만족하는 $\eta = \xi$ 부근에서의 적분값으로 근사할 수 있으며, $G(\eta, x, t)$의 $\eta = \xi$ 부근에서의 값은 다음과 같이 근사할 수 있다.

$$G(\eta,x,t) \sim G(\xi,x,t) + \left.\frac{\partial^2 G}{\partial \eta^2}\right|_{\eta=\xi} \frac{(\eta-\xi)^2}{2}. \tag{5.39}$$

단 여기서 ξ는 다음 식으로부터 얻는데,

$$\frac{\partial G}{\partial \eta} = 0, \quad \therefore \ \frac{dF}{d\eta} + \frac{\xi - x}{t} = f(\xi) + \frac{\xi - x}{t} = 0, \tag{5.40}$$

위 마지막 식을 x에 대해 정리하면 $x = f(\xi)t + \xi$가 되므로 바로 식 (4.87)로 주어지는 특성곡선을 얻음을 확인할 수 있다.

따라서 식 (5.36) 우변 분모의 적분에 대해 다음 근사를 얻는다.

$$\int_{-\infty}^{\infty} E(\eta,x,t)\,d\eta \sim E(\xi,x,t)\int_{\xi-\epsilon}^{\xi+\epsilon} e^{-\alpha(\eta-\xi)^2}\,d\eta, \ \ \alpha = \frac{1}{4\nu}\left.\frac{\partial^2 G}{\partial \eta^2}\right|_{\eta=\xi}. \tag{5.41}$$

같은 방법으로 식 (5.36) 우변 분자의 적분에 대해 다음 근사를 얻으며,

$$\int_{-\infty}^{\infty} \frac{x-\eta}{t} E(\eta,x,t)\,d\eta \sim \frac{x-\xi}{t} E(\xi,x,t)\int_{\xi-\epsilon}^{\xi+\epsilon} e^{-\alpha(\eta-\xi)^2}\,d\eta, \tag{5.42}$$

따라서 식 (5.36)의 $\nu \to 0$ 일 때의 근사에 대해 다음 결과를 얻는다.

$$c(x,t) \sim \frac{x-\xi}{t}. \tag{5.43}$$

식 (5.40)으로부터 이 식의 우변은 $f(\xi)$임을 얻으므로, 결국 연속해에 대해서는 Burgers

8) 복소 적분에 대한 최대경사 하강법은 11.4절을 참조하기 바란다.

방정식의 해에 대해 $\nu \to 0$ 일 때의 근사를 구하면, 비선형 쌍곡선형 파동 방정식의 해, 식 (4.87)과 같은 결과를 얻음을 알 수 있다.

다음으로는 4.5절에서 식 (4.82)의 약해로 얻은 불연속해, 즉 충격파의 전파 속도에 대해 구한 식 (5.32)에 대해 위에서 Burgers 방정식의 해로 얻은 식 (5.36)이 어떤 결과를 주는지에 대해 살펴보기로 하자.

Burgers 방정식의 해로 내리막 계단 함수와 그 형태가 비슷한 해를 구하기로 하면, 충격파 좌우의 파동의 크기 c_1, $c_2\,(c_1 > c_2 > 0)$가 주어진 경우, 충격파의 속도 U가 일정한 점에 착안하여, 이하에서는 먼저 $\xi = x - Ut$ 라고 할 때, Burgers 방정식의 해 중에서 $c(x,t) = c(\xi)$ 의 형태를 가지는 해를 구하기로 한다. 식 (5.27)로 주어지는 Burgers 방정식은 다음과 같이 다시 쓸 수 있다.

$$-Uc' + cc' = \nu c''. \tag{5.44}$$

여기서 $c' = \dfrac{dc}{d\xi}$, $c'' = \dfrac{d^2c}{d\xi^2}$ 을 뜻한다.

이 식을 ξ에 대해 한 번 적분하여 다음을 얻으며,

$$-Uc + \frac{1}{2}c^2 = \nu c' + a, \tag{5.45}$$

여기서 a는 적분 상수이다. $\xi \to \pm\infty$ 일 때, $c \to c_{2,1}$, $c' \sim 0$ 임을 고려하면, 이 식으로부터 다음을 얻고,

$$-Uc_1 + \frac{1}{2}c_1^2 = -Uc_2 + \frac{1}{2}c_2^2 = a, \tag{5.46}$$

이 식을 정리하여 U, a에 대해 다음을 얻는다.

$$U = \frac{c_1 + c_2}{2}, \quad a = -\frac{c_1 c_2}{2}. \tag{5.47}$$

위 첫째 식에 따르면 $c(\xi)$ 의 형태를 가지는 Burgers 방정식의 해의 전파 속도 U는 식 (5.32)로 주어지는 충격파의 전파 속도와 같음을 확인할 수 있다.

식 (5.45)는 일반적으로 다음과 같이 주어지는 비선형 1계 상미분 방정식인 Ricatti **방정**

식(Ricatti equation)의 한 형태인데,

$$\frac{dy}{dx} = \alpha(x)y^2 + \beta(x)y + \gamma(x), \tag{5.48}$$

이 식은 $y = -\dfrac{1}{\alpha}\dfrac{f'}{f}$ 의 변환, 즉 Cole-Hopf 변환에 의해 다음과 같은 선형 2계 상미분 방정식으로 변환할 수 있음은 잘 알려져 있다([연습문제 4] 참조).

$$f'' - \left(\beta + \frac{\alpha'}{\alpha}\right)f' + \alpha\gamma f = 0. \tag{5.49}$$

이제 $c(\xi)$를 구하기 위해 식 (5.45)에 Cole-Hopf 변환 $c = -2\nu\dfrac{\phi'}{\phi}$를 적용하면 식 (5.49)로부터 다음을 얻는다.

$$\phi'' + \frac{U}{\nu}\phi' - \frac{a}{2\nu^2}\phi = 0. \tag{5.50}$$

이 식에 $\phi = e^{\lambda\xi}$를 대입하여 λ에 대한 2차 방정식을 얻으며, 근의 공식을 사용하여 다음을 얻고,

$$\lambda_{1,2} = \frac{1}{2\nu}\left(-U \pm \sqrt{U^2 - 2a}\right), \tag{5.51}$$

이 식에 식 (5.47)을 대입하여 다음 식을 얻는다.

$$\begin{aligned}\lambda_{1,2} &= \frac{1}{2\nu}\left\{-\frac{c_1+c_2}{2} \pm \frac{1}{2}\sqrt{(c_1+c_2)^2 - 4c_1c_2}\right\} \\ &= \frac{1}{2\nu}\left(-\frac{c_1+c_2}{2} \pm \frac{c_1-c_2}{2}\right) = \frac{-c_m \pm c_a}{2\nu}, \quad c_m = \frac{c_1+c_2}{2}, \quad c_a = \frac{c_1-c_2}{2}.\end{aligned} \tag{5.52}$$

따라서 식 (5.50)의 해는 다음과 같이 쓸 수 있으며,

$$\phi(\xi) = e^{-\frac{c_m}{2\nu}\xi}\left(\alpha e^{\frac{c_a}{2\nu}\xi} + \beta e^{-\frac{c_a}{2\nu}\xi}\right), \tag{5.53}$$

여기서 α, β는 미정 상수이다. $\zeta = \frac{c_a}{2\nu}\xi$라고 하고, 식 (5.53)을 Cole-Hopf 변환 $c = -2\nu\frac{\phi'}{\phi}$에 대입하여 $c(\xi)$를 다음과 같이 얻는데,

$$c(\xi) = \frac{\alpha(c_m - c_a)e^{\zeta} + \beta(c_m + c_a)e^{-\zeta}}{\alpha e^{\zeta} + \beta e^{-\zeta}} = \frac{\alpha c_2 e^{\zeta} + \beta c_1 e^{-\zeta}}{\alpha e^{\zeta} + \beta e^{-\zeta}}, \tag{5.54}$$

여기서 $\alpha = \beta$로 취하면 다음을 얻는다.

$$c(\xi) = \frac{c_2 e^{\zeta} + c_1 e^{-\zeta}}{e^{\zeta} + e^{-\zeta}} = \frac{c_2(\cosh\zeta + \sinh\zeta) + c_1(\cosh\zeta - \sinh\zeta)}{2\cosh\zeta}$$

$$\therefore\ c(\xi) = c_m - c_a \tanh\zeta\,,\ \zeta = \frac{c_a}{2\nu}(x - c_m t)\,. \tag{5.55}$$

그림 5.3에 이 함수를 보였는데, 충격파의 점프에 해당하는 부분이 tanh 함수로 주어진 것에 유의한다.

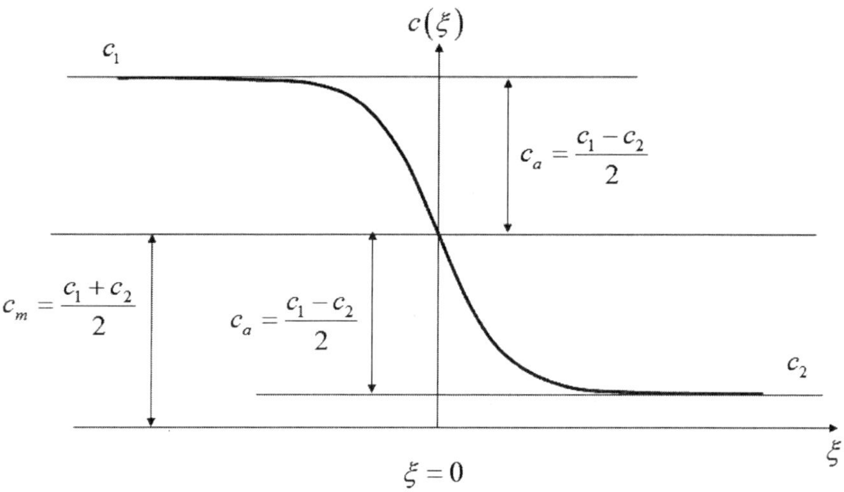

그림 5.3 확산을 고려한 ‘충격파’; 내리막 계단 함수

식 (5.55)에서 tanh 함수 앞의 부호가 − 임은, 위의 '충격파'가 내리막 계단 함수에 상응하는 것임을 나타내는데, 식 (5.55)에 대해 $\nu \to 0$의 극한을 취하면 내리막 계단 함수를 얻음을 확인할 수 있다. 한편 c_a는 '충격파'의 크기의 반이라고 볼 수 있고, 따라서 **충격파의 두께**(shock thickness) ξ_T는 $\tanh \pi = 0.9963$임을 고려하여, 위 식에서 tanh 함수의 자변수의 값이 $\pm\pi$에 해당하는 점들 사이의 거리로 정의하면 다음을 얻는다.

$$\xi_T = \frac{4\pi\nu}{c_a}. \tag{5.56}$$

이 식에 따르면 충격파의 두께는 충격파의 크기에 반비례하며, 또 $\nu \to 0$일 때, 충격파의 두께도 영으로 수렴함을 확인할 수 있다.

마지막으로 초기조건이 4.5절의 그림 4.17에 보인 바와 같이 **하나의 국부 최대값**(single hump)을 가지는 경우에 대해 생각해 보기로 한다. 이 경우에는 초기조건으로 주어진 $f(x)$를 다음과 같이 나타낼 수 있는데,

$$f(x) = c_0 + A\,\delta(x), \tag{5.57}$$

여기서 A는 곡선 $f(x)$와 직선 c_0 사이의 면적으로 다음과 같이 정의할 수 있다.

$$A = \int_{-\infty}^{\infty} \{f(x) - c_0\}\,dx. \tag{5.58}$$

한편, [연습문제 5]에서 보인 바와 같이 Burgers 방정식은 x 축의 양의 방향으로 c_0의 속도로 움직이는 좌표계에 대해서 그 형태가 바뀌지 않으므로, 식 (5.57)의 c_0는 무시하고, 다음과 같은 초기조건을 고려해도 무방하며,

$$f(x) = A\,\delta(x), \tag{5.59}$$

따라서 식 (5.34)의 $F(\eta)$는 다음과 같이 쓸 수 있다.

$$F(\eta) = \begin{cases} 0, & \eta \in (-\infty, 0), \\ A, & \eta \in (0, \infty). \end{cases} \tag{5.60}$$

이를 식 (5.35)에 대입하여 $\phi(x,t)$를 구하면 다음을 얻으며,

$$\phi(x,t) = \frac{1}{\sqrt{4\pi\nu t}}\left[\int_{-\infty}^{0} e^{-\frac{(\eta-x)^2}{4\nu t}} d\eta + e^{-\frac{A}{2\nu}}\int_{0}^{\infty} e^{-\frac{(\eta-x)^2}{4\nu t}} d\eta\right], \qquad (5.61)$$

우변의 첫째 적분은 [연습문제 3]에 보인 대로 다음과 같이 얻을 수 있고,

$$\int_{-\infty}^{0} e^{-\frac{(\xi-x)^2}{4\nu t}} d\xi = \sqrt{\pi\nu t}\left\{1 - erf\left(\frac{x}{2\sqrt{\nu t}}\right)\right\}, \qquad (5.62)$$

우변의 둘째 적분은 식 (5.20)으로부터 다음과 같으므로,

$$\int_{0}^{\infty} e^{-\frac{(\eta-x)^2}{4\nu t}} d\eta = \sqrt{\pi\nu t}\left\{1 + erf\left(\frac{x}{2\sqrt{\nu t}}\right)\right\}, \qquad (5.63)$$

이들을 대입하고, $\frac{x}{\sqrt{4\nu t}} \equiv \sigma$, $\frac{A}{2\nu} = R$이라고 하면, 다음 결과를 얻는다.

$$\begin{aligned}\phi(x,t) &= \frac{1}{2}\left[\{1 - erf(\sigma)\} + e^{-R}\{1 + erf(\sigma)\}\right] \\ &= \frac{1}{2}\left[(1 + e^{-R}) - (1 - e^{-R})erf(\sigma)\right].\end{aligned} \qquad (5.64)$$

이 결과를 Cole-Hopf 변환 $c = -2\nu\frac{\phi_x}{\phi}$에 대입하여 $c(x,t)$를 다음과 같이 얻는다.

$$c(x,t) = \sqrt{\frac{4\nu}{\pi t}}\frac{(e^R - 1)e^{-\sigma^2}}{(e^R + 1) - (e^R - 1)erf(\sigma)} = \sqrt{\frac{4\nu}{\pi t}}\frac{(e^R - 1)e^{-\sigma^2}}{2 + (e^R - 1)erfc(\sigma)}. \qquad (5.65)$$

여기서 $erfc(\sigma)$는 다음과 같이 정의되는 **상보오차 함수**(complementary error function) 이다.

$$erfc(\sigma) \equiv \frac{2}{\sqrt{\pi}} \int_{\sigma}^{\infty} e^{-\zeta^2} d\zeta = 1 - erf(\sigma). \tag{5.66}$$

위 식의 적분을 $I(\sigma)$라고 하면, 식 (5.65)의 $c(x,t)$는 다음과 같이 다시 쓸 수 있다.

$$c(x,t) = \sqrt{\frac{\nu}{t}} \frac{(e^R - 1)e^{-\sigma^2}}{\sqrt{\pi} + (e^R - 1)I(\sigma)}, \; I(\sigma) \equiv \int_{\sigma}^{\infty} e^{-\zeta^2} d\zeta. \tag{5.67}$$

Burgers 방정식의 비선형 항과 확산 항의 비를 특성치에 대해 구하면 다음을 얻는데,

$$\frac{cc_x}{\nu c_{xx}} \sim \frac{c^2 L}{\nu c L^{-2}} = \frac{cL}{\nu} \sim \frac{A}{\nu}, \tag{5.68}$$

여기서 L은 파동의 **특성 길이**(characteristic length)이다. 비선형 항은 대류 가속도에 의한 관성력을 나타내고 확산 항은 점성력을 나타낸다고 볼 수 있으므로, $R \equiv \dfrac{A}{2\nu}$은 보통 **유효 레이놀즈 수**(effective Reynolds number)라고 부른다.

따라서 $R \ll 1$인 경우에는 확산의 영향이 지배적인 경우라고 볼 수 있는데, 이때에는 식 (5.67)로부터 다음을 얻으므로,

$$c(x,t) \sim \sqrt{\frac{\nu}{\pi t}} Re^{-\sigma^2} = A \frac{e^{-\frac{x^2}{4\nu t}}}{2\sqrt{\nu \pi t}}, \tag{5.69}$$

5.1절에서 고려하였던 초기조건 중 둘째인 경우에 대한 해, 식 (5.17)에서 $x_0 = 0$인 경우와 A를 제외하면 동일함을 알 수 있다.

$R \gg 1$인 경우에 대해서는 다음 절에서 상사 변환을 소개한 후에 논의하는 것이 편리하므로 다음 절로 미루기로 한다.

다음 절에서는 상사 변환을 이용하여 먼저 확산 방정식의 해를 구하는 과정을 살펴보고, 이를 원용하여 Burgers 방정식의 해의 특성에 대해 생각하기로 한다.

5.3 상사 변환

편미분 방정식을 푸는 방법 중, 독립 변수 및 종속 변수의 적절한 조합으로 정의되는 새로운 변수들, 즉 상사 변수를 도입함으로써 주어진 편미분 방정식을 상미분 방정식으로 치환하는 방법을 **상사 변환법**(method of similarity transform)이라고 부른다.

먼저 다음에 보인 식 (5.2)로 주어진 확산 방정식에 대해 생각해 보자.

$$\phi_t = \nu \phi_{xx}\,. \tag{5.2}$$

이 식은 물리량으로는 오직 하나의 매개변수 ν를 포함하고 있으며, 양변의 동차성으로부터 ν의 차원은 L^2T^{-1}임을 얻으므로, 다음과 같은 무차원 상사 변수를 생각할 수 있으며,

$$\sigma = \frac{x}{\sqrt{4\nu t}}\,, \tag{5.70}$$

얻어지는 방정식의 형태를 고려하여 ϕ 대신 다음과 같은 종속 변수 $f(\sigma)$를 도입하기로 한다.

$$\frac{\phi(x,t)}{(4\nu t)^m} = f(\sigma). \tag{5.71}$$

ϕ_t와 ϕ_{xx}는 각각 다음과 같이 주어지므로,

$$\phi_t = m(4\nu t)^{m-1} f + (4\nu t)^m f'\,\sigma_t = (4\nu t)^m \left(\frac{m}{t} f - \frac{\sigma}{2t} f'\right), \tag{5.72}$$

$$\phi_{xx} = (4\nu t)^m f_{xx} = (4\nu t)^{m-1} f''\,, \tag{5.73}$$

이들을 식 (5.2)에 대입하여 다음을 얻는다.

$$(4\nu t)^m \left(\frac{m}{t} f - \frac{\sigma}{2t} f' - \frac{1}{4t} f''\right) = 0\,. \tag{5.74}$$

이 식을 정리하여 결국 다음과 같은 선형 상미분 방정식을 얻는다.

$$f'' + 2\sigma f' - 4mf = 0\,. \tag{5.75}$$

결과적으로 보면 만약 식 (5.71)과 같이 정의되는 함수 $f(\sigma)$를 도입하지 않고 $\phi(\sigma)$를 가정하였으면, 위 식 좌변의 마지막 항이 영이 되는 보다 간단한 결과를 얻었을 것이지만, 이 항은 차후 Burgers 방정식과 관련하여 필요에 의해 도입되었음에 유의한다.

이제 다음에 보인 식 (5.27)로 주어진 Burgers 방정식에 대해 생각하자.

$$c_t + c\,c_x = \nu\,c_{xx}\,. \tag{5.27}$$

위에서와 같은 이유로 식 (5.70)으로 주어진 무차원 변수 σ를 사용하고, c가 속도의 차원을 가지는 것과, ν의 차원이 L^2T^{-1}임에 유의하여 다음과 같은 무차원 종속 변수 $g(\sigma)$를 도입하기로 한다.

$$c(x,t) = \sqrt{\frac{\nu}{t}}\,g(\sigma),\ \ \sigma = \frac{x}{\sqrt{4\nu t}}\,. \tag{5.76}$$

c_t, c_x, c_{xx}는 각각 다음과 같이 주어지므로,

$$c_t = \sqrt{\frac{\nu}{t}}\left(-\frac{1}{2t}g - \frac{\sigma}{2t}g'\right), \tag{5.77}$$

$$c_x = \sqrt{\frac{\nu}{t}}\,\frac{1}{\sqrt{4\nu t}}g', \tag{5.78}$$

$$c_{xx} = \sqrt{\frac{\nu}{t}}\,\frac{1}{4\nu t}g'', \tag{5.79}$$

이들을 식 (5.27)에 대입하여 다음을 얻는다.

$$\sqrt{\frac{\nu}{t}}\left(-\frac{1}{2t}g - \frac{\sigma}{2t}g' + \frac{1}{2t}gg' - \frac{1}{4t}g''\right) = 0. \tag{5.80}$$

이 식을 정리하여 다음과 같은 비선형 상미분 방정식을 얻는데,

$$g'' + 2(\sigma g' + g) - 2gg' = 0, \tag{5.81}$$

이 식은 다행히 ξ에 대해 적분 가능하므로, 다음 결과를 얻고,

$$g' + 2\sigma g - g^2 = const. = -4m, \tag{5.82}$$

여기서 m은 적분 상수이며, 이 식도 비선형 상미분 방정식임에 유의한다.

위의 식 (5.82)에 대해 $g = -\dfrac{1}{\alpha}\dfrac{f'}{f} = -\dfrac{f'}{f}$의 Cole-Hopf 변환을 도입하면 Ricatti 방정식에 대한 결과, 식 (5.49)에 $\beta = -2\sigma$, $\gamma = -4m$을 대입하여 다음 결과를 얻으며,

$$f'' + 2\sigma f' - 4mf = 0, \tag{5.83}$$

이 식은 식 (5.75)와 정확히 일치한다.

위 식에서 $m = 0$를 가정하면, 다음을 얻는데,

$$\frac{f''}{f'} = \frac{d}{d\sigma}(\ln f') = -2\sigma, \tag{5.84}$$

이를 적분하여 다음 결과를 얻고,

$$f' = \beta e^{-\sigma^2}, \tag{5.85}$$

여기서 β는 상수이며, 이 식을 한 번 더 적분하여 다음을 얻는다.

$$f(\sigma) = 1 - \beta \int_{\sigma}^{\infty} e^{-\eta^2} d\eta. \tag{5.86}$$

여기서 우변의 상수 1은 Cole-Hopf 변환에서 분모의 f가 $x \to \infty$, 즉 $\sigma \to \infty$일 때 0이 되는 것을 방지하기 위해 도입되었다.

$g = -\dfrac{f'}{f}$ 의 Cole-Hopf 변환에 식 (5.85), (5.86)을 대입하고 그 결과를 식 (5.76)에 대입하면 $c(x,t)$ 를 다음과 같이 얻는다.

$$c(x,t) = -\sqrt{\frac{\nu}{t}}\,\frac{f'}{f} = -\sqrt{\frac{\nu}{t}}\,\frac{\beta e^{-\sigma^2}}{1-\beta\displaystyle\int_{\sigma}^{\infty} e^{-\eta^2}\,d\eta},\quad \sigma = \frac{x}{\sqrt{4\nu t}}. \tag{5.87}$$

이 식으로 주어지는 $c(x,t)$ 가 어떤 초기조건에 상응하는 해인지를 알아보기 위해 다음을 생각하자. Burgers 방정식을 x 에 대해 한 번 적분하면 다음을 얻으므로,

$$\frac{\partial}{\partial t}\int_{\infty}^{\infty} c\,dx + \frac{1}{2}c^2\Big|_{-\infty}^{\infty} = \nu c_x\Big|_{-\infty}^{\infty},\quad \therefore\ \frac{\partial A}{\partial t} = 0,\ A = \int_{-\infty}^{\infty} c\,dx, \tag{5.88}$$

A 는 시간에 따라 변화하지 않는 상수임을 알 수 있다. 한편 A 에 대해서는 다음 식이 성립하므로,

$$\begin{aligned} A &= \int_{-\infty}^{\infty} c\,dx = -\sqrt{\frac{\nu}{t}}\int_{-\infty}^{\infty}\frac{f'}{f}\frac{dx}{d\sigma}d\sigma \\ &= -2\nu\int_{-\infty}^{\infty}\frac{d}{d\sigma}\ln f\,d\sigma = -2\nu\ln f\Big|_{-\infty}^{\infty} = 2\nu\ln\left(1-\sqrt{\pi}\,\beta\right), \end{aligned} \tag{5.89}$$

이 식을 β 에 대해 정리하고 식 (5.68)과 관련하여 도입했던 유효 레이놀즈 수 $R \equiv \dfrac{A}{2\nu}$ 임을 고려하여 다음을 얻는다.

$$\beta = \frac{e^R - 1}{\sqrt{\pi}}. \tag{5.90}$$

이 결과를 식 (5.87)에 대입하면 다음을 얻는데,

$$c(x,t) = \sqrt{\frac{\nu}{t}}\,\frac{(e^R-1)\,e^{-\sigma^2}}{\sqrt{\pi}+(e^R-1)\displaystyle\int_\sigma^\infty e^{-\eta^2}d\eta}\,, \tag{5.91}$$

이 식은 식 (5.67)과 같은 식임을 확인할 수 있다. 다시 말하면 $m=0$인 경우에 상응하는 초기조건은 식 (5.59), $f(x)=A\,\delta(x)$로 주어짐을 알 수 있다.

앞 절에서 기술한 바와 같이, 이제 $R\gg 1$인 경우, 즉 확산의 영향이 무시할 수 있을 만큼 작을 때를 고려하여 위 식의 근사식을 얻고, 4.5절의 그림 4.17로 주어진 초기조건에 대해 그림 4.19에 보인 장시간해와 비교하기로 한다.

먼저 식 (5.91)에 포함된 ν를 $\nu=\dfrac{A}{2R}$를 이용하여 나타내기로 하고, 또 상사 변수 σ에 대해 $\nu=\dfrac{A}{2R}$를 이용하여 다음을 얻으므로,

$$\sigma = \frac{x}{\sqrt{4\nu t}} = \sqrt{R}\,\frac{x}{\sqrt{2At}} \equiv \sqrt{R}\,z,\ \ z=\frac{x}{\sqrt{2At}}\,, \tag{5.92}$$

이 결과를 식 (5.91)에 대입하여 다음을 얻는다.

$$c(x,t) = \sqrt{\frac{2A}{t}}\,\frac{1}{2\sqrt{R}}\,\frac{(e^R-1)\,e^{-Rz^2}}{\sqrt{\pi}+(e^R-1)\displaystyle\int_{\sqrt{R}z}^\infty e^{-\eta^2}d\eta} = \sqrt{\frac{2A}{t}}\,C(R,z)\,, \tag{5.93}$$

$$C(R,z) = \frac{1}{2\sqrt{R}}\,\frac{(e^R-1)\,e^{-Rz^2}}{\sqrt{\pi}+(e^R-1)I(\sqrt{R}z)}\,,\ \ I(\sqrt{R}z) = \int_{\sqrt{R}z}^\infty e^{-\eta^2}d\eta. \tag{5.94}$$

여기서 $C(R,z)$는 무차원이다.

이 식에 대해 $R\gg 1$의 조건을 적용하면 다음을 얻는데,

$$C(R,z) \sim \frac{1}{2\sqrt{R}}\,\frac{e^{R(1-z^2)}}{\sqrt{\pi}+e^R I(\sqrt{R}z)}\,, \tag{5.95}$$

이 식에 포함된 $I(\sqrt{R}z)$가 z의 부호, 크기에 따라 다른 값을 가지므로, 아래에서는 다음 각 경우에 대해 생각하기로 한다.

1) $z<0$,

[연습문제 6]에 보인 바와 같이 $I(\sqrt{R}z)$에 대해 다음을 얻으므로,

$$I(\sqrt{R}z) \sim I(-\infty) = \sqrt{\pi}\,, \tag{5.96}$$

식 (5.95)로부터 다음을 얻는다.

$$C(R,z) \sim \frac{1}{2\sqrt{R}} \frac{e^{R(1-z^2)}}{\sqrt{\pi}\,e^R} = \frac{e^{-Rz^2}}{2\sqrt{\pi R}}\,. \tag{5.97}$$

그러므로 $C(R,z)$는 전반적으로 매우 작으며, $|z|$가 증가함에 따라 매우 급격하게 감소하는 함수이다.

2) $z>0$,

[연습문제 6]에 보인 바와 같이 $I(\sqrt{R}z)$에 대해 다음을 얻으므로,

$$I(\sqrt{R}z) \sim I(\infty) \sim \frac{e^{-Rz^2}}{2z\sqrt{R}}\,, \tag{5.98}$$

식 (5.95)로부터 다음을 얻는다.

$$C(R,z) \sim \frac{z}{2z\sqrt{\pi R}\,e^{R(z^2-1)}+1}\,. \tag{5.99}$$

이 식에 따르면 $C(R,z)$는 z의 크기에 따라 아래에 보인 바와 같이 각각 다른 식으로 표현된다.

a) $z \in (0,1)$일 때는 다음과 같고,

$$C(R,z) \sim \frac{z}{2z\sqrt{\pi R}\,e^{-R}+1} \sim z\,, \tag{5.100}$$

따라서 식 (5.93)으로부터 $c(x,t)$는 다음과 같이 얻는다.

$$c(x,t) = \sqrt{\frac{2A}{t}}\,C(R,z) \sim \sqrt{\frac{2A}{t}}\,\frac{x}{\sqrt{2At}} = \frac{x}{t},\;\; x \in \left(0, \sqrt{2At}\right). \tag{5.101}$$

지금 생각하는 문제에서 $c_0 = 0$이므로 식 (4.95)로부터 $s(t) = \sqrt{2At}$를 얻으며, 따라서 식 (5.101)은 4.5절에서 충격파에 대해 얻었던 결과, 식 (4.88)과 일치하고 있음을 알 수 있다. 주어진 t에 대해 $c(x,t)$는 x에 따라 선형적으로 증가하므로 $z=1$, 즉 $x = \sqrt{2At}$에서의 c의 값은 $\sqrt{\frac{2A}{t}}$, 또 C의 값은 1이 되고, 직선 c 아래의 면적에 대해 A를 얻으며, 충격파의 전파 속도 $\dot{s} = \frac{d}{dt}\sqrt{2At} = \sqrt{\frac{A}{2t}}$를 얻어, 4.5절에서 얻었던 것과 모두 일관된 결과를 얻는다.

b) $z \in (1, \infty)$일 때는 다음과 같고,

$$C(R,z) \sim \frac{z}{2z\sqrt{\pi R}\,e^{Rz^2}} \sim \frac{e^{-Rz^2}}{2\sqrt{\pi R}}\,, \tag{5.102}$$

이 식은 위의 식 (5.97)과 같으므로, $C(R,z)$는 $z<0$일 때와 마찬가지로 전반적으로 매우 작으며, $|z|$가 증가함에 따라 매우 급격하게 감소한다.

c) $z=0$ 부근에 대해서는 식 (5.95)로부터 다음을 얻으므로,

$$C(R,z) \sim \frac{1}{2\sqrt{R}}\,\frac{1}{I(\sqrt{R}\,z)}\,, \tag{5.103}$$

$z=0$ 부근에서의 C 값은 $|z| = O(R^{-1/2})$에 걸쳐 상당히 변화할 것을 알 수 있다([연습문제 7] 참조).

d) $z=1$ 부근에 대해서는 $1-z^2=(1-z)(1+z)\sim 2(1-z)$를 이용하여 식 (5.95)로부터 다음을 얻으므로,

$$C(R,z)\sim \frac{1}{2\sqrt{\pi R}}\,e^{-2R(z-1)}, \tag{5.104}$$

$z=1$ 부근에서의 C 값은 $|z-1|=O(R^{-1})$에 걸쳐 상당히 변화할 것을 알 수 있다([연습문제 8] 참조).

위에서 얻은 결과들을 종합하여 $R\gg 1$인 경우에 대해 식 (5.94)로 정의된 함수 $C(R,z)$의 변화를 그림 5.4에 보였으며, 확산의 영향을 고려하지 않았을 때 충격파로 얻어졌던 해가 확산을 고려함으로써 어떻게 변화하는지를 확인할 수 있다.

이상으로 비교적 간단한 초기조건들에 대해 Burgers 방정식의 해를 얻고, 확산의 영향이 매우 작을 때에 대한 근사해를 유도하여 확산을 고려하지 않고 얻은 불연속해, 즉 충격파의 여러 가지 특성과 비교함으로써 불연속해의 도입이 물리적으로도 타당함을 보였다.

하지만 보다 복잡한 초기조건에 대해서는 확산의 영향에 의해 무시하기 힘든 보정항들이 얻어지는 것을 보일 수 있으며, 이와 같은 경우에는 충격파의 정의, 도입 등에 보다 큰 주의를 기울여야 한다. 이와 같은 문제들에 대해서는 Whitham(1974)[1]을 참조하기 바란다.

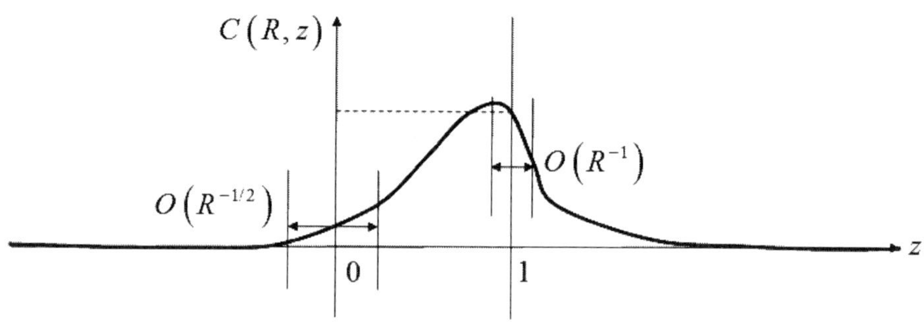

그림 5.4 확산을 고려한 '충격파'; 하나의 국부 최대값을 가지는 초기조건

연습문제

1. 식 (5.10)의 피적분 함수의 지수에 대해 다음 치환을 도입하여,

$$\nu k^2 t - ik(x-\xi) = \left\{k\sqrt{\nu t} + \frac{i(\xi - x)}{2\sqrt{\nu t}}\right\}^2 + \frac{(\xi - x)^2}{4\nu t} = \kappa^2 + \zeta^2, \tag{연5.1}$$

$$\kappa = k\sqrt{\nu t} + \frac{i(\xi - x)}{2\sqrt{\nu t}}, \ \zeta = \frac{\xi - x}{2\sqrt{\nu t}}, \tag{연5.2}$$

다음 결과를 얻고,

$$U(x-\xi, t) = \frac{e^{-\zeta^2}}{2\pi\sqrt{\nu t}} \int_{-\infty + i\zeta}^{\infty + i\zeta} e^{-\kappa^2} d\kappa, \tag{연5.3}$$

이 식으로부터 [연습문제 6]에서 얻는 다음 결과를 이용하여

$$\int_{-\infty + i\zeta}^{\infty + i\zeta} e^{-\kappa^2} d\kappa = \int_{-\infty}^{\infty} e^{-\kappa^2} d\kappa = \sqrt{\pi}, \tag{연5.4}$$

식 (5.11)을 얻음을 보이시오.
단 식 (연5.4)는 그림 연5.1에 보인 것과 같은 적분 경로를 취하고 피적분 함수가 적분 경로 안에서 정칙임을 이용하여 얻는다.

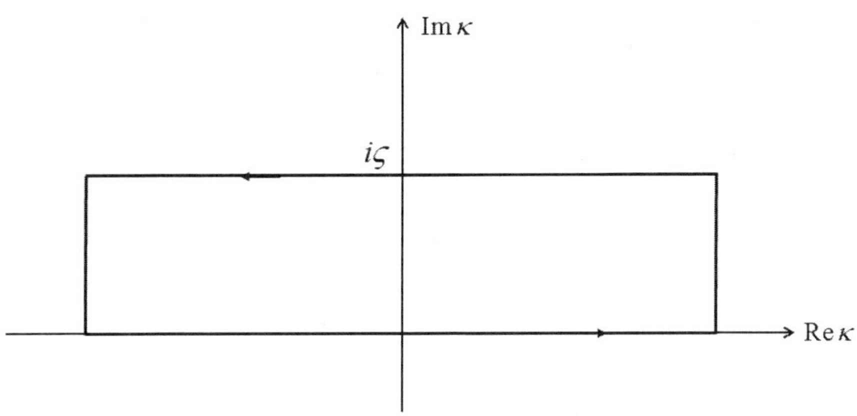

그림 연 5.1 식 (연5.4)에 대한 적분 경로

2. 식 (5.15) 좌변의 적분에 대해 다음 치환을 사용하고,

$$\frac{\xi - x}{2\sqrt{\nu t}} = \zeta, \tag{연5.5}$$

식 (연5.4)의 둘째 등호로 주어지는 관계를 이용하여 식 (5.15)를 얻음을 보이시오.

3. 식 (5.20) 좌변의 적분에 식 (연5.5)의 치환을 도입하여 다음을 얻으므로,

$$\int_0^\infty e^{-\frac{(\xi - x)^2}{4\nu t}} d\xi = 2\sqrt{\nu t}\int_{-x/2\sqrt{\nu t}}^\infty e^{-\zeta^2} d\zeta, \tag{연5.6}$$

이 식 우변의 적분 구간을 음과 양인 구간으로 나누고 식 (5.21)에 보인 오차 함수를 이용하여 식 (5.20)을 얻음을 보이시오. 또 같은 방법을 사용하여 식 (5.62)를 얻음을 보이시오.

4. 비선형 1계 상미분 방정식인 Ricatti 방정식, 식 (5.48)에 Cole-Hopf 변환, $y = -\frac{1}{\alpha}\frac{f'}{f}$ 을 도입하여 선형 2계 상미분 방정식인 식 (5.49)를 얻음을 보이시오.

5. 식 (5.27)로 주어진 Burgers 방정식에 대해 다음 치환을 도입하면,

$$(x, t, c) \to (X, t, C) = (x - c_0 t,\ T, c - c_0), \tag{연5.7}$$

$C(X, T)$에 대해 다음 방정식을 얻으므로,

$$C_T + CC_X = \nu C_{XX}, \tag{연5.8}$$

Burgers 방정식은 x 축의 양의 방향으로 c_0 의 속도로 움직이는 좌표계에 대해서 그 형태가 바뀌지 않는다고 할 수 있음을 보이시오.

6. 다음 적분 I에 대해,

$$I = \int_{-\infty}^{\infty} e^{-x^2} dx, \tag{연5.9}$$

다음과 같이 I^2 을 고려하고,

$$I^2 = \int_{-\infty}^{\infty} e^{-x^2} dx \int_{-\infty}^{\infty} e^{-y^2} dy, \tag{연5.10}$$

$x^2 + y^2 = r^2$, $dx\,dy = r\,dr\,d\theta$ 를 이용하여 다음을 얻으시오.

$$I^2 = \pi \int_0^{\infty} e^{-r^2} dr^2 = \pi. \tag{연5.11}$$

또한 식 (5.66)으로 정의된 상보오차 함수와 관련된 다음 적분 $I(\zeta)$ 에 대해,

$$I(\zeta) = \frac{\sqrt{\pi}}{2} erfc(\zeta) = \int_{\zeta}^{\infty} e^{-x^2} dx, \ \zeta \gg 1, \tag{연5.12}$$

$x^2 = \xi$ 의 치환을 사용한 뒤, 부분 적분에 의해 다음을 얻으므로,

$$I(\zeta) = \frac{1}{2} \int_{\zeta^2}^{\infty} e^{-\xi} \frac{d\xi}{\sqrt{\xi}} = \frac{e^{-\zeta^2}}{2\zeta} - \frac{1}{4} \int_{\zeta^2}^{\infty} \frac{e^{-\xi}}{\xi^{3/2}} d\xi, \tag{연5.13}$$

$\zeta \to \infty$ 에 대해 다음 결과를 얻음을 보이시오.

$$I(\zeta) \sim \frac{e^{-\zeta^2}}{2\zeta}. \qquad \text{(연5.14)}$$

7. 오차 함수에 대한 표를 사용하여 $erfc(1) = 0.1573$를 얻고, 또 식 (연5.9)로 정의된 $I = \sqrt{\pi}$ 임을 이용하여 $erfc(0) = 1$ 임을 얻으므로, 식 (5.103)과 관련하여 $z = 0$ 일 때에 비해 $z = R^{-1/2}$일 때, C의 값이 $[erfc(1)]^{-1} = 6.357$ 배 증가함을 보이시오.

8. 식 (5.104)와 관련하여 $z = 1$ 일 때에 비해 $|z-1| = R^{-1}$ 일 때, C의 값이 $e^{-2} = 0.1353$ 배 감소함을 보이시오.

6 기체동역학

4장에서는 하나의 미지 함수에 대한 쌍곡선형 1계 비선형 편미분 방정식의 해를 특성곡선법을 사용하여 구하는 방법과 약해의 개념을 도입하여 충격파를 해로 허용할 수 있는 것을 보였다. 한편, 실제적으로 다루어야 하는 상당히 많은 문제들은 둘 이상의 미지 함수에 대한 연립된 비선형 편미분 방정식 계를 풀어서 해를 구해야 하는데, 이에 대한 일반적인 이론을 전개할 수도 있겠지만, 여기서는 **기체동역학**(gas dynamics)의 문제를 고려함으로써 그와 같은 계를 푸는 방법을 보이고 또 실제 문제에 대한 소개도 겸하고자 한다.

1절에서는 기체동역학의 기본 방정식들에 대해 논의하고, 2절에서는 기본적으로 매우 중요한 개념 중의 하나인 **리만 불변량**(Riemann invariants)에 대해 소개하기로 하며, 3절에서는 리만 불변량의 사용과 관련하여 가장 간단한 예인 피스톤 문제를 생각하기로 한다.

6.1 기본 방정식

논의의 편의를 위해 1차원 유동을 가정하면, 구해야 할 물리적 변수들은 공간 x와 시간 t의 함수로 나타낼 수 있다. 주요 변수는 밀도 ρ, 속도 u, 압력 p와 내부 에너지 e로 잡을 수 있는데, 따라서 네 개의 독립적인 식이 필요하며, 이하에서 중력의 영향은 무시하기로 한다.

압축성 유체에 대한 질량 보존 법칙에 의해 다음을 얻으며,

$$\rho_t + (\rho u)_x = 0, \tag{6.1}$$

비점성 유체에 대한 운동량 보존 법칙에 의해 다음을 얻고,

$$(\rho u)_t + (\rho u u)_x = - p_x, \tag{6.2}$$

외부와의 열전달이 없다는 가정 아래 에너지 보존 법칙에 의해 다음을 얻는다.

$$\left[\rho\left(\frac{u^2}{2}+e\right)\right]_t+\left[\rho\left(\frac{u^2}{2}+e\right)u\right]_x=(-pu)_x. \tag{6.3}$$

위 세 식의 공통점은 보존되는 양의 시간에 대한 변화율, 즉 보존량의 **국부**(local) 변화율과, 보존량의 **플럭스**(flux)의 공간에 대한 변화율의 합이 영, 압력에 의한 힘 또는 일과 등치되어 있는 형태를 가지고 있다는 점이다. 여기서 플럭스는 질량에 대해서는 ρu, 운동량에 대해서는 ρuu, 에너지에 대해서는 $\rho\left(\frac{u^2}{2}+e\right)u$로 주어져, 보존량, 즉 단위 체적 당 질량, 운동량, 에너지에 속도 u가 곱해진 양이다. 이들 식의 유도에 대한 보다 자세한 사항은 Liepmann & Roshko(1957)[10]을 참조하기 바란다.

보존 법칙에 의해 주어진 위의 세 식을 쌍곡선형 파동에 대한 식으로 다시 쓰면, 식 (6.1)로부터 좌변 둘째 항을 전개하여 다음을 얻고,

$$\rho_t+u\rho_x+\rho u_x=0, \tag{6.4}$$

식 (6.2)를 전개하고 식 (6.1)을 이용한 후, ρ로 나누어 주어 다음을 얻으며,

$$u_t+uu_x+\frac{p_x}{\rho}=0, \tag{6.5}$$

또 식 (6.3)을 전개하고 식 (6.1), 식 (6.4)를 이용한 후, ρ로 나누어 주어 다음을 얻는다.

$$e_t+ue_x+\frac{p}{\rho}u_x=0. \tag{6.6}$$

위의 세 식은 모두 **파동 연산자**(wave operator) $\partial_t+u\partial_x$의 형태를 포함하는 좌변을 가진다는 점에 유의한다.

u의 속도로 움직이는 유체 입자가 가진 성질을 그 입자를 따라가며 변화율 $\frac{d}{dt}$를 구하면 다음을 얻으며,

$$\frac{d}{dt} = \frac{\partial}{\partial t} + u\frac{\partial}{\partial x}, \tag{6.7}$$

여기서 $\frac{d}{dt}$ 는 입자 미분 연산자 또는 **입자 미분**(particle 또는 material differentiation)이라고도 부른다. 따라서 입자 미분은 동시에 파동 연산자로 볼 수도 있으며, 입자 미분을 사용하여 식 (6.4), (6.5), (6.6)을 나타내면 ρ, u, e에 대해 입자를 따라가며 고려한 변화율이 각각 ρ, u, p와 어떤 상호 작용을 주고받으며 변화하는지를 기술하는 식을 얻음에 유의한다.

네 개의 주요 변수에 대해 세 개의 식만 얻었으므로, 아직 하나의 식이 더 필요한데, 먼저 다음을 생각하기로 하자. 식 (6.4)를 u_x에 대해 정리하고, 그 식을 식 (6.6)에 대입하면 다음을 얻으며,

$$\frac{de}{dt} + \frac{p}{\rho^2}\left(-\frac{d\rho}{dt}\right) = \frac{de}{dt} + p\frac{d}{dt}\left(\frac{1}{\rho}\right) = \frac{de}{dt} + p\frac{dv}{dt} = 0, \tag{6.8}$$

여기서 $v = \frac{1}{\rho}$ 로 **비체적**(specific volume)이다.

따라서 다음을 얻는데,

$$de + p\,dv = 0, \tag{6.9}$$

미적분학(Calculus)의 적분 인자에 대한 **Pfaff 정리**(Pfaff's theorem)에 따르면 위의 식 좌변에 대해 다음과 같은 성질을 만족하는 함수 T, s가 존재한다.

$$de + p\,dv = Tds\,. \tag{6.10}$$

여기서 $T = T(\rho, p)$, $s = s(\rho, p)$ 이며, T는 **절대 온도**(absolute temperature), s는 **엔트로피**(entropy)라고 부른다. 위 식과 관련하여 강조하고 싶은 것은 식 (6.10)은 보통 열역학적 관계로 생각되지만 적분 인자에 관한 수학적 관계로부터 얻어졌다는 점이다. 식 (6.10)의 좌변은 물리적으로는 단위 질량의 기체에 미소 에너지를 더할 때 발생하는 내부 에너지의 증가와 체적 증가에 따른 일의 합을 나타내며, 식 (6.10)은 그와 같은 에너지와 일의 합은 하나의 물리량, 즉 엔트로피의 변화량과 절대 온도의 곱으로 주어진다는 것을 뜻한다.

따라서 식 (6.9)와 (6.10)으로부터 $Tds=0$을 얻는데, 이 식에 따르면, 만약 유동의 초기에 유동장의 모든 곳에서 s가 동일한 값을 가지고 있었다면, $t>0$인 모든 t에 대해 유동장 내부의 모든 점에서 s는 같은 값을 가져야 하며, 이와 같은 유동은 **등엔트로피**(isentropic) 또는 **단열**(adiabatic) 유동이라고 부른다.

이제 **이상기체**(ideal gas)를 가정하고, **상태 방정식**(equation of state)을 도입하면 다음과 같은데,

$$p=R\rho T, \tag{6.11}$$

여기서 R은 **기체 상수**(gas constant)이고, T는 절대 온도로 잰 온도이다. 하지만 이 식은 위에서 말한 네 개의 변수에 포함되지 않는 T를 포함하고 있으므로, 하나의 식이 더 필요하다는 점에는 변화가 없다.

식 (6.10)을 T로 나누고 식 (6.11)과 $v=\dfrac{1}{\rho}$을 대입한 뒤 정리하면 다음을 얻고,

$$ds=\frac{de}{T}+\frac{p}{T}dv=\frac{de}{T}+R\rho d\left(\frac{1}{\rho}\right)=\frac{de}{T}-R\frac{d\rho}{\rho}=\frac{de}{T}-Rd(\ln\rho), \tag{6.12}$$

따라서 다음 관계를 얻는데,

$$\frac{de}{T}=ds+Rd(\ln\rho)=d(s+R\ln\rho), \tag{6.13}$$

여기서 우변은 **전미분**(total differential 또는 exact differential)이므로 [연습문제 1]에 보인 바와 같이, e는 T만의 함수로 주어져야 하며, 즉 $e=e(T)$임을 얻는다.

따라서 **정적 과정**(constant volume process)에 대해서는 다음이 성립하고,

$$de=C_v\,dT, \tag{6.14}$$

여기서 C_v는 **정적 비열**(specific heat for constant volume process)이며, 또 **엔탈피**(enthalpy) h를 다음과 같이 정의하면,

$$h=e+\frac{p}{\rho}, \tag{6.15}$$

정압 과정(constant pressure process)에 대해서는 다음이 성립하는데,

$$dh = C_p dT, \tag{6.16}$$

여기서 C_p는 **정압 비열**이다. 이 식의 좌변은 식 (6.15)의 정의를 이용하고, 이상기체에 대한 상태 방정식, 식 (6.11)을 사용하여 다음과 같이 나타낼 수 있으므로,

$$dh = de + d\left(\frac{p}{\rho}\right) = de + R dT = (C_v + R) dT, \tag{6.17}$$

이 식과 식 (6.16)을 비교하여 다음을 얻는다.

$$C_p = C_v + R. \tag{6.18}$$

여기서 **비열비**(ratio of specific heats) γ를 다음과 같이 정의하면,

$$\gamma \equiv \frac{C_p}{C_v} = 1 + \frac{R}{C_v}, \tag{6.19}$$

이 식으로부터 $\gamma > 1$이 항상 성립함을 알 수 있다. 실제로 공기에 대해서는 $\gamma = 1.4$를 사용하여도 무방하다고 알려져 있다.

식 (6.14)와 (6.16)으로부터 비열이 상수인 이상기체에 대해서는 다음과 같이 쓸 수 있으므로,

$$e = C_v T, \ h = C_p T, \tag{6.20}$$

원래 고려하였던 네 개의 주요 변수 중, e를 ρ와 p의 함수로 다음과 같이 얻을 수 있어,

$$e = C_v T = \frac{C_v}{R} \frac{p}{\rho} = \frac{1}{\gamma - 1} \frac{p}{\rho}, \tag{6.21}$$

주요 변수의 수는 ρ, u, p의 세 개로 줄어든다.

나아가 식 (6.12)의 셋째 등호 다음의 관계에 대해 식 (6.14)를 이용하여 다음을 얻고,

$$ds = \frac{de}{T} - R\frac{d\rho}{\rho} = C_v\frac{dT}{T} - R\frac{d\rho}{\rho}, \tag{6.22}$$

또 이상기체에 대한 상태 방정식, 식 (6.11) 양변의 미분을 취하고 좌변은 p, 우변은 $R\rho T$로 각각 나누어 주면 다음을 얻는데,

$$\frac{dp}{p} = \frac{dT}{T} + \frac{d\rho}{\rho}, \tag{6.23}$$

이 식을 식 (6.22)에 대입하여 T를 소거하면 다음을 얻는다.

$$\begin{aligned} ds &= C_v\frac{dT}{T} - R\frac{d\rho}{\rho} = C_v\left(\frac{dp}{p} - \frac{d\rho}{\rho}\right) - R\frac{d\rho}{\rho} \\ &= C_v\frac{dp}{p} - C_p\frac{d\rho}{\rho} = C_v\left(\frac{dp}{p} - \gamma\frac{d\rho}{\rho}\right) = C_v\, d\ln\left(\frac{p}{\rho^\gamma}\right). \end{aligned} \tag{6.24}$$

따라서 **등엔트로피 과정**(isentropic process)의 가정, $ds = 0$을 사용하면 이 식으로부터 다음을 얻는데,

$$\frac{p}{\rho^\gamma} = const. = \kappa, \tag{6.25}$$

다시 말하면, p를 ρ만의 함수로 얻었으므로, 주요 변수는 ρ, u로 두 개만 남게 되었다. $p = p(\rho)$로 볼 수 있는 과정은 **폴리트로픽**(polytropic)하다고 한다.

따라서 비열이 상수인 이상기체에 대해서는 식 (6.25)를 식 (6.5)에 대입하여 다음을 얻으므로,

$$u_t + uu_x + \frac{dp}{d\rho}\frac{\rho_x}{\rho} = u_t + uu_x + a^2(\rho)\frac{\rho_x}{\rho} = 0, \tag{6.26}$$

$$a^2 = \frac{dp}{d\rho} = \gamma\kappa\rho^{\gamma-1} = \gamma\frac{p}{\rho} = \gamma RT, \tag{6.27}$$

식 (6.4)와 (6.26)이 ρ와 u에 대한 두 개의 방정식이 되어 이들이 풀어야 하는 문제가 된다.
식 (6.27)로 정의된 a의 차원을 생각하면 다음을 얻는데,

$$[a] = \left(\frac{F}{L^2}\frac{L^3}{M}\right)^{1/2} = (L^2\tau^{-2})^{1/2} = L\tau^{-1}, \tag{6.28}$$

여기서 τ는 온도 T와 구분하기 위해 사용된 시간 차원을 뜻하며, 따라서 a는 속도의 차원을 가지고, 통상 미소 압력의 전파 속도, 또는 **음속**(sound speed)이라고 부른다.

6.2 리만 불변량

앞 절에서 얻은 ρ와 u에 대한 두 개의 편미분 방정식, 압축성 유체에 대한 질량 보존 법칙으로부터 얻은 식 (6.4)와 이상기체의 등엔트로피 과정에 대한 운동량 보존 법칙으로부터 얻은 (6.26)을 아래에 다시 보였다.

$$\rho_t + u\rho_x + \rho u_x = 0, \tag{6.4}$$

$$u_t + uu_x + a^2(\rho)\frac{\rho_x}{\rho} = 0. \tag{6.26}$$

Earnshaw(1858){8}는 이 식들을 푸는데 있어 먼저 식 (6.26)으로부터 $u = U(\rho)$를 얻어낼 수 있는지에 대해 질문하였다. 만약 $u = U(\rho)$가 성립한다면, 이를 위 식들에 대입하면 다음 식들을 얻을 수 있는데,

$$\rho_t + u\rho_x + \rho U' \rho_x = 0, \tag{6.29}$$

$$U'(\rho_t + u\rho_x) + a^2(\rho)\frac{\rho_x}{\rho} = 0, \;\; \therefore \; \rho_t + u\rho_x + \frac{a^2}{\rho U'}\rho_x = 0, \tag{6.30}$$

식 (6.29)와 (6.30) 둘째 식의 좌변이 서로 같기 위해서는 다음이 성립해야 한다.

$$\rho U' = \frac{a^2}{\rho U'}, \;\; \therefore \; U' = \pm\frac{a}{\rho}. \tag{6.31}$$

이 식의 마지막 결과를 ρ에 대해 한 번 적분하여 다음 관계를 얻는데,

$$\begin{aligned} U(\rho) &= \pm\int\frac{a}{\rho}d\rho = \pm\int\frac{\sqrt{\gamma\kappa\rho^{\gamma-1}}}{\rho}d\rho = \pm\sqrt{\gamma\kappa}\int\rho^{(\gamma-3)/2}d\rho \\ &= \pm\frac{2}{\gamma-1}\sqrt{\gamma\kappa\rho^{\gamma-1}} + const. = \pm\frac{2}{\gamma-1}(a-a_0), \end{aligned} \tag{6.32}$$

여기서 둘째 및 마지막 등호는 식 (6.27)을 사용하여 얻었으며, 하첨자 0은 평형 상태에 대한 양임을 뜻하고, 상수인 a_0는 $\rho = \rho_0$일 때의 a의 값으로, 평형 상태에 대해서는 $u = U = 0$이 되도록 정하였다. 오른쪽으로 움직이는 파동의 a에 대해서 다음을 얻으며,

$$a = a_0 + \frac{\gamma - 1}{2} u = a_0 + \alpha u \,, \ \alpha = \frac{\gamma - 1}{2} \,, \tag{6.33}$$

공기에 대해서는 $\gamma = 1.4$를 사용할 수 있으므로, $\alpha = \frac{1}{5}$이며, 이 식에 따르면 공기 중에서 유체 입자의 속도 u가 영이 아닐 경우, 그 때의 음속은 평형 상태에서의 음속에 비해 $\frac{u}{5}$만큼 증가하는 것을 알 수 있다.

한편 식 (6.32)는 다음과 같이 다시 쓸 수 있는데,

$$U(\rho) = \pm \frac{2a_0}{\gamma - 1}\left(\frac{a}{a_0} - 1\right) = \pm \beta a_0\left(\frac{a}{a_0} - 1\right), \ \beta = \alpha^{-1} = \frac{2}{\gamma - 1} \,, \tag{6.34}$$

$\frac{a}{a_0}$에 대해서는 식 (6.27)로부터 다음을 얻으므로,

$$\frac{a}{a_0} = \sqrt{\left(\frac{\rho}{\rho_0}\right)^{\gamma - 1}} = \left(\frac{\rho}{\rho_0}\right)^{\frac{\gamma - 1}{2}} = \left(\frac{\rho}{\rho_0}\right)^{\alpha}, \tag{6.35}$$

이를 식 (6.34)에 대입하여 다음을 얻는다.

$$u = U(\rho) = \pm \beta a_0 \left\{ \left(\frac{\rho}{\rho_0}\right)^{\alpha} - 1 \right\}. \tag{6.36}$$

따라서 이제 ρ를 알면 식 (6.36)으로부터 u를, 식 (6.25)로부터 p를, 식 (6.21)로부터 e를 구할 수 있으므로, 식 (6.29) 또는 (6.30)으로부터 얻는 다음 식을 풀어 ρ를 구하는 일만 남았다.

$$\rho_t + (u \pm a)\rho_x = 0. \tag{6.37}$$

이 식에 따르면 파동 ρ의 전파 속도는 $u \pm a$이므로, 밀도의 변화는 유체 입자의 속도에 비해 상대적으로 ±음속으로 전파됨을 알 수 있다.

u에 대한 식 (6.26) 좌변 셋째 항과 관련하여 ρ_x에 대해 생각하면, 식 (6.36)은 $u = U(\rho)$를 주는 식이지만, $\rho = \rho(u)$를 주는 식으로도 볼 수 있으므로, ρ_x는 다음과 같이 나타낼 수 있다.

$$\rho_x = \frac{d\rho}{du}u_x = \frac{u_x}{U'} = \frac{\rho u_x}{a}. \tag{6.38}$$

여기서 셋째 등호를 얻기 위해 식 (6.31)의 마지막 식에서 편의 상 + 부호만을 취한 관계를 이용하였다. 이 식을 식 (6.26)에 대입하여 오른쪽으로 움직이는 파동에 대해 다음을 얻는데,

$$u_t + (u + a)u_x = 0, \tag{6.39}$$

속도의 변화 역시 밀도의 변화와 같은 속도로 전파됨을 확인할 수 있다.

한편, 식 (6.33)을 식 (6.39)에 대입하여 오른쪽으로 움직이는 파동에 대해 다음을 얻으므로,

$$u_t + \{a_0 + (1+\alpha)u\}u_x = 0, \ \alpha = \frac{\gamma - 1}{2}, \tag{6.40}$$

파동 u의 전파 속도는 $a_0 + (1+\alpha)u$로도 나타낼 수 있으며, 공기에 대해서는 평형 상태에서의 음속보다 $1.2u$만큼 큰 값을 가진다.

초기조건과 관련하여 한 가지 첨언할 사항은 ρ, u에 대한 초기조건이 주어질 경우, 그들이 식 (6.36)을 만족하지 않는 경우에는 그와 같은 초기조건을 만족하는 해는 존재할 수 없다는 점이다.

Rimann(1858){9}은 위에서 고려한 ρ와 u에 대한 두 개의 식 대신, a와 u를 미지 함수로 간주하여 문제를 풀었는데, 아래에서는 그의 생각에 따라 해를 구하는 과정을 살펴보기로 한다.

$a = a(\rho)$라고 가정하여, $a' = \dfrac{da}{d\rho}$를 식 (6.4)에 곱해주고 정리하면 다음을 얻으며,

$$a'(\rho_t + u\rho_x) + \rho a' u_x = a_t + ua_x + \rho a' u_x = 0, \tag{6.41}$$

식 (6.27)로부터 다음 관계를 얻으므로,

$$2ada = (\gamma - 1)\frac{a^2}{\rho}d\rho, \ \therefore \rho\frac{da}{d\rho} = = \frac{\gamma - 1}{2}a = \alpha a, \tag{6.42}$$

이를 식 (6.41)에 대입하여 a에 대한 식을 다음과 같이 얻는다.

$$a_t + u a_x + \alpha a u_x = 0, \ \alpha = \frac{\gamma - 1}{2}. \tag{6.43}$$

한편 식 (6.33)으로부터 $a_x = \alpha u_x$를 얻으며, 이를 식 (6.39)에 대입하여 u에 대한 식을 다음과 같이 얻는다.

$$u_t + u u_x + a u_x = u_t + u u_x + \beta a a_x = 0, \ \beta = \alpha^{-1} = \frac{2}{\gamma - 1}. \tag{6.44}$$

식 (6.43)과 (6.44)를 만족하는 해를 구하기 위해 다음과 같은 두 식의 선형 조합을 고려하는데,

$$\lambda(a_t + u a_x + \alpha a u_x) + (u_t + u u_x + \beta a_x) = 0, \tag{6.45}$$

여기서 λ는 미정 상수이다. 식 (6.45)는 다음과 같이 다시 쓸 수 있으며,

$$\lambda\{a_t + (u + \lambda^{-1}\beta a)a_x\} + \{u_t + (u + \lambda\alpha a)u_x\} = 0, \tag{6.46}$$

이제 위 식의 ( ) 안의 양들이 같도록 λ를 결정하면 다음을 얻고,

$$\lambda^{-1}\beta = \lambda\alpha, \ \therefore \lambda = \pm\beta = \pm\frac{2}{\gamma - 1}, \tag{6.47}$$

이를 식 (6.46)에 대입하면 다음을 얻는다.

$$(u \pm \beta a)_t + (u \pm a)(u \pm \beta a)_x = 0. \tag{6.48}$$

따라서 $f^{\pm} \equiv u \pm \beta a$ 라고 정의하면, 위 식으로부터 다음을 얻으므로,

$$f_t^{\pm} + (u \pm a) f_x^{\pm} = 0, \tag{6.49}$$

이 식에 특성곡선법을 적용하면 다음과 같이 해를 얻는다.

$$\frac{df^{\pm}}{dt} = 0, \ \frac{dx}{dt} = u \pm a \text{ 상에서.} \tag{6.50}$$

다시 말하면 $f^{\pm} \equiv u \pm \beta a$(또는 $\beta a \pm u$)는 특성곡선 상에서 일정하다는 결과를 얻으며, 특성곡선은 일반적으로 곡선으로 주어질 것이다. 이와 같이 특성곡선 상에서 일정한 값을 가지는 양을 **리만 불변량**(Riemann invariants)이라고 하며 만약 식 (6.50) 첫째 식의 우변이 영이 아닌 경우, $f^{\pm}$는 **리만 변수**(Riemann variables)라고 부른다. 공기에 대해 $\beta = 5$의 값을 가짐에 유의한다.

다음 절에서는 리만 불변량의 적용 예를 보여주는 간단한 예로, 리만 불변량 중의 하나가 유동장 내의 일부 영역에서 일정한 값을 가지는, **단순파**(simple wave)의 개념을 사용하여 풀 수 있는 **피스톤 문제**(piston problem)에 대해 알아보기로 한다.

6.3 피스톤 문제

그림 6.1, 6.2에 보인 바와 같이 관 안에 놓인 피스톤이 정지 상태로부터 천천히 뒤로 잡아당겨질 때, 어떠한 유동장이 형성되는지 구해보기로 한다.

먼저 논의의 편의를 위해 리만 불변량 $f^{\pm} \equiv \beta a \pm u$로 취하기로 한다. $t=0$에 $x=0$에 있던 피스톤의 시간에 따른 위치는 그림 6.2의 곡선 Γ로 나타낼 수 있고, 초기에 피스톤 앞에 있던 공기는 정지 상태에 있었으므로, $u=0$, $a=a_0$로 쓸 수 있다.

양의 x 축에서 시작하는 특성곡선 C^+에 대해 식 (6.50)으로부터 다음을 얻으며,

$$f^+ = \beta a + u = \beta a_0 = const., \quad \frac{dx}{dt} = a_0, \quad \beta = \alpha^{-1} = \frac{2}{\gamma - 1}, \tag{6.51}$$

따라서 $x \in (a_0 t, \infty)$에서는 $u=0$, $a=a_0$가 성립하며 리만 불변량 $f^{\pm} = \beta a_0$이고, 단순파 문제임을 알 수 있다.

한편 특성곡선 C^-의 기울기는 식 (6.50)으로부터 $u-a$, $a>0$이므로 u보다 작으며, 곡선 Γ 상에서 $u = \dot{x}_p = u_p$이므로, Γ로부터 시작되는 C^-는 Γ의 왼쪽에 위치하여 우리가 생각하고 있는 (x,t) 영역에 속하지 않는다. 여기서 하첨자 p는 피스톤 위치에서의 값을 나타낸다.

따라서 모든 특성곡선 C^-는 양의 x 축에서 시작하며, 식 (6.50)으로부터 다음을 얻고,

$$f^- = \beta a - u = \beta a_0 = const., \quad \frac{dx}{dt} = u - a, \tag{6.52}$$

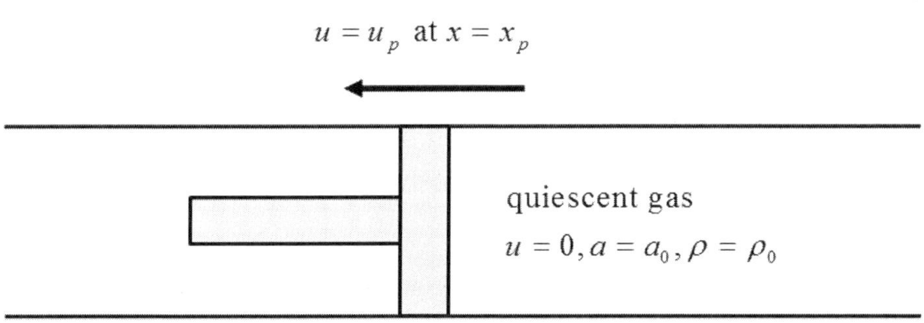

그림 6.1 피스톤 문제

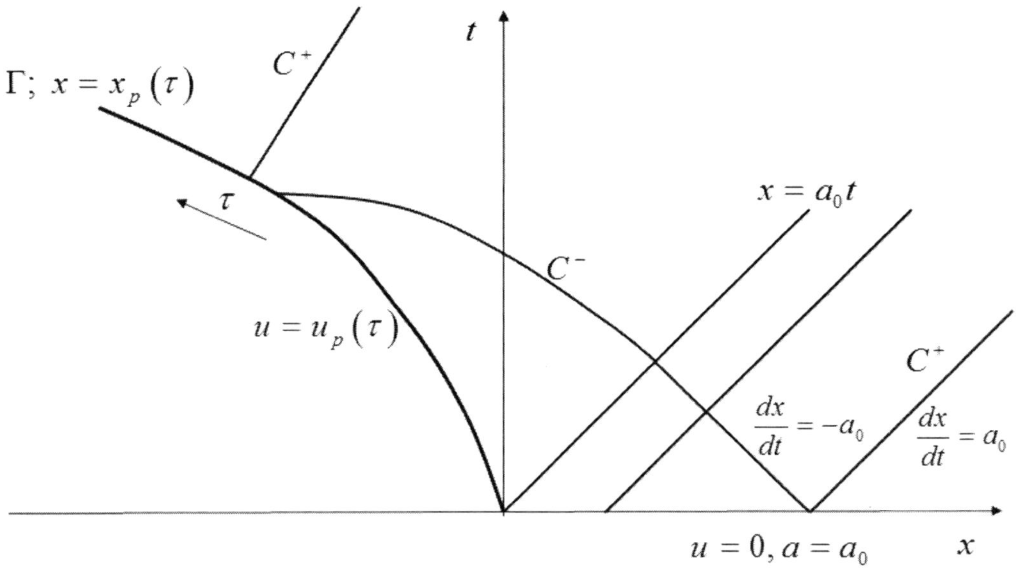

그림 6.2 피스톤 문제에 대한 특성곡선

이 식으로부터 고려 중인 영역 내의 모든 점에 대해 성립하는 다음 관계를 얻는다.

$$a = a_0 + \alpha u\,. \tag{6.53}$$

특성곡선 C^-의 기울기는 $x \in [a_0 t, \infty)$에서는 $-a_0$로 상수이며, $x \in [x_p, a_0 t]$에서는 식 (6.52) 둘째 식에 식 (6.53)을 대입하여 다음과 같이 얻는데,

$$\frac{dx}{dt} = -a_0 + (1-\alpha)u\,, \tag{6.54}$$

여기서 u는 Γ로부터 시작하는 특성곡선 C^+ 상에서의 u로부터 얻는다.

곡선 Γ로부터 시작하는 특성곡선 C^+에 대해서는 다음을 얻으며,

$$f^+ = \beta a + u = \beta a_p + u_p = const.\,,\ \frac{dx}{dt} = u + a, \tag{6.55}$$

위의 식 첫째 등호 우변의 a에 식 (6.53)을 대입하고, 또 둘째 등호 우변의 a_p는 식 (6.53)에 의하면 $a_p = a_0 + \alpha u_p$ 여야 하므로 다음을 얻는데,

$$f^+ = \beta a + u = \beta(a_0 + \alpha u) + u = \beta a_0 + 2u,$$

$$= \beta(a_0 + \alpha u_p) + u_p = \beta a_0 + 2u_p, \tag{6.56}$$

다시 말하면 특성곡선 C^+ 상에서는 $u = u_p$를 얻는다.

특성곡선 C^+의 기울기는 식 (6.55)에 식 (6.53)을 대입하여 다음과 같이 얻으며,

$$\frac{dx}{dt} = u + a_0 + \alpha u = a_0 + (1+\alpha)u_p, \tag{6.57}$$

이 식의 우변은 하나의 특성곡선 상에서는 상수이므로, 즉 특성곡선은 직선임을 얻는다.

식 (6.57)을 적분하여 특성곡선의 방정식을 다음과 같이 얻는데,

$$x(t) - x_p(\tau) = \{a_0 + (1+\alpha)u_p(\tau)\}(t-\tau), \tag{6.58}$$

여기서 τ는 고려 중인 특성곡선이 곡선 Γ와 만나는 t의 값이다. $u_p < 0$이므로, 이 식에 따르면 이 직선의 기울기는 a_0보다 항상 작으며, 결국 곡선 Γ에서 시작하는 어떠한 특성곡선 C^+도 양의 x 축에서 시작하는 특성곡선 C^+와 만나지 않으며, 또한 시간이 지남에 따라 $|u_p|$가 증가하면, Γ에서 시작하는 특성곡선 C^+끼리 만나는 일도 발생하지 않는다.

식 (6.54)에서 고려한 양의 x 축에서 시작하는 특성곡선 C^-의 $x \in [x_p, a_0 t]$에서의 기울기에 대해 $u = u_p$를 대입하여 다음을 얻는데,

$$\frac{dx}{dt} = -a_0 + (1-\alpha)u_p, \tag{6.59}$$

여기서 u_p는 고려 중인 C^-와 이 곡선 상의 임의의 점에서 만나는 Γ에서 시작된 특성곡선 C^+ 상에서의 값이다.

따라서 $x \in [x_p, a_0 t]$ 인 영역에서의 $u = u_p$ 이며, 식 (6.53)에 의해 $a = a_p$ 를 얻는다. 피스톤의 속도 $u = u_p$ 는 식 (6.57)로 주어지며 오른쪽으로 움직이는 특성곡선을 따라 일정한 속도로 전파한다.

이하에서는 Γ가 다음과 같은 직선으로 주어진 경우에 대해 생각한다.

$$x_p(\tau) = - V\tau. \tag{6.60}$$

여기서 $V > 0$ 으로 주어진 상수이다. 다시 말하면 $\tau = 0$ 부터 피스톤이 갑자기 일정한 속도 $u_p = - V$ 로 뒤로 물러나는 경우인데, 위에서 생각한 문제와의 차이점은 $u_p(0) = 0$ 가 성립하지 않는다는 점이다.

식 (6.58)의 x_p 와 u_p 에 위에서 주어진 값을 대입하여 직선 Γ 로부터 시작하는 특성곡선 C^+ 에 대해 다음을 얻고,

$$x(t) = \{a_0 - (1+\alpha)V\}(t-\tau) - V\tau, \tag{6.61}$$

이 식에 $\tau = 0$ 를 대입하면 원점을 지나는 특성곡선에 대해 다음을 얻는데.

$$x(t) = \{a_0 - (1+\alpha)V\}t \equiv a_1 t,\ a_1 \equiv a_0 - (1+\alpha)V, \tag{6.62}$$

$(1+\alpha)V > 0$ 이므로 이 직선의 기울기 a_1 은 a_0 보다 항상 작으며, 그림 6.3에 보인 바와 같이, 이 직선과 양의 x 축으로부터 시작하며 원점을 지나는 특성곡선 $x(t) = a_0 t$ 사이, 즉 $x \in [a_1 t, a_0 t]$ 에서는 **팽창부채**(expansion fan)가 발생할 것이다.

팽창부채 영역 내의 특성곡선 C^+, $\dfrac{dx}{dt} = u + a$ 에 대해 식 (6.53)을 대입하여 다음을 얻으며,

$$\frac{x}{t} = u + a = a_0 + (1+\alpha)u,\ x \in [a_1 t, a_0 t], \tag{6.63}$$

이 식을 u 에 대해 정리하여 다음을 얻고

$$u(x,t) = \frac{1}{1+\alpha}\left(\frac{x}{t} - a_0\right),\ x \in [a_1 t, a_0 t], \tag{6.64}$$

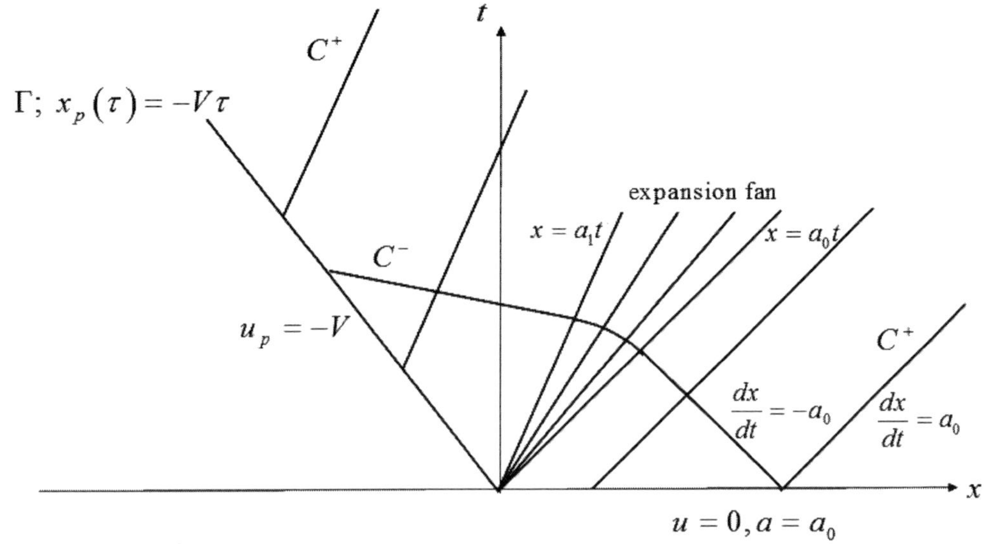

그림 6.3 $x_p(\tau) =- V\tau$인 경우에 대한 특성곡선

$a(x,t)$는 이 결과를 식 (6.53)에 대입하여 얻을 수 있다.

식 (6.64)를 식 (6.54)에 대입하여 $x \in [a_1 t, a_0 t]$ 에서 특성곡선 C^-를 나타내는 $x(t)$에 대한 1계 미분 방정식을 다음과 같이 얻는다.

$$\frac{dx}{dt} =- a_0 + \frac{1-\alpha}{1+\alpha}\left(\frac{x}{t} - a_0\right) = \frac{1-\alpha}{1+\alpha}\frac{x}{t} - \frac{2a_0}{1+\alpha} \equiv A\frac{x}{t} - B,$$

$$\therefore\ t\dot{x} - Ax =- Bt\,,\ A = \frac{1-\alpha}{1+\alpha}\,,\ B = \frac{2\,a_0}{1+\alpha}\,. \tag{6.65}$$

이 미분 방정식의 해는 제차해 x_h와 비제차해 x_i의 합으로 주어지는데, $x_i = Ct$로 가정하여 대입하면 C에 대해 다음을 얻고,

$$C =- \frac{B}{1-A} =- \beta a_0, \tag{6.66}$$

x_h는 미분 방정식의 우변을 영으로 놓아 다음과 같이 얻으며,

$$\frac{dx}{x} = A\frac{dt}{t}, \quad \therefore x_h = Kt^A, \tag{6.67}$$

위의 결과로부터 식 (6.65)의 해를 다음과 같이 얻는다.

$$x(t) = Kt^A - \beta a_0 t. \tag{6.68}$$

여기서 K는 고려 중인 특성곡선이 $x = a_0 t$와 만날 때의 조건에 따라 결정되는 상수이며 ([연습문제 2] 참조), 공기에 대해서 $A \simeq 0.67$임에 유의한다.

$x \in (a_0 t, \infty)$에서는 앞에서 고려한 경우와 같이 $u = 0$, $a = a_0$가 성립하여 교란되지 않은 영역이 유지되고, $x \in [x_p, a_1 t]$에서는 식 (6.56)으로부터 얻은 결과에 따라 $u = -V$를 얻으며, 식 (6.53)으로부터 $a = a_0 - \alpha V$를 얻어 u와 a가 모두 일정함을 얻는다. $x \in [x_p, a_1 t]$에서의 특성곡선 C^-의 기울기는 식 (6.59)에 의해 결정되는 일정한 값, $-a_0 - (1-\alpha)V$를 가지므로, 특성곡선 C^-는 이 영역에서 직선이어야 한다. 한편, 식 (6.57)에서 구한 바와 같이 직선 Γ로부터 시작하는 특성곡선 C^+의 기울기는 일정한 값, $a_0 - (1+\alpha)V$를 가지므로, 모두 평행한 직선이다.

식 (6.53)으로부터 직선 Γ 상에서의 음속 a_p에 대해 다음을 얻으므로,

$$a_p = a_0 - \alpha V, \tag{6.69}$$

만약 $V = \beta a_0$이면 $a_p = 0$을 얻는데, 식 (6.62)로부터 $a_1 = -\beta a_0 = -V$를 얻어 팽창부채 영역이 그림 6.4에 보인 바와 같이 형성된다. 공기에 대해 $V = \beta a_0 = 5a_0$로 음속의 다섯 배인 매우 높은 속도이다.

나아가 만약 $V > \beta a_0$이면 a가 음의 값을 가질 수는 없으므로, 팽창부채와 직선 Γ 사이에는 그림 6.5에 보인 바와 같이 $a = 0$인 영역이 발생할 것이며, 식 (6.27)에 따라 이 영역에서는 ρ도 영이 되어야 한다.

만약 피스톤을 정지 상태로부터 오른쪽으로 움직인다면 양의 x 축으로부터 시작된 특성곡선과 물체의 위치를 나타내는 곡선 Γ로부터 시작된 특성곡선들이 만나게 되어 충격파를 고려해야 할 것이며, 이들을 포함한 보다 광범위한 예제에 대해서는 Whitham(1974)[1]으로 미루기로 한다.

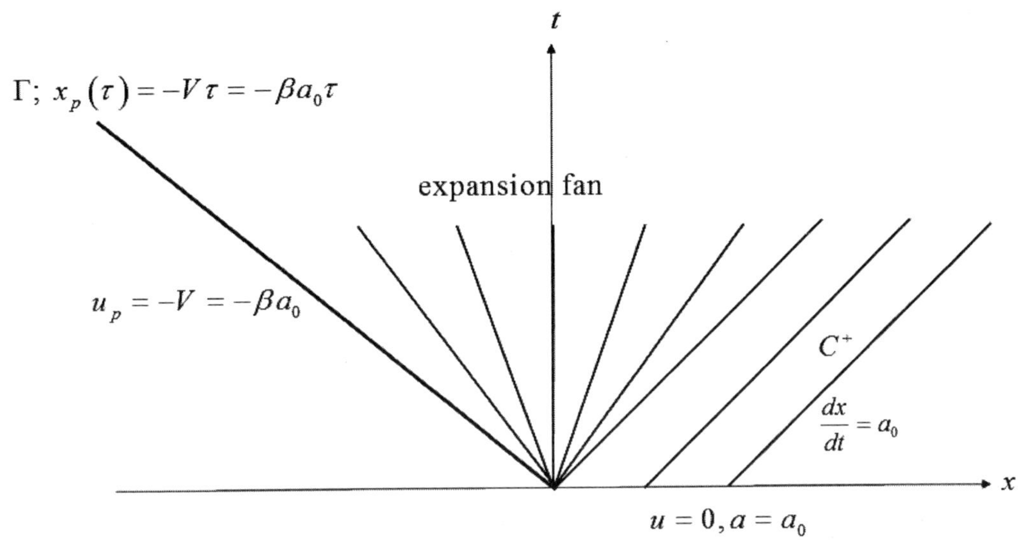

그림 6.4 $V = \beta a_0$ 인 경우에 대한 특성곡선

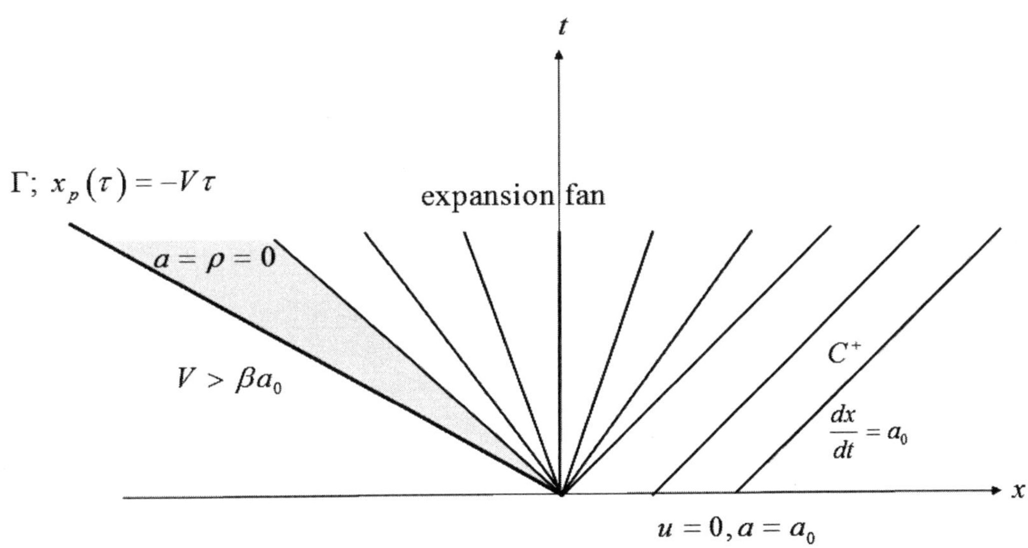

그림 6.5 $V > \beta a_0$ 인 경우에 대한 특성곡선

연습문제

1. 실변수 x, y의 함수 $f(x,y)$, $g(x,y)$에 대해 다음 관계가 성립하면,

$$\frac{df}{x} = dg\,, \tag{연6.1}$$

f는 x만의 함수, 즉 $f = f(x)$임을 보이시오.
[힌트] $\dfrac{f_x dx + f_y dy}{x} = g_x dx + g_y dy$이므로, $\left(\dfrac{f_x}{x}\right)_y = \left(\dfrac{f_y}{x}\right)_x$임을 이용하시오.

2. 식 (6.68)의 상수 K를 결정하기 위해, 먼저 양의 x 축으로부터 시작한 특성곡선 C^-가 $x = a_0 t$와 만날 때의 시간 $t = \dfrac{\xi}{2a_0}$를 얻고, 식 (6.68)의 우변이 $x = a_0 t$와 같아야 한다는 조건을 사용하여 다음을 보이시오.

$$K = \frac{1+\beta}{2}\xi^{1-A}(2a_0)^A. \tag{연6.2}$$

3. 초기에 양의 x 축 상에 있던 유체 입자들에 대해 팽창부채를 고려하여 그 궤적이 다음과 같이 주어짐을 보이시오.

$$x(t) = K_1 t^{A_1} - \beta a_0 t. \tag{연6.3}$$

여기서 K_1은 상수이며, [연습문제 2]에서와 같은 방법으로 구하시오.
[힌트] 팽창부채 내에서의 입자의 궤적은 다음 식으로 주어지는데,

$$\frac{dx}{dt} = u(x,t) = \frac{1}{1+\alpha}\left(\frac{x}{t} - a_0\right) = A_1 t - B_1\,, \tag{연6.4}$$

이 식은 식 (6.65)와 같은 형태이므로 본문에서 구한 해를 이용하여 궤적을 구한다.

7 선형 분산성 파도

6장까지는 선형 및 비선형 파동 방정식에 의해 기술되는 쌍곡선형 파도에 대해 고찰하였는데, 위에서 다루었던 문제들은 방정식의 유사성에 의한 분류로 볼 수 있다. 한편, 방정식보다는 해의 형태에 따른 분류로 선형 분산성 파도를 상정할 수 있음은 2.1절에서 논의한 바 있으며, 이 장에서는 선형 분산성 파도의 기본적 특성에 대해 개괄하기로 한다.

1절에서는 선형 분산성 파도에 공통되는 기본적인 특성에 대해 생각하고, 2절에서는 분산성 파도의 요소해가 싸인 또는 코싸인 함수로 주어지는 것에 착안하여, **푸리에 변환**(Fourier transform)을 사용한 일반화에 대해 논의하며, **정류 위상법**(method of stationary phase)을 사용하여 $t \to \infty$ 일 때에 대한 **점근해**(asymptotic solution)를 구한다. 3절에서는 위에서 구한 점근해를 수면파를 포함한 여러 예제들에 적용하는 예를 보이고, 4절에서는 2.3절에서 운동학적 견지에서 고찰하였던 **군속도**(group velocity)를 동역학적 관점에서 생각할 것이며, 5절에서는 간단한 예제를 통해 2절에서 얻었던 점근해와 따로 구한 엄밀해의 비교를 통해 두 해의 차이점과 점근해의 유용성에 대해 고찰하기로 한다.

7.1 기본적 특성

논의를 간단히 하기 위해 1차원 파동을 가정하기로 하면, 구하고자 하는 파동은 공간 x와 시간 t의 함수로 얻을 수 있다. 선형 문제에 대한 **요소해**(elementary solution)는 다음과 같이 주어질 수 있는데,

$$\phi(x,t) = a\cos(kx - \omega t) = Re\, A e^{i(kx - \omega t)}, \tag{7.1}$$

$$\omega = W(k)\,, \tag{2.4}$$

여기서 a는 실수 상수로 진폭, A는 복소 상수로 **복소 진폭**(complex amplitude)이라고

부르며, Re는 뒤에 따르는 부분의 실수부를 취함을 뜻하고, 식 (2.4)는 분산관계식이다.

분산성 파도를 다룰 경우, 식 (2.41)에서 정의했던 위상함수를 다음과 같이 다시 쓸 수 있고,

$$\theta(x,t) = kx - \omega t = k(x - ct), \tag{7.2}$$

여기서 c는 식 (2.6)으로 주어지며 위상속도라고 부른다. 위상속도 c는 다음과 같이 쓸 수 있으며,

$$c = \frac{\omega}{k} = \frac{W(k)}{k} = c(k) = c(\lambda), \tag{7.3}$$

이 식에 따르면 파도의 파장에 따라 위상속도가 다르므로, 초기에 파장이 다른 파도들이 몰려 있는 **파군**(wave group)의 경우, 시간이 충분히 주어진다면 파장이 다른 파도들 사이의 거리는 상당히 멀어져 파군의 전체 길이는 초기보다 훨씬 길어질 것이며, 이와 같은 이유로 식 (2.4)가 분산관계식이라고 불린다.

쌍곡선형 파도에 대해서는 비선형 항의 영향에 따른 충격해 또는 불연속해를 어떻게 다룰 것인가가 주요한 문제였다면, 선형 분산성 파도에 대해서는 푸리에 변환을 사용하여 파군을 나타내고 또 그로부터 필요한 정보를 어떻게 얻어낼 것인가가 일차적으로 주요한 문제이다.

주어진 함수 $f(x)$의 푸리에 변환 $F(k)$는 다음과 같이 정의되며[9],

$$F(k) = \int_{-\infty}^{\infty} f(x)\, e^{-ikx} dx, \tag{7.4}$$

$F(k)$의 푸리에 역변환 $f(x)$는 다음 식으로 정의된다.

$$f(x) = \frac{1}{2\pi}\int_{-\infty}^{\infty} F(k)\, e^{ikx} dk. \tag{7.5}$$

우리가 다루는 대부분의 함수 $f(x)$는 **실수 함수**(real-valued function)이므로, 푸리에 변환 $F(k)$에 대해 식 (7.4)로부터 다음 관계를 얻는다.

9) 푸리에 급수 및 적분, 그리고 푸리에 적분 정리 등에 관해서는 이승준(2016)[9]를 참조하기 바란다.

$$F(-k) = F^*(k)\,. \tag{7.6}$$

여기서 상첨자 *는 **공액**(conjugate) 복소수를 뜻하며, $F(k)$는 일반적으로 복소 함수이지만, 식 (7.5)로 주어지는 $f(x)$는 실수 함수임에 유의한다.

식 (7.1)로 주어진 요소해로부터 **푸리에 합성**(Fourier synthesis)에 의해 주어진 문제의 해 $\phi(x,t)$는 다음과 같은 형태로 가정할 수 있다.

$$\phi(x,t) = Re\int_{-\infty}^{\infty} A(k)e^{i\{kx - W(k)t\}}dk\,. \tag{7.7}$$

여기서 $A(k)$는 요소해의 복소 진폭이다. 아래에 다시 보인 식 (2.40)으로 정의된 군속도 c_g가 파계의 전파와 관련하여 동역학적으로도 중요한 역할을 하는 것은 4절에서 보일 것이다.

$$c_g(k) = \frac{dW(k)}{dk}\,. \tag{2.40}$$

지배 방정식이 편미분 방정식으로 주어진 경우에는 분산관계식을 유도하기 위해 식 (7.1) 또는 (7.7)에 보인 해의 형태를 고려하여 다음과 같은 대응성을 이용할 수 있다.

$$\frac{\partial}{\partial t} \Leftrightarrow -i\omega\,,\ \ \frac{\partial}{\partial x} \Leftrightarrow ik\,. \tag{7.8}$$

예를 들어 아래에 다시 보인 식 (2.34)에서 고려한 선형 Boussinesq 방정식에 대해 이들을 사용하면

$$\phi_{tt} - c_0^2\phi_{xx} - \beta^2\phi_{xxtt} = 0, \tag{2.34}$$

식 (2.35)에 보인 바와 같이 다음을 얻는다.

$$-\omega^2 + c_0^2k^2 - \beta^2k^2\omega^2 = 0\,,\ \ \therefore\ \omega = \pm\frac{c_0 k}{\sqrt{1+\beta^2k^2}}\,. \tag{7.9}$$

한편 공간적으로 2차원 이상인 파동 문제에 대해서는 3장에서 다루었던 여러 문제에서 보았듯이 $\dfrac{\partial}{\partial x}$ 가 벡터 미분 연산자인 ∇ 로 바뀌므로, 식 (7.8) 대신 다음과 같은 대응성을 이용해야 하며,

$$\frac{\partial}{\partial t} \Leftrightarrow -i\omega\,,\ \ \nabla \Leftrightarrow i\underline{k}\,, \tag{7.10}$$

여기서 $\underline{k} = (k_1, k_2, k_3)$ 는 파수 벡터로, $|\underline{k}| = k$ 라고 하면 $\underline{k}$ 는 다음과 같이 나타낼 수도 있다.

$$\underline{k} = k\hat{e}_k\,. \tag{7.11}$$

여기서 $\hat{e}_k$ 는 파수 벡터 방향의 단위 벡터이다.

물론 이와 같이 파수 벡터를 고려해야 하는 문제에 대해서는 위상함수를 식 (7.2)보다는 다음 식으로 정의해야 할 것이며,

$$\theta(\underline{x}, t) = \underline{k} \cdot \underline{x} - W(\underline{k})t = \underline{k} \cdot (\underline{x} - \underline{c}t), \tag{7.12}$$

위상속도 $\underline{c}$ 는 식 (7.3) 대신 다음과 같이 주어지고,

$$\underline{c} = \frac{\omega}{k}\hat{e}_k\,, \tag{7.13}$$

군속도 $\underline{c}_g$ 는 식 (2.40) 대신 다음과 같이 주어진다.

$$\underline{c}_g = \nabla_k W(\underline{k}) \equiv \left(\frac{\partial W}{\partial k_1}, \frac{\partial W}{\partial k_2}, \frac{\partial W}{\partial k_3}\right). \tag{7.14}$$

여기서 $\nabla_k \equiv \left(\dfrac{\partial}{\partial k_1}, \dfrac{\partial}{\partial k_2}, \dfrac{\partial}{\partial k_3}\right)$ 이다. 따라서 위상속도 $\underline{c}$ 와 군속도 $\underline{c}_g$ 의 방향은 일반적으로 다를 것임을 알 수 있다.

7.2 푸리에 변환에 의한 해와 점근해

1차원 파동에 대해서 주어진 문제의 해가 식 (7.7)에 보인 대로 다음과 같이 주어진다고 가정하는데,

$$\phi(x,t) = Re\int_{-\infty}^{\infty} A(k)e^{i\{kx - W(k)t\}}dk, \tag{7.7}$$

여기서 $A(k)$는 보통 초기조건으로부터 구할 수 있다.

만약 초기조건이 다음과 같이 주어지면,

$$\phi(x,0) = \phi_0(x), \tag{7.15}$$

식 (7.7)에 $t = 0$를 대입하여 다음을 얻는다.

$$\phi_0(x) = Re\int_{-\infty}^{\infty} A(k)e^{ikx}dk. \tag{7.16}$$

$\Phi_0(k)$를 $\phi_0(x)$의 푸리에 변환이라고 할 때, 식 (7.5)로부터 $A(k) = \dfrac{\Phi_0(k)}{2\pi}$를 얻으며, 따라서 이를 식 (7.7)에 대입하여 다음을 얻는다.

$$\phi(x,t) = Re\frac{1}{2\pi}\int_{-\infty}^{\infty} \Phi_0(k)e^{i\{kx - W(k)t\}}dk. \tag{7.17}$$

식 (7.16) 우변의 적분은 실수 함수가 되어 Re은 필요하지 않은데, 왜냐하면 $\phi_0(x)$는 실수 함수이므로, 식 (7.6)에 보인 바와 같이 $\Phi_0(-k) = \Phi_0^*(k)$가 성립하며, 따라서 다음 결과를 얻을 수 있기 때문이다.

$$\int_{-\infty}^{\infty} A(k)e^{ikx}dk = \int_0^{\infty}\left[A(k)e^{ikx} + A^*(k)e^{-ikx}\right]dk = 2Re\int_0^{\infty} A(k)e^{ikx}dk. \tag{7.18}$$

그러나 식 (7.7) 또는 (7.17) 우변의 적분은 일반적으로 복소 함수이므로 Re 이 필요하다. $W(k)$가 기함수일 경우에는 식 (7.18)에서 보인 바와 같은 고려를 통해 적분이 실수 함수가 되는 것을 보일 수 있으나, 우함수일 경우에는 다음과 같은 결과를 얻으며,

$$\int_{-\infty}^{\infty} A(k)e^{i[kx - W(k)t]\,dk} = \int_{0}^{\infty} \left[A(k)e^{i\{kx - W(k)t\}} + A^*(k)e^{-i[kx + W(k)t\}}\right]dk, \quad (7.19)$$

이 식 우변의 적분은 실수 함수가 아니기 때문이다.

$W(k)$가 기함수일 경우 식 (7.17) 우변의 적분은 오른쪽으로만 전파하는 파동을 나타내며, 우함수일 경우에는 식 (7.19)에 보인 바와 같이 오른쪽, 왼쪽으로 전파하는 파동을 다 포함한다는 점에 유의한다.

한편 2장에서 본 여러 방정식에 대한 분산관계식, 식 (2.33), (2.35), (2.36)에서 보는 바와 같이 파도가 좌우로 진행하는 두 개의 모드를 가질 때는, 식 (7.7) 대신에 다음과 같은 해를 고려해야 하며,

$$\phi(x,t) = \int_{-\infty}^{\infty} A_1(k)e^{i\{kx - W(k)t\}}dk + \int_{-\infty}^{\infty} A_2(k)e^{i\{kx + W(k)t\}}dk\,, \quad (7.20)$$

이 경우에는 다음과 같은 초기조건으로부터 $A_1(k)$, $A_2(k)$를 결정할 수 있다.

$$\phi(x,0) = \phi_0(x)\,,\ \ \phi_t(x,0) = \phi_1(x)\,. \quad (7.21)$$

위와 같은 경우 논의의 편의를 위해 $\phi_1(x) \equiv 0$을 가정하면[10], 초기조건으로부터 다음을 얻으며,

$$\phi_0(x) = \int_{-\infty}^{\infty} \{A_1(k) + A_2(k)\}e^{ikx}dk\,, \quad (7.22)$$

$$\phi_1(x) = i\int_{-\infty}^{\infty} W(k)\{-A_1(k) + A_2(k)\}e^{ikx}dk = 0, \quad (7.23)$$

10) $\phi_0(x) \equiv 0$를 가정하는 경우에 대해서는 5절을, 또 일반적인 초기조건에 대해서는 [연습문제 1]을 참조하기 바란다.

따라서 다음 결과를 얻고,

$$A_1(k) = A_2(k) = \frac{\Phi_0(k)}{4\pi}, \tag{7.24}$$

이를 식 (7.20)에 대입하여 분산성 파도에 대한 일반해를 다음과 같이 얻는다.

$$\phi(x,t) = \frac{1}{4\pi}\int_{-\infty}^{\infty}\Phi_0(k)\left[e^{i\{kx - W(k)t\}} + e^{i\{kx + W(k)t\}}\right]dk. \tag{7.25}$$

식 (7.20) 또는 (7.25) 우변의 적분에 대해서는 식 (7.17)에서와는 달리 Re을 취하지 않았는데, 이는 식 (7.6)에 보인 바와 같이 $\Phi_0(-k) = \Phi_0^*(k)$가 성립하고, 또 $W(k)$가 기함수일 경우에는 식 (7.18)에서 보인 바와 같은 고려를 통해 적분이 실수 함수가 되는 것을 보일 수 있으며, 또 우함수일 경우에도 다음과 같은 결과를 얻는데,

$$\begin{aligned}
&\int_{-\infty}^{\infty}\Phi_0(k)\left[e^{i\{kx - W(k)t\}} + e^{i\{kx + W(k)t\}}\right]dk \\
&= \int_0^{\infty}\left[\Phi_0(k)\left[e^{i\{kx - W(k)t\}} + e^{i\{kx + W(k)t\}}\right]dk\right. \\
&+ \int_0^{\infty}\left[\Phi_0^*(k)\left[e^{-i\{kx + W(k)t\}} + e^{-i\{kx - W(k)t\}}\right]dk,\right.
\end{aligned} \tag{7.26}$$

이 식 우변은 실수 함수이기 때문이다.

그러므로 선형 분산성 파도를 다룰 경우에는 다음과 같은 형태의 적분을 자주 생각해야 하는데,

$$I(x,t) = \int_{-\infty}^{\infty}A(k)e^{i\{kx - W(k)t\}}dk, \tag{7.27}$$

특히 $t \to \infty$ 또는 $x \to \infty$일 때의 위 적분의 **점근 근사**(asymptotic approximation)는 많은 문제에 대해 중요한 결과를 제공한다.

위 적분의 점근 근사를 얻기 위해 먼저 다음을 가정하고,

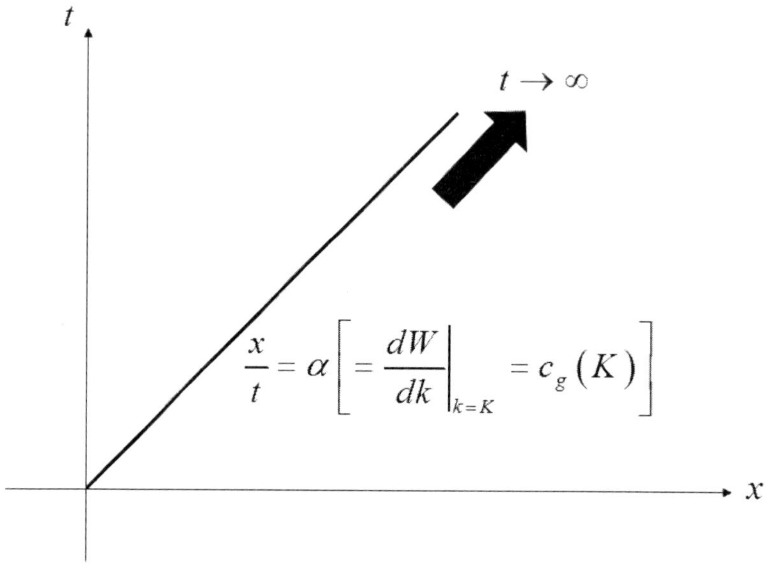

그림 7.1 $I(x,t) = \int_{-\infty}^{\infty} A(k) e^{i\{kx - W(k)t\}} dk$에 대한 $t \to \infty$ 일 때의 점근 근사

$$\frac{x}{t} = \alpha = const., \tag{7.28}$$

$t \to \infty$ 인 경우를 생각하기로 하면(그림 7.1 참조), 식 (7.27)의 적분을 다음과 같이 다시 쓸 수 있다.

$$I(x,t) = \int_{-\infty}^{\infty} A(k) e^{-i\chi(k)t} dk, \qquad \chi(k) = W(k) - k\frac{x}{t}. \tag{7.29}$$

켈빈(Kelvin, 1887){10}은 식 (7.29)와 같은 적분에 대해 $t \to \infty$ 일 때의 점근 근사를 얻는 방법, 즉 **정류 위상법**(method of stationary phase)을 고안하였는데, 이하에서는 이 방법에 따라 식 (7.29)의 점근 근사를 얻는 과정과 결과를 보이기로 한다. 그는 먼저 피적분 함수가 싸인 또는 코사인으로 주어지는 주기 함수인 점에 착안하였는데, $t \to \infty$ 일 경우 그 위상함수 $\chi(k)t$ 의 값이 k 의 조그만 변화에도 매우 크게 변화할 것이며, 따라서 피적분 함수는 진동수가 매우 큰 주기 함수가 되므로, 적분값에 주요한 영향을 끼치는 k 의 구간은 다음과 같은 조건을 만족하는 점을 포함하는 매우 작은 구간,

$$\frac{d\chi}{dk} = 0\,, \tag{7.30}$$

즉 위상함수의 값이 가장 작게 변화하는 점 부근의 구간뿐일 것이라고 가정하였다. 위 식을 만족하는 k는 위상함수의 **정류치**(stationary value)에 상응하므로 켈빈의 이 방법은 정류 위상법이라고 불리고 있다.

식 (7.30)에 식 (7.29)에서 주어진 함수 $\chi(k)$를 대입하고 또 식 (7.28)을 이용하면 다음을 얻으며,

$$\frac{dW}{dk} - \frac{x}{t} = 0\,,\ \ \therefore\ W' = \frac{x}{t} = \alpha\,, \tag{7.31}$$

주어진 α에 대해 위 식을 만족하는 k가 하나밖에 없다고 가정하고, $k = K$라고 하면 식 (7.29)의 적분은 $t \to \infty$ 일 때 다음과 같이 근사할 수 있다.

$$I(x,t) \sim \int_{K-\epsilon}^{K+\epsilon} A(k) e^{-i\left\{\chi(K) + \frac{W''(K)}{2}(k-K)^2\right\}t} dk \approx A(K) e^{-i\chi(K)t} I_1(K,t), \tag{7.32}$$

$$I_1(K,t) = \int_{K-\epsilon}^{K+\epsilon} e^{-i\frac{W''(K)}{2}(k-K)^2 t} dk\,. \tag{7.33}$$

여기서 $\epsilon > 0$은 상수이다.

식 (7.33)에 대해 $\beta = \dfrac{W''(K)}{2} t$라고 하고, $\kappa = k - K$를 적분 변수로 사용하기로 하면 $I_1(K,t)$에 대해 다음을 얻으며,

$$I_1(\beta) = \int_{-\epsilon}^{\epsilon} e^{-i\beta\kappa^2} d\kappa\,, \tag{7.34}$$

$W''(K) > 0$임을 가정하고 새로운 적분 변수 $\xi = \sqrt{\beta}\,\kappa\, e^{i\pi/4}$를 도입하여 다음을 얻는데,

$$I_1(\beta) = \frac{e^{-i\pi/4}}{\sqrt{\beta}} \int_{-\infty}^{\infty} e^{-\xi^2} d\xi = \sqrt{\frac{\pi}{\beta}}\, e^{-i\pi/4}, \tag{7.35}$$

여기서 적분의 구간은 $t \to \infty$ 임을 고려하여 얻었으며, 둘째 등호를 얻기 위해서는 5장 [연습문제 6]의 식 (연5.11)을 사용하였다.

이 결과를 식 (7.32)에 대입하면 식 (7.29)로 주어진 적분 $I(x,t)$ 에 대해 $t \to \infty$ 일 때의 점근 근사를 다음과 같이 얻는다.

$$I(x,t) \sim \sqrt{\frac{\pi}{\beta}}\, A(K) e^{-i\chi(K)t - i(\pi/4)} = \sqrt{\frac{2\pi}{W''(K)t}}\, A(K) e^{i\{Kx - W(K)t - (\pi/4)\}}. \quad (7.36)$$

여기서 x, t는 식 (7.31)로 주어진다. 식 (2.40)에 보인 바와 같이 $W'(K)$는 파수가 K인 파도의 군속도인데, 식 (7.31)에 따르면 $x = W'(K)t = c_g t$ 의 직선을 따라 파수가 K인 파도가 전파하며, 위의 결과는 그와 같은 파도의 진폭이 시간이 지남에 따라 $t^{-1/2}$ 에 비례하여 감소함을 보여주고 있다.

만약 식 (7.31)을 만족하는 k가 둘 이상 있다면 $I(x,t)$는 각각의 정류치에 대한 적분들의 합으로 주어질 것이며, 또한 $W''(K) < 0$ 인 경우에 대한 $I_1(\beta)$의 계산은 식 (7.35) 아래에서 설명한 바와 같이 얻을 수 있으므로, 이들을 모두 종합하면 결국 $I(x,t)$의 $t \to \infty$ 일 때에 대한 점근 근사를 다음과 같이 얻는다.

$$I(x,t) \sim \sum_{j=1}^{J} \sqrt{\frac{2\pi}{|W''(K_j)|t}}\, A(K_j) e^{i\{K_j x - W(K_j)t \mp (\pi/4)\}}. \quad (7.37)$$

여기서 J는 정류치의 개수이고, 지수 함수의 지수에 포함된 $\pi/4$ 앞의 부호는 $W''(K) > 0$ 이면 $-$, $W''(K) < 0$ 이면 $+$ 를 취한다.

위에서 보인 정류 위상법에 의한 점근 근사는 단일 정류치를 가질 경우, $W''(K) \neq 0$ 일 때 **다음 차수 보정항**(next order correction term)의 크기는 식 (7.37)의 우변에 다음 식으로 주어지는 계수 α가 곱해지는 형태로 주어진다[11].

$$\alpha = 1 - \frac{i}{|W''|t}\left(\frac{A''}{2A} - \frac{W'''}{2W''}\frac{A'}{A} + \frac{5}{24}\frac{W'''^2}{W''^2} - \frac{1}{8}\frac{W^{\mathrm{iv}}}{W''}\right). \quad (7.38)$$

여기서 미분은 k에 대한 미분이며 모든 함수의 값은 정류치에서의 값이다. 이 식에 따르

11) 이 결과는 **최대경사 하강법**(method of steepest descent)을 사용하여 얻을 수 있으며, 이에 대해서는 11.4절 또는 Arfken(1985)[11]을 참조하기 바란다.

면, 식 (7.36)의 점근 근사는 위 식의 우변 둘째 항이 작은 때 유효하므로, 충분히 큰 t에 대해 A', A''이 너무 크지 않아야 하며, 또한 W''은 너무 작지 않아야 하고, W''', W^{iv}는 그리 크지 않은 값을 가져야 함을 알 수 있다.

$W''(K)=0$일 때는, 식 (7.32), (7.33) 대신 다음과 같은 결과를 얻으며,

$$I(x,t) \sim \int_{K-\epsilon}^{K+\epsilon} A(k) e^{-i\left\{\chi(K)+\frac{W'''(K)}{6}(k-K)^3\right\}t} dk \approx A(K) e^{-i\chi(K)t} I_2(K,t), \quad (7.39)$$

$$I_2(K,t) = \int_{K-\epsilon}^{K+\epsilon} e^{-i\frac{W'''(K)}{6}(k-K)^3 t} dk, \quad (7.40)$$

[연습문제 2]에 보인 바와 같이 I_2는 $t \to \infty$일 때 $t^{-1/3}$에 비례하여 감소한다.

7.3 점근해의 적용 예

$\phi_0(x) = f(x)$라고 하고 $F(k)$를 $f(x)$의 푸리에 변환이라고 하면, 파가 좌우 양쪽으로 진행하는 두 개의 모드를 가지는 경우에는 식 (7.25)로부터 다음을 얻는다.

$$\phi(x,t) = \frac{1}{4\pi}\int_{-\infty}^{\infty} F(k)\left[e^{i\{kx - W(k)t\}} + e^{i\{kx + W(k)t\}}\right]dk. \tag{7.41}$$

여기서 $W(k) > 0$이고, 만약 $W(k)$가 기함수, 즉 $W(-k) = -W(k)$이면, W'은 우함수이므로, 주어진 $\frac{x}{t} = \alpha > 0$에 대해 위의 피적분 함수의 첫째 항에 대해 두 개의 정류치 $k = \pm K$를 얻으며, 둘째 항에 대해서는 정류치가 없으므로, 식 (7.37)로부터 다음을 얻는다.

$$\begin{aligned}\phi(x,t) &\sim \frac{1}{2}\sqrt{\frac{1}{2\pi|W''(K)|t}}\left[F(K)e^{i\{Kx - W(K)t \mp (\pi/4)\}} + F(-K)e^{-i\{Kx - W(K)t \mp (\pi/4)\}}\right] \\ &= \frac{1}{\sqrt{2\pi|W''(K)|t}}Re\left[F(K)e^{i\{Kx - W(K)t \mp (\pi/4)\}}\right], \quad x = c_g(K)t \text{ 에서.}\end{aligned} \tag{7.42}$$

위 식에서 등호는 $F(k)$에 대한 관계식인 식 (7.6)으로부터 얻는다.

또한 만약 $W(k)$가 우함수, 즉 $W(-k) = W(k)$이면, W'은 기함수이므로, 주어진 $\frac{x}{t} = \alpha > 0$에 대해 위의 피적분 함수의 첫째 항과 둘째 항에 대해 각각 한 개의 정류치 $k = K$를 얻으며, 식 (7.37)로부터 식 (7.42)에 보인 바와 같은 결과를 얻는다.

따라서 식 (7.42)는 파가 좌우 양쪽으로 진행할 수 있는 두 개의 모드를 가지며, $\phi_0(x) = f(x)$로 주어졌을 때, $\frac{x}{t} = \alpha > 0$에 대해 $t \to \infty$일 때에 대한 점근 근사로, $W(k)$가 기함수 또는 우함수인 경우, 모두 적용할 수 있는 식임에 유의한다.

예를 들어 $f(x) = \delta(x)$라고 하면, 식 (7.4)로부터 $F(k) = 1$을 얻으므로, 식 (7.42)로부터 다음을 얻는다.

$$\phi(x,t) \sim \frac{\cos[Kx - W(K)t \mp (\pi/4)]}{\sqrt{2\pi|W''(K)|t}}, \quad x = c_g(K)t \text{ 에서.} \tag{7.43}$$

수심이 깊은 심해의 수면파에 대한 분산관계식은 다음과 같으므로,

$$W(k) = \sqrt{gk}\,, \tag{7.44}$$

군속도는 다음과 같고,

$$c_g = \sqrt{\frac{g}{4k}} = \frac{x}{t}\,, \tag{7.45}$$

따라서 정류치 $k = K$에 대해 다음을 얻으며,

$$K = \frac{gt^2}{4x^2}\,, \tag{7.46}$$

$W(K)$와 $W''(K)$를 다음과 같이 얻으므로,

$$W(K) = \frac{gt}{2x}\,,\ \ W''(K) = -\frac{1}{4}\sqrt{\frac{g}{K^3}} = -\frac{2x^3}{gt^3} < 0\,, \tag{7.47}$$

이들을 식 (7.43)에 대입하여 다음 결과를 얻는다.

$$\phi\,(x,t) \sim \frac{\cos\left(\dfrac{gt^2}{4x} - \dfrac{gt^2}{2x} + \dfrac{\pi}{4}\right)}{\sqrt{4\pi x^3/gt^2}} = \frac{1}{2}\sqrt{\frac{g}{\pi}}\,\frac{t}{x^{3/2}}\cos\left(\frac{gt^2}{4x} - \frac{\pi}{4}\right). \tag{7.48}$$

이 결과는 **코쉬-프와송 해**(Cauchy-Poisson solution)라고 불리며, Cauchy(1827){2}와 Poisson(1818){1}에 의해 독립적으로 수면파와 관련하여 얻어진 최초의 해인데, 물론 그들은 위에서 보인 것과는 다른 방법을 사용하였고, Lamb(1932)[12], Kochin, Kibel & Roze(1964)[13], Wehausen & Laitone(1960)[14]은 각각 다른 방법으로 이 결과를 유도하고 있다.

식 (7.48)에 따르면, $\phi_0(x) = \delta(x)$일 경우, 충분히 큰 t, x에 대해, 어떤 한 순간의 파고는 $x^{-3/2}$에 비례하여 감소하고, 파장은 x^2에 비례하여 증가하며, 주어진 위치에서의 파고는 t에 비례하여 증가하고, 주기는 t^{-1}에 비례하여 감소한다.

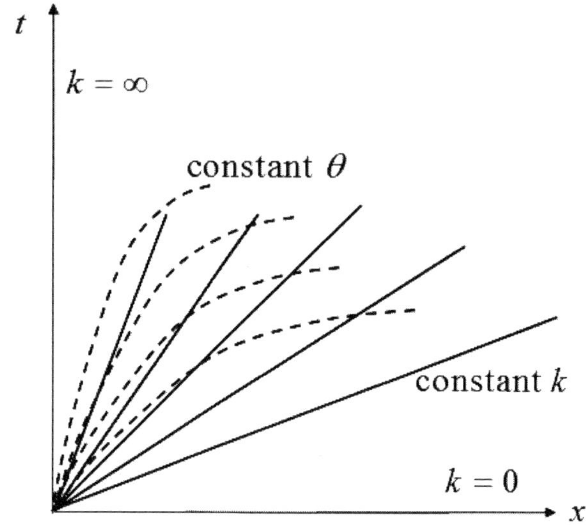

그림 7.2 심해 수면파에 대한 파수 일정 직선과 위상 일정 곡선

한편 식 (7.45)에 따르면 파수 k, 또는 파장이 일정한 파도에 대해서는 그림 7.2에 보인 바와 같이 다음이 만족되며,

$$x = \sqrt{g/4k}\, t, \qquad (7.49)$$

또한 식 (7.48)에 따르면 $x \propto t^2$일 때 파도의 위상은 일정해야 한다.

심해파의 위상속도 $c = \sqrt{g/k}$이고, 따라서 식 (7.45)로 주어지는 군속도는 위상속도의 반이므로, 위상이 일정한 점, 예를 들면 파정 또는 파저는 군속도로 전파하는 파수가 일정한 파도를 지속적으로 따라 잡으며 전파한다.

또한 2장, 식 (2.31)로 주어진 보 방정식에 대한 분산관계식은 다음과 같은데,

$$\phi_{tt} + \gamma^2 \phi_{xxxx} = 0, \qquad (2.31)$$

$$\omega = \pm \gamma k^2, \qquad (2.33)$$

여기서 γ는 양의 상수이다. 그러므로 보에 대해 다음을 얻으며,

$$W(k) = \gamma k^2, \tag{7.50}$$

$W(k)$는 우함수이다.

따라서 군속도는 다음과 같으며,

$$c_g = 2\gamma k = \frac{x}{t}, \tag{7.51}$$

또 정류치 $k = K$에 대해 다음을 얻고,

$$K = \frac{x}{2\gamma t}, \tag{7.52}$$

$W(K)$와 $W''(K)$를 다음과 같이 얻으므로,

$$W(K) = \frac{x^2}{4\gamma t^2}, \quad W''(K) = 2\gamma > 0, \tag{7.53}$$

이들을 식 (7.43)에 대입하여 다음 결과를 얻는다.

$$\phi(x,t) \sim \frac{\cos\left(\frac{x^2}{2\gamma t} - \frac{x^2}{4\gamma t} - \frac{\pi}{4}\right)}{\sqrt{4\pi\gamma t}} = \frac{1}{2\sqrt{\pi\gamma t}} \cos\left(\frac{x^2}{4\gamma t} - \frac{\pi}{4}\right). \tag{7.54}$$

이 식에 따르면 충분히 큰 t, x에 대해, 어떤 한 순간의 파고는 모든 곳에서 일정하고, 파장은 x^{-1}에 비례하여 감소하며, 주어진 위치에서의 파고는 $t^{-1/2}$에 비례하여 감소하고, 주기는 t^2에 비례하여 증가한다.

한편 식 (7.51)에 따르면 파수 k, 또는 파장이 일정한 파도에 대해서는 그림 7.3에 보인 바와 같이 다음이 만족되며,

$$x = 2\gamma k t, \tag{7.55}$$

또한 식 (7.54)에 따르면 $t \propto x^2$일 때 파도의 위상은 일정해야 한다.

이 경우에는 파의 위상속도 $c = \gamma k$이고, 따라서 식 (7.51)로 주어지는 군속도는 위상속도의 배이므로, 군속도로 전파하는 파수가 일정한 파도는 위상이 일정한 점, 즉 파정 또는 파저를 지속적으로 따라 잡으며 전파한다.

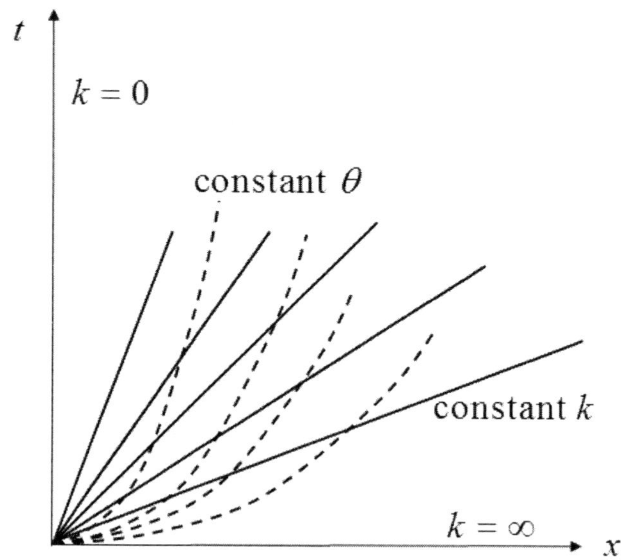

그림 7.3 보 방정식을 만족하는 파에 대한 파수 일정 직선과 위상 일정 곡선

7.4 군속도의 동역학적 성질

2.3절에서 선형 분산성 파도의 군속도는 파수가 일정한 파도가 전파하는 속도임을 보였고, 이는 그림 2.1에 보인 바와 같다. 한편 군속도는 파도의 에너지 전파 속도로도 볼 수 있는데, 이하에서는 이에 대해 생각한다.

앞 절에서 얻은 식 (7.42)를 다음과 같이 다시 쓸 수 있는데,

$$\phi(x,t) \sim Re\left(ae^{i\theta}\right),\ x = c_g(K)t \text{ 에서, } t \to \infty \text{ 일 때,} \tag{7.56}$$

$$a(x,t) = \frac{F(K)e^{\mp i\pi/4}}{\sqrt{2\pi |W''(K)| t}},\ \theta(x,t) = Kx - W(K)t, \tag{7.57}$$

여기서 a는 복소 진폭, θ는 위상함수이며, K는 주어진 α에 대해 식 (7.31)에 의해 주어지므로, 즉 $\dfrac{x}{t} = \alpha = c_g(K)$을 만족하도록 결정된다.

식 (7.56)은 일견 진폭과 위상을 가지는 조화 함수의 형태이지만, 실은 진폭과 위상이 공간과 시간에 따라 변화하는 파동이다. 주어진 시간 t에 x가 증가하면 α가 증가하며, 따라서 군속도도 증가하여 군속도가 빠른 파도들이 파군의 앞에 위치할 것임을 알 수 있다.

심해 수면파의 경우, 파도 진폭의 제곱은 단위 길이 당 평균 에너지, 즉 에너지 밀도에 비례하며, 그림 7.4에 보인 바와 같이 $0 < x_1(t) < x_2(t)$라고 할 때, x_1부터 x_2까지 $|a|^2$을 적분하면 다음을 얻는다.

$$E(t) = \int_{x_1(t)}^{x_2(t)} aa^* dx = \frac{1}{2\pi t}\int_{x_1(t)}^{x_2(t)} \frac{F(K)F^*(K)}{|W''(K)|} dx. \tag{7.58}$$

여기서 $x_1 = \alpha_1 t$, $x_2 = \alpha_2 t$로 취하고, $x = c_g(K)t$임을 이용하면, 주어진 시간 t에 대해 $dx = tW''(K)dK$를 얻으므로, 위 식은 K에 대한 적분으로 다음과 같이 쓸 수 있고,

$$E(t) = \frac{1}{2\pi t}\int_{\alpha_1 t}^{\alpha_2 t} \frac{F(K)F^*(K)}{|W''(K)|} dx = \frac{1}{2\pi t}\int_{K_1}^{K_2} \frac{F(K)F^*(K)}{|W''(K)|} tW''(K)dK, \tag{7.59}$$

$W''(K) > 0$이라고 하면 이를 정리하여 결국 다음 결과를 얻으며,

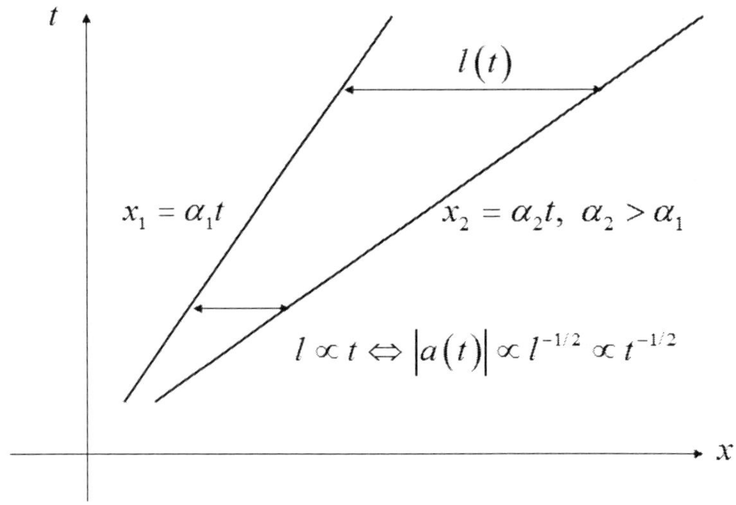

그림 7.4 E의 계산

$$E(t) = \frac{1}{2\pi}\int_{K_1}^{K_2} F(K)F^*(K)\,dK = E_0\,, \tag{7.60}$$

여기서 E_0는 상수이고, 또 $W''(K) < 0$인 경우에는 위 식 적분의 상한과 하한이 바뀐 결과를 얻는다.

$E(t)$는 $x_1(t)$과 $x_2(t)$ 사이의 에너지에 비례하는 양이므로, 위 식에 따르면 군속도로 진행하는 두 직선 사이의 에너지는 시간에 따라 변화하지 않으며, 따라서 이와 같은 관점에서 군속도는 물리적으로 에너지의 전파 속도이기도 하다.

위에서 고려한 식 (7.60)은 군속도로 전파하는 두 직선 사이의 $|a|^2 \equiv \varepsilon$의 합이 보존된다는 것을 적분을 사용하여 나타낸 것인데, 이를 미분을 사용하여 나타내면 다음과 같이 쓸 수 있다.

$$\frac{\partial \varepsilon}{\partial t} + \frac{\partial (c_g \varepsilon)}{\partial x} = 0. \tag{7.61}$$

여기서 ε은 **파도작용**(wave action)이라고 불리며, $c_g \varepsilon$은 **작용 플럭스**(action flux)를 나타낸다[12]. 이 식은 파도작용의 보존 법칙으로 볼 수 있으며, 그 전파 속도가 군속도임을 보여주고 있다.

7.2절의 식 (7.37)은 물론 $t \to \infty$ 일 때 사용할 수 있는 점근 근사이지만, 식 (7.38) 우변 둘째 항의 크기가 1보다 작을 경우에만 유효한 결과를 주므로, 예를 들어 다음 조건이 성립하는 경우,

$$t < \frac{1}{|W''|}\frac{A''}{A}, \tag{7.62}$$

아래에 다시 보인 식 (7.17)로 주어진 적분에 대해 군속도가 물리적으로 어떤 의미를 가지는지 질문할 수 있다.

$$\phi(x,t) = Re\frac{1}{2\pi}\int_{-\infty}^{\infty}\Phi_0(k)e^{i\{kx - W(k)t\}}dk. \tag{7.17}$$

초기조건이 그림 7.5에 보인 바와 같이, 다음 형태로 주어진 경우에 대해 생각하기로 하면,

$$\phi_0(x) = Re\,2\pi f(x)e^{ik_0x} = 2\pi f(x)\cos k_0 x, \tag{7.63}$$

$F(k)$를 $f(x)$의 푸리에 변환이라고 할 때, $\Phi_0(k)$를 다음과 같이 얻는다.

$$\Phi_0(k) = Re\,2\pi\int_{-\infty}^{\infty}f(x)e^{-i(k-k_0)x}dx = Re\,2\pi F(k-k_0). \tag{7.64}$$

여기서 $F(k)$는 **유연한 함수**(smooth function)이고 **대역폭**(bandwidth)이 $\Delta k \ll 1$인 함수라고 하면, $\phi_0(x)$는 파수 $k = k_0$인 요소해를 **반송파**(carrier wave)로 하는 **변조파**(modulated wave)이다. 이와 같은 파도는 통상 **파도 패킷**(wave packet)이라고 부르며, 또한 그림 7.5에서 점선으로 보인 함수 $f(x)$에 상응하는 부분은 반송파를 둘러싸고 있어 **포락선**(envelope)이라고 부른다.

식 (7.64)를 식 (7.17)에 대입하면 다음을 얻고,

$$\phi(x,t) = Re\int_{-\infty}^{\infty}F(k-k_0)e^{i\{kx - W(k)t\}}dk, \tag{7.65}$$

---

12) 이와 관련된 보다 자세한 사항에 대해서는 Whitham(1974)[1]을 참고하기 바란다.

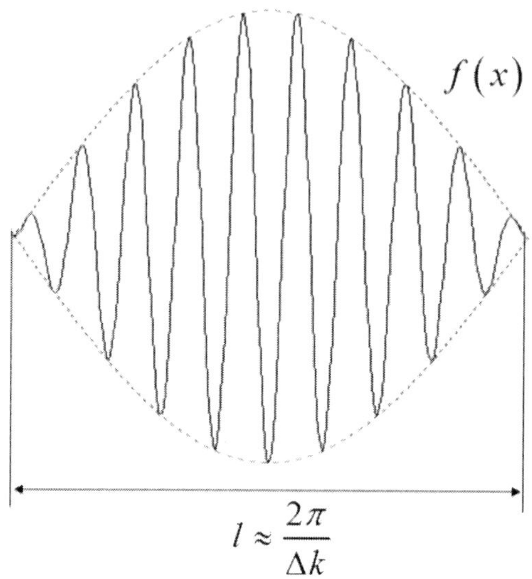

그림 7.5 파도 패킷, $k = k_0$ 인 요소해를 반송파로 하는 변조파

식 (7.65)의 적분에 $\kappa = k - k_0$ 의 치환을 도입하면 다음을 얻는데,

$$\begin{aligned} \phi(x,t) &\sim Re\, e^{i\{k_0 x - W(k_0)t\}} \int_{-\infty}^{\infty} F(\kappa) e^{i\kappa\{x - W'(k_0)t\}} d\kappa \\ &= Re\, 2\pi e^{i\{k_0 x - W(k_0)t\}} f(x - W'(k_0)t) \\ &= 2\pi f(x - W'(k_0)t) \cos\{k_0 x - W(k_0)t\}, \end{aligned} \tag{7.66}$$

여기서 근사 등호의 우변을 얻는 데는 $W(k_0 + \kappa)$의 k_0에 대한 테일러 급수의 1차 근사 $W(k_0) + W'(k_0)\kappa$를 사용하였으며, 등호는 푸리에 역변환에 대한 식 (7.5)를 사용하여 얻었다.

이 결과에 따르면, 초기조건이 $k = k_0$를 중심으로 하는 파도 패킷으로 주어졌을 때, 위에서 무시한 테일러 급수의 2차 항의 크기 $|W''(k_0)|\kappa^2 t$가 작을 경우, 파수가 k_0인 파를 반송파로 하는 포락선이 $W'(k_0) = c_g(k_0)$의 군속도로 움직이는 파도 패킷으로 주어짐을 알 수 있다.

시간 t가 증가하면 위에서 얻은 근사, 식 (7.66)은 점점 그 의미를 잃게 되며, 앞 절에서 구한 $t \to \infty$ 일 때의 점근 근사가 그 역할을 대체할 것이다. 다시 말하면 파도의 분산성에 의해 파장이 다른 파도들이 공간 상으로도 다른 위치에 있게 될 것이다. 두 근사의 경계는 따라서 다음 조건으로 주어지며,

$$|W''|\kappa^2 t \sim |W''|(\Delta k)^2 t \sim |W''|\frac{A}{A''}t \sim 1, \;\; \therefore \; t \sim \frac{1}{|W''|}\frac{A''}{A}, \tag{7.67}$$

여기서 둘째 근사 등호는 위 식의 미분이 k에 대한 미분임을 고려하여 얻을 수 있다.

식 (7.67)의 마지막 식은 위에서 보였던 식 (7.62)의 조건에 상응함을 확인할 수 있으므로, 결국 식 (7.62)의 조건이 성립하는 경우에는 식 (7.66)의 근사가 유효하지만, 시간이 경과하여 이 조건이 성립하지 않을 경우에는 $t \to \infty$ 일 때의 점근 근사가 유효하다. 식 (7.62)는 파도의 분산성에도 불구하고, 초기의 파도 패킷이 계속 패킷으로 유지될 수 있는 조건이며, 이 조건이 만족되는 경우 파도 패킷은 위에서 보인 바와 같이 군속도로 전파하므로 군속도는 여전히 중요한 물리적 의미를 가진다.

7.5 엄밀해와 점근해의 비교

이 절에서는 아래에 다시 보인 식 (2.7), Klein-Gordon 방정식을 예로 들어 엄밀해를 구하고, 이 해와 3절에서 구한 점근해를 비교하여 점근해의 성질에 대해 알아보기로 한다.

$$\phi_{tt} - \phi_{xx} + \phi = 0. \tag{2.7}$$

차후의 비교를 위해 초기조건이 다음과 같이 주어진 경우를 생각하기로 한다.

$$\phi_0(x) \equiv 0\,,\ \ \phi_t(x,0) = \delta(x)\,. \tag{7.68}$$

주어진 문제의 해는 아래에 다시 보인 식 (7.20)의 형태로 주어진다고 가정할 수 있는데,

$$\phi(x,t) = \int_{-\infty}^{\infty} A_1(k) e^{i\{kx - W(k)t\}} dk + \int_{-\infty}^{\infty} A_2(k) e^{i\{kx + W(k)t\}} dk\,, \tag{7.20}$$

여기서 $W(k)$는 식 (7.8)을 사용하여 다음과 같이 우함수로 얻는다.

$$W(k) = \sqrt{k^2+1}\,. \tag{7.69}$$

식 (7.20)을 초기조건, 식 (7.68)에 대입하면 다음을 얻으며,

$$0 = \int_{-\infty}^{\infty} \{A_1(k) + A_2(k)\} e^{ikx} dk\,, \tag{7.70}$$

$$\delta(x) = -i \int_{-\infty}^{\infty} W(k)\{A_1(k) - A_2(k)\} e^{ikx} dk\,, \tag{7.71}$$

식 (7.70)으로부터 $A_2 = -A_1$을 얻고 이를 식 (7.71)에 대입하고, $\delta(x)$의 푸리에 변환은 식 (7.5)와 비교하여 $-4\pi i\, W(k) A_1(k)$ 임을 얻으므로, 식 (7.4)로부터 다음 결과를 얻는다.

$$-4\pi i\,W(k)A_1(k)=\int_{-\infty}^{\infty}\delta(x)e^{-ikx}dx=1\,. \tag{7.72}$$

결국 이 식으로부터 $A_1(k)$, $A_2(k)$를 다음과 같이 얻으므로.

$$A_1(k)=\frac{i}{4\pi W(k)}=\frac{i}{4\pi\sqrt{k^2+1}}=-A_2(k), \tag{7.73}$$

이를 식 (7.20)에 대입하여 다음과 같이 해를 얻는다.

$$\phi(x,t)=\frac{i}{4\pi}\int_{-\infty}^{\infty}\frac{e^{i\left(kx-\sqrt{k^2+1}\,t\right)}}{\sqrt{k^2+1}}dk-\frac{i}{4\pi}\int_{-\infty}^{\infty}\frac{e^{i\left(kx+\sqrt{k^2+1}\,t\right)}}{\sqrt{k^2+1}}dk\,. \tag{7.74}$$

이 식 우변의 첫째 적분 I_1을 계산하기 위해 다음과 같은 치환을 도입하기로 하면,

$$s=k+\sqrt{k^2+1}\,, \tag{7.75}$$

이 식의 양변의 미분을 취하여 다음을 얻고,

$$ds=\left(1+\frac{k}{\sqrt{k^2+1}}\right)dk\,,\ \ \therefore\ \frac{ds}{s}=\frac{dk}{\sqrt{k^2+1}}\,, \tag{7.76}$$

또 $k=k(s)$를 얻기 위해 식 (7.75)의 역수를 취하여 다음을 얻으므로,

$$s^{-1}=-k+\sqrt{k^2+1}\,, \tag{7.77}$$

식 (7.75)와 (7.77)로부터 다음을 얻는다.

$$k=k(s)=\frac{1}{2}\left(s-s^{-1}\right),\ \ \sqrt{k^2+1}=\frac{1}{2}\left(s+s^{-1}\right). \tag{7.78}$$

식 (7.76), (7.78)을 위의 식 (7.74) 우변의 첫째 적분에 대입하면 다음을 얻는다.

$$I_1(x,t) = \frac{i}{4\pi}\int_{0^+}^{\infty} e^{\frac{i}{2}\{(s-s^{-1})x-(s+s^{-1})t\}}\frac{ds}{s}$$

$$= \frac{i}{4\pi}\int_{0^+}^{\infty} e^{-i(\alpha s+\beta s^{-1})}\frac{ds}{s}, \quad \alpha = \frac{t-x}{2}, \quad \beta = \frac{t+x}{2}. \tag{7.79}$$

또한 식 (7.74) 우변의 둘째 적분 I_2에 대해서는 다음 치환을 도입하고,

$$s = k - \sqrt{k^2+1}, \tag{7.80}$$

위에서 I_1에 대해 보인 것과 유사한 과정을 거쳐 다음 결과를 얻는다([연습문제 3] 참조).

$$I_2 = \frac{i}{4\pi}\int_{-\infty}^{0^-} e^{-i(\alpha s+\beta s^{-1})}\frac{ds}{s}. \tag{7.81}$$

따라서 식 (7.79), (7.81)을 식 (7.74)에 대입하여 $\phi(x,t)$를 다음과 같이 얻는데,

$$\phi(x,t) = \frac{i}{4\pi}PV\int_{-\infty}^{\infty} e^{-i(\alpha s+\beta s^{-1})}\frac{ds}{s}, \tag{7.82}$$

여기서 적분 앞의 PV는 코쉬의 **주치 적분**(principal value integral)을 뜻하며, 피적분 함수는 $s=0$에서 특이점을 가진다. 아래에서는 $\beta>0$을 가정하고 위 적분의 계산을 수행하기로 한다. 적분 변수에 대한 치환 $s=-\sigma$를 도입하면 다음을 얻으므로,

$$\phi(x,t) = -\frac{i}{4\pi}PV\int_{-\infty}^{\infty} e^{-i(-\alpha\sigma-\beta\sigma^{-1})}\frac{d\sigma}{\sigma}, \tag{7.83}$$

$\beta<0$인 경우에 대한 결과는 $\beta>0$에 대한 결과로부터 얻을 수 있음에 유의한다.

$s=0$를 중심으로 반경 ε인 원을 생각하면, 이 원주 상에서 $s=\varepsilon e^{i\theta}$이므로 $\beta>0$, 즉 $t>-x$일 때, $\left|e^{-i\beta s^{-1}}\right|$은 $\varepsilon\to 0$일 때 다음과 같은 성질을 가진다.

$$\left|e^{-i\beta s^{-1}}\right| = e^{-\frac{\beta}{\varepsilon}\sin\theta} \sim \begin{cases} 0, & \theta\in(0,\pi), \\ \infty, & \theta\in(\pi,2\pi). \end{cases} \tag{7.84}$$

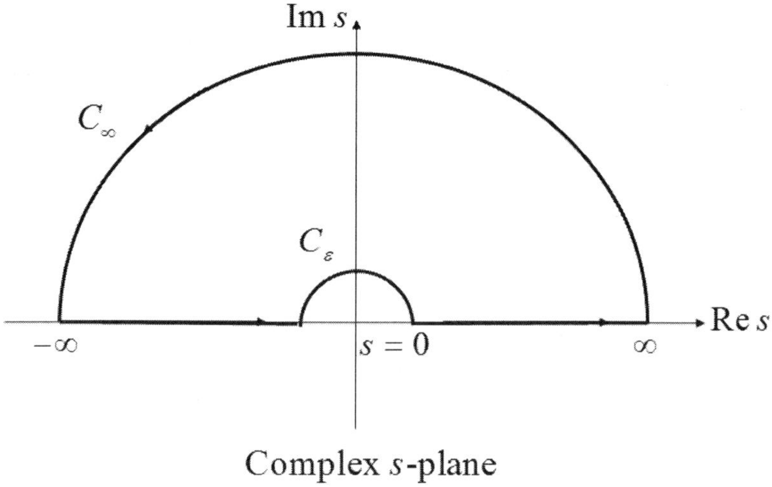

그림 7.6 식 (7.85)에 대한 적분 경로, $\alpha < 0$

$\alpha = \dfrac{t-x}{2}$ 의 부호에 따라 다음과 같이 나누어 생각하기로 한다.

1) $\alpha < 0$, 즉 $t < x$ 인 경우

식 (7.82)의 적분을 그림 7.6에 보인 경로에 대한 복소 적분을 사용하여 구하기로 하고, 다음 복소 적분을 고려한다.

$$I(\alpha,\beta) = \frac{i}{4\pi}\int_C e^{-i(\alpha s + \beta s^{-1})}\frac{ds}{s}\,. \tag{7.85}$$

여기서 적분 경로 $C = C_\infty + C_R + C_\varepsilon$ 인데, C_R에 대한 적분은 식 (7.82)의 주치 적분이다.

식 (7.85) 우변의 피적분 함수는 적분 경로 상에서, 그리고 경로 내부에서 **정칙**(analytic)이므로, **코쉬 적분 정리**(Cauchy integral theorem)에 의해 그 적분값은 영이 되며, C_∞ 에 대한 적분은 $\alpha < 0$ 이므로 $\left|e^{-i\alpha s}\right| \to 0$ 을 얻어 0 이 되고, C_ε 에 대한 적분도, 식 (7.84)에서 보인 바와 같이 피적분 함수가 지수 함수적으로 0 이 되므로, 역시 0 이 되어, C_R에 대한 적분, 즉 식 (7.83)에 대해 다음 결과를 얻는다.

$$\phi(x,t) = 0\,. \tag{7.86}$$

2) $\alpha > 0$, 즉 $t > x$ 인 경우

식 (7.85)의 적분을 그림 7.7에 보인 시계 방향의 경로에 대한 복소 적분을 사용하여 구하기로 하면, 우변의 피적분 함수는 $s = 0$ 에서 특이점을 가지므로 **유수 정리**(residue theorem)에 의해 그 적분값은 다음과 같이 얻을 수 있으며,

$$I(\alpha, \beta) = \frac{1}{2} b_{-1}, \tag{7.87}$$

여기서 b_{-1}은 피적분 함수 $f(s) = \dfrac{e^{-i(\alpha s + \beta s^{-1})}}{s}$ 의 $s = 0$ 에서의 유수이다. C_∞ 에 대한 적분은 $\alpha > 0$ 이므로 $\left| e^{-i\alpha s} \right| \to 0$ 을 얻어 0 이 되고, C_ε 에 대한 적분도 0 이 되어, C_R에 대한 적분 즉 $\phi(x,t)$ 에 대해 다음을 얻는다.

$$\phi(x,t) = \frac{1}{2} b_{-1}. \tag{7.88}$$

지수 함수의 테일러 급수 전개를 사용하여 다음을 얻으며,

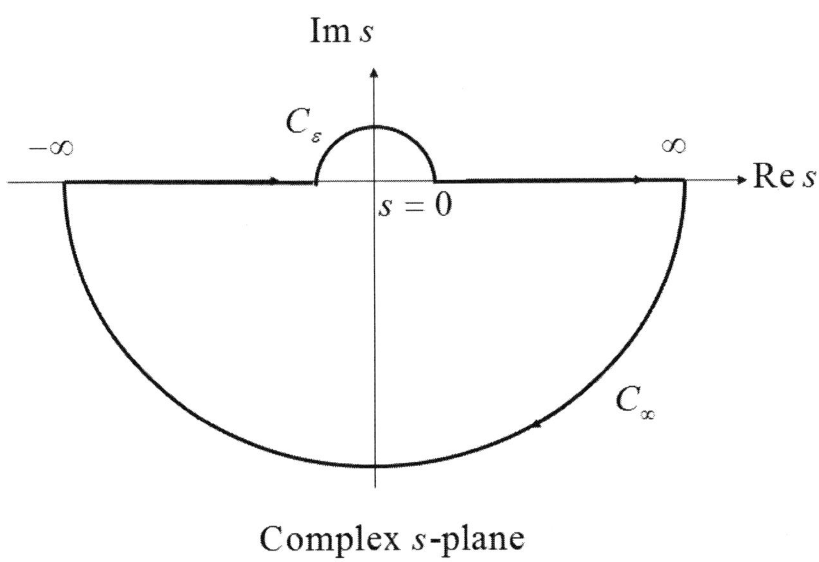

그림 7.7 식 (7.85)에 대한 적분 경로, $\alpha > 0$

$$f(s)=\sum_{n=0}^{\infty}\frac{(-i\alpha s)^n}{n!}\sum_{m=0}^{\infty}\frac{(-i\beta s^{-1})^m}{m!}\frac{1}{s}=\sum_{n=0}^{\infty}\frac{(-i\alpha)^n}{n!}\sum_{m=0}^{\infty}\frac{(-i\beta)^m}{m!}s^{n-m-1},\quad(7.89)$$

따라서 유수는 $n=m$을 취하여 다음과 같이 얻고,

$$b_{-1}=\sum_{n=0}^{\infty}\frac{(-\alpha\beta)^n}{(n!)^2},\qquad(7.90)$$

이를 식 (7.88)에 대입하여 다음 결과를 얻는다.

$$\phi(x,t)=\frac{1}{2}\sum_{n=0}^{\infty}\frac{(-\alpha\beta)^n}{(n!)^2}=\frac{1}{2}J_0(2\sqrt{\alpha\beta}).\qquad(7.91)$$

여기서 마지막 등호는 베셀 함수에 대한 다음 급수 전개로부터 얻을 수 있으며, 예를 들어 이승준(2014)[8]을 참조하기 바란다.

$$J_0(\xi)=\sum_{n=0}^{\infty}\frac{(-1)^n}{(n!)^2}\left(\frac{\xi}{2}\right)^{2n}.\qquad(7.92)$$

식 (7.79)에 주어진 α, β에 대한 식을 식 (7.91)에 대입하면 다음을 얻는다.

$$\phi(x,t)=\frac{1}{2}J_0\left(\sqrt{t^2-x^2}\right),\ t^2>x^2.\qquad(7.93)$$

$t>0$인 영역 중 $\beta>0$, 즉 $t\in(-x,\infty)$에 대해서는 식 (7.86), (7.93)의 해를 얻었으며, $\beta<0$, 즉 $t\in(-\infty,-x)$에 대해서는 식 (7.83)을 이용하여 $t\in(x,\infty)$에 대한 해, 식 (7.86)으로부터 $\phi(x,t)=0$를 얻으므로, 이들을 종합하여 $t>0$에 대한 해를 그림 7.8에 보였다.

$t^2>x^2$인 영역에서는 t^2-x^2이 일정한 경우, 식 (7.93)으로부터 ϕ의 값도 일정하며, 특히 $\alpha\to 0$, $\beta\to 0$, 즉 $t=\pm x$의 두 직선 상에서는 $t^2-x^2=0$이므로 $\phi=\frac{1}{2}$이 된다.

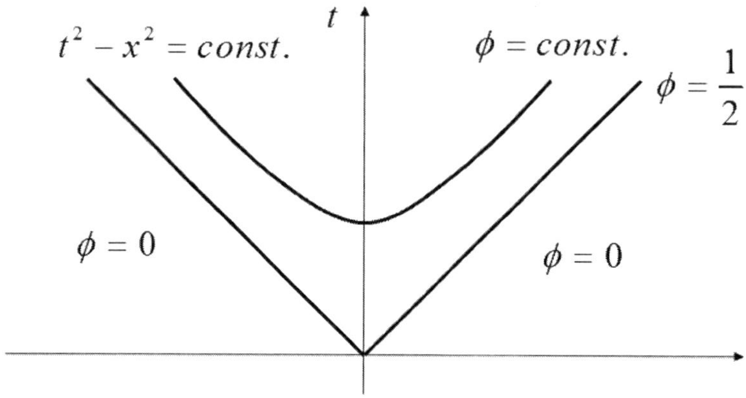

그림 7.8 Klein-Gordon 방정식의 엄밀해

따라서 두 직선 $t = \pm x$를 따라서는 크기 $\frac{1}{2}$의 불연속성이 좌우로 전파되며, 이와 같이 본격적인 파도가 오기 전에 불연속적인 파도가 나타나는 것을 **전조**(precursor)라고 부른다.

점근해와의 비교를 위해 다음과 같이 주어지는 베셀 함수의 점근 근사를 이용하여

$$J_0(\xi) \sim \sqrt{\frac{2}{\pi\xi}} \cos\left(\xi - \frac{\pi}{4}\right), \quad \xi \to \infty \text{ 일 때}, \tag{7.94}$$

식 (7.93)으로부터 $\sqrt{t^2 - x^2} \to \infty$ 일 때에 대해 다음을 얻는다.

$$\phi(x,t) \sim \frac{\cos\left(\sqrt{t^2 - x^2} - \frac{\pi}{4}\right)}{\sqrt{2\pi\sqrt{t^2 - x^2}}}. \tag{7.95}$$

한편, 식 (7.74)에 정류 위상법을 사용하여 점근해를 구하면 다음을 얻으므로,

$$\begin{aligned} \phi(x,t) &\sim \frac{1}{2}\sqrt{\frac{1}{2\pi|W''(K)|t}}\left[F(K)e^{i\{Kx - W(K)t \mp (\pi/4)\}} - F(-K)e^{-i\{Kx - W(K)t \mp (\pi/4)\}}\right] \\ &= \frac{i}{\sqrt{2\pi|W''(K)|t}}\left[F(K)\sin\{Kx - W(K)t \mp (\pi/4)\}\right], \quad x = c_g(K)t \text{ 에서}, \end{aligned} \tag{7.96}$$

여기서 $F(K)$는 우함수로 식 (7.73)으로부터 다음과 같이 주어진다.

$$F(K) = \frac{i}{W(K)} = \frac{i}{\sqrt{K^2+1}} . \tag{7.97}$$

군속도는 다음과 같고,

$$c_g = \frac{k}{\sqrt{k^2+1}} , \tag{7.98}$$

또 정류치 $k = K$에 대해 다음을 얻으며,

$$\frac{K}{\sqrt{K^2+1}} = \frac{x}{t} \equiv a, \ \therefore \ K = \frac{a}{\sqrt{1-a^2}} , \tag{7.99}$$

따라서 $a^2 < 1$ 즉 $x^2 < t^2$인 경우에만 정류치가 있으므로, $|a| = \left|\frac{x}{t}\right| \to 1$이면 $K \to \infty$, 즉 지극히 짧은 파도가 예측되나, 점근해는 지변 함수를 가정하고 있으므로 이 경우에 대해서는 점근해에 대해 다시 고려해야 하며, 이 부분은 그림 7.8에 보였던 전조의 불연속성과 관련이 있다.

또한 $W(K)$와 $W''(K)$를 다음과 같이 얻으므로,

$$W(K) = \frac{K}{a} = \frac{1}{\sqrt{1-a^2}} , \ W''(K) = (K^2+1)^{-3/2} = (1-a^2)^{3/2} > 0 , \tag{7.100}$$

이들을 식 (7.96)에 대입하여 다음 결과를 얻는데,

$$\phi(x,t) \sim \frac{\sin\left(\sqrt{t^2-x^2} + \frac{\pi}{4}\right)}{\sqrt{2\pi\sqrt{t^2-x^2}}} = \frac{\cos\left(\sqrt{t^2-x^2} - \frac{\pi}{4}\right)}{\sqrt{2\pi\sqrt{t^2-x^2}}} , \tag{7.101}$$

여기서 마지막 등호를 얻는 데는 $\sin\left(\theta + \frac{\pi}{4}\right) \equiv \cos\left(\theta - \frac{\pi}{4}\right)$의 항등식을 사용하였으며, 위 결과는 식 (7.95)와 일치한다.

물론 엄밀해로부터 주어진 문제의 해에 대해 훨씬 많은 정보를 얻어낼 수 있지만, 점근해는 훨씬 쉽게 얻을 수 있으며, 대부분의 경우 점근해만으로도 충분함에 유의한다.

연습문제

1. 식 (7.21)로 주어진 초기조건에 대해 식 (7.20)의 $A_1(k)$, $A_2(k)$가 다음과 같이 얻어짐을 보이시오.

$$A_1(k) = \frac{1}{4\pi}\left\{\Phi_0(k)+\frac{i\Phi_1(k)}{W(k)}\right\}, \tag{연7.1}$$

$$A_2(k) = \frac{1}{4\pi}\left\{\Phi_0(k)-\frac{i\Phi_1(k)}{W(k)}\right\}. \tag{연7.2}$$

여기서 $\Phi_1(k)$는 $\phi_1(x)$의 푸리에 변환이다.

2. 식 (7.40) 우변의 피적분 함수에 대해 $W'''(K)>0$를 가정하고, 다음의 치환을 도입하여,

$$\xi = \left\{\frac{W'''(K)t}{6}\right\}^{1/3}(k-K)e^{i\pi/6}, \tag{연7.3}$$

$t\to\infty$에 대해 다음을 얻음을 보이시오.

$$I_2(K,t) = \left\{\frac{6}{W'''(K)t}\right\}^{1/3} e^{-i\pi/6}\int_{-\infty}^{\infty} e^{-\xi^2}d\xi = \sqrt{\pi}\left\{\frac{6}{W'''(K)t}\right\}^{1/3} e^{-i\pi/6}. \tag{연7.4}$$

3. 식 (7.74) 우변의 둘째 적분 I_2에 대해서는 다음 치환을 도입하고,

$$s = k-\sqrt{k^2+1}\ , \tag{연7.5}$$

본문에서 I_1에 대해 보인 것과 유사한 과정을 거쳐 식 (7.81)을 얻음을 보이시오.

2부

수면파 이론

8 수면파 이론의 기초

1절에서는 기본 방정식들을 유도하는데 필요한 벡터 미분 연산을 Gibbs(1884){11}의 **이중벡터**(dyadic)를 사용하여 정리하고, 2절에서는 수면파 이론에서 사용되는 기본적인 방정식들을 유도하여 물리적 특성을 분명히 하며, 3절에서는 점성과 표면장력을 고려한 경계조건을 유도하여 이들을 무시하는 것이 물리적으로 어떠한 상황에 상응하는 것인지에 대해 고찰하고, 4절에서는 수면파에 작용하는 점성의 영향에 대해 생각한다.

8.1 벡터 미분 연산

물리 문제의 기본 방정식들을 유도하는 경우, $\underline{a}\,\underline{b}$ 와 같이 두 개의 벡터량이 병치되거나 또는 **텐서**(tensor)와 같이 하첨자가 두 개인 양의 연산을 다루어야 할 때가 많다. 이 절에서는 이와 같은 연산을 보다 편리하게 수행할 수 있도록 Gibbs(1884){11}에 의해 도입된 이중벡터를 소개, 사용하기로 한다(Phillips(1946)[15] 참조).

우수계인 직각 좌표계 $(x,y,z)=(x_1,x_2,x_3)$ 를 사용하고, x, y, z 방향으로의 단위 벡터는 각각 $\hat{i}$, $\hat{j}$, $\hat{k}$, 또는 $\hat{e}_1$, $\hat{e}_2$, $\hat{e}_3$ 로 나타내기로 하면, 임의의 벡터 $\underline{a}$ 는 다음과 같이 쓸 수 있으며,

$$\underline{a}=(a_1,a_2,a_3)=\sum_{i=1}^{3}a_i\hat{e}_i, \tag{8.1}$$

벡터 미분 연산자 ∇ 은 다음과 같이 쓸 수 있다.

$$\nabla=(\partial_1,\partial_2,\partial_3)=\sum_{i=1}^{3}\partial_i\hat{e}_i. \tag{8.2}$$

일반적인 이중벡터 $\underline{A}$ 는 다음과 같이 쓸 수 있는데,

$$\underline{A} = \underline{a}_1\underline{b}_1 + \underline{a}_2\underline{b}_2 + \cdots + \underline{a}_n\underline{b}_n, \tag{8.3}$$

여기서 $\underline{a}_i$, $\underline{b}_i$, $i = 1, 2, \cdots, n$ 은 벡터이다. 우변의 각 항, 즉 두 개의 벡터량이 병치된 이중벡터 $\underline{a}\,\underline{b}$ 는 **겹벡터**(dyad)라고 부르는데, 겹벡터를 포함하여 일반적인 이중벡터는 **기본 겹벡터**(basic dyads) $\hat{e}_i\hat{e}_j$를 사용하여 나타낼 수 있으며, 겹벡터 $\underline{a}\underline{b}$ 는 다음과 같이 나타낼 수 있다.

$$\underline{a}\,\underline{b} = \sum_{i=1}^{3} a_i\hat{e}_i \sum_{j=1}^{3} b_j\hat{e}_j = \sum_{i=}^{3}\sum_{j=1}^{3} a_i b_j \hat{e}_i\hat{e}_j. \tag{8.4}$$

또 벡터 함수 $\underline{u}(\underline{x})$와 관련하여 이중벡터 $\nabla\underline{u}$ 는 다음과 같이 나타낼 수 있다.

$$\nabla\,\underline{u} = \sum_{i=1}^{3} \partial_i\hat{e}_i \sum_{j=1}^{3} u_j\hat{e}_j = \sum_{i=}^{3}\sum_{j=1}^{3} \partial_i u_j \hat{e}_i\hat{e}_j. \tag{8.5}$$

두 벡터의 **스칼라곱**(scalar product)은 다음과 같이 정의되는 **크로네커의 델타**(Kronecker's delta) δ_{ij}를 이용하여 나타낼 수 있는데,

$$\delta_{ij} = \begin{cases} 0, \, i \neq j, \\ 1, \, i = j, \end{cases} \tag{8.6}$$

예를 들어 두 벡터 $\underline{a}$, $\underline{b}$ 의 스칼라곱 $\underline{a} \cdot \underline{b}$는 $\hat{e}_i \cdot \hat{e}_j = \delta_{ij}$임을 이용하여 다음과 같이 얻고,

$$\underline{a} \cdot \underline{b} = \left(\sum_{i=1}^{3} a_i\hat{e}_i\right) \cdot \left(\sum_{j=1}^{3} b_j\hat{e}_j\right) = \sum_{i=}^{3}\sum_{j=1}^{3} a_i b_j \hat{e}_i \cdot \hat{e}_j = \sum_{i=}^{3}\sum_{j=1}^{3} a_i b_j \delta_{ij} = \sum_{i=}^{3} a_i b_i, \tag{8.7}$$

또 $\nabla \cdot \underline{u}$는 다음과 같이 쓸 수 있다.

$$\nabla \cdot \underline{u} = \left(\sum_{i=1}^{3} \partial_i \hat{e}_i\right) \cdot \left(\sum_{j=1}^{3} u_j \hat{e}_j\right) = \sum_{i=1}^{3}\sum_{j=1}^{3} \partial_i u_j \delta_{ij} = \sum_{i=1}^{3} \partial_i u_i . \tag{8.8}$$

방향 도함수(directional derivative)는 예를 들어, 변수가 벡터인 스칼라 함수 $f(\underline{x})$에 대해 고려하는 방향으로의 도함수를 뜻하는데, 고려하는 방향의 단위 벡터를 $\hat{n}$이라고 하면 다음과 같이 주어진다.

$$(\hat{n} \cdot \nabla) f = \left(\sum_{i=1}^{3} n_i \partial_i\right) f \equiv \frac{\partial f}{\partial n}. \tag{8.9}$$

또한 두 벡터의 **벡터곱**(vector product)은 다음과 같이 정의되는 **에딩턴의 엡실론**(Eddington's epsilon) ϵ_{ijk}를 이용하여 나타낼 수 있는데,

$$\epsilon_{ijk} = \begin{cases} 0, & (i,j,k) \in P_R, \\ 1, & (i,j,k) \in P_E, \\ -1, & (i,j,k) \in P_O, \end{cases} \tag{8.10}$$

여기서 P_R은 $(i,j,k) = (1,1,2)$와 같이 하첨자가 중복되어 나타나는 경우의 집합이며, P_E는 $(i,j,k) = (1,2,3)$과 같이 하첨자가 **우순열**(even permutation)인 경우의 집합, P_O는 $(i,j,k) = (1,3,2)$와 같이 하첨자가 **기순열**(odd permutation)인 경우의 집합이다.

예를 들어 두 벡터 $\underline{a}$, $\underline{b}$의 벡터곱 $\underline{a} \times \underline{b}$는 $\hat{e}_i \times \hat{e}_j = \sum_{k=1}^{3} \epsilon_{ijk} \hat{e}_k$임을 이용하여 다음과 같이 얻고,

$$\underline{a} \times \underline{b} = \left(\sum_{i=1}^{3} a_i \hat{e}_i\right) \times \left(\sum_{j=1}^{3} b_j \hat{e}_j\right) = \sum_{i=}^{3}\sum_{j=1}^{3} a_i b_j \hat{e}_i \times \hat{e}_j = \sum_{i=}^{3}\sum_{j=1}^{3}\sum_{k=1}^{3} \epsilon_{ijk} a_i b_j \hat{e}_k , \tag{8.11}$$

또 $\nabla \times \underline{u}$는 다음과 같이 쓸 수 있다.

$$\nabla \times \underline{u} = \left(\sum_{i=1}^{3} \partial_i \hat{e}_i\right) \times \left(\sum_{j=1}^{3} u_j \hat{e}_j\right) = \sum_{i=1}^{3}\sum_{j=1}^{3}\sum_{k=1}^{3} \epsilon_{ijk} \partial_i u_j \hat{e}_k . \tag{8.12}$$

3차원 **유클리드 공간**(Euclidean space)에 대해 정의된 **텐서**(tensor) $\underline{\alpha}$는 기본 겹벡터를 사용하면 다음과 같이 쓸 수 있고,

$$\underline{\alpha} = \sum_{i=1}^{3}\sum_{j=1}^{3}\alpha_{ij}\hat{e}_i\hat{e}_j, \tag{8.13}$$

$\underline{\alpha}$의 **전치 텐서**(transpose tensor) $\underline{\alpha}^T$는 다음과 같이 쓸 수 있다.

$$\underline{\alpha}^T = \sum_{i=1}^{3}\sum_{j=1}^{3}\alpha_{ji}\hat{e}_i\hat{e}_j. \tag{8.14}$$

전치 텐서와 그 자신이 같은 텐서를 **대칭 텐서**(symmetric tensor)라고 하는데, 위의 식 (8.13), (8.14)에 따르면 대칭 텐서에 대해 다음을 얻으며,

$$\alpha_{ij} = \alpha_{ji}, \tag{8.15}$$

따라서 대칭 텐서의 **성분**(components) α_{ij} 중 독립인 양은 6개임에 유의한다.

또 전치 텐서와 그 자신의 부호를 바꾼 텐서가 같은 텐서를 **반대칭 텐서**(antisymmetric tensor)라고 하는데, 위의 결과로부터 반대칭 텐서에 대해 다음을 얻으며,

$$\alpha_{ij} = -\alpha_{ji}, \tag{8.16}$$

따라서 반대칭 텐서의 성분 α_{ij} 중 $\alpha_{ii} = 0$이므로, 독립인 양은 3개임에 유의한다.

$\underline{u}\cdot(\nabla\underline{u})^T$에 대해서는 식 (8.14)를 이용하여 다음을 얻는다.

$$\underline{u}\cdot(\nabla\underline{u})^T = \left(\sum_{i=1}^{3}u_i\hat{e}_i\right)\cdot\left(\sum_{j=1}^{3}\sum_{k=1}^{3}\partial_k u_j\hat{e}_j\hat{e}_k\right) = \sum_{i=1}^{3}\sum_{k=1}^{3}u_i\partial_k u_i\hat{e}_k = \nabla\frac{\underline{u}\cdot\underline{u}}{2}. \tag{8.17}$$

한편 **단위 텐서**(unit tensor) $\underline{1}$은 다음과 쓸 수 있는데,

$$\underline{1} = \sum_{i=1}^{3}\sum_{j=1}^{3}\delta_{ij}\hat{e}_i\hat{e}_j, \tag{8.18}$$

따라서 스칼라 함수 $f(\underline{x})$와 관련하여 $\nabla \cdot (f\underline{1})$에 대해 다음 결과를 얻는다.

$$\begin{aligned}\nabla \cdot (f\underline{1}) &= \sum_{i=1}^{3}\partial_i\hat{e}_i \cdot \left(\sum_{j=1}^{3}\sum_{k=1}^{3} f\,\delta_{jk}\,\hat{e}_j\,\hat{e}_k\right) = \sum_{i=1}^{3}\sum_{j=1}^{3}\sum_{k=1}^{3}\partial_i f\,\delta_{ij}\delta_{jk}\,\hat{e}_k \\ &= \sum_{i=1}^{3}\partial_i f\hat{e}_i = \nabla f\,.\end{aligned} \tag{8.19}$$

$\nabla \cdot (\nabla \underline{u})^T$에 대해서는 식 (8.5), (8.14)를 이용하여 다음을 얻는다.

$$\begin{aligned}\nabla \cdot (\nabla \underline{u})^T &= \left(\sum_{i=1}^{3}\partial_i\hat{e}_i\right) \cdot \left(\sum_{j=1}^{3}\sum_{k=1}^{3}\partial_k u_j\hat{e}_j\hat{e}_k\right) \\ &= \sum_{i=1}^{3}\sum_{k=1}^{3}\partial_k(\partial_i u_i)\hat{e}_k = \nabla(\nabla \cdot \underline{u})\,.\end{aligned} \tag{8.20}$$

또한 임의의 반대칭 텐서 $\underline{\beta}$, 임의의 벡터 $\underline{a}$와 관련하여 $\underline{a} \cdot \underline{\beta}$에 대해 다음을 얻으며,

$$\underline{a} \cdot \underline{\beta} = \left(\sum_{i=1}^{3}a_i\hat{e}_i\right) \cdot \left(\sum_{j=1}^{3}\sum_{k=1}^{3}\beta_{jk}\hat{e}_j\hat{e}_k\right) = \sum_{i=1}^{3}\sum_{k=1}^{3}a_i\beta_{ik}\hat{e}_k, \tag{8.21}$$

여기서 $\beta_{ik} = -\beta_{ki}$를 만족하므로 다음을 얻을 수 있어,

$$\beta_{ik} = \sum_{j=1}^{3}\epsilon_{ikj}b_j\,, \tag{8.22}$$

$$\underline{b} = (b_1, b_2, b_3) = (\beta_{23}, \beta_{31}, \beta_{12}), \tag{8.23}$$

즉 모든 반대칭 텐서에 대해 식 (8.23)으로 정의되는 벡터 $\underline{b}$가 존재한다.

식 (8.22)를 식 (8.21)에 대입하여 다음을 얻는다.

$$\underline{a} \cdot \underline{\beta} = \sum_{i=1}^{3}\sum_{j=1}^{3}\sum_{k=1}^{3} \epsilon_{ikj} a_i b_j \hat{e}_k = \underline{b} \times \underline{a}. \tag{8.24}$$

$(\underline{u} \cdot \nabla)\underline{u}$에 대해서는 먼저 다음과 같이 바꾸어 쓸 수 있고,

$$(\underline{u} \cdot \nabla)\underline{u} = \underline{u} \cdot \left[\nabla \underline{u} - (\nabla \underline{u})^T\right] + \underline{u} \cdot (\nabla \underline{u})^T, \tag{8.25}$$

이 식 우변의 [ ] 안의 양을 다음과 같이 $\underline{\Omega}$로 정의하면, $\underline{\Omega}$는 반대칭 텐서임을 알 수 있으며,

$$\underline{\Omega} = \left[\nabla \underline{u} - (\nabla \underline{u})^T\right], \tag{8.26}$$

또 식 (8.23)에 따라 벡터 $\underline{\omega}$를 다음과 같이 정의하면,

$$\underline{\omega} = (\omega_1, \omega_2, \omega_3) = (\Omega_{23}, \Omega_{31}, \Omega_{12}) = (\partial_2 u_3 - \partial_3 u_2, \partial_3 u_1 - \partial_1 u_3, \partial_1 u_2 - \partial_2 u_1), \tag{8.27}$$

식 (8.24), (8.17)에 의해 식 (8.25)로부터 다음을 얻는다.

$$(\underline{u} \cdot \nabla)\underline{u} = \underline{\omega} \times \underline{u} + \nabla \frac{\underline{u} \cdot \underline{u}}{2}. \tag{8.28}$$

여기서 식 (8.27)로 정의된 벡터 $\underline{\omega}$는 다음과 같이 쓸 수 있다.

$$\underline{\omega} = \nabla \times \underline{u}. \tag{8.29}$$

$\underline{u}$가 속도 벡터인 경우에는 위 식으로 정의된 $\underline{\omega}$는 **와도**(vorticity)이며, 유체 입자의 회전 운동에 상응한다. 원래 $(\underline{u} \cdot \nabla)\underline{u}$는 속도 벡터의 속도 방향 도함수에 속도 벡터의 크기를 곱한 양으로 대류 가속도인데, 식 (8.28)에 따르면 대류 가속도는 속도와 와도의 벡터곱과 단위 질량 당 운동 에너지의 **그래디언트**(gradient)의 합과 같다.

삼중 벡터곱(triple vector product)과 관련하여 자주 나타나는 다음 식을 증명하고 이 절을 마치기로 한다.

$$\sum_{k=1}^{3} \epsilon_{ijk}\epsilon_{lmk} = \delta_{il}\delta_{jm} - \delta_{im}\delta_{jl}\,. \tag{8.30}$$

먼저 좌변은 k에 대한 합으로 주어져 있지만, i, j, l, m은 정해진 값으로 가정하고 있으므로, 예를 들어 $k=1$일 때 $\epsilon_{ij1}\epsilon_{lm1}$이 0이 아닌 값을 가진다면 i, j, l, m은 2, 3의 값을 가져야 하며, 따라서 $k=2, 3$인 경우에는 0의 값을 가져야 한다. 그러므로 0이 아닌 값을 주는 하나의 k에 대해 고려하면 충분하며, 예를 들어 $k=1$이 0이 아닌 결과를 주는 경우라고 하면, 만약 $(i,j)=(2,3)$이면, $(l,m)=(2,3)$ 또는 $(l,m)=(3,2)$일 때만 0이 아닌 값을 가지는데, 전자의 경우에는 1, 후자의 경우에는 -1이 되며, 그 외의 경우에는 0이 된다. 또한 $(i,j)=(3,2)$인 경우에도 위와 동일한 결과를 얻으므로, $(i,j)=(l,m)$이면 1이 되어 우변의 첫째 항에 상응하고, $(i,j)=(m,l)$이면 -1이 되어 둘째 항에 상응하며, 그 외의 경우에는 0이 되므로, 위의 등식은 증명되었다.

8.2 기본 방정식

이 절에서는 **지배 방정식**(governing equations)을 유도하기로 하는데, **열전도**(heat conduction)는 무시하기로 하며, t는 시간 변수이고, 앞 절에서와 같이 우수계인 직각 좌표계를 사용하며, 위치 벡터를 $\underline{x}$, 속도 벡터를 $\underline{u}(\underline{x},t)$ 라고 하자.

지배 방정식은 질량과 운동량의 보존 법칙으로부터 얻는데, 유체의 밀도를 $\rho(\underline{x},t)$ 라고 하고, 공간 상의 고정된 점 $\underline{x}$를 포함하는 미소 체적 요소 dV에 대해 **질량 보존 법칙**을 적용하여 다음을 얻는다.

$$\rho_t + \nabla \cdot (\rho \underline{u}) = 0. \qquad (8.31)$$

여기서 하첨자 t는 시간에 대한 편미분을 뜻한다. 이 식 좌변의 첫째 항은 dV 내에서의 질량 변화, 둘째 항은 dV의 표면을 통한 유체 유동에 따른 질량 변화에 각각 상응한다. 둘째 항을 전개하여 정리하면 다음을 얻고,

$$\rho_t + (\underline{u} \cdot \nabla)\rho + \rho \nabla \cdot \underline{u} = \frac{d\rho}{dt} + \rho \nabla \cdot \underline{u} = 0, \quad \therefore \ \frac{1}{\rho}\frac{d\rho}{dt} + \nabla \cdot \underline{u} = 0, \qquad (8.32)$$

위 식의 $\dfrac{d}{dt} = \dfrac{\partial}{\partial t} + \underline{u} \cdot \nabla$로 입자 미분 또는 **물질 미분**(particle or material differentiation)으로 불리는 미분 연산자이며, 그 첫째 항은 공간에 고정된 위치에서의 시간에 따른 변화율이고, 둘째 항은 유체 입자가 속도를 가지고 움직이기 때문에 고려되어야 하는 위치 변화에 따른 변화율이다.

식 (8.32)의 마지막 식으로부터 비압축성 유체에 대해서는 유체의 밀도 변화가 없어야 한다는 조건, 즉 $\dfrac{d\rho}{dt} = 0$를 이용하여 다음 식을 얻는다.

$$\nabla \cdot \underline{u} = 0. \qquad (8.33)$$

이 식은 비압축성 유체에 대한 **연속 방정식**(equation of continuity)이라고 부른다.

응력 텐서(stress tensor)를 $\underline{\sigma}(\underline{x},t)$, 중력 가속도를 g, y 축은 연직 상방을 양으로 취할 때, 공간 상의 고정된 점 $\underline{x}$를 포함하는 미소 체적 요소 dV에 대해 **운동량 보존 법칙**을

적용하여 다음을 얻는다.

$$(\rho\underline{u})_t + \nabla \cdot (\rho\underline{u}\underline{u}) = \nabla \cdot \underline{\sigma} - \rho g \hat{j} . \tag{8.34}$$

이 식 좌변의 첫째 항은 dV 내에서의 시간에 따른 운동량 변화, 둘째 항은 dV의 표면을 통한 유체 유동에 따른 운동량 변화에 각각 상응하고, 우변의 첫째 항은 dV와 접촉하고 있는 주변의 유체에 의해 가해지는 힘, 둘째 항은 중력에 의해 작용하는 힘에 각각 상응한다.

뉴턴 유체(Newtonian fluid)에 대해서는 응력 텐서를 다음과 같이 쓸 수 있는데,

$$\underline{\sigma} = (-p + \lambda\theta)\underline{1} + \mu\underline{\varepsilon} , \tag{8.35}$$

여기서 p는 압력, λ와 μ는 유체의 재료적 성질을 나타내는 상수로 μ는 **점성계수**(viscosity) 또는 **동역학적 점성계수**(dynamic viscosity)라고 부르며, θ와 $\underline{\varepsilon}$은 각각 다음과 같이 정의되고, $\underline{\varepsilon}$은 **변형율 텐서**(strain rate tensor)라고 부른다.

$$\theta = \nabla \cdot \underline{u}, \tag{8.36}$$

$$\underline{\varepsilon} = \nabla \underline{u} + (\nabla \underline{u})^T = \sum_{i=1}^{3}\sum_{j=1}^{3}(\partial_i u_j + \partial_j u_i)\hat{e}_i\hat{e}_j . \tag{8.37}$$

식 (8.37)의 마지막 등호는 식 (8.5), (8.14)로부터 얻는다.

식 (8.34) 좌변의 항들을 전개하고 식 (8.31)을 이용하여 정리하면 식 (8.34) 좌변에 대해 다음을 얻고,

$$\left[\rho_t + \nabla \cdot (\rho\underline{u})\right]\underline{u} + \rho\left[\underline{u}_t + (\underline{u} \cdot \nabla)\underline{u}\right] = \rho\left[\underline{u}_t + (\underline{u} \cdot \nabla)\underline{u}\right], \tag{8.38}$$

식 (8.34) 우변의 첫째 항에 대해서는 식 (8.35)를 대입하고, 식 (8.19)를 이용하여 다음을 얻는다.

$$\nabla \cdot \underline{\sigma} = -\nabla p + \lambda\nabla\theta + \mu\nabla \cdot \left[\nabla\underline{u} + (\nabla\underline{u})^T\right]. \tag{8.39}$$

이 식 우변의 마지막 항에 대해 식 (8.20)을 이용하여 다음 결과를 얻는다.

$$\nabla \cdot \underline{\sigma} = -\nabla p + \lambda \nabla \theta + \mu \left[\nabla^2 \underline{u} + \nabla (\nabla \cdot \underline{u}) \right]$$

$$= -\nabla p + (\lambda + \mu) \nabla \theta + \mu \nabla^2 \underline{u} \,. \tag{8.40}$$

식 (8.38)과 이 결과를 식 (8.34)에 대입하여 다음을 얻는다.

$$\rho \left[\underline{u}_t + (\underline{u} \cdot \nabla) \underline{u} \right] = -\nabla (p + \rho g y) + (\lambda + \mu) \nabla \theta + \mu \nabla^2 \underline{u} \,. \tag{8.41}$$

위 식은 압축성 뉴턴 유체에 대한 **운동 방정식**(equation of motion)이라고 부르는데, p를 법선 방향 응력의 평균값으로 정의하면, $\lambda = -\frac{2}{3}\mu$를 가정할 수 있으므로(Yih(1969)[16] 참조), 다음과 같이 다시 쓸 수 있다.

$$\rho \left[\underline{u}_t + (\underline{u} \cdot \nabla) \underline{u} \right] = -\nabla (p + \rho g y) + \frac{\mu}{3} \nabla \theta + \mu \nabla^2 \underline{u} \,. \tag{8.42}$$

또한 비압축성 뉴턴 유체에 대해서는 식 (8.33)으로부터 $\theta = 0$를 얻고, 만약 유동장 전체에 대해 밀도가 일정한 경우, 즉 $\rho = const.$가 성립하는 경우에는, 다음과 같은 운동 방정식을 얻는다.

$$\underline{u}_t + (\underline{u} \cdot \nabla) \underline{u} = -\nabla \left(\frac{p}{\rho} + g y \right) + \nu \nabla^2 \underline{u} \,. \tag{8.43}$$

여기서 $\nu = \mu / \rho$로 **운동학적 점성계수**(kinematic viscosity)이다.

식 (8.43) 좌변은 유체 입자의 가속도를 나타내는데, 첫째 항은 **국부 가속도**(local acceleration), 둘째 항은 앞 절에서 고려한 바 있는 **대류 가속도**(convective acceleration)이며, 비선형 항으로, 식 (8.43)이 비선형 편미분 방정식이 되는 요인이 되는 항이다. 우변의 ( ) 안의 항들은 각각 압력과 중력에 기인하는 힘이며, 둘째 항은 점성에 기인하는 힘으로 운동량의 **확산**(diffusion)에 상응한다.

전체 유동장에 대해 와도 $\underline{\omega} = \underline{0}$가 성립하면 **비회전성 유동장**(irrotational flow field)이라고 부르는데, 이와 같은 유동장에 대해서는 다음 식이 성립하는 스칼라 함수 ϕ가 존재하며,

$$\underline{u} = \nabla \phi(\underline{x}, t), \tag{8.44}$$

이 함수 ϕ는 **속도 포텐셜**(velocity potential)이라고 부른다([연습문제 1] 참조).

따라서 비점성 비압축성 유체, 즉 **이상유체**(ideal fluid)에 대해서는 식 (8.44)를 식 (8.33)에 대입하여 연속 방정식을 다음과 같이 얻으며,

$$\nabla^2 \phi = 0, \tag{8.45}$$

이 식은 속도 포텐셜에 대한 **라플라스 방정식**(Laplace equation)이다.

한편 비압축성 뉴턴 유체에 대한 운동 방정식인 식 (8.43)에 대류 가속도에 대한 결과, 식 (8.28)을 대입하여 다음을 얻는데,

$$\underline{u}_t + \underline{\omega} \times \underline{u} = -\nabla\left(\frac{p}{\rho} + \frac{\underline{u} \cdot \underline{u}}{2} + gy\right) + \nu \nabla^2 \underline{u}, \tag{8.46}$$

유체가 이상유체임을 가정하면 $\nu = 0$를 취하여 다음을 얻는다.

$$\underline{u}_t + \underline{\omega} \times \underline{u} = -\nabla\left(\frac{p}{\rho} + \frac{\underline{u} \cdot \underline{u}}{2} + gy\right). \tag{8.47}$$

또한 비회전성 유동장에 대해서는 $\underline{\omega} = \underline{0}$, $\underline{u} = \nabla \phi$를 이용하여 위 식으로부터 다음을 얻으며,

$$\nabla\left(\phi_t + \frac{p}{\rho} + \frac{\underline{u} \cdot \underline{u}}{2} + gy\right) = 0, \tag{8.48}$$

여기서 좌변 ( ) 안의 양은 시간 t만의 함수로 주어져야 하므로, 다음 결과를 얻는데,

$$\phi_t + \frac{p}{\rho} + \frac{\underline{u} \cdot \underline{u}}{2} + gy = f(t), \tag{8.49}$$

이 식 우변의 $f(t)$는 좌변의 ϕ에 포함시켜도 속도 $\underline{u}$에 미치는 영향이 없으므로 결국 다음을 얻는다.

$$\phi_t + \frac{p}{\rho} + \frac{\underline{u} \cdot \underline{u}}{2} + gy = const.. \tag{8.50}$$

이 식은 이상유체의 **비정상**(unsteady) 비회전성 유동장에 대한 **베르누이 방정식**(Bernoulli equation)이라고 부른다.

위의 베르누이 방정식은 식 (8.48)의 운동 방정식을 공간에 대해 한번 적분하여 얻어진 것이므로, 이상유체의 비회전성 유동장에 대해서는 운동 방정식을 따로 풀 필요가 없고, 오히려 식 (8.45)의 연속 방정식이 주요한 지배 방정식이 되며, 일단 속도 포텐셜을 얻으면, 베르누이 방정식은 압력을 구하는 식으로 사용된다.

비압축성 뉴턴 유체의 유동과 관련하여 와도의 변화를 지배하는 방정식은 식 (8.46)의 양변에 $\nabla \times$를 취하여 얻을 수 있으며, 임의의 함수 $f(\underline{x})$에 대해 $\nabla \times \nabla f = \underline{0}$이 성립하므로 다음을 얻는다.

$$\underline{\omega}_t + \nabla \times (\underline{\omega} \times \underline{u}) = \nu \nabla^2 \underline{\omega}. \tag{8.51}$$

위 식 좌변의 둘째 항을 기본 겹벡터를 사용하여 전개하면 다음을 얻으며,

$$\begin{aligned}
\nabla \times (\underline{\omega} \times \underline{u}) &= \sum_{i=1}^{3} \partial_i \hat{e}_i \times \left(\sum_{l=1}^{3} \omega_l \hat{e}_l \times \sum_{m=1}^{3} u_m \hat{e}_m \right) \\
&= \sum_{i=1}^{3} \partial_i \hat{e}_i \times \left(\sum_{l=1}^{3} \sum_{m=1}^{3} \sum_{k=1}^{3} \epsilon_{lmk} \omega_l u_m \hat{e}_k \right) \\
&= \sum_{j=1}^{3} \sum_{i=1}^{3} \sum_{l=1}^{3} \sum_{m=1}^{3} \sum_{k=1}^{3} \epsilon_{ikj} \epsilon_{lmk} \partial_i (\omega_l u_m) \hat{e}_j \\
&= - \sum_{k=1}^{3} \sum_{i=1}^{3} \sum_{j=1}^{3} \sum_{l=1}^{3} \sum_{m=1}^{3} \epsilon_{ijk} \epsilon_{lmk} \partial_i (\omega_l u_m) \hat{e}_j,
\end{aligned} \tag{8.52}$$

여기서 마지막 등호를 얻는 데는 $\epsilon_{ikj} = -\epsilon_{ijk}$를 사용하였다. 이 결과에 식 (8.30)을 이용하면 다음을 얻고,

$$\nabla \times (\underline{\omega} \times \underline{u}) = -\sum_{i=1}^{3}\sum_{j=1}^{3}\sum_{l=1}^{3}\sum_{m=1}^{3} (\delta_{il}\delta_{jm} - \delta_{im}\delta_{jl})\partial_i(\omega_l u_m)\hat{e}_j$$

$$= -\sum_{i=1}^{3}\sum_{j=1}^{3}\partial_i(\omega_i u_j)\hat{e}_j + \sum_{i=1}^{3}\sum_{j=1}^{3}\partial_i(\omega_j u_i)\hat{e}_j$$

$$= -\sum_{i=1}^{3}\sum_{j=1}^{3}\{(\partial_i\omega_i)u_j\hat{e}_j + (\omega_i\partial_i)u_j\hat{e}_j\} + \sum_{i=1}^{3}\sum_{j=1}^{3}\{(u_i\partial_i)\omega_j\hat{e}_j + (\partial_i u_i)\omega_j\hat{e}_j\}$$

$$= -\{(\nabla\cdot\underline{\omega})\underline{u} + (\underline{\omega}\cdot\nabla)\underline{u}\} + \{(\underline{u}\cdot\nabla)\underline{\omega} + (\nabla\cdot\underline{u})\underline{\omega}\}$$

$$= -(\underline{\omega}\cdot\nabla)\underline{u} + (\underline{u}\cdot\nabla)\underline{\omega}, \tag{8.53}$$

여기서 마지막 등호를 얻는 데는 $\nabla\cdot\underline{\omega} = \nabla\cdot(\nabla\times\underline{u}) = \underline{0}$ 와 식 (8.33)의 비압축성 유체에 대한 연속 방정식을 사용하였다.

식 (8.53)을 식 (8.51)에 대입하여 비압축성 뉴턴 유체의 와도에 대해 다음을 얻는다.

$$\underline{\omega}_t + (\underline{u}\cdot\nabla)\underline{\omega} = (\underline{\omega}\cdot\nabla)\underline{u} + \nu\nabla^2\underline{\omega}, \quad \therefore \frac{d\underline{\omega}}{dt} = (\underline{\omega}\cdot\nabla)\underline{u} + \nu\nabla^2\underline{\omega}. \tag{8.54}$$

여기서 $\dfrac{d}{dt}$ 는 물질 미분이다.

위 식 우변 첫째 항과 관련하여 $\hat{e}_\omega$ 를 와도 방향의 단위 벡터라고 하면, 다음이 성립하므로,

$$\underline{\omega}\cdot\nabla = |\underline{\omega}|\hat{e}_\omega\cdot\nabla = |\underline{\omega}|\frac{\partial}{\partial\omega}, \tag{8.55}$$

이 항은 속도 벡터의 와도 방향 변화율에 와도의 크기를 곱해준 양이다. 또한 우변 둘째 항은 점성에 기인하는 와동의 확산에 상응한다.

비점성 비압축성 유체, 즉 이상유체에 대해서는 $\nu = 0$ 를 취하여 식 (8.54)로부터 다음을 얻는다.

$$\frac{d\underline{\omega}}{dt} = (\underline{\omega} \cdot \nabla)\underline{u}\,. \tag{8.56}$$

위 식은 **헬름홀츠 방정식**(Helmholtz equation)이라고 부르는데, 이 식에 따르면, 이상유체의 경우 만약 속도가 와도 방향으로 일정한 값을 가지는 경우 와도는 변화할 수 없음을 뜻한다. 또한 $t = 0$ 인 순간, $\underline{\omega} = \underline{0}$라면, 이후 $\underline{\omega} = \underline{0}$는 계속 유지되어야 함을 뜻한다. 예를 들어 정지 상태에서 출발한 이상유체의 유동은 $t = 0$ 에 $\underline{u} = \underline{0}$이므로 유동장 전역에서 $\underline{\omega} = \underline{0}$를 만족하고, 따라서 차후 유동장은 비회전성 유동장이 되어야 하며, 이와 같은 경우에는 $\underline{u} = \nabla\phi$를 만족하는 속도 포텐셜의 존재를 가정할 수 있다. 헬름홀츠 방정식에 따르면 모든 곳에서 밀도가 균일한 이상유체의 경우, 와도는 유체 내부에서 만들어질 수 없고, 와도는 유체 경계면에서만 만들어질 수 있다.

식 (8.43)을 얻는 과정 중에 만약 전체 유동장에 대해 $\rho = const.$가 성립하지 않는 경우, 예를 들어 비압축성 뉴턴 유체의 **성층류**(stratified flow)에 대해서는 다음 식을 얻을 수 있으며,

$$\underline{u}_t + (\underline{u} \cdot \nabla)\underline{u} = -\frac{1}{\rho}\nabla p - \nabla gy + \nu\nabla^2\underline{u}\,, \tag{8.57}$$

따라서 이상유체에 대한 식 (8.47)은 다음과 같이 바뀔 것이고,

$$\underline{u}_t + \underline{\omega} \times \underline{u} = -\frac{1}{\rho}\nabla p - \nabla\left(\frac{\underline{u} \cdot \underline{u}}{2} + gy\right), \tag{8.58}$$

이 식의 양변에 $\nabla \times$ 를 취하여 결국 헬름홀츠 방정식인 식 (8.56) 대신 다음 식을 얻는다.

$$\frac{d\underline{\omega}}{dt} = (\underline{\omega} \cdot \nabla)\underline{u} - \nabla \times \frac{\nabla p}{\rho}. \tag{8.59}$$

위 식 우변의 둘째 항은 다음과 같이 쓸 수 있으므로,

$$-\nabla \times \frac{\nabla p}{\rho} = -\frac{1}{\rho}\nabla \times \nabla p + \frac{1}{\rho^2}(\nabla\rho)\times(\nabla p) = \frac{\nabla\rho}{\rho^2} \times \nabla p\,, \tag{8.60}$$

즉 $\nabla\rho$와 ∇p가 같은 방향의 벡터가 아니면 그에 기인하여 와도가 생성될 수 있음을 뜻한다. 단 만약 $\rho=\rho(p)$를 가정할 수 있는 경우에는 $\nabla\rho$와 ∇p의 방향이 같을 것이므로, 밀도 차이에 기인하여 유동장 내부에서 와도가 생성될 수 없음을 뜻한다. $\rho=\rho(p)$ 또는 $p=p(\rho)$가 성립하는 유체는 **순압**(barotropic, 順壓) 유체라고 부르며([연습문제 2] 참조), 그와 같은 관계가 성립하지 않는 유체는 **사압**(baroclinic, 斜壓) 유체라고 부른다. 따라서 식 (8.59)에 따르면 순압 유체의 경우 정지 상태로부터 유동이 시작하였다면, 유동장 내부에서 와도가 생성될 수 없다.

8.3 점성과 표면장력을 고려한 경계조건

고체 또는 **가변체**(deformable body)의 경계면에 대한 조건을 얻기 위해 먼저 그 경계면 S가 다음과 같이 주어지고,

$$F(\underline{x},t) = 0\,, \tag{8.61}$$

또 경계면의 속도 $\underline{V}(\underline{x},t)$가 다음과 같이 주어진다고 하자.

$$\underline{V}(\underline{x},t) = \frac{d\underline{x}}{dt}\,. \tag{8.62}$$

식 (8.61)의 양변에 물질 미분을 취하면 다음을 얻는다.

$$\frac{dF}{dt} = F_t + \underline{V} \cdot \nabla F = 0\,. \tag{8.63}$$

경계면에 법선 방향인 단위 벡터 $\hat{n}$는 다음과 같이 주어지므로,

$$\hat{n} = \frac{\nabla F}{|\nabla F|}\,, \tag{8.64}$$

이 식의 양변에 $\underline{V}$를 스칼라곱하고 식 (8.63)을 이용하면 다음을 얻는다.

$$\hat{n} \cdot \underline{V} = \underline{V} \cdot \frac{\nabla F}{|\nabla F|} = -\frac{F_t}{|\nabla F|}\,. \tag{8.65}$$

점성 유체의 경우에는, 경계면 상에서 유체 입자의 속도 $\underline{u}(\underline{x},t)$와 경계면의 속도 $\underline{V}(\underline{x},t)$가 같아야 하므로, 다음 경계조건을 얻는데,

$$\underline{u}(\underline{x},t) = \underline{V}(\underline{x},t)\,,\ \ F(\underline{x},t) = 0 \ \text{상에서,} \tag{8.66}$$

이 조건은 **점착**(adhesion) 조건이라고 부른다.

예를 들어 유체 중에서 강체가 병진 속도 $\underline{U}(t)$, $\underline{x} = \underline{0}$ 를 지나는 축에 대한 회전 속도 $\underline{\Omega}(t)$ 로 운동하고 있는 경우, 강체 표면의 임의의 점 $\underline{x}$ 에 대해 다음이 성립한다.

$$\underline{V}(\underline{x},t) = \underline{U}(t) + \underline{\Omega}(t) \times \underline{x}\,. \tag{8.67}$$

식 (8.66)으로 주어지는 점착 조건의 법선 방향 성분에 대해서는 다음을 얻으며,

$$\hat{n} \cdot \underline{u}(\underline{x},t) = \hat{n} \cdot \underline{V}(\underline{x},t),\ F(\underline{x},t) = 0 \text{ 상에서,} \tag{8.68}$$

이 식에 식 (8.65)를 대입하고 정리하여 다음 조건을 얻는데,

$$F_t + \underline{u} \cdot \nabla F = 0,\ F(\underline{x},t) = 0 \text{ 상에서,} \tag{8.69}$$

이 조건은 **비침투**(impermeable) 조건이라고 불린다. 이 조건은 물리적으로는 경계면에 있는 유체 입자가 접선 방향으로 움직여 경계면에 머무를 수는 있지만, 경계면에 법선 방향으로는 상대적인 속도가 영이 되어 물체 안으로 뚫고 들어갈 수 없음을 뜻한다.

점착 조건인 식 (8.66)의 접선 방향 성분에 대해서는 다음을 얻으며,

$$\hat{n} \times \underline{u}(\underline{x},t) = \hat{n} \times \underline{V}(\underline{x},t),\ F(\underline{x},t) = 0 \text{ 상에서,} \tag{8.70}$$

이 식에 식 (8.64)를 사용하여 다음을 얻는데,

$$\underline{u} \times \nabla F = \underline{V} \times \nabla F,\ F(\underline{x},t) = 0 \text{ 상에서,} \tag{8.71}$$

이 식은 종종 **무활**(no-slip) 조건이라고 불린다. 이 조건은 물리적으로는 경계면에 위치한 유체 입자가 접선 방향으로도 상대적인 속도가 영이 되어 물체 상에서 미끄러질 수 없음을 뜻하는데, 비점성 유체에 대해서는 이 조건을 부과하지 않는다.

자유표면(free surface)은 그 표면을 가로질러 하나 또는 그 이상의 물리량이 **점프 불연속**(jump discontinuous)인 면으로 정의된다. 예를 들어 밀도가 점프 불연속인 경우는 물-공기, 기름-물 경계면을, 법선 방향 응력이 점프 불연속인 경우는 표면장력이 작용하는 경

계면을, 또 접선 방향 응력이 점프 불연속인 경우는 경계면이 **와동면**(vortex sheet)인 경우를 들 수 있는데, 이들은 모두 **물질표면**(material surface)이며, 물질표면이 아닌 경우는 충격파를 들 수 있다. 이하에서 자유표면으로는 물질표면만을 고려하기로 한다.

해의 일부로 얻어져야 하는 자유표면 S_F의 위치는 다음과 같다고 하고,

$$F(\underline{x},t)=0\,, \tag{8.72}$$

경계면의 위에 위치한 유체에 대해 하첨자 o를, 아래에 위치한 유체에 대해서는 하첨자 i를 사용하기로 한다.

자유표면에 대한 **운동학적**(kinematic) 경계조건은 위에서 고체 경계면에 대한 경계조건을 얻을 때와 같은 방법을 사용하여 얻을 수 있다. 법선 방향 성분에 대해서는 식 (8.69)를 경계면의 위, 아래에 위치한 유체에 적용하여 다음을 얻으며,

$$F_t+\underline{u}_o\cdot\nabla F=F_t+\underline{u}_i\cdot\nabla F,\ \ F(\underline{x},t)=0\ \text{ 상에서,} \tag{8.73}$$

접선 방향 성분에 대해서는 식 (8.71)을 사용하여 다음을 얻는다.

$$(\underline{u}_o-\underline{u}_i)\times\nabla F=\underline{0}\,,\ \ F(\underline{x},t)=0\ \text{ 상에서.} \tag{8.74}$$

또 자유표면에 대한 **동역학적**(dynamic) 경계조건을 유도하기 위해 그림 8.1에 보인 높이 h인 미소 요소를 생각하자. 이 미소 요소에 대해 **힘 평형**(force equilibrium) 조건을 적용하면 다음을 얻는데,

$$\int_S(\hat{n}\cdot\underline{\sigma}_o-\hat{n}\cdot\underline{\sigma}_i)dS+\oint_C Td\underline{x}\times\hat{n}=O(h)\,, \tag{8.75}$$

여기서 좌변 첫째 항은 미소 요소의 상부와 하부에 작용하는 응력 $\underline{\sigma}$에 기인하는 힘이며, 둘째 항은 표면장력 $T(\underline{x},t)$에 의해 작용하는 힘이고, 우변의 $O(h)$는 $h\to 0$일 때 그 크기가 h에 비례하여 작아지는 양임을 뜻한다.

따라서 $h\to 0$인 경우에 대해서는 다음을 얻으며,

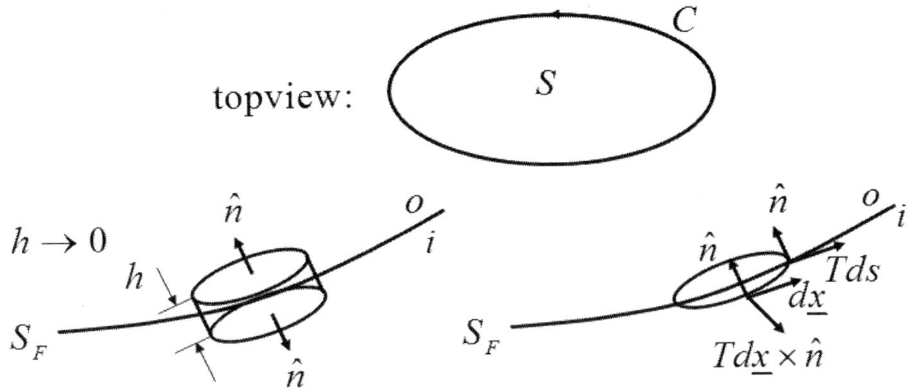

그림 8.1 높이 h 의 미소 요소($h \rightarrow 0$)

$$\int_S \left(\hat{n} \cdot \underline{\sigma}_o - \hat{n} \cdot \underline{\sigma}_i\right) dS + \oint_C T d\underline{x} \times \hat{n} = \underline{0}, \tag{8.76}$$

좌변 둘째 항에 **스토크스 정리**(Stokes theorem)를 적용하여 다음을 얻는다.

$$\underline{I} = \oint_C T d\underline{x} \times \hat{n} = \int_S (\hat{n} \times \nabla) \times (T\hat{n}) dS. \tag{8.77}$$

우변 적분의 피적분 함수는 다음과 같이 전개할 수 있는데,

$$(\hat{n} \times \nabla) \times (T\hat{n}) = T(\hat{n} \times \nabla) \times \hat{n} + (\hat{n} \times \nabla T) \times \hat{n}, \tag{8.78}$$

우변 첫째 항과 관련하여 [연습문제 3]에 보인 바와 같이 기본 겹벡터를 사용하여 다음 결과를 얻고,

$$(\hat{n} \times \nabla) \times \hat{n} = \nabla \frac{\hat{n} \cdot \hat{n}}{2} - (\nabla \cdot \hat{n})\hat{n} = -(\nabla \cdot \hat{n})\hat{n}, \tag{8.79}$$

식 (8.78)의 우변 둘째 항에 대해서는 다음과 같은 벡터 항등식을 이용할 수 있다([연습문제 4] 참조).

$$(\hat{n} \times \underline{a}) \times \hat{n} = \underline{a} - (\hat{n} \cdot \underline{a})\hat{n} = a_s \hat{e}_s. \tag{8.80}$$

여기서 첫째 등호 우변의 둘째 항은 $\underline{a}$의 $\hat{n}$ 방향 성분에 상응하고, 마지막 등호 우변의 a_s는 벡터 $\underline{a}$의 $\hat{n}$에 수직인 평면에 대한 **투영**(projection)에 상응하며, $\hat{e}_s$는 투영 방향의 단위 벡터이다. 식 (8.80)을 식 (8.78) 우변의 둘째 항에 적용하면 다음을 얻는데,

$$(\hat{n} \times \nabla T) \times \hat{n} = (\nabla T)_s \hat{e}_s \equiv \nabla_s T, \tag{8.81}$$

여기서 $\hat{e}_s$는 ∇T를 $\hat{n}$에 수직인 평면, 즉 접평면에 투영하여 얻어지는 벡터 방향의 단위 벡터이고 ∇_s는 **표면 그래디언트**(surface gradient)로 불린다.

식 (8.79)와 (8.81)을 식 (8.78)에 대입하고 이를 이용하여 식 (8.76)을 다시 쓰면 다음을 얻는다.

$$\int_S \left[\left(\hat{n} \cdot \underline{\sigma}_o - \hat{n} \cdot \underline{\sigma}_i \right) + \left\{ -T(\nabla \cdot \hat{n})\hat{n} + \nabla_s T \right\} \right] dS = \underline{0}. \tag{8.82}$$

위 식에서 적분이 수행되어야 하는 곡면 S는 자유표면 상에서 임의로 잡을 수 있으므로, 위 식 좌변의 피적분 함수는 S_F 상의 모든 점에서 $\underline{0}$가 되어야 하므로 다음을 얻는다.

$$\left(\hat{n} \cdot \underline{\sigma}_o - \hat{n} \cdot \underline{\sigma}_i \right) + \left\{ -T(\nabla \cdot \hat{n})\hat{n} + \nabla_s T \right\} = \underline{0}, \quad F(\underline{x}, t) = 0 \text{ 상에서.} \tag{8.83}$$

위 식의 양변에 $\hat{n}$을 스칼라곱 하여 법선 방향 성분에 대해 다음을 얻으며,

$$\hat{n} \cdot \left(\underline{\sigma}_o - \underline{\sigma}_i \right) \cdot \hat{n} - T \nabla \cdot \hat{n} = 0, \quad F(\underline{x}, t) = 0 \text{ 상에서,} \tag{8.84}$$

κ를 **가우스 곡률**(Gaussian curvature)이라고 할 때, [연습문제 5]에서 보인 결과, $\nabla \cdot \hat{n} = -\kappa$를 이용하면 위 식으로부터 다음 결과를 얻는다.

$$\hat{n} \cdot \left(\underline{\sigma}_o - \underline{\sigma}_i \right) \cdot \hat{n} + T\kappa = 0, \quad F(\underline{x}, t) = 0 \text{ 상에서.} \tag{8.85}$$

또한 식 (8.83)의 양변에 $\hat{n}$을 벡터곱하여 접선 방향 성분에 대해 다음을 얻는다.

$$\hat{n} \cdot \left(\underline{\sigma}_o - \underline{\sigma}_i\right) \times \hat{n} = \hat{n} \times \nabla_s T, \; F\left(\underline{x}, t\right) = 0 \text{ 상에서.} \tag{8.86}$$

한편 응력 텐서 $\underline{\sigma}$는 **등방성**(isotropic) 성분인 압력 p를 고려하여 다음과 같이 쓸 수 있는데,

$$\underline{\sigma} = -p\underline{1} + \underline{\tau}, \tag{8.87}$$

여기서 $\underline{\tau}$는 **전단 응력 텐서**(shear stress tensor)라고 부른다.

위 식을 식 (8.86)에 대입하여 다음 결과를 얻는데,

$$\hat{n} \cdot \left(\underline{\tau}_o - \underline{\tau}_i\right) \times \hat{n} = \hat{n} \times \nabla_s T, \; F\left(\underline{x}, t\right) = 0 \text{ 상에서,} \tag{8.88}$$

이 결과를 얻는 데는 [연습문제 6]의 결과, $\hat{n} \cdot \underline{1} \times \hat{n} = \underline{0}$를 이용하였다.

식 (8.85), (8.88)과 관련하여 다음의 세 가지 특수한 경우에 대해 생각한다.

1) 유체가 정지 상태에 있을 때는 다음이 성립하므로,

$$\underline{\sigma} = -p\underline{1}, \; \underline{\tau} = \underline{0}, \tag{8.89}$$

법선 방향에 대해 식 (8.85)로부터 다음과 같은 경계조건을 얻으며,

$$\left(p_i - p_o\right) + T\kappa = 0, \; F\left(\underline{x}, t\right) = 0 \text{ 상에서,} \tag{8.90}$$

이 조건은 **라플라스 관계식**(Laplace relation)으로 알려져 있다.

접선 방향에 대해서는 식 (8.88)에 식 (8.89)를 대입하여 다음을 얻는데,

$$\nabla_s T = \underline{0}, \; F\left(\underline{x}, t\right) = 0 \text{ 상에서,} \tag{8.91}$$

이 식에 따르면, 만약 $\nabla_s T \neq \underline{0}$일 때는 **표면장력 구동류**(surface tension driven flow)가 발생할 것임을 알 수 있다.

2) 표면장력, 또는 곡률을 무시할 수 있는 경우, 법선 방향에 대해 식 (8.85)로부터 다음 조건을 얻으며,

$$\hat{n}\cdot\left(\underline{\sigma}_o-\underline{\sigma}_i\right)\cdot\hat{n}=0,\ F\left(\underline{x},t\right)=0\ \text{상에서,} \tag{8.92}$$

또 접선 방향에 대해서는 식 (8.88)로부터 다음을 얻는데,

$$\hat{n}\cdot\left(\underline{\tau}_o-\underline{\tau}_i\right)\times\hat{n}=\underline{0},\ F\left(\underline{x},t\right)=0\ \text{상에서,} \tag{8.93}$$

이들은 응력이 자유표면을 가로질러 연속이어야 함을 뜻한다.

3) 공기-물 경계면에 대해, 공기의 밀도는 물의 밀도의 약 $1/800$ 이므로, 공기의 존재를 무시하고 대기압만 고려하며, 물은 비점성 유체로 가정하기로 하면, 이와 같은 경우 무활 조건은 적용할 수 없으므로, 먼저 운동학적 경계조건은 식 (8.73) 대신에 다음을 얻는다.

$$F_t+\underline{u}\cdot\nabla F=0,\ F\left(\underline{x},t\right)=0\ \text{상에서.} \tag{8.94}$$

또한 동역학적 경계조건도 전단 응력에 대한 조건은 적용할 수 없으므로, 식 (8.85)에 $\underline{\tau}=\underline{0}$ 를 이용하면 물의 압력을 $p=p_i$, 공기의 압력을 $p_a=p_o$ 라고 하여 다음을 얻는다.

$$(p-p_a)+T\kappa=0,\ F\left(\underline{x},t\right)=0\ \text{상에서.} \tag{8.95}$$

이상유체의 비정상 비회전성 유동에 대한 베르누이 방정식인 식 (8.50)에 위의 결과를 적용하는데 우변의 상수를 $\dfrac{p_0}{\rho}$ 로 취하면 다음을 얻으며,

$$\phi_t+\frac{p_a-T\kappa}{\rho}+\frac{\underline{u}\cdot\underline{u}}{2}+gy=\frac{p_0}{\rho}, \tag{8.96}$$

따라서 공기-물 경계면에 대해 표면장력을 고려한 동역학적 경계조건은 다음과 같다.

$$\phi_t + \frac{\underline{u}\cdot\underline{u}}{2} + g\eta = \frac{p_0 - p_a + T\kappa}{\rho}, \quad F(\underline{x},t) = 0 \text{ 상에서.} \tag{8.97}$$

여기서 $p_a(x,t)$는 경계면 상에 작용하는 압력 분포를 포함할 수 있다.

마지막으로 이하에서는 뉴턴 유체 중에 정지 상태로 놓여 있는 강체 표면에 작용하는 응력에 대해 생각하기로 한다. 먼저 물체는 정지하고 있으므로 경계면 S 상에서 $\underline{u} = \underline{0}$를 만족하며, 따라서 스토크스 정리로부터 다음을 얻는다.

$$\oint_C \underline{u}\cdot d\underline{x} = \int_{S_1} (\hat{n}\times\nabla)\cdot\underline{u}\,dS = \int_{S_1} \hat{n}\cdot(\nabla\times\underline{u})\,dS = \int_{S_1} \hat{n}\cdot\underline{\omega}\,dS = 0. \tag{8.98}$$

여기서 S_1은 S 상의 임의의 부분이며, C는 S_1의 경계이므로, 위 식으로부터 S 상의 모든 점에서 다음이 성립함을 얻는다.

$$\hat{n}\cdot\underline{\omega} = \omega_n = 0. \tag{8.99}$$

다시 말하면 움직이지 않는 물체의 표면 상에서 와도는 접평면에 속하는 벡터임을 알 수 있으며, 이와 같은 결론은 **벽면 와도 정리**(wall vorticity theorem)라고 불린다.

또한 식 (8.98)에서 고려한 적분과 비슷한 $\oint_C \underline{u}\times d\underline{x}$에 스토크스 정리를 적용하면 다음을 얻는데,

$$\oint_C \underline{u}\times d\underline{x} = -\int_{S_1} (\hat{n}\times\nabla)\times\underline{u}\,dS = \int_{S_1} \{-(\nabla\underline{u})\cdot\hat{n} + \hat{n}(\nabla\cdot\underline{u})\}\,dS = \underline{0}, \tag{8.100}$$

위에서와 같은 이유로 S 상의 모든 점에서 다음이 성립함을 얻는다.

$$(\nabla\underline{u})\cdot\hat{n} = \hat{n}(\nabla\cdot\underline{u}) = \theta\hat{n}. \tag{8.101}$$

이제 뉴턴 유체 중에 놓인 물체 경계면에 작용하는 응력 벡터 $\underline{s}$는 다음과 같이 주어지는데,

$$\underline{s} = \hat{n} \cdot \underline{\sigma} = (-p + \lambda\theta)\hat{n} + \mu\hat{n} \cdot \underline{\varepsilon}, \tag{8.102}$$

식 (8.37)에 주어진 변형율 텐서 $\underline{\varepsilon}$은 식 (8.26)에 주어진 반대칭 텐서 $\underline{\Omega}$를 사용하여 다음과 같이 쓸 수 있으며,

$$\underline{\varepsilon} = \underline{\Omega} + 2(\nabla \underline{u})^T, \tag{8.103}$$

또한 [연습문제 7]에 보인 결과를 이용하여 다음을 얻고,

$$\hat{n} \cdot (\nabla \underline{u})^T = (\nabla \underline{u}) \cdot \hat{n}, \tag{8.104}$$

또 식 (8.24)로부터 다음을 얻으므로,

$$\hat{n} \cdot \underline{\Omega} = \underline{\omega} \times \hat{n}, \tag{8.105}$$

이들을 이용하여 식 (8.102)의 우변 마지막 항에 대해 다음을 얻는다.

$$\hat{n} \cdot \underline{\varepsilon} = \underline{\omega} \times \hat{n} + 2(\nabla \underline{u}) \cdot \hat{n} = \underline{\omega} \times \hat{n} + 2\theta\hat{n}. \tag{8.106}$$

이 식의 마지막 등호는 식 (8.101)을 사용하여 얻었다.

이 결과를 식 (8.102)에 대입하여 정지해 있는 물체 경계면 상의 응력 벡터에 대해 다음을 얻는다.

$$\underline{s} = \{-p + (\lambda + 2\mu)\theta\}\hat{n} + \mu\underline{\omega} \times \hat{\underline{n}}. \tag{8.107}$$

이 식에 따르면 경계면에 작용하는 응력의 법선 방향 성분은 $-p + (\lambda + 2\mu)\theta$, 접선 방향 성분은 $\underline{\omega}$에 수직한 방향으로 $\mu|\underline{\omega}|$이며 이 결과는 **Lagerstrom 정리**(Lagerstrom theorem)라고 부른다. 비압축성 유체인 경우에는 $\theta = 0$이므로 뉴턴 유체와 비점성 유체 모두에 대해 법선 방향 성분은 압력 즉 $-p$임을 얻는다.

8.4 수면파에 대한 점성의 영향

물은 이상유체로 간주하고, 수심 h가 일정하며, 경계면인 자유표면의 표면장력을 무시한다고 하면, 자유표면인 수면의 상승(surface elevation)을 $y=\eta(x,t)=A\cos(kx-\beta t)$라고 할 때, 선형 이론을 사용하여 이에 상응하는 속도 포텐셜 $\phi(x,y,t)$를 구하면 9.1절에서 보일 바와 같이 다음을 얻는다(그림 8.2 참조).

$$\phi(x,y,t)=\frac{\beta A}{k\sinh kh}\cosh k(y+h)\sin(kx-\beta t). \tag{8.108}$$

여기서 A는 진폭, k는 파수, β는 진동수이다.

또한 g는 중력 가속도라고 하면, k와 β는 다음과 같은 분산관계식을 만족해야 한다.

$$\beta^2=gk\tanh kh. \tag{8.109}$$

$y=-h$인 바닥 부근에서의 점성의 영향을 생각하기 위해, 비회전성 속도 성분은 $\nabla\phi$로, 회전성 속도 성분은 $\underline{V}_r(x,y,t)=(V_{r1},V_{r2},0)$로 나타내기로 하면 유동의 속도장 $\underline{u}$는 근사적으로 다음과 같이 쓸 수 있다.

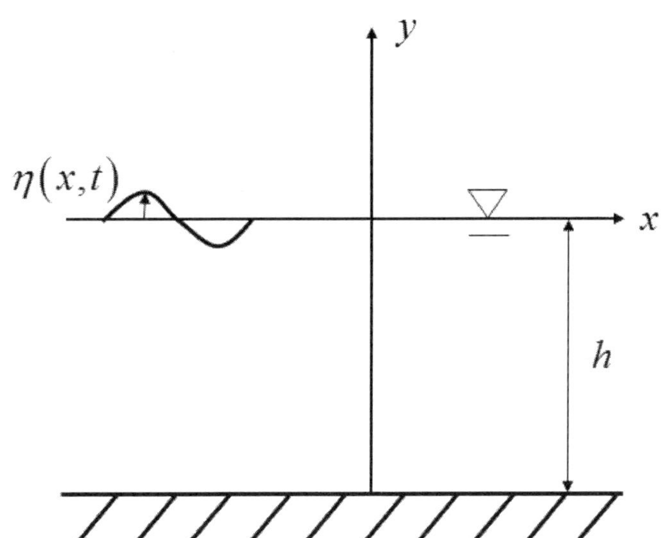

그림 8.2 수심이 일정한 수역에서의 수면파

$$\underline{u} = \nabla\phi + \underline{V}_r . \tag{8.110}$$

위의 속도장에 상응하는 **와도장**(vorticity field) $\underline{\omega}$는 다음 식으로 주어지는데,

$$\underline{\omega}(x,y,t) = \nabla\times\underline{u} = \nabla\times\underline{V}_r = \left(0,0,\frac{\partial V_{r2}}{\partial x} - \frac{\partial V_{r1}}{\partial y}\right) \equiv (0,0,\omega), \tag{8.111}$$

이는 식 (8.99)와 관련하여 언급한 벽면 와도 정리에 의해 바닥에서의 와도는 표면에 접선 방향 성분만 영이 아니어야 한다는 점과 일관된 결과이다. 식 (8.66)으로 주어지는 바닥에서의 점착 조건을 적용하여 다음을 얻고,

$$\phi_x = -V_{r1},\ \phi_y = -V_{r2} = 0,\ y = -h \text{ 에서}, \tag{8.112}$$

위의 결과에 식 (8.108)을 대입하여 다음을 얻는다.

$$V_{r1}(y=-h) = -\frac{\beta A}{\sinh kh} Re\{e^{i(kx-\beta t)}\} \equiv f(x,t). \tag{8.113}$$

비압축성 유체의 경우, 와도는 식 (8.54)에 따라 변화하는데, 바닥에서 $\underline{u} = \underline{0}$이므로, $(\underline{u}\cdot\nabla)\underline{\omega} = \underline{0}$이고, 또 $(\underline{\omega}\cdot\nabla)\underline{u} = \omega\dfrac{\partial\underline{u}}{\partial z} = \underline{0}$이므로, 다음을 얻으며,

$$\omega_t = \nu\nabla^2\omega = \nu\left(\frac{\partial^2}{\partial x^2} + \frac{\partial^2}{\partial y^2}\right)\omega, \tag{8.114}$$

여기서 ω의 x 방향 변화율은 y 방향 변화율에 비해 매우 작으므로 위 식은 근사적으로 다음과 같이 쓸 수 있다.

$$\omega_t = \frac{\partial^2\omega}{\partial y^2}. \tag{8.115}$$

이 식은 5.1절에서 고찰한 바 있는 확산 방정식이며, 바닥에서의 관계식 $\omega = -\dfrac{\partial V_{r1}}{\partial y}$과 식 (8.113)을 고려하여 다음을 가정하고,

$$\omega(x,y,t) = Y(y)\,f(x,t), \tag{8.116}$$

이를 식 (8.115)에 대입하면 다음과 같이 $Y(y)$에 대한 2계 상미분 방정식을 얻는다.

$$-i\beta Y = \nu \frac{d^2 Y}{dy^2}, \quad \therefore \frac{d^2 Y}{dy^2} + \frac{i\beta}{\nu} Y = 0. \tag{8.117}$$

이 식의 일반해는 다음과 같이 주어지는데,

$$Y(y) = Ce^{(1-i)\gamma y_1} + De^{-(1-i)\gamma y_1}, \ \gamma = \sqrt{\frac{\beta}{2\nu}}, \ y_1 = y + h, \tag{8.118}$$

우변 첫째 항은 $h \to \infty$ 일 때, $y = 0$, 즉 수표면에서 대단히 큰 값을 가지므로 $C = 0$라고 하고, $y_1 = 0$ 에서 $V_{r1} = f$를 만족하도록 D를 정하면, 식 (8.113)과 이 결과를 함께 고려하여 $V_{r1}(x,y,t)$에 대해 다음을 얻는다.

$$V_{r1}(x,y,t) = -\frac{\beta A e^{-\gamma y_1}}{\sinh kh} Re\left\{e^{i(kx - \beta t + \gamma y_1)}\right\} = -\frac{\beta A e^{-\gamma y_1}}{\sinh kh}\cos(kx - \beta t + \gamma y_1). \tag{8.119}$$

이 결과에 따르면 와동장은 바닥으로부터의 연직 거리 y_1에 대해 지수 함수적으로 감소하므로, $\delta = \pi\gamma^{-1}$이라고 하면 바닥으로부터의 연직 거리가 δ 보다 큰 곳에서는 그 크기가 무시할 수 있을 만큼 작은 것을 알 수 있다. δ를 **와동층**(vortex layer)의 두께라고 하면, 주기 $T \in [1,10]\ s$인 수면파에 대해 다음 결과를 얻는다.

$$\delta = \pi\sqrt{\frac{2\nu}{\beta}} = \sqrt{\pi\nu T} \in [1.90, 6.00]\, mm. \tag{8.120}$$

여기서 $\nu = 1.145 \times 10^{-6} m^2/s$를 사용하였다. 식 (8.109)로부터 $h \to \infty$ 일 때, $T = 10\, s$인 수면파의 파장 $\lambda = \frac{g}{2\pi} T^2 = 156\, m$를 얻으므로, 예를 들어 수심 $h > \frac{\lambda}{2} = 78\, m$인 경우, 와동층의 두께 $\delta = 6\, mm$를 얻으며, 따라서 유동장의 대부분에서 점성을 무시한다고 하더라도 크게 틀리지 않는 결과를 얻을 것임을 알 수 있다. **난류와동 점성계수**(turbulent eddy viscosity) $\nu_t \sim 100\nu$라고 하면, 난류의 영향을 고려하여도 바닥에서의 와동층의 두께는 위에서 생각한 수면파에 대해 $[1.90, 6.00]\, cm$에 불과함을 얻어 난류의 영향도 무시할 수 있을 만큼 작음을 알 수 있다.

V_{r2}를 얻기 위해서는 질량 보존으로부터 다음을 얻고,

$$\frac{\partial V_{r1}}{\partial x} + \frac{\partial V_{r2}}{\partial y} = 0\,, \tag{8.121}$$

식 (8.112)의 둘째 식, $V_{r2}(y_1 = 0) = 0$을 이용하여 다음을 얻는다.

$$V_{r2} = -\int_0^{y_1} \frac{\partial V_{r1}}{\partial x} dy_1 = \frac{k\beta A}{\sinh kh} \int_0^{y_1} e^{-\gamma y_1} Re\left\{ i e^{i(kx - \beta t + \gamma y_1)} \right\} dy_1$$

$$= -\frac{k\beta A}{\gamma \sinh kh} Re\left\{ \frac{i e^{-\gamma y_1 + i(kx - \beta t + \gamma y_1)}}{1 - i} \right\}_{y_1 = 0}^{y_1} = -\frac{k\beta A Re\left\{ i e^{-\gamma y_1 + i\left(kx - \beta + \gamma y_1 + \frac{\pi}{4}\right)} \right\}_{y_1 = 0}^{y_1}}{\sqrt{2}\,\gamma \sinh kh}$$

$$= \frac{k\beta A}{\sqrt{2}\,\gamma \sinh kh} \left\{ e^{-\gamma y_1} \sin\left(kx - \beta t + \gamma y_1 + \frac{\pi}{4}\right) - \sin\left(kx - \beta t + \frac{\pi}{4}\right) \right\}. \tag{8.122}$$

γ의 차원은 L^{-1}이므로, $\frac{\gamma}{k}$는 무차원량이며, 식 (8.119)에 따르면 V_{r1}은 파수 벡터가 (k, γ)인 파동으로 볼 수도 있다. 또 다음과 같은 무차원량을 생각해 보기로 하자.

$$\left(\frac{2\gamma}{k}\right)^2 = \frac{2\beta}{\nu k^2} = \frac{1}{\pi} \frac{c\lambda}{\nu}\,. \tag{8.123}$$

여기서 마지막 등호를 얻는 데는 $c = \dfrac{\beta}{k}$ 를 사용하였다. 위 식의 마지막 항은 레이놀즈 수와 비슷한 형태를 가지므로, 위 식의 좌변을 **파 레이놀즈 수**(wave Reynolds number) Rn_w 로 정의하면 다음을 얻는다.

$$Rn_w \equiv \left(\frac{2\gamma}{k}\right)^2 = \frac{1}{\pi}\frac{c\lambda}{\nu} = \left(\frac{2\pi}{\delta}\frac{\lambda}{2\pi}\right)^2 = \left(\frac{\lambda}{\delta}\right)^2. \tag{8.124}$$

다시 말하면 파 레이놀즈 수 Rn_w 는 파장과 와동층 두께의 비의 제곱에 해당하는 양이다. 예를 들어 파장 $\lambda = 100\,m$ 인 파도에 대해서는 다음 결과를 얻으며,

$$Rn_w = \left(\frac{100}{6\times 10^{-3}}\right)^2 = 2.78\times 10^8\,, \tag{8.125}$$

따라서 $Rn_w \gg 1$ 일 경우에는 바닥 부근에서 점성의 영향은 무시할 만한 수준으로 볼 수 있다.

한편, 식 (8.108)과 같은 속도 포텐셜을 구하는데 있어 수표면에 대해 접선 방향의 경계조건은 고려되지 않으므로, 수표면 부근에서의 점성의 영향도 바닥 부근에서와 비슷할 것으로 예상할 수 있으며, 따라서 점성은 두께 δ 의 수표면에 인접한 와동층 내에서만 영향을 끼칠 것이다.

지금 고려하고 있는 수면파와 같이 평면 유동의 경우, 점성에 기인하여 발생하는 비압축성 뉴턴 유체 내부에서의 단위 길이 당 **에너지 소산율**(energy dissipation rate) $\dot{E}_d$ 은 다음과 같이 주어지는데[13],

$$\dot{E}_d = \frac{\mu}{2}\int_V \sum_{i=1}^{2}\sum_{j=1}^{2}\varepsilon_{ij}\varepsilon_{ij}\,dV \simeq \frac{\mu}{2}\int_0^h \sum_{i=1}^{2}\sum_{j=1}^{2}\varepsilon_{ij}\varepsilon_{ij}\,dy_1\,, \tag{8.126}$$

여기서 ε_{ij} 는 식 (8.37)에 보인 변형율 텐서의 성분이다. 식 (8.37)을 이용하면 위 식의 피적분 함수에 대해 다음을 얻으며,

13) 이에 대해서는 Yih(1969)[16] 43쪽을 참조하기 바란다.

$$\sum_{i=1}^{2}\sum_{j=1}^{2}\varepsilon_{ij}\varepsilon_{ij} = \varepsilon_{11}^2 + 2\varepsilon_{12}^2 + \varepsilon_{22}^2 = 4\left(\frac{\partial u}{\partial x}\right)^2 + 2\left(\frac{\partial u}{\partial y} + \frac{\partial v}{\partial x}\right)^2 + 4\left(\frac{\partial v}{\partial y}\right)^2$$
$$= 8\left[\left(\frac{\partial u}{\partial x}\right)^2 + \left(\frac{\partial u}{\partial y}\right)^2\right], \tag{8.127}$$

여기서 $\underline{u} = (u,v) = \nabla\phi$이고, 속도 포텐셜 $\phi(x,y,t)$는 식 (8.108)로 주어지므로, 마지막 등호를 얻는 데는 $\frac{\partial v}{\partial x} = \frac{\partial u}{\partial y} = \frac{\partial^2\phi}{\partial x\partial y}$, $\frac{\partial v}{\partial y} = -\frac{\partial u}{\partial x}$을 이용하였다. 식 (8.108)로부터 다음을 얻으므로,

$$u(x,y,t) = \frac{\beta A\cosh ky_1}{\sinh kh}\cos\theta, \qquad \theta = kx - \beta t, \tag{8.128}$$

식 (8.127)과 이 결과를 식 (8.126)에 대입하여 다음을 얻으며,

$$\dot{E}_d \simeq 4\mu\frac{(k\beta A)^2}{\sinh^2 kh}\int_0^h\left(\cosh^2 ky_1\sin^2\theta + \sinh^2 ky_1\cos^2\theta\right)dy_1, \tag{8.129}$$

에너지 소산율의 시간 평균 $\overline{\dot{E}_d}$를 다음과 같이 얻는다.

$$\overline{\dot{E}_d} \simeq 2\mu\frac{(k\beta A)^2}{\sinh^2 kh}\int_0^h\left(\cosh^2 ky_1 + \sinh^2 ky_1\right)dy_1$$
$$= 2\mu\frac{(k\beta A)^2}{\sinh^2 kh}\int_0^h\cosh 2ky_1\,dy_1 = \mu\frac{(k\beta A)^2}{\sinh^2 kh}\frac{\sinh 2kh}{k}$$
$$= 2\mu k\beta^2 A^2\frac{\cosh kh}{\sinh kh} = 2\mu g k^2 A^2. \tag{8.130}$$

한편 파도의 단위 길이 당 에너지 $E = \frac{\rho}{2}gA^2$으로 주어지고[14], 에너지 보존 법칙에 따르면 다음이 성립해야 하므로,

14) 이에 대해서는 이승준(2016)[9] 18쪽을 참조하기 바란다.

$$\frac{dE}{dt} = -\overline{\dot{E}_d}\,, \tag{8.131}$$

수면파의 진폭 A에 대한 1계 미분 방정식을 다음과 같이 얻는다.

$$\rho g A\frac{dA}{dt} = -2\mu g k^2 A^2\,,\ \ \therefore \frac{dA}{dt} + 2\nu k^2 A = 0\,. \tag{8.132}$$

따라서 $t=0$에서의 $A = A_0$라고 하면 다음 결과를 얻으며,

$$A(t) = A_0 e^{-2\nu k^2 t}\,, \tag{8.133}$$

이 결과에 따르면 수면파의 진폭은 지수 함수적으로 감소하는데, 진폭이 초기치의 $e^{-1} \simeq 37\%$에 해당하는 값을 가지는데 걸리는 시간 T_d는 다음과 같다.

$$T_d = \frac{1}{2\nu k^2} = \frac{\lambda^2}{8\pi^2\nu} \simeq 1.11\times 10^4\,\lambda^2\ s\,. \tag{8.134}$$

결국 T_d는 λ^2에 비례하므로, 파장이 긴 파도일수록 점성에 기인하는 에너지 소산에 의해 파도의 진폭이 감소하는 시간이 길어진다. 예를 들어 파장 $\lambda \in [1, 100]\,m$인 수면파의 경우, $T_d \in [3.07,\, 3.07\times 10^4]\,hrs$이므로, $\lambda = 100\,m$인 수면파의 진폭이 점성에 기인하는 에너지 소산에 의해 원래 크기의 37% 정도가 되는 데는 3년 반 정도의 시간이 소요된다.

이상으로 유체의 점성에 기인하여 발생할 수 있는 바닥과 수표면 근처에서의 와동층과 유체 내부에서 발생하는 에너지 소산에 의한 파도의 진폭의 감소에 대해 살펴보았으며, 파장이 길수록 점성의 영향은 상대적으로 작음을 알 수 있고, 일반적으로 우리가 다루는 수면파에 대해서는 점성의 영향을 무시하여도 큰 오차가 발생하지 않음을 알 수 있다.

연습문제

1. 유동장의 속도 벡터 $\underline{u}(\underline{x})$에 대해 $\underline{u} = \nabla\phi(\underline{x})$가 성립하면 $\nabla\times\underline{u} = \underline{0}$ 임을 보이시오. 또 유동장의 모든 곳에서 **와도**(vorticity) $\underline{\omega} = \nabla\times\underline{u} = \underline{0}$ 가 성립하면, **단순 연결 영역**(simply connected domain) 내의 어떤 **단순 폐경로**(simple closed path)에 대해서도 **스토크스 정리**(Stokes theorem)에 의해 다음이 성립한다.

$$\int_C \underline{u}\cdot d\underline{s} = \int_S \hat{n}\cdot\nabla\times\underline{u}\,dS = 0\,. \qquad \text{(연8.1)}$$

여기서 $C = \partial S$, 즉 S의 경계이다. 폐경로에 대한 선적분이 영임을 이용하여 위 식으로부터 다음과 같은 두 점 사이의 선적분이 경로에 무관함을 보이고,

$$\int_{\underline{0}}^{\underline{x}} \underline{u}\cdot d\underline{s} = \phi(\underline{x}) - \phi_0\,, \qquad \text{(연8.2)}$$

위 식 우변은 다음과 같이 다시 쓸 수 있으므로,

$$\int_{\underline{0}}^{\underline{x}} d\phi = \int_{\underline{0}}^{\underline{x}} (\nabla\phi)\cdot d\underline{s}\,, \qquad \text{(연8.3)}$$

$\underline{u} = \nabla\phi(\underline{x})$가 성립함을 보이시오.

2. 순압 유체에 대해 다음과 같은 베르누이 방정식을 유도하시오.

$$\phi_t + \int\frac{dp}{\rho} + \frac{\underline{u}\cdot\underline{u}}{2} + gy = f(t)\,. \qquad \text{(연8.4)}$$

3. 기본 겹벡터를 사용하고 식 (8.30)을 이용하여 식 (8.79)를 유도하시오.

4. 아래에 다시 보인 식 (8.80)을 그림 연8.1을 참조하여 증명하시오.

$$(\hat{n} \times \underline{a}) \times \hat{n} = \underline{a} - (\hat{n} \cdot \underline{a})\hat{n} = a_s \hat{e}_s. \tag{8.80}$$

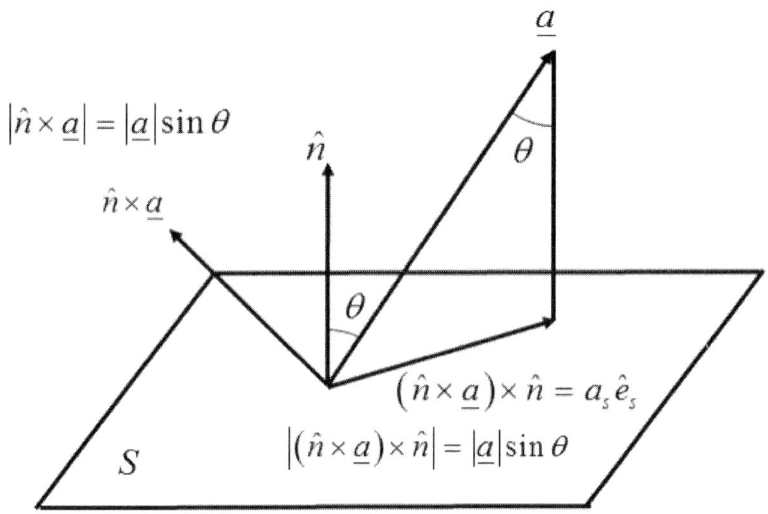

그림 연8.1 벡터 항등식 식 (8.80)에 대한 설명도

5. 그림 연 8.2에 보인 바와 같이 평면 위에 주어진 곡선 상의 한 점에서 곡률 반경 ρ_0은 다음 식으로 정의할 수 있다.

$$\rho_0 = \frac{ds}{d\theta}. \tag{연8.5}$$

부채꼴의 닮음에 대한 정리를 사용하면 다음이 성립함을 알 수 있으며,

$$dn : |\hat{n}| = ds : \rho_0, \tag{연8.6}$$

$|\hat{n}| = 1$이므로 위 결과를 식 (연8.5)에 대입하면 다음을 얻음을 보이시오.

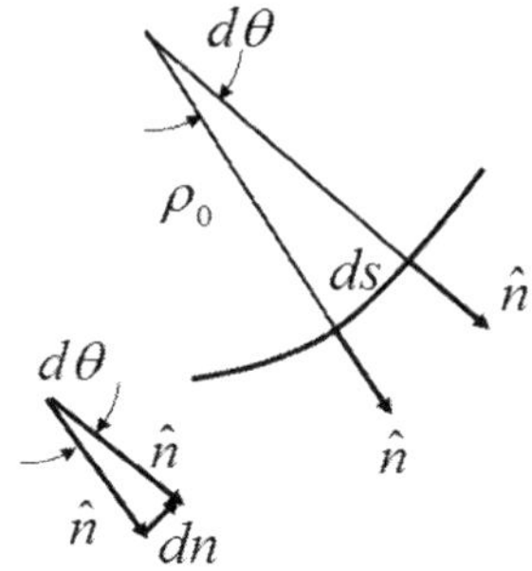

그림 연8.2 곡선에 대한 곡률 반경

$$\kappa_0 = \frac{1}{\rho_0} = \frac{d\theta}{ds} = \frac{dn}{ds}\,. \tag{연8.7}$$

3차원 공간 상에 주어진 곡면 위의 한 점에서 가우스 곡률 κ는 다음과 같이 주어지는데,

$$\kappa = \frac{1}{R_1} + \frac{1}{R_2}\,, \tag{연8.8}$$

여기서 R_1, R_2는 $\hat{n}$을 포함하는 두 직교하는 평면과 곡면의 교차 곡선에 대한 곡률 반경으로 **주곡률 반경**(principal radii of curvature)이다.

$\nabla\cdot$을 **표면 다이버젼스**(surface divergence)라고 하면 $\nabla\cdot\hat{n}$은 다음과 같이 쓸 수 있는데(Phillips(1946)[16] 참조),

$$\nabla\cdot\hat{n} = \frac{\partial n_1}{\partial s_1} + \frac{\partial n_2}{\partial s_2}\,, \tag{연8.9}$$

여기서 n_1, n_2는 $\hat{n}$의 고려 중인 표면 상의 점에서 주축 방향 성분이며, s_1, s_2는 각 주축을 따라 잰 좌표계의 **길이**(arc length)이고, 이 식의 우변과 식 (연8.7) 우변의 유사성에 유의하시오.

식 (연8.9), (연8.8)로부터 다음을 증명하시오.

$$\nabla \cdot \hat{n} = -\kappa. \quad \text{(연8.10)}$$

여기서 곡률의 부호는 곡면이 위로 **볼록**(convex)일 때를 **양**(positive)으로 한다.

6. 기본 겹벡터를 사용하여 다음을 보이시오.

$$\hat{n} \cdot \underline{1} \times \hat{n} = \underline{0}. \quad \text{(연8.11)}$$

여기서 $\underline{1} = \delta_{ij}\hat{e}_i\hat{e}_j$인 단위 텐서이다.

7. 임의의 벡터 $\underline{a}$, 임의의 겹벡터 $\underline{\alpha}$에 대해 다음이 성립함을 보이시오.

$$\underline{a} \cdot \underline{\alpha}^T = \underline{\alpha} \cdot \underline{a}. \quad \text{(연8.12)}$$

9 수면파에 대한 선형 이론

이 장에서는 **이상유체**(ideal fluid)를 가정하고 선형 이론을 사용하여 먼저 **수평 1차원 수면파**(horizontally one-dimensional water waves)에 대해 생각한다. 1절에서는 표면장력을 고려한 수면파 이론에 대해 살펴보고, 2절에서는 균일 유동 중에 형성되는 **정상**(steady) 수면파에 대해 고찰하며, 3절에서는 초기 변위, 초기 충격량에 기인하여 생성되는 **과도**(transient) 수면파, 그리고 수면 상에 분포된 압력과 바닥의 운동 등의 외적 교란에 의해 생성되는 과도 수면파에 대해 알아본다. 4절에서는 균일 유동 중에 형성되는 정상 **수평 2차원 수면파**(horizontally two-dimensional water waves)에 대해 논의한다.

수평 1차원 및 2차원 수면파를 일관된 표기법을 사용하여 다루기 위해 2차원 수평면을 (x_1,x_2) 평면으로 나타내고, 1차원인 경우에는 $x_1 = x$를 사용하며, 수면파의 변위는 $y = \eta(x_1,x_2,t)$로 쓰기로 한다. 따라서 수평 2차원 문제에 대해서는 (x_1,x_2,y)의 우수계를 사용하며 필요한 경우 $y = x_3$로 쓰기로 한다. 마찬가지로 속도 $\underline{u} = (u_1,u_2,v)$, $v = u_3$로 나타내며, 그래디언트에 대해서도 $\nabla = \left(\frac{\partial}{\partial x_1}, \frac{\partial}{\partial x_2}, \frac{\partial}{\partial y}\right) = (\partial_1,\partial_2,\partial_y)$, $\partial_y = \partial_3$로 표기하기로 한다. 단위 벡터는 $\hat{e}_1$, $\hat{e}_2$, $\hat{e}_3 = \hat{j}$와 같이 나타내고, 또 파수 벡터 $\underline{k} = (k_1,k_2)$로 쓰기로 한다.

9.1 표면장력을 고려한 수면파 이론

이상유체를 가정하고 수표면을 자유표면으로 간주하면 수면파는 라플라스 방정식을 만족하는 속도 포텐셜 $\phi(x,y,t)$를 사용하여 나타낼 수 있으며, 수심이 h_0로 일정한 경우에 대해 생각하기로 하면 속도 포텐셜은 수표면과 바닥에서의 경계조건도 만족해야 한다.

선형 이론을 사용할 수 있는 경우로 가정하면, 자유표면인 수표면 $F(x,y,t) = \eta(x,t) - y = 0$에서의 경계조건은 평형 상태에서의 수표면인 $y = 0$에서 만족되어야 하므로, 운동학적 경

계조건은 식 (8.94)로부터 다음과 같이 얻는데,

$$\eta_t + (u,v) \cdot (\eta_x, -1) = 0\,,\ y = 0 \text{ 에서,} \tag{9.1}$$

위 식 좌변에서 $u\eta_x$는 비선형 항이므로 무시하기로 하면 선형화된 운동학적 경계조건을 다음과 같이 얻는다.

$$\eta_t - \phi_y = 0\,,\ y = 0 \text{ 에서.} \tag{9.2}$$

또한 표면장력을 고려할 경우, 수표면에 대한 동역학적 경계조건은 식 (8.97)에 $p_a = p_0$를 대입하여 다음과 같이 얻는데,

$$\phi_t + \frac{\underline{u} \cdot \underline{u}}{2} + g\eta = \frac{T\kappa}{\rho},\ y = 0 \text{ 에서,} \tag{9.3}$$

위 식 좌변의 둘째 항은 비선형 항이므로 무시하기로 하고, 또 곡률 $\kappa \simeq \eta_{xx}$로 근사할 수 있으므로 선형화된 동역학적 경계조건을 다음과 같이 얻는다.

$$\phi_t + g\eta = \frac{T}{\rho}\eta_{xx}\,,\ y = 0 \text{ 에서.} \tag{9.4}$$

여기서 온도는 $15\,^\circ C$, $T = 7.36 \times 10^{-2}\ N/m$로 간주하기로 한다.

식 (9.4)를 시간에 대해 한 번 편미분하고, 얻어진 결과에 대해 식 (9.2)를 사용하여 η_t를 소거하면 다음을 얻는데,

$$\phi_{tt} + g\phi_y = \frac{T}{\rho}\phi_{yxx}\,,\ y = 0 \text{ 에서,} \tag{9.5}$$

이 식은 표면장력을 고려한 경우에 대한 **선형화된 통합 수표면 경계조건**(linearized and combined boundary condition for water surface)이라고 불린다.

바닥 $F(x,y,t) = h_0 + y = 0$에서의 경계조건은 비침투 조건, 식 (8.69)로부터 다음과 같이 얻는다.

$$(u,v)\cdot(0,1)=\phi_y=0\,,\ y=-h_0\text{에서.} \tag{9.6}$$

라플라스 방정식과 바닥에서의 경계조건, 식 (9.6)을 만족하며 일정한 속도로 x 축의 양의 방향으로 진행하는 수면파에 대한 속도 포텐셜 $\phi(x,y,t)$는 다음과 같이 가정할 수 있는데,

$$\phi(x,y,t)=\alpha\cosh k(y+h_0)\sin(kx-\omega t)\,, \tag{9.7}$$

여기서 α는 상수이고, k는 파수, ω는 진동수이다. 식 (9.7)의 속도 포텐셜이 수표면에서의 경계조건인 식 (9.5)를 만족하기 위해서는 다음을 만족해야 하며,

$$-\omega^2\cosh kh_0+gk\sinh kh_0+\frac{T}{\rho}k^3\sinh kh_0=0,$$

$$\therefore\omega^2=gk\tanh kh_0\left(1+\frac{T}{\rho g}k^2\right), \tag{9.8}$$

이 식은 진동수 ω와 파수 k 사이의 관계를 결정하는 분산관계식이다. 단위 길이 당 작용하는 표면장력 T와 단위 체적 당 작용하는 중력 ρg의 비는 L^2의 차원을 가지므로 l_c를 다음과 같이 정의하면,

$$l_c\equiv\sqrt{\frac{T}{\rho g}}=2.74\times10^{-3}\,m\,, \tag{9.9}$$

분산관계식인 식 (9.8)은 다음과 같이 다시 쓸 수 있다.

$$\omega^2=gk\tanh kh_0\left(1+l_c^2k^2\right). \tag{9.10}$$

수표면은 진폭이 A인 조화파로 $\eta(x,t)=A\cos(kx-\omega t)$로 주어진다고 하면, 식 (9.2)로부터 α를 다음과 같이 얻으므로,

$$\eta_t=A\omega\sin(kx-\omega t)=\alpha k\sinh kh_0\sin(kx-\omega t),\ \ \therefore\alpha=\frac{\omega A}{k\sinh kh_0}, \tag{9.11}$$

이 결과를 식 (9.7)에 대입하여 속도 포텐셜을 다음과 같이 얻는다.

$$\phi(x,y,t) = \frac{\omega A}{k\sinh kh_0}\cosh k(y+h_0)\sin(kx-\omega t). \tag{9.12}$$

이 식과 식 (9.8)에서 $h_0 \to h$, $T=0$, $\omega \to \beta$로 취하면 8장에서 사용하였던 식 (8.108), (8.109)를 얻는다.

위의 분산관계식, 식 (9.10)은 kh_0 및 kl_c의 크기에 따라 몇 가지 경우로 나누어 생각할 수 있다.

1) $kh_0 \gg 1$, $l_c k \gg 1$인 경우

수심이 깊고, 표면장력이 지배적인 **모세파**(capillary waves)에 해당하며, 분산관계식은 다음과 같이 근사할 수 있다.

$$\omega^2 = g l_c^2 k^3 = \frac{T}{\rho}k^3. \tag{9.13}$$

$l_c k \gg 1$는 $k \gg k_c = l_c^{-1} = 365\ rad/m$이므로 모세파의 파장 $\lambda \ll \frac{2\pi}{365} = 1.72\ cm$로, 매우 짧은 것을 알 수 있다.

모세파의 위상속도 c는 다음과 같으므로,

$$c = \frac{\omega}{k} = \sqrt{\frac{T}{\rho}k} = \sqrt{\frac{T}{\rho}\frac{2\pi}{\lambda}} = \frac{2.15\times 10^{-2}}{\sqrt{\lambda}}, \tag{9.14}$$

c는 $\sqrt{\lambda}$에 반비례하여 파장이 짧을수록 빨리 전파하며, 예를 들어 파장 $\lambda = 1\ cm$인 모세파의 위상속도는 $21.5\ cm/s$이다.

한편 군속도 c_g는 다음과 같으며,

$$c_g = \frac{d\omega}{dk} = \frac{3}{2}\sqrt{\frac{T}{\rho}k} = \frac{3}{2}c > c, \tag{9.15}$$

이 결과에 따르면 모세파의 군속도는 위상속도보다 50% 큰 점에 유의한다.

2) $l_c k \ll 1$인 경우

중력이 지배적인 **중력파**(gravity waves)에 해당하며, 분산관계식은 다음과 같이 근사할 수 있는데,

$$\omega^2 = gk\tanh kh_0, \tag{9.16}$$

kh_0의 크기에 따라 다시 세 경우로 나누어 생각할 수 있다[15].

a) $kh_0 \gg 1$일 때

심수 또는 **심해**(deep water)로 부르며 다음과 같이 분산관계식을 근사할 수 있다.

$$\omega^2 = gk. \tag{9.17}$$

위상속도는 다음과 같으며,

$$c = \frac{\omega}{k} = \sqrt{\frac{g}{k}} = \sqrt{\frac{g}{2\pi}\lambda} = 1.25\sqrt{\lambda}, \tag{9.18}$$

파장이 길면 길수록 빨리 전파하고, 예를 들어 심해인 경우, 파장 $\lambda = 100\,m$인 중력파의 위상속도는 $12.5\,m/s$이다.

한편 군속도 c_g는 다음과 같으며,

$$c_g = \frac{d\omega}{dk} = \frac{1}{2}\sqrt{\frac{g}{k}} = \frac{1}{2}c < c, \tag{9.19}$$

이 결과에 따르면 심해인 경우 중력파의 군속도는 위상속도의 50%인 점에 유의한다.

b) $kh_0 = O(1)$일 때

유한 수심(finite water depth)으로 부르고, 이때에는 식 (9.16)으로 주어진 분산관계식을 그대로 사용해야 하며, ω, h_0가 주어진 경우 분산관계식을 만족하는 k를 구해

15) 이 경우에 대해 보다 자세한 사항은 이승준(2016)[9] 64-70쪽을 참조하기 바란다.

야 한다. 주어진 ω에 대해 $h_0 \rightarrow \infty$일 때의, 다시 말하면 심해에서의 k를 k_0라고 하면 $k_0 = \frac{\omega^2}{g}$이므로 분산관계식은 다음과 같이 쓸 수 있으며,

$$\frac{k_0 h_0}{k h_0} = \tanh k h_0, \tag{9.20}$$

주어진 h_0에 대해 이 식을 만족하는 k를 구하는 것이 상례이다. 위 식의 우변은 항상 1보다 작으므로 $k > k_0$여야 하며, 이는 동일한 ω를 가지는 수면파에 대해 유한 수심에서의 파장은 심해에서의 파장보다 짧아짐을 뜻한다.

유한 수심일 경우의 위상속도는 다음과 같으며,

$$c = \frac{\omega}{k} = \sqrt{\frac{g}{k} \tanh k h_0}\ , \tag{9.21}$$

위 식의 양변을 $c_0 = \sqrt{g h_0}$로 나누어 주면 다음을 얻는데,

$$\frac{c}{c_0} = \sqrt{\frac{\tanh k h_0}{k h_0}}\ , \tag{9.22}$$

이 식의 우변은 항상 1보다 작으므로 $c < c_0$여야 하고, 여기서 c_0는 **임계속도**(critical velocity)로 불린다. 예를 들어 $h_0 = 25\,m$인 경우, $c_0 = 15.7\,m/s$이며, 파장 $\lambda = 100\,m$인 중력파의 위상속도는 $12.0\,m/s$이다.

한편 군속도 c_g는 다음과 같으며,

$$c_g = \frac{d\omega}{dk} = \frac{1}{2\omega}\frac{d}{dk}(gk \tanh k h_0) = \frac{\omega}{2\omega^2}\left(g \tanh k h_0 + g k h_0 \operatorname{sech}^2 k h_0\right)$$

$$= \frac{\omega}{2k \tanh k h_0}\left(\tanh k h_0 + k h_0 \operatorname{sech}^2 k h_0\right) = \frac{c}{2}\left(1 + \frac{k h_0}{\sinh k h_0 \cosh k h_0}\right),$$

$$\therefore c_g = = \frac{c}{2}\left(1 + \frac{2k h_0}{\sinh 2k h_0}\right), \tag{9.23}$$

이 결과에 따르면 유한 수심인 경우 중력파의 군속도는 $kh_0 \to 0$일 때, 위상속도와 같고, $kh_0 \to \infty$일 때, 위상속도의 반과 같아져 심해에서의 값을 가지는 점에 유의한다.

c) $kh_0 \ll 1$일 때

천수 또는 **천해**(shallow water)로 부르며 다음과 같이 분산관계식을 근사할 수 있다.

$$\omega^2 = gh_0 k^2 = c_0^2 k^2. \tag{9.24}$$

위상속도는 다음과 같이 임계속도가 되며,

$$c = \frac{\omega}{k} = c_0, \tag{9.25}$$

파장에 상관없이 일정한 속도로 전파, 즉 **비분산성**(nondispersive) 파동이고, 예를 들어 천해로, $h_0 = 25\,m$인 경우, $c_0 = 15.7\,m/s$이며, 파장에 관계없이 중력파의 위상속도는 $15.7\,m/s$이다.

한편 군속도 c_g는 다음과 같으며,

$$c_g = \frac{d\omega}{dk} = c_0 = c, \tag{9.26}$$

이 결과에 따르면 천해인 경우 중력파의 군속도도 위상속도와 마찬가지로 모든 파장의 파도에 대해 임계속도로 일정하다. 예를 들어 $h_0 = 100\,m$인 경우, $\lambda = 3\,km$인 **쓰나미**(tsunami)는 천해 중력파로 근사할 수 있으므로, 그 속도는 $c = c_g = c_0 = 31.3\,m/s$이며, 시간 당 $112.7\,km$라는 빠른 속도로 전파하는 것에 유의한다.

3) $l_c k = O(1)$인 경우

표면장력의 영향을 무시할 수 없는 경우에는 대체적으로 $kh_0 \gg 1$를 가정할 수 있으며, 따라서 식 (9.8)은 다음과 같이 고쳐 쓸 수 있다.

$$\omega^2 = gk\left(1 + l_c^2 k^2\right) = gk + g\, l_c^2 k^3. \tag{9.27}$$

따라서 위상속도 c는 다음과 같으며,

$$c = \frac{\omega}{k} = \sqrt{\frac{g}{k}\left(1 + l_c^2 k^2\right)} = \sqrt{\frac{g}{k} + \tau k}\,, \quad \tau = g\, l_c^2 = \frac{T}{\rho} = 7.36 \times 10^{-5}\, m^3/s^2\,, \tag{9.28}$$

$l_c k = O(1)$인 경우, 제곱근 내 괄호 안의 두 항이 비슷한 크기를 가지는 것을 알 수 있다. $c(k)$를 그림 9.1에 보였으며, 여기서 c는 다음과 같이 국부 최소값 c_m을 가지고,

$$c_m = \left(\frac{4gT}{\rho}\right)^{1/4} = 23.2\ cm/s\,,\ k = k_c = l_c^{-1} = \sqrt{\frac{\rho g}{T}} = 3.65\ rad/cm \text{에서}, \tag{9.29}$$

이때 파장 $\lambda_c = 1.72\ cm$이다.

k_c를 중심으로 오른쪽은 표면장력의 영향이 지배적인 모세파, 왼쪽은 중력의 영향이 지배적인 중력파로 부르며, 표면장력과 중력을 모두 고려할 경우, 수면파의 위상속도는

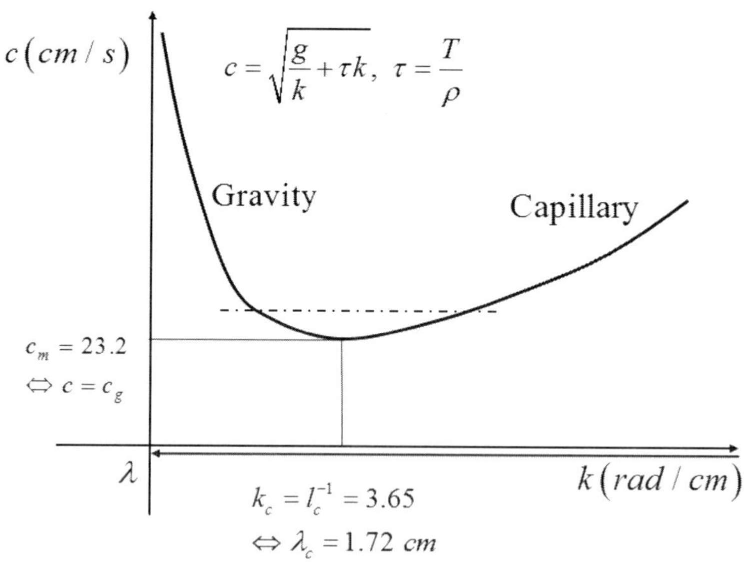

그림 9.1 중력과 표면장력의 영향이 비슷한 경우에 대한 $c(k)$

c_m 보다 작을 수 없음에 유의한다. 한편 $c > c_m$ 인 경우, c에 상응하는 수면파는 $k_1 < k_c$의 파수를 가지는 중력파와 $k_2 > k_c$의 파수를 가지는 모세파가 공존함을 알 수 있다. c의 국부 최소값 c_m은 $\dfrac{dc}{dk} = 0$인 점에서 발생하며, 이 식은 다음과 같이 쓸 수 있으므로,

$$\frac{dc}{dk} = \frac{d}{dk}\left(\frac{\omega}{k}\right) = \frac{1}{k}\frac{d\omega}{dk} - \frac{\omega}{k^2} = \frac{1}{k}\left(\frac{d\omega}{dk} - \frac{\omega}{k}\right) = \frac{1}{k}(c_g - c) = 0\,, \tag{9.30}$$

c_m은 위상속도와 군속도가 동일한 파수에서 발생한다. 위상속도는 파수 $k \to 0$일 때는 $1/\sqrt{k}$에 비례하여, 또 $k \to \infty$ 일 때는 $\sqrt{k}$에 비례하여 무한히 증가한다.

한편 군속도 c_g는 다음과 같으며,

$$c_g = \frac{d\omega}{dk} = \frac{g + 3\tau k^2}{2\sqrt{gk + \tau k^3}} = \frac{1}{2}\sqrt{\frac{g}{k}}\,\frac{1 + 3l_c^2k^2}{\sqrt{1 + l_c^2k^2}} = \frac{c}{2}\,\frac{1 + 3l_c^2k^2}{1 + l_c^2k^2} = \frac{c}{2}G(k), \tag{9.31}$$

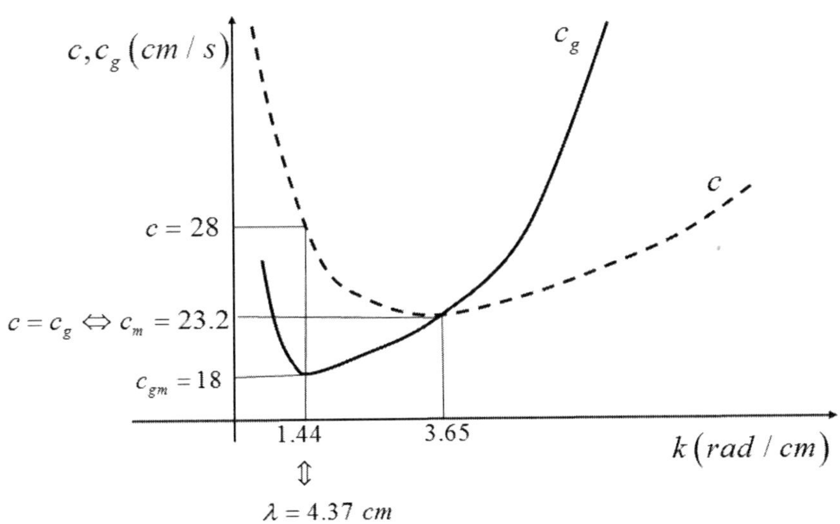

그림 9.2 중력과 표면장력의 영향이 비슷한 경우에 대한 $c_g(k)$

여기서 $G(k) \in (1, 3)$이고, 식 (9.30)에서 본 바와 같이 $k = k_c$에서 $c_g = c$이므로 $G(k = k_c) = 2$임을 알 수 있으며, 따라서 중력파의 경우에는 $c_g < c$, 모세파의 경우에는 $c_g > c$이다.

$c_g(k)$와 $c(k)$를 그림 9.2에 같이 보였으며, [연습문제 1]에 보인 바와 같이, c_g의 국부 최소값 $c_{gm} = 18.0\ cm/s$은 $k = 1.44\ rad/cm$에서 발생하고, 이에 상응하는 파장 $\lambda = 4.37\ cm$이다. 따라서 표면장력과 중력을 모두 고려할 경우, 수면파의 군속도는 c_{gm}보다 작을 수 없다.

9.2 균일 유동 중의 정상 수면파

정지해 있는 유체 중에서 일정한 속도 U로 움직이거나, 또는 일정한 속도 U로 움직이는 균일 유동 중에 고정된 물체에 대해서는 그림 9.3에 보인 바와 같은 문제를 생각할 수 있다.

그림 9.3 균일 유동 중의 물체

이때 **정상**(steady) 수면파가 생성되기 위해서는 파도의 위상속도 c가 U와 같아야 하므로, $U < c_m$ 이면 어떠한 정상 수면파도 생성될 수 없을 것이며, $U > c_m (> c_{gm})$ 이면 k_1, k_2 의 중력파와 모세파가 생성될 것이다. 그림 9.4에 보인 바와 같이 k_1 의 파수를 가지는 중력파의 군속도 $c_{g1} < U$이므로 물체 뒤쪽, 즉 하류에 생기고, k_2 의 파수를 가지는 모세파의 군속도 $c_{g2} > U$이므로 물체 앞쪽, 즉 상류에 생길 것이다.

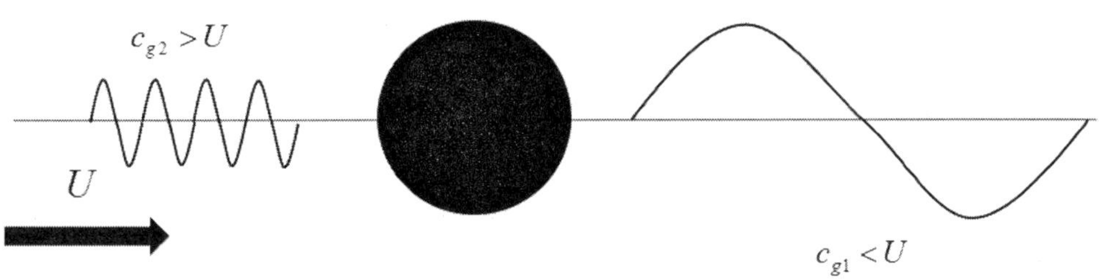

그림 9.4 균일 유동 중의 정상 수면파

수심 $h_0 \to \infty$ 이고, 물체를 수면 상에 분포된 압력으로 대체한 뒤, 압력이 $t = 0$ 부터 작용하기 시작한다고 하면, 수면파가 만족해야 하는 경계치 문제는 다음과 같다.

질량 보존 법칙인 연속 방정식, 즉 라플라스 방정식은 다음과 같고,

$$\nabla^2\phi(x,y,t) = 0\,,\ \text{유체 영역에서,} \tag{9.32}$$

바닥에서는 다음과 같은 조건을 만족하며,

$$|\nabla\phi| \rightarrow U,\ \ y = -h_0\ \text{에서,} \tag{9.33}$$

수표면에서는 식 (8.94)에 $F(x,t) = \eta(x,t) - y$를 대입하여 얻는 다음과 같은 운동학적 경계조건과,

$$\eta_t + \phi_x\eta_x = \phi_y\,,\ \ y = \eta(x,t)\ \text{에서,} \tag{9.34}$$

식 (8.96)에 $p_a = \rho f(x) + p_0$를 대입하여 얻는 다음과 같은 동역학적 경계조건이 만족되어야 한다.

$$\phi_t + \frac{1}{2}\left(\phi_x^2 + \phi_y^2\right) + g\eta = -f + \frac{T\kappa}{\rho}\,,\ \ y = \eta(x,t)\ \text{에서.} \tag{9.35}$$

여기서 $\rho f(x)$는 수면 상에 분포된 압력을 나타낸다.

이제 속도 포텐셜을 다음과 같이 다시 쓰기로 하고,

$$\phi(x,y,t) = Ux + \varphi(x,y,t), \tag{9.36}$$

식 (9.32), (9.33)에 이를 대입하여 다음을 얻으며,

$$\nabla^2\varphi(x,y,t) = 0\,,\ \text{유체 영역에서,} \tag{9.37}$$

$$|\nabla\varphi| \rightarrow 0\,,\ \ y = -h_0\ \text{에서,} \tag{9.38}$$

또 $\varphi(x,y,t)$는 매우 작은 양이라고 하면, 선형화에 의해 식 (9.34), (9.35)로부터 각각 다음 식들을 얻는다.

$$\eta_t + U\eta_x = \varphi_y\,,\ \ y = 0\ \text{에서,} \tag{9.39}$$

$$\varphi_t + U\varphi_x + g\eta - \tau\eta_{xx} = -f(x)\,,\ y = 0\text{에서},\ \tau = \frac{T}{\rho}\,. \tag{9.40}$$

위와 같이 주어지는 문제의 해를 $t = 0$에서 $\eta = 0$, $\varphi = 0$의 초기조건을 만족하도록 구하면, 소위 수학적 문제의 시간에 대한 양방향 동일성, 즉 시간이 거꾸로 가는 경우에도 같은 문제를 만족한다고 하는 문제점에 기인하는 해의 **비유일성**(nonuniqueness)이라는 난제에 봉착하게 된다. 나중에 알게 될 바와 같이 이는 푸리에 적분의 극점(pole)의 위치와 관련이 있는데, 이와 같은 문제점을 피하기 위해 통상 다음과 같은 세 가지 방법 중의 하나를 사용할 수 있다.

1) **방사 조건**(radiation condition),
2) 초기치-경계치 문제를 푼 후 $t \to \infty$ 인 해를 구함,
3) 주어진 문제에 '**감쇠 장치**'(damping device)를 삽입함.

여기서는 세 가지 중 가장 쉬운 방법인 3)의 방법을 사용하여 해를 구하기로 한다. 먼저 $f(x)$를 $f(x)e^{\epsilon t}$로 대체하고, $0 < \epsilon \ll 1$을 가정하기로 한다. 이제 $\varphi(x,y,t)$에 대해 다음을 가정하고,

$$\varphi(x,y,t) = \int_{-\infty}^{\infty} G(k,y,t)\,e^{ikx}dk\,, \tag{9.41}$$

이를 식 (9.37), 라플라스 방정식에 대입하여 다음을 얻는다.

$$-k^2 G + G_{yy} = 0\,. \tag{9.42}$$

따라서 다음을 얻으며,

$$G(k,y,t) = A(k,t)\,e^{|k|y}, \tag{9.43}$$

여기서 $e^{|k|y}$는 식 (9.38), $y = -h_0$에서의 경계조건을 고려하여 얻었다.

압력이 $e^{\epsilon t}$의 인자를 가지고 있으므로, $\varphi(x,y,t)$와 $\eta(x,t)$에 대해 다음을 가정하기로 하고,

$$\varphi(x,y,t) = e^{\epsilon t}\int_{-\infty}^{\infty} A(k)\, e^{ikx+|k|y}\, dk\,, \tag{9.44}$$

$$\eta(x,t) = e^{\epsilon t}\int_{-\infty}^{\infty} B(k)\, e^{ikx}\, dk\,, \tag{9.45}$$

또 $f(x)$에 대해 다음을 가정하자.

$$f(x)=\int_{-\infty}^{\infty} F(k)e^{ikx}\, dk. \tag{9.46}$$

이들을 식 (9.39), (9.40)의 수표면 조건에 대입하여 각각 다음을 얻으므로,

$$(\epsilon + ikU)B - |k|A = 0\,, \tag{9.47}$$

$$(\epsilon + ikU)A + (g+\tau k^2)B = -F, \tag{9.48}$$

식 (9.47)로부터 다음을 얻고,

$$B = \frac{|k|A}{\epsilon + ikU}\,, \tag{9.49}$$

이를 식 (9.48)에 대입하여 다음을 얻는다.

$$A = -\frac{F(\epsilon + ikU)}{(\epsilon + ikU)^2 + (g+\tau k^2)|k|}\,, \tag{9.50}$$

$$B = -\frac{|k|F}{(\epsilon + ikU)^2 + (g+\tau k^2)|k|}\,. \tag{9.51}$$

식 (9.51)을 식 (9.45)에 대입하여 수면파의 변위를 다음과 같이 얻는데,

$$\eta(x,t) = -e^{\epsilon t}\int_{-\infty}^{\infty}\frac{|k|\,F(k)\,e^{ikx}}{(\epsilon+ikU)^2+\left(g+\tau k^2\right)|k|}\,dk, \tag{9.52}$$

여기서 이제 $e^{\epsilon t}$의 인자를 제거하면 다음을 얻는다.

$$\eta(x) = \int_{-\infty}^{\infty}\frac{|k|\,F(k)\,e^{ikx}}{(kU-i\epsilon)^2-\left(g+\tau k^2\right)|k|}\,dk. \tag{9.53}$$

예를 들어 $f(x) = f_0\,\delta(x)$, $f_0 = \dfrac{p_1 a}{\rho}$, p_1과 a는 각각 압력과 길이의 차원을 가지는 상수라고 하자. 여기서 델타 함수의 차원은 L^{-1}임에 유의한다. 따라서 식 (7.4), (7.5)의 푸리에 변환쌍에 의하면 식 (9.46)으로 정의된 $F(k)$는 $f(x)$의 푸리에 변환의 $\dfrac{1}{2\pi}$이므로 다음 결과를 얻는다.

$$\eta(x) = \frac{f_0}{2\pi}\int_{-\infty}^{\infty}\frac{|k|\,e^{ikx}}{(kU-i\epsilon)^2-\left(g+\tau k^2\right)|k|}\,dk. \tag{9.54}$$

위 식의 우변 적분과 관련하여 두 가지 경우로 나누어 생각하기로 한다.

1) 표면장력을 무시할 수 있어 중력파만 고려하는 경우

식 (9.54)에 $\tau = 0$를 대입하여 다음을 얻는데,

$$\eta(x) = \frac{f_0}{2\pi}\int_{-\infty}^{\infty}\frac{|k|\,e^{ikx}}{(kU-i\epsilon)^2-g|k|}\,dk, \tag{9.55}$$

여기서 $|k|$는 **정칙 함수**(analytic function)가 아니므로, 다음과 같이 k의 구간을 나누어 생각하기로 하면,

$$N(x) = -\int_{-\infty}^{0}\frac{k\,e^{ikx}}{(kU-i\epsilon)^2+gk}\,dk+\int_{0}^{\infty}\frac{k\,e^{ikx}}{(kU-i\epsilon)^2-gk}\,dk,\ N = \frac{2\pi}{f_0}\eta, \tag{9.56}$$

우변의 첫째 적분에 대해 $k \to -k$의 변환을 적용하여 다음을 얻는다.

$$N(x) = \int_0^\infty \frac{k e^{-ikx}}{(kU + i\epsilon)^2 - gk}\, dk + \int_0^\infty \frac{k e^{ikx}}{(kU - i\epsilon)^2 - gk}\, dk. \tag{9.57}$$

우변의 첫째 적분과 둘째 적분은 **공액 함수**(conjugate function)이므로, 결국 다음을 얻는다.

$$N(x) = 2Re\left[\int_0^\infty \frac{k e^{ikx}}{(kU - i\epsilon)^2 - gk}\, dk\right]. \tag{9.58}$$

우변 피적분 함수의 **특이점**(singular point)을 구하기 위해 분모를 다시 쓰는데 ϵ^2 항은 무시하면 다음을 얻고,

$$U^2 k^2 - 2i\epsilon Uk - gk = U^2 k\left(k - \frac{g + 2i\epsilon U}{U^2}\right), \tag{9.59}$$

따라서 특이점은 **단극점**(simple pole)으로 $k = K + i\varepsilon$, $K = \dfrac{g}{U^2}$, $\varepsilon = \dfrac{2\epsilon}{U} > 0$에 위치하며, 복소 k-평면에서 단극점은 실수 축보다 위에 있음을 알 수 있고, $e^{\epsilon t}$의 도입에 의해 바로 이 단극점의 위치가 합리적으로 결정될 수 있음에 유의한다.

위의 결과를 식 (9.58)에 대입하여 다음을 얻는다.

$$N(x) = \frac{2}{U^2} Re\left[\int_0^\infty \frac{e^{ikx}}{k - (K + i\varepsilon)}\, dk\right]. \tag{9.60}$$

$x > 0$인 경우에 대해 우변의 적분 계산을 위해 복소 k-평면에서의 적분 경로를 그림 9.5에 보인 바와 같이 취하기로 하면 다음을 얻고,

$$\oint_C I(k)\, dk = \int_0^\infty I(k)\, dk + \int_{C_\infty} I(k)\, dk + \int_{i\infty}^0 I(k)\, dk, \quad I(k) = \frac{e^{ikx}}{k - (K + i\varepsilon)}, \tag{9.61}$$

여기서 C_∞에 대한 적분은 $|k| \to \infty$이고, $Im\, k > 0$이며, 따라서 분자인 지수 함수의

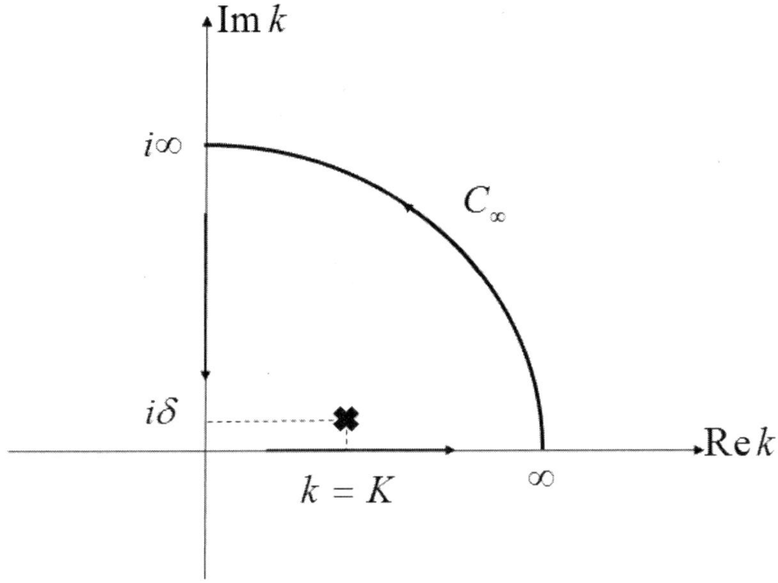

그림 9.5 $x > 0$인 경우에 대한 복소 k-평면에서의 적분 경로

지수는 0보다 작으므로 0이 되는데, 유수 정리에 의해 좌변은 $2\pi i\, b_{-1}(K+i\varepsilon)$이므로 다음을 얻는다.

$$2\pi i\, b_{-1}(K+i\varepsilon) = \int_0^\infty I(k)\,dk + \int_{i\infty}^0 I(k)\,dk. \tag{9.62}$$

$\epsilon = 0$으로 취하면 단극점에서의 유수 $b_{-1}(K+i\varepsilon) = e^{iKx}$이고 우변 둘째 적분에 대해서는 $k \to ik$의 변환을 이용하여 다음을 얻으며,

$$\int_0^\infty I(k)\,dk = 2\pi i e^{iKx} + \int_0^\infty \frac{e^{-kx}}{k+iK}\,dk, \tag{9.63}$$

이 결과를 식 (9.60)에 대입하고 정리하면 다음을 얻는다.

$$\eta(x) = \frac{p_1 a}{\rho U^2/2}\left(-\sin Kx + \frac{1}{2\pi}\int_0^\infty \frac{ke^{-kx}}{k^2+K^2}\,dk\right),\ \ x > 0\,. \tag{9.64}$$

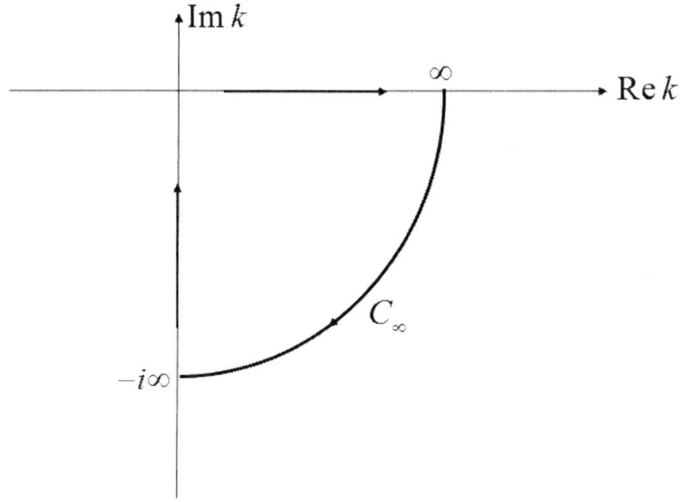

그림 9.6 $x<0$ 인 경우에 대한 복소 k-평면에서의 적분 경로

또한, $x<0$ 인 경우에 대해서는 복소 k-평면에서의 적분 경로를 그림 9.6에 보인 바와 같이 취하기로 하면 다음을 얻고,

$$\oint_C I(k)\,dk = \int_0^\infty I(k)\,dk + \int_{C_\infty} I(k)\,dk + \int_{-i\infty}^0 I(k)\,dk, \tag{9.65}$$

여기서 C_∞ 에 대한 적분은 $|k|\to\infty$ 이고, $Im\,k<0$ 이며, 따라서 분자인 지수 함수의 지수는 0 보다 작으므로 0 이 되는데, 유수 정리에 의해 좌변은 0 이므로 다음을 얻는다.

$$\int_0^\infty I(k)\,dk = -\int_{-i\infty}^0 I(k)\,dk. \tag{9.66}$$

우변 둘째 적분에 대해서는 $k\to -ik$ 의 변환을 이용하여 다음을 얻으며,

$$\int_0^\infty I(k)\,dk = \int_0^\infty \frac{e^{kx}}{k-iK}\,dk, \tag{9.67}$$

이 결과를 식 (9.60)에 대입하고 정리하면 다음을 얻는다.

$$\eta(x)=\frac{p_1 a}{\rho U^2/2}\frac{1}{2\pi}\int_0^\infty \frac{ke^{kx}}{k^2+K^2}dk,\ x<0\,. \tag{9.68}$$

이 식과 식 (9.64) 우변의 적분은 같은 적분이며, $|x|$가 증가하면 지수 함수적으로 급격하게 감소하는 함수이다.

식 (5.18)에서 정의한 단위 계단 함수 $H(x)$를 사용하여, 식 (9.64)와 (9.68)을 하나의 식으로 나타내면 다음을 얻으며,

$$\eta(x)=\frac{p_1 a}{\rho U^2/2}\left(-H(x)\sin Kx+\frac{1}{2\pi}\int_0^\infty \frac{ke^{-k|x|}}{k^2+K^2}dk\right), \tag{9.69}$$

이 결과에 따르면 $x=0$에 위치한 델타 함수로 주어지는 압력 분포에 의해 생성되는 수면파는 $|x|$에 대해 지수 함수적으로 감소하는 $x=0$에 대해 좌우 대칭인 파와 압력 분포의 하류에만 생성되는 특성 파수 K를 가지는 싸인 파의 합으로 이루어진다. 압력 분포로부터 조금 떨어진 하류에서의 정상 수면파는 파수 K의 싸인 파로 주어지며, $c=\sqrt{\frac{g}{k}}=U$의 조건을 사용하여 $k=K$를 얻을 수 있는 점에 유의한다.

2) 표면장력을 고려해야 하는 경우

식 (9.54)에 대해 k의 음과 양의 구간을 나누어 생각하고 피적분 함수 분모의 ϵ^2 항은 무시하기로 하면 다음을 얻는데,

$$N(x)=-\int_{-\infty}^0 \frac{e^{ikx}}{(kU^2-2i\epsilon U)+(g+\tau k^2)}dk+\int_0^\infty \frac{e^{ikx}}{(kU^2-2i\epsilon U)-(g+\tau k^2)}dk, \tag{9.70}$$

우변의 첫째 적분에 대해 $k\to -k$의 변환을 적용하여 다음을 얻으며,

$$N(x)=\int_0^\infty \frac{e^{-ikx}}{(kU^2+2i\epsilon U)-(g+\tau k^2)}dk+\int_0^\infty \frac{e^{ikx}}{(kU^2-2i\epsilon U)-(g+\tau k^2)}dk, \tag{9.71}$$

우변의 첫째 적분과 둘째 적분은 공액 함수이므로, 결국 다음을 얻는다.

$$N(x) = -2Re\left[\int_0^\infty \frac{e^{ikx}}{(g+\tau k^2)-(kU^2-2i\epsilon U)}dk\right],\ N = \frac{2\pi}{f_0}\eta. \tag{9.72}$$

우변 피적분 함수의 특이점을 구하기 위해 분모를 다시 쓰면 다음을 얻고,

$$I(k) = \tau k^2 - U^2 k + g + 2i\epsilon U = \tau\left(k^2 - \frac{\rho U^2}{T}k + k_c^2\right) + 2i\epsilon U,\ k_c^2 = \frac{\rho g}{T}, \tag{9.73}$$

우변 괄호 한의 k에 대한 2차 방정식이 근을 가지기 위해서는 다음 조건이 만족되어야 한다.

$$\triangle = \left(\frac{\rho U^2}{T}\right)^2 - 4k_c^2 = \left(\frac{\rho U^2}{T}\right)^2 - \frac{4\rho g}{T} > 0,\ \therefore U > \left(\frac{4gT}{\rho}\right)^{1/4} = c_m. \tag{9.74}$$

여기서 $c_m = 23.2\,cm/s$로 식 (9.29)에서 얻었던 양이다. 다시 말하면 정상 수면파가 존재하기 위해서는 U가 위상속도의 최소값보다는 커야 한다는 점을 알 수 있다.
따라서 $U > c_m$인 경우에 대해서 생각하기로 하면 특이점과 관련하여 다음을 얻으며,

$$I(k) = \tau(k-K_1)(k-K_2) + 2i\epsilon U = \tau\{(k-K_1)(k-K_2) + i\varepsilon\} = 0, \tag{9.75}$$

$$\varepsilon = \frac{2\epsilon U}{\tau} = \frac{2\epsilon\rho U}{T}, \tag{9.76}$$

여기서 K_1, K_2는 0보다 큰 두 실수로 다음과 같이 주어지고,

$$K_{1,2} = \frac{\rho}{2T}\left(U^2 \mp \sqrt{U^4 - c_m^4}\right), \tag{9.77}$$

또한 다음 관계가 성립한다.

$$K_1 + K_2 = \frac{\rho U^2}{T}, \tag{9.78}$$

$$K_1 K_2 = k_c^2 = \frac{\rho g}{T}\,. \tag{9.79}$$

$K_1 < K_2$ 로부터, $K_1 < k_c < K_2$ 임을 알 수 있으며, $\epsilon \ll 1$ 이므로, 결국 특이점인 두 단극점과 관련하여 식 (9.75) 우변으로부터 각각 다음을 얻는데,

$$k - K_1 \simeq \frac{i\varepsilon}{K_2 - K_1} = i\mu,\ \ \mu = \frac{\varepsilon}{K_2 - K_1} = \frac{\epsilon}{\kappa},\ \ \kappa = K_2 - K_1\,, \tag{9.80}$$

$$k - K_2 \simeq -\, i\mu\,, \tag{9.81}$$

이 식들에 따르면 K_1 부근의 단극점은 복소 k-평면의 실수 축보다 위에 있고, K_2 부근의 단극점은 실수 축보다 아래에 있음을 알 수 있다.

$x > 0$ 인 경우에 대해 식 (9.72) 우변의 적분 계산을 위해 복소 k-평면에서의 적분 경로를 그림 9.7에 보인 바와 같이 취하기로 하면 C_∞ 에 대한 적분은 앞에서와 같은 이유로 0 이 되므로 다음을 얻는다.

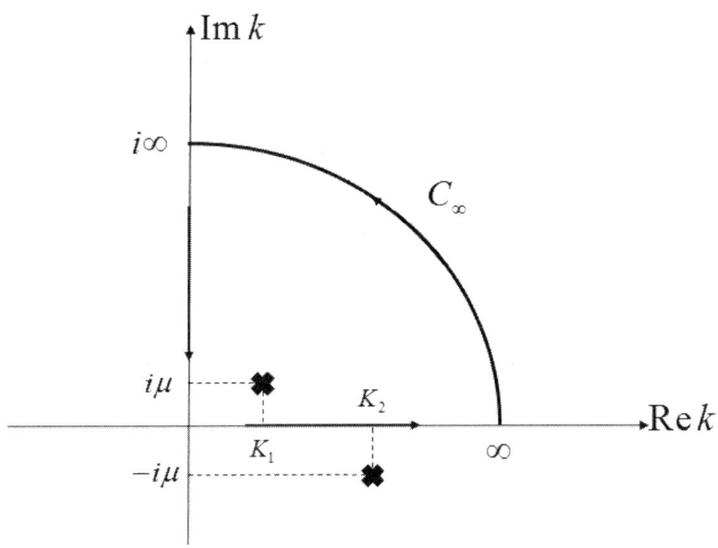

그림 9.7 $x > 0$ 인 경우에 대한 복소 k-평면에서의 적분 경로

$$\oint_C I(k)\,dk = \int_0^\infty I(k)\,dk + \int_{i\infty}^0 I(k)\,dk, \tag{9.82}$$

유수 정리에 의해 좌변은 $2\pi i\, b_{-1}(K_1 + i\mu)$이므로 다음을 얻는다.

$$2\pi i\, b_{-1}(K_1 + i\mu) = \int_0^\infty I(k)\,dk + \int_{i\infty}^0 I(k)\,dk. \tag{9.83}$$

여기서 단극점에서의 유수는 $\epsilon = 0$ 으로 취하면 $b_{-1}(K_1 + i\mu) = -\dfrac{e^{iK_1 x}}{\tau\kappa}$ 이고 우변 둘째 적분에 대해서는 $k \to ik$ 의 변환을 이용하여 다음을 얻으므로,

$$\int_0^\infty I(k)\,dk = -2\pi i\frac{e^{iK_1 x}}{\tau\kappa} - \frac{i}{\tau}\int_0^\infty \frac{e^{-kx}}{(k+iK_1)(k+iK_2)}\,dk, \tag{9.84}$$

이 결과를 식 (9.72)에 대입하고 정리하면 다음을 얻는다.

$$\eta(x) = \frac{p_1 a}{T}\left[-\frac{2}{\kappa}\sin K_1 x + \frac{\rho U^2}{\pi T}\int_0^\infty \frac{ke^{-kx}}{\left(k^2+K_1^2\right)\left(k^2+K_2^2\right)}\,dk\right],\quad x > 0\,. \tag{9.85}$$

$K_1 < k_c$ 이므로 $x > 0$, 즉 하류에 발생하는 정상 수면파는 중력파임을 알 수 있으며, 우변의 적분 항은 x 에 대해 지수 함수적으로 감소한다.

또한, $x < 0$ 인 경우에 대해서는 복소 k-평면에서의 적분 경로를 그림 9.8에 보인 바와 같이 취하기로 하면 C_∞ 에 대한 적분은 0 이 되므로 다음을 얻는다.

$$\oint_C I(k)\,dk = \int_0^\infty I(k)\,dk + \int_{-i\infty}^0 I(k)\,dk. \tag{9.86}$$

유수 정리에 의해 좌변은 $2\pi i\, b_{-1}(K_2 - i\mu)$이므로 다음을 얻으며,

$$2\pi i\, b_{-1}(K_2 - i\mu) = \int_0^\infty I(k)\,dk + \int_{-i\infty}^0 I(k)\,dk, \tag{9.87}$$

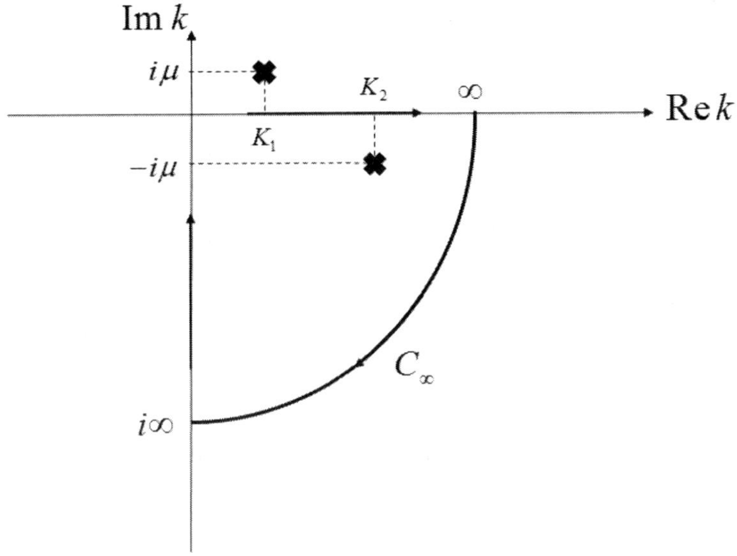

그림 9.8 $x<0$ 인 경우에 대한 복소 k-평면에서의 적분 경로

위 식에서 $\epsilon=0$ 으로 취하면 단극점에서의 유수는 $b_{-1}(K_2-i\mu)=\dfrac{e^{iK_2x}}{\tau\kappa}$ 이고 우변 둘째 적분에 대해서는 $k\to-ik$ 의 변환을 이용하여 다음을 얻고,

$$\int_0^\infty I(k)\,dk = 2\pi i\frac{e^{iK_2x}}{\tau\kappa}+\frac{i}{\tau}\int_0^\infty\frac{e^{kx}}{(k-iK_1)(k-iK_2)}\,dk, \tag{9.88}$$

이 결과를 식 (9.72)에 대입하고 정리하면 다음을 얻는다.

$$\eta(x)=\frac{p_1a}{T}\left[\frac{2}{\kappa}\sin K_2x+\frac{\rho U^2}{\pi T}\int_0^\infty\frac{ke^{kx}}{\left(k^2+K_1^2\right)\left(k^2+K_2^2\right)}\,dk\right],\ x<0. \tag{9.89}$$

위 결과에서 $K_2>k_c$ 이므로 $x<0$, 즉 상류에 발생하는 정상 수면파는 모세파임을 알 수 있으며, 우변의 적분 항은 x 에 대해 지수 함수적으로 감소한다. 식 (9.85)와 (9.89)로부터 그림 9.4에 보인 바와 같이 압력 분포의 앞쪽에는 모세파가, 뒤쪽에는 중력파가 발생함을 확인할 수 있다.

$|x| \gg 1$일 때, 중력파와 모세파의 진폭 A_0은 κ에 대한 식 (9.80)과 식 (9.77)을 사용하여 구하면 다음을 얻는다.

$$A_0 = \frac{p_1 a}{T}\frac{2}{\kappa} = \frac{p_1 a}{\rho U^2/2}\left\{1 - \left(\frac{c_m}{U}\right)^4\right\}^{-1/2}. \tag{9.90}$$

이 결과에 따르면 $U \to c_m$일 경우, 그 진폭이 크게 증가함을 알 수 있으며, 이와 같은 현상은 바람에 의한 수면파의 초기 생성과 매우 깊은 관련이 있다. 한편 $U \gg c_m$일 경우, 수면파의 진폭은 $\dfrac{p_1 a}{\rho U^2/2}$와 매우 가까운 값을 가진다. 마지막으로 $e^{\epsilon t}$의 인자, 즉 감쇠 장치를 도입하여 푸리에 적분에 포함된 극점의 위치를 합리적으로 결정할 수 있었던 점을 다시 한 번 지적해 둔다.

9.3 교란에 의해 생성된 과도 수면파

9.2절까지는 정상 수면파만을 다루었으나, 이 절에서는 표면장력은 무시하고, 중력에 기인하는 과도 수면파 즉 시간에 따라 변화하는 수면파 $\eta(x,t)$를 다루기로 한다. 교란으로서는 **초기 변위**(initial displacement) $\eta_0(x)$, **초기 충격량**(initial impulse) $\phi_0(x)$, **수면 상에 분포된 압력**(surface pressure) $p_a(x,t)$, **수저 또는 바닥의 운동**(bottom movement) $v_b(x,t)$의 네 가지를 고려하기로 하고, 공간 변수 x에 대해서는 푸리에 변환, 시간 변수 t에 대해서는 라플라스 변환[16]을 사용하기로 한다.

고려해야 할 초기치-경계치 문제는 다음과 같다. 질량 보존 법칙인 속도 포텐셜 $\phi(x,y,t)$에 대한 라플라스 방정식은 식 (8.45)로부터 다음과 같고,

$$\nabla^2\phi = \phi_{xx} + \phi_{yy} = 0, \; x \in (-\infty, \infty), \; y \in (-h_0, 0) \text{ 에서,} \tag{9.91}$$

수표면에서의 선형화된 운동학적 조건은 식 (8.94)로부터 다음을 얻으며,

$$\eta_t - \phi_y = 0, \; y = 0 \text{ 에서,} \tag{9.92}$$

선형화된 동역학적 조건은 식 (8.97)에 p_a 대신 $p_a - p_0$를, 또 $T = 0$를 대입하여 다음과 같이 얻고,

$$\phi_t + g\eta = -\frac{p_a(x,t)}{\rho}, \; y = 0 \text{ 에서,} \tag{9.93}$$

바닥에서의 선형화된 운동학적 조건, 즉 비침투 조건은 식 (8.69)로부터 다음과 같으며,

$$\phi_y = v_b(x,t), \; y = -h_0 \text{ 에서,} \tag{9.94}$$

초기조건은 다음과 같다.

$$\eta(x,t) = \eta_0(x), \; \phi(x,0,t) = \phi_0(x), \; t = 0 \text{ 에서,} \tag{9.95}$$

16) 푸리에 및 라플라스 변환에 대해서는 이승준(2014)[8] 6장을 참조하기 바란다.

$$p_a = v_b = 0\,, \quad t = 0\text{ 에서.} \tag{9.96}$$

위의 문제를 풀기 위해 푸리에 변환을 $\boldsymbol{F}$, 라플라스 변환을 $\mathcal{L}$ 로 다음과 같이 표기하기로 하는데,

$$\boldsymbol{F}\mathcal{L}\,\phi(x,y,t) = \varPhi(k,y,s) = \int_{-\infty}^{\infty} e^{-ikx}\left\{\int_{0}^{\infty}\phi(x,y,t)\,e^{-st}dt\right\}dx\,, \tag{9.97}$$

$$\boldsymbol{F}\mathcal{L}\,\eta(x,t) = N(k,s) = \int_{-\infty}^{\infty} e^{-ikx}\left\{\int_{0}^{\infty}\eta(x,t)\,e^{-st}dt\right\}dx\,, \tag{9.98}$$

$$\boldsymbol{F}\,(\eta_0,\phi_0) = (N_0,\varPhi_0) = \int_{-\infty}^{\infty}(\eta_0,\phi_0)\,e^{-ikx}dx\,, \tag{9.99}$$

$$\boldsymbol{F}\mathcal{L}\,(p_a,v_b) = (P_a,\,V_b) = \int_{-\infty}^{\infty} e^{-ikx}\left\{\int_{0}^{\infty}(p_a,v_b)\,e^{-st}dt\right\}dx\,, \tag{9.100}$$

푸리에 변환의 적분 변수는 k, 라플라스 변환의 적분 변수는 s 를 사용하기로 한다.

위에 보인 초기치-경계치 문제는 위의 변환을 사용하여 다음과 같이 쓸 수 있다.

$$-k^2\varPhi + \varPhi_{yy} = 0\,,\ y \in (-h_0, 0)\text{ 에서,} \tag{9.101}$$

$$(-N_0 + sN) - \varPhi_y = 0,\ y = 0\text{ 에서,} \tag{9.102}$$

$$(-\varPhi_0 + s\varPhi) + gN = -\frac{P_a}{\rho}\,,\ y = 0\text{ 에서,} \tag{9.103}$$

$$\varPhi_y = V_b,\ y = -h_0\text{ 에서.} \tag{9.104}$$

식 (9.102), (9.103)을 얻는 데는 예를 들어 다음을 이용하였으며,

$$\mathcal{L}\eta_t = \int_0^\infty \eta_t e^{-st}dt = \eta e^{-st}\Big|_{t=0}^{t=\infty} + s\int_0^\infty \eta e^{-st}dt = -\eta_0 + s\mathcal{L}\eta, \tag{9.105}$$

라플라스 변환의 사용에 의해 초기조건은 위의 식들에 포함되었다.

위의 식 (9.101), (9.102), (9.103), (9.104)로 이루어진 문제를 푸는데, 식 (9.101)과 (9.104)로부터 Φ를 다음과 같은 형태로 가정할 수 있으며,

$$\Phi(k,y,s) = A(k,s)\cosh ky_1 + B(k,s)\sinh ky_1,\ y_1 = y + h_0, \tag{9.106}$$

여기서 y_1은 바닥으로부터 잰 연직 거리이다. 위 식을 식 (9.104)에 대입하여 다음을 얻으며,

$$B(k,s) = \frac{V_b}{k}, \tag{9.107}$$

수표면에서의 경계조건 식 (9.102), (9.103)에 이들 결과를 대입하여 다음을 얻는다.

$$A\sinh kh_0 + B\cosh kh_0 = \frac{1}{k}(-N_0 + sN), \tag{9.108}$$

$$A\cosh kh_0 + B\sinh kh_0 = \frac{1}{s}\left(\Phi_0 - \frac{P_a}{\rho} - gN\right). \tag{9.109}$$

여기서 A와 N을 미지 함수로 간주할 수 있으므로, 식 (9.107)을 대입하고 위 식을 다시 쓰는데, $(\sinh kh_0, \cosh kh_0, \tanh kh_0) = (\sigma, \gamma, \tau)$를 사용하면 다음을 얻는다.

$$\sigma kA - sN = -\gamma V_b - N_0, \tag{9.110}$$

$$\gamma sA + gN = -\frac{\sigma s V_b}{k} + \Phi_1,\ \Phi_1 = \Phi_0 - \frac{P_a}{\rho}. \tag{9.111}$$

이들은 A와 N에 대한 1차 연립 방정식이고, 우변은 주어진 함수이므로, 이들로부터 Cramer 해법(Cramer's rule)에 의해 다음 결과를 얻는다.

$$A = \frac{1}{\triangle}\left\{-gN_0 + s\Phi_1 - \left(\tau s^2 + gk\right)\frac{\gamma V_b}{k}\right\}, \tag{9.112}$$

$$N = \frac{1}{\triangle}\left(\gamma s N_0 + \sigma k \Phi_1 + s\,V_b\right). \tag{9.113}$$

여기서 $\triangle$ 는 식 (9.110), (9.111)의 연립 방정식에 대한 계수 행렬의 **행렬값**(determinant)으로 다음과 같다.

$$\triangle = \gamma\left(s^2 + gk\tanh kh_0\right) = \cosh kh_0\{s^2 + \omega^2(k)\}, \tag{9.114}$$

$$\omega^2(k) = gk\tanh kh_0. \tag{9.115}$$

식 (9.112)와 (9.107)을 식 (9.106)에 대입하고 정리하여 Φ에 대해 다음을 얻는다.

$$\Phi = \frac{1}{\triangle}\left\{(-gN_0 + s\Phi_1)\cosh ky_1 + \frac{V_b}{k}\left(s^2\sinh ky - gk\cosh ky\right)\right\}. \tag{9.116}$$

속도 포텐셜 $\phi(x,y,t)$와 수면의 변위 $\eta(x,t)$는 각각 식 (9.116)과 식 (9.113)의 역변환으로부터 얻을 수 있다.

식 (9.111)에서 정의한 Φ_1의 형태를 보면 초기 충격량과 수면 상의 압력 분포는 밀도에 대한 고려를 제외하면 수면파 생성과 관련하여 물리적으로 동일한 외적 교란임을 확인할 수 있다. 또 다음과 같은 라플라스 변환을 고려하면,

$$\mathcal{L}e^{i\beta t} = \frac{1}{s - i\beta} = \frac{s + i\beta}{s^2 + \beta^2}, \tag{9.117}$$

식 (9.116) 우변 첫째 괄호 안의 양으로부터 초기 변위와 초기 충격량, 또는 수면 상의 압력 분포는 모두 수학적으로 비슷한 형태로 주어질 것을 알 수 있다. 단 바닥의 운동은 식 (9.116), (9.113)에서 보는 바와 같이 속도 포텐셜과 수면의 변위에 대해 다른 외적 교란들과 조금 다른 형태로 주어진다.

식 (9.113)으로 주어진 $N(k,s)$의 라플라스 역변환으로부터 다음을 얻는데,

$$\mathcal{L}^{-1}N(k,s) = \mathcal{L}^{-1}\left\{(N_0 + V_b \operatorname{sech} kh_0)\frac{s}{s^2+\omega^2} + \frac{\Phi_1}{gk^2}\frac{\omega^2}{s^2+\omega^2}\right\}, \tag{9.118}$$

식 (9.117)로부터 $\mathcal{L}\cos\beta t = \dfrac{s}{s^2+\beta^2}$, $\mathcal{L}\sin\beta t = \dfrac{\beta}{s^2+\beta^2}$임을 알고, 또 N_0, V_b, Φ_1은 이미 알고 있는 함수의 라플라스 변환이므로, 이 식 우변 괄호 안의 항들은 이미 알고 있는 두 함수의 라플라스 변환의 곱으로 주어져 있다.

이와 같은 함수의 라플라스 역변환은 5장의 식 (5.13)에서 보였던 **컨볼루션**(convolution)에 의해 주어지는데, 예를 들어 $a(t)$와 $b(t)$의 라플라스 변환이 각각 $A(s)$, $B(s)$일 때, $A(s)B(s)$의 라플라스 역변환은 다음과 같이 주어진다.

$$\mathcal{L}^{-1}AB = a * b = \int_0^t a(t_1)b(t-t_1)dt_1. \tag{9.119}$$

여기서 $a * b$는 $a(t)$와 $b(t)$의 컨볼루션이라고 불린다.

식 (9.119)를 이용하여 식 (9.118)을 다시 쓰면 다음을 얻고,

$$\begin{aligned}\mathcal{L}^{-1}N(k,s) &= N_0\cos\omega t + \operatorname{sech} kh_0 \int_0^t V_b(k,t_1)\cos\omega(t-t_1)\,dt_1 \\ &+ \frac{\omega\Phi_0}{gk^2}\sin\omega t - \frac{\omega}{\rho g k^2}\int_0^t P_a(k,t_1)\sin\omega(t-t_1)\,dt_1\end{aligned} \tag{9.120}$$

이 결과의 푸리에 역변환을 구하여 $\eta(x,t)$를 구할 수 있다.

$A(k)$의 푸리에 역변환은 다음과 같이 정의되며,

$$F^{-1}A(k) = a(x) = \frac{1}{2\pi}\int_{-\infty}^{\infty} A(k)e^{ikx}dk, \tag{9.121}$$

또한 푸리에 변환과 관련하여 예를 들어 $a(x)$와 $b(x)$의 푸리에 변환이 각각 $A(k)$, $B(k)$일 때, $A(k)B(k)$의 푸리에 역변환은 다음과 같이 주어진다.

$$F^{-1}AB = a^*b = \frac{1}{2\pi}\int_{-\infty}^{\infty} a(\xi)b(x-\xi)d\xi. \tag{9.122}$$

여기서 a^*b는 $a(x)$와 $b(x)$의 **푸리에 컨볼루션**(Fourier convolution)이라고 불린다.

식 (9.121) 우변에서 $\omega(k)=\sqrt{gk\tanh kh_0}$ 이고 $\omega(k)$는 우함수이므로, 예를 들어 $\cos\omega t$의 역변환은 다음과 같이 쓸 수 있으며,

$$\boldsymbol{F}^{-1}\cos\omega t=\frac{1}{\pi}\int_0^\infty \cos\omega t\cos kx\,dk\equiv C(x,t),\tag{9.123}$$

$$\boldsymbol{F}^{-1}\frac{\omega}{gk^2}\sin\omega t=\frac{1}{\pi}\int_0^\infty \frac{\omega}{gk^2}\sin\omega t\cos kx\,dk\equiv S(x,t),\tag{9.124}$$

$$\boldsymbol{F}^{-1}\operatorname{sech}kh_0\cos\omega t=\frac{1}{\pi}\int_0^\infty \operatorname{sech}kh_0\cos\omega t\cos kx\,dk\equiv C_1(x,t),\tag{9.125}$$

$$\boldsymbol{F}^{-1}\frac{\omega}{gk^2}\sin\omega t=\frac{1}{\pi}\int_0^\infty \frac{\omega}{gk^2}\sin\omega t\cos kx\,dk\equiv S_1(x,t),\tag{9.126}$$

위 결과들을 이용하여 식 (9.120)의 푸리에 역변환을 구하면 다음을 얻는다.

$$\begin{aligned}\eta(x,t)=\boldsymbol{F}^{-1}\mathcal{L}^{-1}N(k,s)&=\int_{-\infty}^{\infty}\{\eta_0(\xi)C(x-\xi,t)+\phi_0(\xi)S(x-\xi,t)\}\,d\xi\\&+\int_{-\infty}^{\infty}\left\{v_b(\xi,t_1)C_1(x-\xi,t-t_1)-\frac{p_a(\xi,t_1)}{\rho}S_1(x-\xi,t-t_1)\right\}d\xi.\end{aligned}\tag{9.127}$$

예를 들어 초기 변위가 유일한 교란으로 주어졌다고 하면, 위 식으로부터 다음을 얻는데,

$$\eta(x,t)=\int_{-\infty}^{\infty}\eta_0(\xi)C(x-\xi,t)d\xi=\frac{1}{\pi}\int_{-\infty}^{\infty}\eta_0(\xi)d\xi\int_0^\infty\cos\omega t\cos k(x-\xi)dk,\tag{9.128}$$

a는 길이 차원을 가지는 상수라고 할 때, $\eta_0(x)=a^2\delta(x)$로 주어진 경우 다음을 얻는다.

$$\eta(x,t)=\frac{a^2}{\pi}\int_0^\infty\cos\omega t\cos kx\,dk=a^2C(x,t).\tag{9.129}$$

여기서 $C(x,t)$는 **기본해**(fundamental solution)라고 불린다.

편의상 심해라고 하면 $\omega(k) = \sqrt{gk}$로 볼 수 있으며, 단 이때 기본해에 포함된 적분은 수렴하지 않는다는 난점이 있으므로, 이와 같은 문제를 우회하기 위해 다음과 같은 변수 변환을 고려하기로 한다.

$$\alpha^2 = kx\,,\ \xi^2 = \frac{gt^2}{4x}\,. \tag{9.130}$$

이들로부터 다음을 얻으며,

$$\alpha^2\xi^2 = gk\frac{t^2}{4}\,,\ 2\xi\alpha = \sqrt{gk}\,t = \omega t\,, \tag{9.131}$$

이들을 식 (9.129)의 기본해에 대입하여 다음을 얻는다.

$$C(x,t)= \frac{2}{\pi x}\int_0^\infty \alpha\cos(2\xi\alpha)\cos\alpha^2\,d\alpha = \frac{1}{\pi x}\frac{d}{d\xi}\int_0^\infty \cos\alpha^2\sin(2\xi\alpha)\,d\alpha. \tag{9.132}$$

위 식 우변의 피적분 함수는 삼각 함수의 성질에 따라 다음과 같이 바꾸어 쓸 수 있고,

$$\cos\alpha^2\sin(2\xi\alpha) = \frac{1}{2}\left[\sin\{(\alpha+\xi)^2-\xi^2\} - \sin\{(\alpha-\xi)^2-\xi^2\}\right], \tag{9.133}$$

이를 식 (9.132)의 우변 적분에 대입하여 정리하면 다음을 얻으므로,

$$\begin{aligned}
I &= \int_0^\infty \cos\alpha^2\sin(2\xi\alpha)\,d\alpha \\
&= \frac{1}{2}\left[\int_0^\infty \sin\{(\alpha+\xi)^2-\xi^2)\}\,d\alpha - \int_0^\infty \sin\{(\alpha-\xi)^2-\xi^2\}\,d\alpha\right] \\
&= \frac{1}{2}\left[\int_\xi^\infty \sin(\theta^2-\xi^2)\,d\theta - \int_{-\xi}^\infty \sin(\theta^2-\xi^2)\,d\theta\right] \\
&=-\frac{1}{2}\int_{-\xi}^{\xi} \sin(\theta^2-\xi^2)\,d\theta =-\int_0^\xi \sin(\theta^2-\xi^2)\,d\theta,
\end{aligned} \tag{9.134}$$

이 결과를 식 (9.132)에 대입하고 **라이프니쯔 규칙**(Leibniz rule)을 적용하면 다음을 얻고,

$$C(x,t) = -\frac{1}{\pi x}\frac{d}{d\xi}\int_0^{\xi}\sin(\theta^2-\xi^2)\,d\theta = -\frac{1}{\pi x}\int_0^{\xi}\frac{\partial}{\partial \xi}\sin(\theta^2-\xi^2)\,d\theta$$

$$= \frac{2\xi}{\pi x}\int_0^{\xi}\cos(\theta^2-\xi^2)\,d\theta = \frac{2\xi}{\pi x}Re\left\{e^{i\xi^2}\int_0^{\xi}e^{-i\theta^2}d\theta\right\}, \qquad (9.135)$$

이 식 우변 { } 안의 적분은 **Fresnel 적분**(Fresnel's integral)으로 알려진 **초월 함수**(transcendental function)이다.

$\xi = \frac{t}{2}\sqrt{\frac{g}{x}} \gg 1$인 경우에 대한 기본해의 점근식을 구하면 다음과 같으며,

$$C(x,t) \sim \frac{2\xi}{\pi x}Re\left\{e^{i\xi^2}\int_0^{\infty}e^{-i\theta^2}d\theta\right\}, \qquad (9.136)$$

여기서 우변의 괄호 안의 적분에 대해서는 $\mu = e^{i\pi/4}\theta$의 치환을 사용하고, 5장 [연습문제 6], 식 (연5.11)의 결과를 이용하여 $\frac{\sqrt{\pi}}{2}e^{-i\pi/4}$를 얻으므로, 다음을 얻는다.

$$C(x,t) \sim \frac{2\xi}{\pi x}\frac{\sqrt{\pi}}{2}Re\left(e^{i\xi^2}e^{-i\pi/4}\right) = \frac{1}{2}\sqrt{\frac{g}{\pi}}\frac{t}{x^{3/2}}\cos\left(\frac{gt^2}{4x}-\frac{\pi}{4}\right). \qquad (9.137)$$

이 결과는 7장에서 얻었던 코쉬-프와송 해, 식 (7.48)과 동일하다. 이 식에 따르면, 고정된 x에서 파도를 관측하면, 파도의 진폭은 시간 t에 비례하여 증가하고, 또 그 위상은 t^2에 따라 증가하므로 시간이 지남에 따라 같은 시간 동안 보다 많은 파도가 지나가는 것을 볼 수 있음을 뜻한다.

9.4 균일 유동 중의 정상 수평 2차원 수면파

물 위에 떠있는 오리나 또는 직선으로 운항하는 배의 경우, 그들에 의해 수면에 만들어지는 파도는 물체 뒤의 일정한 영역에만 만들어지는 것을 일상적인 경험으로부터 알고 있다. 이 영역이 물체를 꼭지점으로 하고 물체 뒤에 만들어지는 좌우 대칭의 삼각형 영역, 즉 **쐐기**(wedge) 영역인 점은 일찍부터 많은 연구들에 의해 주목되어 왔으며, 켈빈(Kelvin, 1906){12}은 이와 같은 파계의 특징과 관련하여 물체를 수면 상의 **압력점**(pressure point)으로 이상화화여 이론적으로 그와 같은 현상을 설명하는 것이 가능함을 보였다.

이 절에서는 그가 얻은 해를 파 이론의 관점에서 생각하는데, 심해를 가정하고, 표면장력은 무시하기로 하며, 수평 2차원인 정상 수면파를 고려하기로 한다. 정상파를 고려하는 경우, 먼저 물체와 상대적인 위치가 항상 같기 위한 수면파의 위상속도를 찾은 후, 그들의 위치는 군속도에 의해 정해지는 점을 이용하기로 한다.

예를 들어 그림 9.9의 점 A에 있는 물체가 x 축의 음의 방향으로 U라는 속도로 움직이는 경우, 물체에 의해 생성되어 점 A로부터 전파되는 수면파의 진행 방향과 x 축 사이의 각도가 ψ라고 하면, 물체와의 상대적 위치에 변화가 없기 위한 수면파의 위상속도는 $c = U\cos\psi$이며, 단 이때 이 파도의 실제 위치는 군속도 $c_g = c/2$에 의해 주어진다는 점을 그림에 보였다. 또한 물체의 위치가 O가 되었을 때, 물체가 점 A에서 만든 파도는 점 C를 중심으로 하고, 반경이 $U/4$인 원주 상에 있음을 보였다.

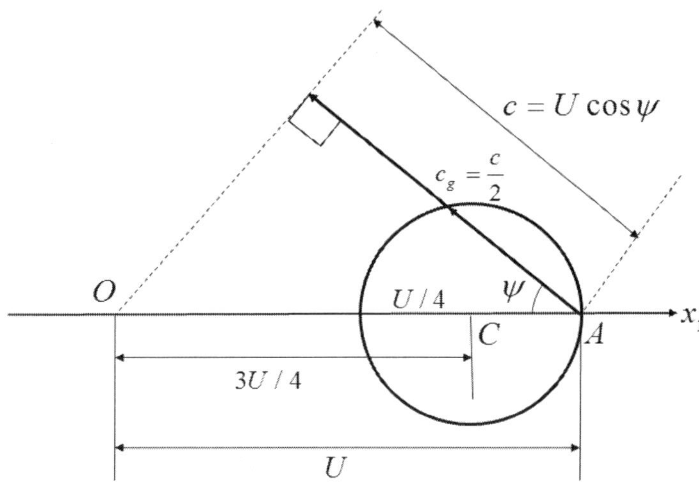

그림 9.9 물체에 의해 생성된 정상 수면파의 위치

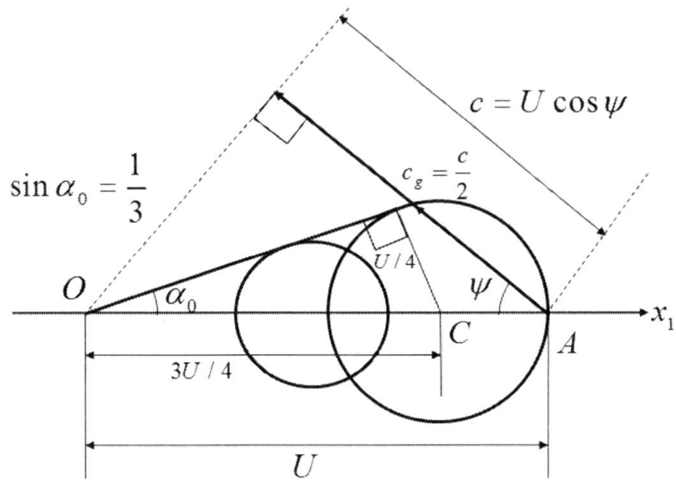

그림 9.10 물체 뒤에 형성되는 수면파와 관련된 켈빈의 쐐기

점 A와 점 O사이의 점들에 대해 그림 9.9에 보인 것과 같은 수면파의 위치를 나타내는 원들을 그리면, 그들은 그림 9.10에 보인 것과 같이 $\alpha_0 = \sin^{-1}\dfrac{1}{3} \doteq 19^\circ 28'$를 만족하는 쐐기 영역 내에 위치할 것이다.

이 쐐기 영역은 **켈빈의 쐐기**(Kelvin's wedge)라고 부르는데, 위에서 언급한 오리나 선박과 같은 물체에 의해 만들어진 중력에 기인하는 수면파는 켈빈의 쐐기 안에 위치할 것이며, 쐐기의 각도 α_0, 즉 **켈빈의 쐐기각**(Kelvin's wedge angle)은 따라서 순전히 $c_g = \dfrac{c}{2}$인 심해 중력파의 특성에 의해 결정된다.

$(\underline{\xi}, t)$를 공간 고정 좌표계, $(\underline{x}, t)$를 물체 고정 좌표계라고 하면 다음 관계가 성립하므로,

$$\underline{\xi} = \underline{x} - U\hat{e}_1 t\,, \tag{9.138}$$

각각의 좌표계로 나타낸 위상함수 θ를 $\underline{k}\cdot(\xi_1,\xi_2) - \Omega t$, $\underline{k}\cdot(x_1,x_2) - \omega t$라고 하면 다음을 얻는다.

$$\theta = \underline{k}\cdot(\xi_1,\xi_2) - \Omega t = \underline{k}\cdot(x_1,x_2) - k_1 U t - \Omega t = \underline{k}\cdot(x_1,x_2) - \omega t\,. \tag{9.139}$$

따라서 다음 관계를 얻는데,

$$\omega = k_1 U + \Omega, \tag{9.140}$$

여기서 $\Omega = \sqrt{gk}$ 이고, 또 물체 좌표계에서 볼 때 정상 수면파가 되기 위해서는 $\omega = 0$ 이 되어야 한다. 그러므로 결국 물체 좌표계에서의 분산관계식이라고 볼 수 있는 다음을 얻는데,

$$W(k_1, k_2) = k_1 U + \sqrt{gk} = 0, \tag{9.141}$$

이 식은 k_1 을 k_2 의 함수, 즉 $k_1 = f(k_2)$ 를 주는 식으로 볼 수 있다([연습문제 3] 참조).

수평 2차원 파의 파수 벡터에 대해서는 다음이 성립하므로,

$$\underline{k} = k(-\cos\psi, \sin\psi) = (k_1, k_2), \tag{9.142}$$

k_1 에 대한 식을 식 (9.141)에 대입하여 다음을 얻어,

$$U\cos\psi = \sqrt{\frac{g}{k}} = c, \tag{9.143}$$

그림 9.9에서 기하학적으로 얻었던, ψ 방향으로 진행하는 수면파의 위상속도와 물체의 진행 속도 사이의 관계를 확인할 수 있다.

또한 식 (9.143)으로부터 ψ 의 함수로 나타낸 k 를 다음과 같이 얻는다.

$$k = \frac{K}{\cos^2\psi}, \quad K = \frac{g}{U^2}. \tag{9.144}$$

구하고자 하는 수면파는 식 (7.56)에서 보인 것과 유사하게 다음과 같이 주어질 것을 가정할 수 있는데,

$$\eta(x_1, x_2) \sim Re\left\{a(x_1, x_2) e^{i\theta(x_1, x_2)}\right\}, \; x_1 \to \infty \text{ 일 때}, \tag{9.145}$$

이 절에서는 $\nabla = \left(\frac{\partial}{\partial x_1}, \frac{\partial}{\partial x_2}\right)$ 라고 하면, 국부 파수 벡터 $\underline{k}$ 는 위상함수 θ 로부터 다음 식

에 의해 구할 수 있으므로,

$$\underline{k} = \nabla\theta\,, \tag{9.146}$$

$\underline{k}$ 의 성분 k_1, k_2 는 다음 관계를 만족해야 한다.

$$\frac{\partial k_2}{\partial x_1} - \frac{\partial k_1}{\partial x_2} = 0. \tag{9.147}$$

한편, 식 (9.141)은 켈빈의 쐐기 내에 있는 모든 점에서 만족되어야 하는 식으로 이 식으로부터 $k_1 = f(k_2)$ 를 얻을 수 있고, 따라서 식 (9.147)은 다음과 같이 다시 쓸 수 있다.

$$\frac{\partial k_2}{\partial x_1} - \frac{df}{dk_2}\frac{\partial k_2}{\partial x_2} = 0. \tag{9.148}$$

따라서 이 식은 다음 식을 만족하는 곡선을 특성곡선으로 하며[17],

$$\frac{dx_2}{dx_1} = -\frac{df}{dk_2}\,, \tag{9.149}$$

특성곡선 상에서 식 (9.148)의 편미분 방정식은 다음과 같은 상미분 방정식으로 다룰 수 있으므로,

$$\frac{dk_2}{dx_1} = \frac{\partial k_2}{\partial x_1} + \frac{dx_2}{dx_1}\frac{\partial k_2}{\partial x_2} = 0, \tag{9.150}$$

특성곡선 상에서 k_2 는 일정해야 한다. 한편, $k_1 = f(k_2)$ 이므로 특성곡선 상에서는 k_1 도 일정하며, 따라서 결국 k 도 일정해야 한다.

식 (9.149) 우변은 k_2 만의 함수이므로, 특성곡선 상에서는 상수이며, 따라서 특성곡선의 기울기는 일정해야 하고, 결국 특성곡선은 직선임을 얻으며, $x_1 \to \infty$ 인 경우를 생각하고 있으므로, 다음을 만족해야 한다.

---

17) 특성곡선에 대해서는 4.1절을 참조하기 바란다.

$$\frac{x_2}{x_1} = -\frac{df}{dk_2}. \tag{9.151}$$

식 (9.141)을 k_2에 대해 편미분하여 다음을 얻고,

$$\frac{df}{dk_2}\frac{\partial W}{\partial k_1} + \frac{\partial W}{\partial k_2} = 0, \quad \therefore \; -\frac{df}{dk_2} = \frac{\partial W/\partial k_2}{\partial W/\partial k_1}, \tag{9.152}$$

또 $\dfrac{\partial W}{\partial k_1}$, $\dfrac{\partial W}{\partial k_2}$를 각각 다음과 같이 얻는다.

$$\frac{\partial W}{\partial k_1} = U + \frac{1}{2}\sqrt{\frac{g}{k}}\frac{k_1}{k}, \tag{9.153}$$

$$\frac{\partial W}{\partial k_2} = \frac{1}{2}\sqrt{\frac{g}{k}}\frac{k_2}{k}. \tag{9.154}$$

여기서 $k = \sqrt{k_1^2 + k_2^2}$ 을 이용하였다.

식 (9.142), (9.144)를 위 식들에 대입하여 다음을 얻으며,

$$\frac{\partial W}{\partial k_1} = U\left(1 - \frac{1}{2}\cos^2\psi\right) = \frac{U}{2}\left(\cos^2\psi + 2\sin^2\psi\right), \tag{9.155}$$

$$\frac{\partial W}{\partial k_2} = \frac{U}{2}\cos\psi\sin\psi, \tag{9.156}$$

이들을 식 (9.152)의 둘째 식에 대입하고 정리하여 다음을 얻는다.

$$-\frac{df}{dk_2} = \frac{\cos\psi\sin\psi}{\cos^2\psi + 2\sin^2\psi} = \frac{\tan\psi}{1 + 2\tan^2\psi}. \tag{9.157}$$

$\frac{x_2}{x_1} = \tan\alpha$라고 놓으면, 결국 $\underline{k}$가 일정한 직선에 대해 위 결과를 식 (9.151)에 대입하여 다음을 얻는다.

$$\tan\alpha = \frac{x_2}{x_1} = \frac{\tan\psi}{1 + 2\tan^2\psi}. \tag{9.158}$$

$\tan\alpha = s^{-1}$, $\tan\psi = \tau$라고 놓으면, 위 식은 다음과 같은 τ에 대한 2차 방정식으로 볼 수 있으므로,

$$2\tau^2 - s\tau + 1 = 0, \tag{9.159}$$

근의 공식을 사용하여 다음을 얻는다.

$$\tan\psi = \tau = \frac{1}{4}\left(s \pm \sqrt{s^2 - 8}\right). \tag{9.160}$$

따라서 τ가 실수가 되기 위해서는 다음 조건이 만족되어야 하며,

$$s \geq \sqrt{8}, \quad \therefore \frac{x_2}{x_1} \leq \frac{1}{\sqrt{8}}, \tag{9.161}$$

$s = s_0 = \sqrt{8}$에 상응하는 α는 다음 식으로 주어지므로,

$$\alpha = \tan^{-1}\frac{1}{\sqrt{8}} = \sin^{-1}\frac{1}{3} = \alpha_0, \tag{9.162}$$

다시 한 번 켈빈의 쐐기각을 얻는다.

식 (9.160)을 사용하면 (x_1, x_2), 즉 s가 주어졌을 때, ψ를 구할 수 있고, 또 식 (9.144)로부터 k를 구할 수 있어 주어진 점에서 파도의 진행 방향과 파수 벡터의 크기를 알 수 있다.

위상함수 $\theta(x_1, x_2)$를 구하기 위해서는, $\underline{x} = (x_1, x_2)$라고 할 때, 식 (9.146)으로부터 얻는 다음 식을 사용할 수 있는데,

$$\theta(x_1, x_2) = \int_{\underline{0}}^{\underline{x}} \underline{k} \cdot d\underline{x}, \tag{9.163}$$

여기서 $\underline{k} = \nabla\theta$이므로, 위 식 우변의 적분은 적분 경로에 무관하며, 따라서 그림 9.11에 보인 바와 같이 k가 일정한 직선, $x_2 = x_1 \tan\alpha$의 경로를 취하고, 식 (9.163)을 이용하여 적분을 수행하면 다음을 얻는다.

$$\theta(x_1, x_2) = kr\cos\mu = -\frac{Kr}{\cos^2\psi}\cos(\alpha+\psi),\ r = \sqrt{x_1^2 + x_2^2},$$

$$\therefore\ \theta(r, \alpha) = \frac{rK\cos\alpha}{\cos\psi}(-1 + \tan\psi\tan\alpha). \tag{9.164}$$

여기서 $\alpha + \psi < \frac{\pi}{2}$이므로 $\theta < 0$임에 유의한다.

켈빈 파계를 작도하고자 할 때는 **등위상곡선**(equal-phase lines)을 얻어야 하는데, 이를 위해서는 위의 식에서 $\theta = const.$로 놓고, $r(\alpha)$를 구해야 하며, 식 (9.164)로부터 다음을 얻는다.

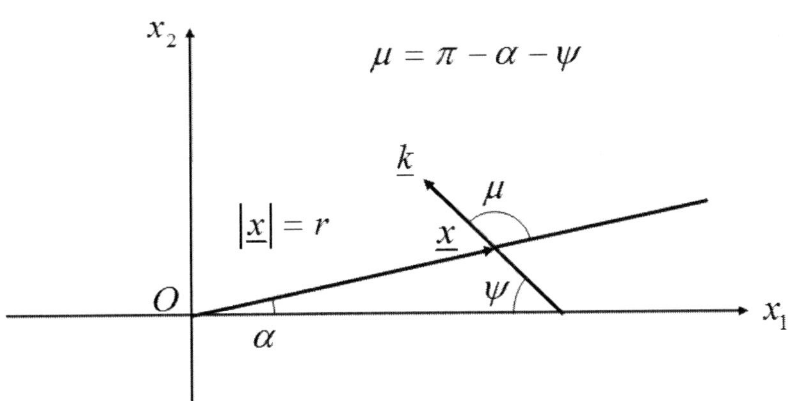

그림 9.11 위상함수 $\theta(x_1, x_2)$를 구하기 위한 적분 경로

$$r(\alpha) = \frac{\theta\cos\psi}{K\cos\alpha(-1+\tan\psi\tan\alpha)}. \tag{9.165}$$

α가 주어지면 식 (9.160)로부터 ψ를 구할 수 있으므로, 위 식을 사용하여 주어진 θ, α에 대해 r을 구할 수 있다.

또한 식 (9.158)을 식 (9.165)에 대입하고, $x_1 = r\cos\alpha$, $x_2 = r\sin\alpha$를 이용하면 다음과 같이 $x_1(\alpha)$, $x_2(\alpha)$를 얻는다.

$$x_1(\alpha) = -\frac{\theta}{K}\cos\psi(1+\sin^2\psi). \tag{9.166}$$

$$x_2(\alpha) = -\frac{\theta}{K}\cos^2\psi\sin\psi. \tag{9.167}$$

몇 개의 등위상곡선을 그림 9.12에 보였는데, 그림에 보인 바와 같이 켈빈 파계는 쐐기의 경계선과 경계선을 연결하는 그룹과, 점 O에서 시작하여 쐐기의 경계선에서 끝나는 두 그룹으로 이루어져 있으며, 전자는 **가로파**(transverse waves), 후자는 **발산파**(divergent waves)로 각각 부른다.

이는 식 (9.160)에 보인 바와 같이 주어진 하나의 s에 대해 두 개의 ψ 값이 얻어지는 것에 따른 결과인데, 가로파의 $\psi \in [0, \psi_0]$, 발산파의 $\psi \in \left[\psi_0, \frac{\pi}{2}\right]$를 만족한다. 여기서 ψ_0는 식 (9.160)에서 제곱근 안의 양이 영이 되는 $s = s_0$에 상응하며, 따라서 $\psi_0 = \tan^{-1}\frac{1}{\sqrt{2}} = 35^\circ 16'$을 얻는다. 다시 말하면 식 (9.160)에서 제곱근 앞의 부호를 양(+)으로 취하면 $\psi > \psi_0$이며, 발산파에 상응하고, 음(-)을 취하면 $\psi < \psi_0$이며, 가로파에 상응한다.

그림 9.13에 α_0, ψ_0, 식 (9.162)의 내용을 같이 보였다. 켈빈의 쐐기각이 $\tan^{-1}\frac{1}{\sqrt{8}}$, 또는 $\sin^{-1}\frac{1}{3}$로 주어짐을 알 수 있고, 쐐기 영역의 경계선에 위치하는 파도의 진행 방향이 ψ_0로 주어짐을 확인할 수 있다.

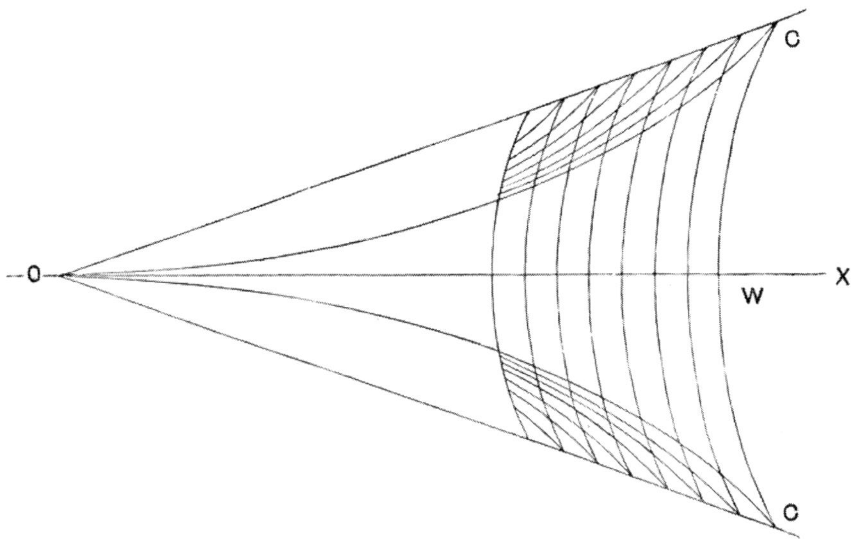

그림 9.12 켈빈 파계에 대한 등위상곡선, (Kelvin, 1906)

$$\tan\psi = \tau = \frac{1}{4}\left(s \pm \sqrt{s^2 - 8}\right),\ \tau_0 = \frac{s_0}{4} = \frac{1}{\sqrt{2}},$$

$$\psi_0 = \tan^{-1}\frac{1}{\sqrt{2}} = 35°16',\ \alpha_0 = \tan^{-1}\frac{1}{\sqrt{8}} = 19°28'.$$

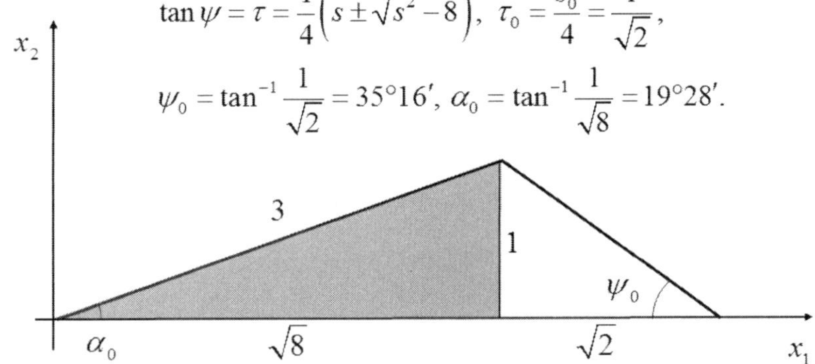

그림 9.13 켈빈 파계의 α_0, ψ_0

한편, 구하고자 하는 수면파는 다음과 같이 이중 푸리에 변환을 사용하여 나타낼 수도 있다.

$$\eta(x_1, x_2) = Re\int_{-\infty}^{\infty}\int_{-\infty}^{\infty} A(k_1, k_2)\, e^{i(k_1x_1 + k_2x_2)}\, dk_1\, dk_2. \tag{9.168}$$

식 (9.141)과 관련하여 언급한 바와 같이, $k_1 = f(k_2)$를 얻을 수 있으므로, 위 식 우변의 이중 적분은 다음과 같은 단일 적분으로 바꾸어 쓸 수 있다.

$$\eta(x_1, x_2) = Re\int_{-\infty}^{\infty} A(k_2)\, e^{i\{f(k_2)x_1 + k_2 x_2\}}\, dk_2. \qquad (9.169)$$

이 식 우변의 적분에 대해 7.2절에서 고려한 켈빈의 위상 정류법을 사용하기로 하면, 지수 함수의 지수 Θ를 다음과 같이 바꾸어 쓸 수 있다.

$$\Theta = i\,x\left\{f(k_2) + \frac{x_2}{x_1}k_2\right\}. \qquad (9.170)$$

따라서 $\dfrac{x_2}{x_1} = const.$, $x_1 \to \infty$ 일 때, 식 (9.169)의 적분은 다음과 같은 식을 만족하는 정류치에 의해 점근해가 주어지는데,

$$\frac{x_2}{x_1} = -\frac{df}{dk_2}, \qquad (9.171)$$

이 식은 바로 위에서 고려했던 특성곡선의 식 (9.151)이다. 그러므로 위에서 보였던 식 (9.151) 이하의 해석은 점근해를 구하는 과정과 전적으로 동일하다고 할 수 있다. 단 유일한 차이는 $\dfrac{d^2 f}{dk_2^2}$의 부호에 따라 $\dfrac{\pi}{4}$의 위상차가 나는 부분은 위에서 고려될 수 없었다([연습문제 4] 참조)는 점에 유의한다.

연습문제

1. 식 (9.31)로부터 $\frac{dc_g}{dk} = 0$는 다음과 같은 2차 방정식의 해에 의해 만족됨을 얻으므로,

$$3\xi^2 + 6\xi - 1 = 0\,,\ \xi = \frac{\tau k^2}{g} = l_c^2 k^2, \tag{연9.1}$$

c_g의 국부 최소값은 $\xi = \frac{-3+2\sqrt{3}}{3} = 0.1547 = \alpha$, 즉 $k = l_c^{-1}\sqrt{\alpha}$에서 발생하며, 이에 상응하는 $c_{gm} = 18.0\ cm/s$ 임을 보이시오.

2. 군속도 $c_g = \frac{d\omega}{dk} = \frac{d(ck)}{dk}$의 정의로부터 다음을 얻고,

$$c_g = c + k\frac{dc}{dk}, \tag{연9.2}$$

따라서 $k > k_c$, 즉 $\lambda < \lambda_c$인 모세파에 대해서는 $c_g > c$, 또 $k < k_c$, 즉 $\lambda > \lambda_c$인 중력파에 대해서는 $c_g < c$ 임을 보이시오.

3. 아래에 다시 보인 식 (9.141)로부터 $k_1 = f(k_2)$를 구하시오.

$$W(k_1, k_2) = k_1 U + \sqrt{gk} = 0\,. \tag{9.141}$$

4. 아래에 다시 보인 식 (9.169)에 정류 위상법을 적용하여 $\frac{x_2}{x_1} = const.$, $x_1 \to \infty$ 일 때의 점근해를 구하고, 그 결과를 식 (9.164)와 비교, 논의하시오.

$$\eta(x_1, x_2) = Re\int_{-\infty}^{\infty} A(k_2)\, e^{i\{f(k_2)x_1 + k_2 x_2\}}\, dk_2. \tag{9.169}$$

10 수면파에 대한 비선형 이론

이 장에서는 **이상유체**(ideal fluid)를 가정하고 중력에 기인하는 수평 1차원 수면파와 관련된 비선형 이론에 대해 생각한다. 1절에서는 천수 수면파에 대한 기본 방정식을 유도, 소개하고, 2절에서는 심해의 수면파에 대한 스토크스의 비선형 이론에 대해 고려하며, 3절에서는 유한 수심의 수면파에 대한 스토크스의 비선형 이론에 대해 논의한다.

10.1 천수파에 대한 기본 방정식

이 절에서는 천수, 즉 $kh_0 \ll 1$를 가정하고, 라플라스에 의해 도입된 **깊이 방향 평균화**(depthwise averaging)를 사용하여 천수 수면파에 대한 기본 방정식을 유도하기로 한다(그림 10.1 참조).

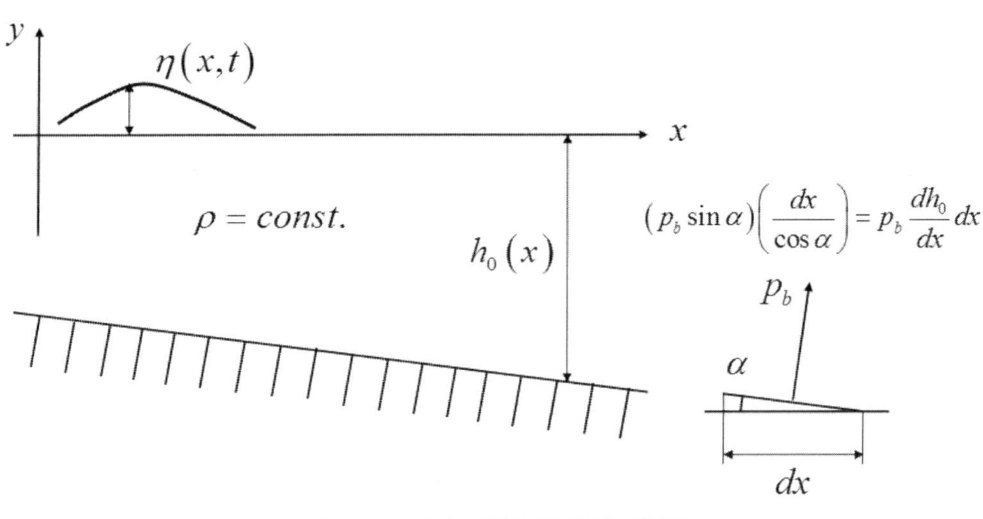

그림 10.1 천수 수면파에 대한 개략도

깊이 방향, 즉 y 방향으로 평균화한 x 방향 속도 $u(x,t)$를 다음과 같이 정의하는데,

$$u(x,t) = \frac{1}{h}\int_{-h_0}^{\eta} u_0(x,y,t)\,dy\,,\ \ h(x,t) = \eta(x,t) + h_0(x)\,, \tag{10.1}$$

여기서 $u_0(x,y,t)$는 유체 입자의 속도 벡터 $\underline{u}_0(\underline{x},t) = (u_0, v_0)$의 x 방향 성분이다. x와 $x+dx$를 지나는 두 인접한 연직선 사이의 요소에 대해 위와 같이 정의된 $u(x,t)$를 사용하여 질량 보존 법칙을 적용하면 다음을 얻으며,

$$(\rho h)_t + (\rho h u)_x = 0, \tag{10.2}$$

이 식에 비압축성 유체의 성질인 $\dfrac{d\rho}{dt} = 0$을 이용하면 다음을 얻는다.

$$h_t + u h_x + h u_x = 0\,. \tag{10.3}$$

또한 같은 요소에 운동량 보존 법칙을 적용하면 다음을 얻는데,

$$(\rho h u)_t + (\rho h u^2)_x = -\frac{\partial}{\partial x}\int_{-h_0}^{\eta} p(x,y,t)\,dy + p_b \frac{dh_0}{dx}\,, \tag{10.4}$$

이 식 우변 첫째 항은 길이 dx인 요소의 양변에 작용하는 압력에 기인하는 힘에 상응하고, 둘째 항은 바닥이 유체에 작용하는 압력에 기인하는 힘의 x 방향 성분이며, 그림 10.1을 참조하기 바란다.

여기서 p_b는 $y = -h_0$에서의 압력이며, 압력 $p(x,y,t)$에 대해서는 다음과 같은 수정역학적인 근사를 사용하기로 하면,

$$p(x,y,t) = \rho g\{\eta(x,t) - y\}, \tag{10.5}$$

이를 우변 적분에 대입하면 다음을 얻으며,

$$\int_{-h_0}^{\eta} p(x,y,t)\,dy = \rho g \int_{-h_0}^{\eta} (\eta - y)\,dy = \rho g \left(\eta^2 - \eta h_0 - \frac{\eta^2 - h_0^2}{2} \right) = \frac{\rho g}{2} h^2 , \qquad (10.6)$$

이들을 식 (10.4)에 대입하여 다음을 얻는다.

$$(\rho h u)_t + (\rho h u^2)_x = -\left(\frac{\rho g}{2} h^2 \right)_x + \rho g h h_1 ,\ \ h_1(x) = \frac{dh_0}{dx} . \qquad (10.7)$$

이 식 좌변에 식 (10.2)를 사용하고 정리하면 다음을 얻는다.

$$u_t + u u_x + g h_x = g h_1 . \qquad (10.8)$$

식 (10.3)과 위 식을 아래에 다시 보인 6.1절의 식 (6.43), (6.44)와 비교하여,

$$a_t + u a_x + \alpha a u_x = 0,\ \ \alpha = \frac{\gamma - 1}{2} , \qquad (6.43)$$

$$u_t + u u_x + \beta a a_x = 0,\ \ \beta = \alpha^{-1} = \frac{2}{\gamma - 1} , \qquad (6.44)$$

h 대신 속도 차원을 가지는 변수 $c = \sqrt{gh}$를 사용하기로 하면, 식 (10.3)에 g를 곱하고, $gh_t = (\sqrt{gh})\left(\sqrt{\frac{g}{h}}\right)h_t = 2cc_t$, $gh_x = (\sqrt{gh})\left(\sqrt{\frac{g}{h}}\right)h_x = 2cc_x$ 임을 이용하여 다음을 얻으며,

$$2cc_t + 2ucc_x + c^2 u_x = 0 , \quad \therefore\ c_t + u c_x + \frac{c}{2} u_x = 0 , \qquad (10.9)$$

또 식 (10.8)로부터는 다음을 얻는다.

$$u_t + u u_x + 2 c c_x = g h_1 . \qquad (10.10)$$

따라서 $h_1 = 0$, 즉 $h_0 = const.$ 인 경우, 천수 수면파에 대한 기본 방정식은 $\gamma = 2$를 가진 기체에 대한 기본 방정식과 같으며, 기체 중에서의 음속 a는 천수 수면파에 대한 임계속도 c에 상응하고, 기체 입자의 x 방향 속도 성분은 천수 수면파에서 깊이 방향으로 평균화한 x 방향 속도 성분에 상응한다. 뿐만 아니라 6.2절의 리만 불변량에 대한 논의는 천수 수면파에 대해 그대로 적용할 수 있어, 쌍곡선형 파동의 전형적인 예로 볼 수 있다.

6.2절의 방법을 사용하기로 하면, 식 (10.9)와 식 (10.10)의 다음과 같은 선형 결합을 생각하기로 하는데,

$$\lambda\left(c_t + u\,c_x + \frac{c}{2}u_x\right) + (u_t + u\,u_x + 2\,c\,c_x) = gh_1\,, \tag{10.11}$$

여기서 λ는 미정 상수이다. 이 식은 다음과 같이 다시 쓸 수 있으며,

$$\lambda\left\{c_t + (u + 2\lambda^{-1}c)c_x\right\} + \left\{u_t + \left(u + \frac{\lambda}{2}c\right)u_x\right\} = 0\,, \tag{10.12}$$

이제 위 식의 ( ) 안의 양들이 같도록 λ를 결정하면 다음을 얻고,

$$2\lambda^{-1} = \frac{\lambda}{2}\,, \quad \therefore\ \lambda = \pm 2\,, \tag{10.13}$$

이를 식 (10.12)에 대입하면 다음을 얻는다.

$$(u \pm 2\,c)_t + (u \pm c)(u \pm 2\,c)_x = gh_1\,. \tag{10.14}$$

그러므로 $f^{\pm} \equiv u \pm 2\,c$ 라고 정의하면, 위 식으로부터 다음을 얻으므로,

$$f_t^{\pm} + (u \pm c)f_x^{\pm} = gh_1\,, \tag{10.15}$$

이 식에 특성곡선법을 적용하여 다음과 같이 해를 얻는다.

$$\frac{df^{\pm}}{dt} = gh_1\,,\ \ \frac{dx}{dt} = u \pm c \ \text{ 상에서.} \tag{10.16}$$

이 식에 따르면, $f^{\pm} = u \pm 2c$(또는 $2c \pm u$)는 특성곡선 $\dfrac{dx}{dt} = u \pm c$ 상에서 gh_1의 변화율을 가지며, 특성곡선은 일반적으로 곡선으로 주어지고, $h_1 \neq 0$이면, $f^{\pm}$는 리만 변수, $h_1 = 0$이면 리만 불변량임을 알 수 있다.

수면파의 분산성을 위의 방정식들에서는 볼 수가 없는데, 이는 압력에 대해 수정역학적인 근사, 식 (10.5)를 사용한 것에 기인한다. 일반적으로 수면파는 수표면에 가까운 영역에 국한된 유동을 동반하므로, 지수 함수, 즉 e^{ky}의 변화를 보이는데 반해, 식 (10.5)는 압력이 선형적으로 변화한다고 가정하는 것과 등가임에 유의한다. 천수 수면파의 분산성은 일반적으로 약한 편이어서, 분산성을 무시하는 경우에는 위에서 보인 바와 같이 쌍곡선형 문제를 다루는 방법을 사용하여 해를 구할 수 있다.

위에서 구했던 식 (10.3), (10.8)을 $h = \eta + h_0$를 이용하여 $\eta(x,t)$와 $u(x,t)$에 대한 식으로 바꾸어 쓰면, 다음을 얻는데,

$$\eta_t + u(\eta_x + h_1) + (\eta + h_0)u_x = 0\,, \tag{10.17}$$

$$u_t + uu_x + g\eta_x = 0\,, \tag{10.18}$$

위 식들에서 비선형 항들을 무시하면 다음을 얻고,

$$\eta_t + \left(h_0 u\right)_x = 0\,, \tag{10.19}$$

$$u_t + g\eta_x = 0\,, \tag{10.20}$$

위 두 식에서 u를 소거하기 위해, 식 (10.19)를 시간 t에 대해 편미분하고, 그 결과에 식 (10.20)을 대입하여 다음을 얻는다.

$$\eta_{tt} - \left(gh_0\eta_x\right)_x = 0\,,\ \ \therefore\ \eta_{tt} = \left(c_0^2\eta_x\right)_x\,,\ \ c_0^2 = gh_0\,. \tag{10.21}$$

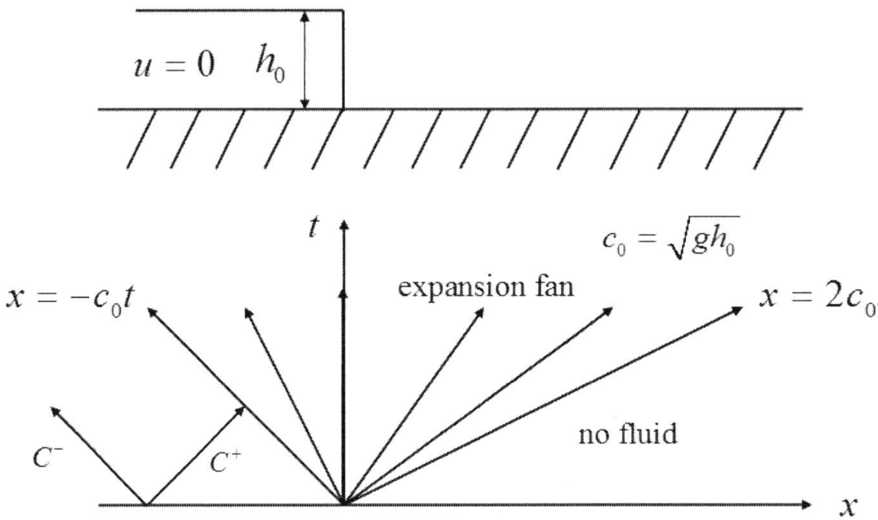

그림 10.2 댐 파괴 문제

여기서 c_0는 속도의 차원을 가지는 양이며, 만약 $h_0 = const.$ 이면 위의 식은 2.1절의 식 (2.1)로 주어진 $\eta(x,t)$에 대한 1차원 파동 방정식이 되고, 2.2절의 식 (2.17)로 주어지는 다음과 같은 D'Alembert의 일반해를 가진다.

$$\eta(x,t) = \eta_1(x - c_0 t) + \eta_2(x + c_0 t). \tag{10.22}$$

여기서 η_1과 η_2는 임의의 함수이며, 위와 같이 주어지는 해는 선형 비분산성 파동을 뜻한다.

아래에서는 그림 10.2에 보인 바와 같은 **댐 파괴 문제**(dam break problem)라고 불리는 예제를 리만 불변량을 사용하여 생각해 보기로 한다.

$t < 0$일 때, $x < 0$의 영역이 수심 $h_0 = const.$ 한 상태에 있었다고 하고, $t = 0$인 순간에 $x = 0$의 수문을 개방할 경우, 차후의 $\eta(x,t)$를 구하는 문제를 생각하자. 위의 식 (10.16) 이하의 논의로부터 $f^{\pm} = u \pm 2c$는 리만 불변량이며, 이들은 $\dfrac{dx}{dt} = u \pm c$ 상에서 일정한 값을 가져야 한다.

단 $t = 0$일 때, $x = 0$ 부근에서 η는 내리막 계단 함수이므로, $x = 0$로부터 시작되는 팽창부채를 가질 것이다. 음의 x 축 상에서 $u = 0$, $c = c_0 = \sqrt{gh_0}$ 이므로, 음의 x 축 상으로부터 시작하는 특성곡선 C^+ 상에서 $u + 2c = 2c_0$를 만족해야 한다. 팽창부채의 오른쪽 경계는 $x=0$로부터 시작되는 C^+이며, $h=0$, 즉 $c=0$이므로 $u=2c_0$가 되어 $x=2c_0t$로 주어지며, 또 그 왼쪽 경계는 $x=0$로부터 시작되는 C^-이고 $u=0$이므로 $x=-c_0t$로 주어진다.

따라서 $x\in(-c_0t, 2c_0t)$는 팽창부채 영역에 상당하며, $x\in(-\infty, -c_0t)$와 $x\in(2c_0t, \infty)$의 두 영역은 $t=0$일 때, $x=0$에서 발생한 변화가 영향을 미치지 못한 균일 영역이고, 전자의 영역에서는 $u=0$, $c=c_0$가 유지되며, 후자에서는 $u=0$, $c=0$로 아직 유체가 이르지 못한 영역이다.

$x\in(-c_0t, 2c_0t)$에서는 $u+2c=2c_0$, $\dfrac{x}{t}=u-c$를 만족하므로, 이 두 식에서 c를 소거하여 다음을 얻고,

$$u+2\left(u-\frac{x}{t}\right)=2c_0, \quad \therefore\ u=\frac{2}{3}\left(c_0+\frac{x}{t}\right), \tag{10.23}$$

따라서 $c=\sqrt{gh}$, 즉 h는 다음과 같이 얻는다(그림 10.3 참조).

$$c=u-\frac{x}{t}=\frac{1}{3t}(2c_0t-x), \quad \therefore\ h(x,t)=\frac{1}{9gt^2}(2c_0t-x)^2. \tag{10.24}$$

$t=t_1>0$일 때, $h(x;t_1)$은 x에 대해 포물선의 형상을 가지며, 유체 영역의 경계는 $x=2c_0t$에 의해 주어지고, $h\neq h_0$인 영역의 왼쪽 경계는 $x=-c_0t$에 의해 주어지며, 또 $x=0$에서의 수면의 위치는 $\dfrac{4}{9}h_0$로 $t>0$인 모든 시간에 대해 일정함에 유의한다.

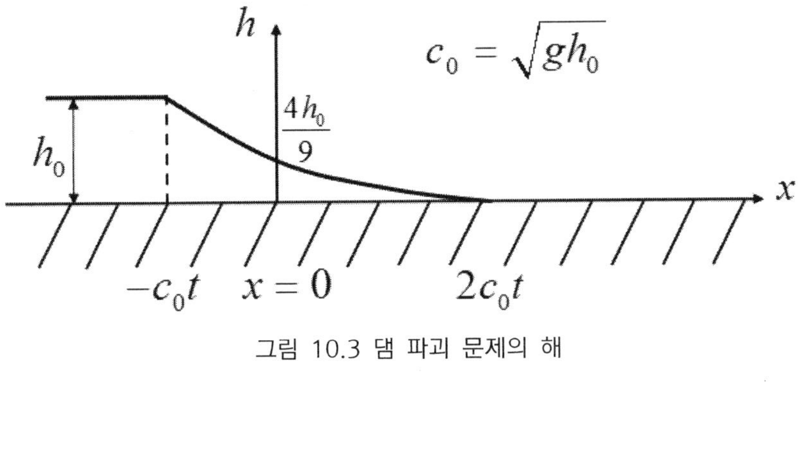

그림 10.3 댐 파괴 문제의 해

10.2 스토크스의 고차 수면파 이론, 심해

스토크스(Stokes, 1847){4}는 심해 수면파의 형상에 대한 **고차 근사**(higher order approximation)를 얻었으며, 이 절에서는 그의 결과에 대해 알아보기로 한다. 먼저 이상유체의 비회전성 유동을 가정하고 수면파에 대한 엄밀한 경계치 문제를 보인 후, 얻어진 문제의 근사해를 구하기로 한다.

질량 보존 법칙은 속도 포텐셜 $\phi(x,y,t)$에 대한 라플라스 방정식으로 주어지고,

$$\nabla^2\phi = \phi_{xx} + \phi_{yy} = 0\text{, 유체 영역에서,} \qquad (10.25)$$

심해에 대한 바닥 조건은 다음과 같이 주어지며,

$$|\nabla\phi| \rightarrow 0\,,\ y \rightarrow -\infty\text{ 에서,} \qquad (10.26)$$

수표면 $\eta(x,t)$에서의 운동학적 경계조건은 식 (8.94)에 $F(x,y,t) = \eta(x,t) - y$, $\underline{u} = \nabla\phi$를 대입하여 다음과 같이 얻고,

$$\eta_t - \phi_y + \phi_x\eta_x = 0\,,\ y = \eta(x,t)\text{ 에서,} \qquad (10.27)$$

수표면에서의 동역학적 경계조건은 식 (8.97)에 $p_a = p_0$, $T = 0$를 대입하여 다음과 같이 얻는다.

$$\phi_t + g\eta + \frac{|\nabla\phi|^2}{2} = 0\,,\ y = \eta(x,t)\text{ 에서.} \qquad (10.28)$$

수면파가 시간에 따라 그 형태를 변하지 않고 동일한 모습으로 같은 속도로 전파하는 소위 **영구파**(permanent wave)인, 다음과 같이 주어지는 해를 위 문제로부터 구하기로 하면,

$$\phi = \phi(\xi,y)\,,\ \eta = \eta(\xi)\,,\ \xi = x - ct\,, \qquad (10.29)$$

여기서 c는 수면파의 위상속도이고, 변수 변환에 의해 수표면에서의 경계조건은 다음과 같이 다시 쓸 수 있다.

$$c\eta' + \phi_y - \phi_\xi \eta' = 0\,,\ \ y = \eta(\xi)\text{ 에서,} \tag{10.30}$$

$$-c\phi_\xi + g\eta + \frac{|\nabla\phi|^2}{2} = 0\,,\ \ y = \eta(\xi)\text{ 에서.} \tag{10.31}$$

여기서 $\eta' = \dfrac{d\eta}{d\xi}$ 이다.

이제 수면파의 크기와 관련하여 꽤 작은 무차원 매개변수 ϵ 의 존재를 가정하여 $\phi(\xi,y)$, $\eta(\xi)$, c 가 다음과 같은 형태의 급수로 주어진다고 가정하고,

$$\phi = \epsilon\phi_1 + \epsilon^2\phi_2 + \epsilon^3\phi_3 + \cdots\ , \tag{10.32}$$

$$\eta = \epsilon\eta_1 + \epsilon^2\eta_2 + \epsilon^3\eta_3 + \cdots\ , \tag{10.33}$$

$$c = c_0 + \epsilon c_1 + \epsilon^2 c_2 + \epsilon^3 c_3 + \cdots\ , \tag{10.34}$$

이들을 식 (10.25), (10.26)에 대입하여 다음을 얻는다.

$$\nabla^2\phi_i = 0\,,\ \ i = 1, 2, 3, \cdots\ ,\ \text{유체 영역에서,} \tag{10.35}$$

$$|\nabla\phi_i| \to 0\,,\ \ i = 1, 2, 3, \cdots\ ,\ \ y \to -\infty\text{ 에서.} \tag{10.36}$$

한편 수표면에서의 경계조건은 $y = \eta$ 에서 만족되어야 하지만, η 는 미지 함수이므로, $\phi(\xi,\eta)$ 의 도함수들의 값은 $y = 0$ 에 대해 테일러 급수로 전개하고 $y = 0$ 에서의 함수 값은 그 위에 $\tilde{}$ 를 첨부하여 나타내기로 하면 식 (10.30)으로부터 다음을 얻는다.

$$c\eta' + \left(\tilde{\phi}_y + \eta\tilde{\phi}_{yy} + \frac{\eta^2}{2}\tilde{\phi}_{yyy} + \cdots\right) - \left(\tilde{\phi}_\xi + \eta\tilde{\phi}_{\xi y} + \frac{\eta^2}{2}\tilde{\phi}_{\xi yy} + \cdots\right)\eta' = 0\,, \tag{10.37}$$

이 식에 식 (10.32), (10.33), (10.34)의 급수 전개를 대입하고 ϵ^3 항까지 정리하면 다음을 얻는다.

$$
\begin{aligned}
&\left(c_0\eta_1{}' + \tilde{\phi}_{1y}\right)\epsilon + \left(c_0\eta_2{}' + \tilde{\phi}_{2y} + c_1\eta_1{}' + \eta_1\tilde{\phi}_{1yy} - \tilde{\phi}_{1\xi}\eta_1{}'\right)\epsilon^2 \\
&+ \left(c_0\eta_3{}' + \tilde{\phi}_{3y} + c_1\eta_2{}' + c_2\eta_1{}' + \eta_1\tilde{\phi}_{2yy} + \eta_2\tilde{\phi}_{1yy}\right. \\
&\left. + \frac{\eta_1^2}{2}\tilde{\phi}_{1yyy} - \tilde{\phi}_{1\xi}\eta_2{}' - \tilde{\phi}_{2\xi}\eta_1{}' + \eta_1\tilde{\phi}_{1\xi y}\eta_1{}'\right)\epsilon^3 + \cdots = 0. \qquad (10.38)
\end{aligned}
$$

같은 방법으로 식 (10.31)로부터 다음을 얻으며,

$$
\begin{aligned}
&- c\left(\tilde{\phi}_\xi + \eta\tilde{\phi}_{\xi y} + \frac{\eta^2}{2}\tilde{\phi}_{\xi yy} + \cdots\right) + g\eta \\
&+ \frac{1}{2}\left\{\left(\tilde{\phi}_\xi + \eta\tilde{\phi}_{\xi y} + \frac{\eta^2}{2}\tilde{\phi}_{\xi yy} + \cdots\right)^2 + \left(\tilde{\phi}_y + \eta\tilde{\phi}_{yy} + \frac{\eta^2}{2}\tilde{\phi}_{yyy} + \cdots\right)^2\right\} = 0, \qquad (10.39)
\end{aligned}
$$

이 식에 식 (10.32), (10.33), (10.34)의 급수 전개를 대입하고 ϵ^3 항까지 정리하면 다음을 얻는다.

$$
\begin{aligned}
&\left(- c_0\tilde{\phi}_{1\xi} + g\eta_1\right)\epsilon + \left\{- c_0\tilde{\phi}_{2\xi} + g\eta_2 - c_1\tilde{\phi}_{1\xi} - c_0\eta_1\tilde{\phi}_{1\xi y} + \frac{1}{2}\left(\tilde{\phi}_{1\xi}^2 + \tilde{\phi}_{1y}^2\right)\right\}\epsilon^2 \\
&+ \left\{- c_0\tilde{\phi}_{3\xi} + g\eta_3 - c_0\left(\eta_1\tilde{\phi}_{2\xi y} + \eta_2\tilde{\phi}_{1\xi y} + \frac{\eta_1^2}{2}\tilde{\phi}_{1\xi yy}\right) - c_1\left(\tilde{\phi}_{2\xi} + \eta_1\tilde{\phi}_{1\xi y}\right)\right. \\
&\left. - c_2\tilde{\phi}_{1\xi} + \tilde{\phi}_{1\xi}\left(\tilde{\phi}_{2\xi} + \eta_1\tilde{\phi}_{1\xi y}\right) + \tilde{\phi}_{1y}\left(\tilde{\phi}_{2y} + \eta_1\tilde{\phi}_{1yy}\right)\right\}\epsilon^3 + \cdots = 0. \qquad (10.40)
\end{aligned}
$$

위의 식 (10.38), (10.40) 좌변의 ϵ, ϵ^2, ϵ^3 등의 앞에 곱해져 있는 항들은 ϵ, ϵ^2, ϵ^3 등이 선형 독립이므로 각각 0이 되어야 한다.

1) ϵ에 대한 문제

즉 **1차 문제**(first order problem)는 식 (10.35), (10.36), (10.38), (10.40)으로부터 다음과 같이 얻는다.

$$\nabla^2\phi_1 = 0, \text{ 유체 영역에서,} \qquad (10.41)$$

$$|\nabla \phi_1| \to 0\,,\ \ y \to -\infty \text{ 에서,} \tag{10.42}$$

$$c_0 \eta_1{}' + \tilde{\phi}_{1y} = 0, \tag{10.43}$$

$$-c_0 \tilde{\phi}_{1\xi} + g\eta_1 = 0. \tag{10.44}$$

이 문제는 선형 수면파에 대한 식과 본질적으로 같은 식이며, 식 (10.43)과 (10.44)에서 η_1을 소거하여 다음과 같이 **통합 수표면 조건**(combined water surface condition)을 얻는데,

$$\tilde{\phi}_{1\xi\xi} + \frac{g}{c_0^2}\tilde{\phi}_{1y} = 0, \tag{10.45}$$

식 (10.41), (10.42), (10.45)를 고려하여 ϕ_1을 임의의 실수 k에 대해 다음과 같이 가정하고,

$$\phi_1 = \alpha_1 e^{ky} \sin k\xi\,, \tag{10.46}$$

이를 식 (10.45)에 대입하여 k에 대해 다음을 얻는다.

$$c_0^2 = \frac{g}{k}\,. \tag{10.47}$$

이 식은 선형 수면파에 대한 분산관계식, 식 (9.18)과 동일한 결과이다.

식 (10.46)을 식 (10.44)에 대입하여 η_1을 다음과 같이 얻으며,

$$\eta_1 = \alpha_1 \frac{c_0 k}{g} \cos k\xi = \frac{\alpha_1}{c_0} \cos k\xi = a \cos k\xi,\ \ \alpha_1 = c_0 a\,, \tag{10.48}$$

위 결과를 식 (10.46)에 대입하여 다음을 얻는다.

$$\phi_1 = c_0 a e^{ky} \sin k\xi\,. \tag{10.49}$$

또 아래에서 고차 문제를 다룰 때의 편의를 위해 ϕ_1, η_1을 각각 다음과 같이 간단히 표기하기로 한다.

$$\phi_1 = c_0 a E S_1\,,\ \eta_1 = a C_1,\ c_0^2 = \frac{g}{k}\,, \tag{10.50}$$

$$(E,\, C_n,\, S_n) = (e^{ky},\, \cos nk\xi,\, \sin nk\xi),\ n = 1,\, 2,\, 3, \cdots\,. \tag{10.51}$$

단 편의상 아래에서는 (C_1, S_1)의 하첨자 1은 생략하여 쓰기로 한다.

2) ϵ^2에 대한 문제

즉 **2차 문제**(second order problem)는 식 (10.35), (10.36), (10.38), (10.40)으로부터 다음과 같이 얻는다.

$$\nabla^2\phi_2 = 0\,,\ \text{유체 영역에서,} \tag{10.52}$$

$$|\nabla\phi_2| \to 0\,,\ y \to -\infty\ \text{에서,} \tag{10.53}$$

$$c_0\eta_2' + \tilde{\phi}_{2y} = -c_1\eta_1' - \eta_1\tilde{\phi}_{1yy} + \tilde{\phi}_{1\xi}\eta_1' = f_2, \tag{10.54}$$

$$-c_0\tilde{\phi}_{2\xi} + g\eta_2 = c_1\tilde{\phi}_{1\xi} + c_0\eta_1\tilde{\phi}_{1\xi y} - \frac{1}{2}\left(\tilde{\phi}_{1\xi}^2 + \tilde{\phi}_{1y}^2\right) = g_2. \tag{10.55}$$

식 (10.54), (10.55)의 좌변은 1차 문제의 식 (10.43), (10.44)와 그 형태가 같고, 그 우변은 1차 문제의 해로 구성되어 있으므로, 이미 알려져 있으며, 식 (10.50)을 대입하여 f_2, g_2에 대해 각각 다음을 얻는다.

$$f_2 = c_1akS - 2c_0a^2k^2CS = c_1akS - c_0a^2k^2S_2, \tag{10.56}$$

$$g_2 = c_1c_0akC + c_0^2a^2k^2C^2 - \frac{1}{2}(c_0ak)^2 = c_1c_0akC + \frac{1}{2}(c_0ak)^2C_2\,. \tag{10.57}$$

위 식들에서 마지막 등호를 얻기 위해서는 삼각 함수의 성질을 사용하였다.
식 (10.54)와 (10.55)에서 η_2를 소거하여 다음을 얻는데,

$$\tilde{\phi}_{2\xi\xi}+\frac{g}{c_0^2}\tilde{\phi}_{2y}=kf_2-\frac{g_{2\xi}}{c_0}=r_2, \tag{10.58}$$

이 식에 식 (10.56), (10.57)을 대입하여 다음을 얻는다.

$$r_2=k\left(c_1akS-c_0a^2k^2S_2\right)-\left(-c_1ak^2S-c_0a^2k^3S_2\right)=2c_1ak^2S. \tag{10.59}$$

그러므로 2차 문제에 대한 통합 수표면 조건은 다음과 같은데,

$$\tilde{\phi}_{2\xi\xi}+k\tilde{\phi}_{2y}=2c_1ak^2S, \tag{10.60}$$

이 식의 좌변은 1차 문제에 대한 통합 수표면 조건, 식 (10.45)와 같은 형태이므로 1차 문제의 해인 $S=\sin k\xi$가 우변으로 주어진다면 '공진'에 해당하는 경우가 되어 ϕ_2는 $\xi\sin k\xi$와 같은 해를 가져야 한다. 이와 같은 해는 명백히 바람직한 해가 아니므로, 이런 경우가 발생하지 않도록 하기 위해서는 다음이 성립해야 하며,

$$c_1=0, \tag{10.61}$$

이와 같이 '공진'을 발생시키는 우변의 항을 **영속항**(secular term)이라고 부른다.
따라서 ϕ_2에 대해서 다음을 얻으며,

$$\phi_2=0, \tag{10.62}$$

η_2는 식 (10.55), (10.57)로부터 다음과 같이 얻는다.

$$\eta_2=\frac{g_2}{g}=\frac{c_0^2}{2g}(ak)^2C_2=\frac{a^2k}{2}C_2. \tag{10.63}$$

그림 10.4 3차 문제의 해까지 고려한 $\eta(\xi)$, Stokes(1847){4}

여기서 마지막 등호를 얻기 위해서는 $c_0^2 = g/k$를 사용하였다.

2차 문제의 해로부터 ϵ^2 항들을 고려해도 속도 포텐셜과 파도의 위상속도에는 변화가 없고, 단지 수면파의 변위에는 위에 보인 바와 같이 파장이 반인 파도가 더해지므로, **파정부**(hump)는 더욱 뾰쪽해지고, **파저부**(trough)는 더욱 편평해짐을 알 수 있다. 이와 같은 특성은 파도의 크기가 증가할 때, 실험실이나 실제 바다에서 볼 수 있는 파도들의 특성과 잘 일치하는 것으로 알려져 있다. 그림 10.4에 스토크스의 논문에 실렸던 $\eta(\xi)$에 대한 결과를 보였다.

3) ϵ^3에 대한 문제

즉 **3차 문제**(third order problem)는 식 (10.35), (10.36), (10.38), (10.40)으로부터 $c_1 = \phi_2 = 0$를 고려하여 다음과 같이 얻는다.

$$\nabla^2 \phi_3 = 0\,,\ \text{유체 영역에서,} \tag{10.64}$$

$$|\nabla \phi_3| \to 0\,,\ y \to -\infty\ \text{에서,} \tag{10.65}$$

$$c_0 \eta_3{}' + \tilde{\phi}_{3y} = -c_2 \eta_1{}' - \eta_2 \tilde{\phi}_{1yy} - \frac{\eta_1^2}{2} \tilde{\phi}_{1yyy} + \tilde{\phi}_{1\xi} \eta_2{}' - \eta_1 \tilde{\phi}_{1\xi y} \eta_1{}' = f_3, \tag{10.66}$$

$$-c_0 \tilde{\phi}_{3\xi} + g\eta_3 = c_0 \left(\eta_2 \tilde{\phi}_{1\xi y} + \frac{\eta_1^2}{2} \tilde{\phi}_{1\xi yy} \right) + c_2 \tilde{\phi}_{1\xi} - \tilde{\phi}_{1\xi} \eta_1 \tilde{\phi}_{1\xi y} - \tilde{\phi}_{1y} \eta_1 \tilde{\phi}_{1yy} = g_3. \tag{10.67}$$

2차 문제에서와 마찬가지로 수표면 조건의 좌변은 1차 문제의 수표면 조건과 같은 형태를 가지고, 그 우변은 1차 및 2차 문제의 해로 구성되어 있으므로, 이미 알려져 있으며, 식 (10.50), (10.63)을 대입하여 f_3, g_3에 대해 각각 다음을 얻는다([연습문제 1] 참조).

$$\begin{aligned} f_3 &= c_2 akS - \frac{c_0 a^3 k^3}{4}\{2C_2 S + 4CS_2 + 3S(1+C_2)\} \\ &= c_2 akS - \frac{c_0 a^3 k^3}{8}(5S + 9S_3), \end{aligned} \tag{10.68}$$

$$\begin{aligned} g_3 &= \frac{c_0^2 a^3 k^3}{2}\left(C_2 C + C^3\right) + c_0 c_2 akC - c_0^2 a^3 k^3\{C^3 + C(1-C^2)\} \\ &= c_0 c_2 akC + \frac{3c_0^2 a^3 k^3}{8}(-C + C_3). \end{aligned} \tag{10.69}$$

식 (10.66)과 (10.67)에서 η_3를 소거하여 다음을 얻는데,

$$\tilde{\phi}_{3\xi\xi} + k\tilde{\phi}_{3y} = kf_3 - \frac{g_{3\xi}}{c_0} = r_3, \tag{10.70}$$

이 식의 우변에 식 (10.68), (10.69)를 대입하여 다음을 얻는다.

$$\begin{aligned} r_3 &= k\left\{c_2 akS - \frac{c_0 a^3 k^3}{8}(5S + 9S_3)\right\} - \left\{-c_2 akS + \frac{3c_0 a^3 k^3}{8}(S - 3S_3)\right\} \\ &= ak^2\left(2c_2 - c_0 a^2 k^2\right)S. \end{aligned} \tag{10.71}$$

그러므로 3차 문제에 대한 통합 수표면 조건은 다음과 같은데,

$$\tilde{\phi}_{3\xi\xi} + k\tilde{\phi}_{3y} = ak^2\left(2c_2 - c_0 a^2 k^2\right)S, \tag{10.72}$$

2차 문제에서와 같은 이유로 영속항을 제거하기 위해서는 다음 조건이 만족되어야 하고,

$$c_2 = \frac{a^2k^2}{2}c_0, \tag{10.73}$$

따라서 ϕ_3에 대해서 다음을 얻으며,

$$\phi_3 = 0, \tag{10.74}$$

η_3는 식 (10.67), (10.69)로부터 다음과 같이 얻는다.

$$\eta_3 = \frac{g_3}{g} = \frac{c_0^2}{g}\left\{\frac{a^3k^3}{2}C - \frac{3a^3k^3}{8}(-C + C_3)\right\} = \frac{a^3k^2}{8}(C + 3C_3). \tag{10.75}$$

3차 문제의 해로부터 ϵ^3 항들을 고려해도 속도 포텐셜에는 변화가 없음을 알 수 있고, 수면파의 위상속도와 변위에는 각각 식 (10.73), (10.75)에 보인 것과 같은 변화가 발생함을 알 수 있다.

지금까지 얻은 3차 문제까지의 해로부터 속도 포텐셜, 수면파의 변위, 위상속도 등에 대한 결과들을 종합하여 정리하면 아래와 같으며,

$$\phi = c_0 AES + O(\epsilon^4),\ A = \epsilon a, \tag{10.76}$$

$$\eta = A\left\{\left(1 + \frac{s^2}{8}\right)C + \frac{s}{2}C_2 + \frac{3s^2}{8}C_3\right\} + O(\epsilon^4),\ s = Ak, \tag{10.77}$$

$$c = c_0\left(1 + \frac{s^2}{2}\right) + O(\epsilon^3), \tag{10.78}$$

여기서 s는 미소 무차원량으로 파도의 기울기를 대표하는 양이다. 수면파의 변위가 $A = \epsilon a$이고, 선형 이론이 파도의 기울기 $A/\lambda < 1/50$일 때 잘 맞는 결과를 주는 것을 감안하면, s가 증가함에 따라 위에서 얻은 보정항들이 점차 큰 역할을 할 것이 기대된다.

식 (10.76)으로 주어진 속도 포텐셜은 $O(\epsilon^3)$까지 정확한 결과를 주고 있으므로, 유체 입자의 속도에 대한 보정을 얻기 위해서는 4차 문제 이상의 해를 얻어야 하고, 통상 5차 문제의 해를 사용하는 것이 일반적이다.

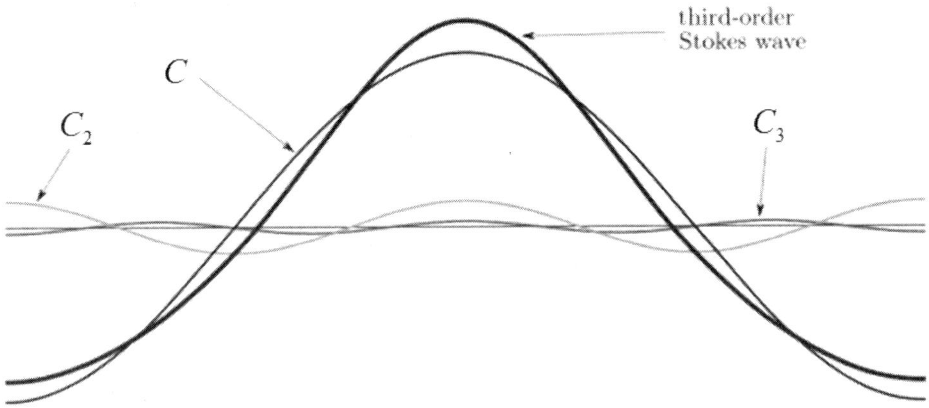

그림 10.5 스토크스의 3차 근사에 의한 수면파의 변위, $s = 0.3$

한편, 수면파의 변위는 각 차수마다 그 차수에 해당하는 **고차 조화 함수**(higher hamonics)들로 보정항이 얻어졌으며, 이들을 $s = 0.3$ 인 경우에 대해 그림 10.5에 보였고, 고차 보정항의 영향을 잘 보이기 위해 수직 방향 변위를 확대하여 보인 점에 유의한다. 그림 10.4와 관련하여 언급한 바와 같이 파정부는 더욱 뾰쪽해지고, 파저부는 더욱 편평해짐을 확인할 수 있다.

수면파의 위상속도에 대해서는 c^2 을 고려하는 것이 편리하므로 다음을 생각하는데,

$$c^2 = c_0^2(1+s^2) + O(\epsilon^3), \quad \therefore c^2 \simeq \frac{g}{k}(1+s^2), \tag{10.79}$$

위상속도 $c = \dfrac{\omega}{k}$ 이므로 위 식의 좌변에 이를 대입하고 양변에 k^2 을 곱하여 다음 결과를 얻는다.

$$\omega^2 = gk(1+s^2). \tag{10.80}$$

이 식 우변 괄호 안의 첫째 항은 심해 수면파에 대한 선형 이론에서 얻었던 분산관계식, 식 (9.17)과 같으므로, 위 식은 분산관계식의 3차 근사로 볼 수 있는데($\because c_1 = 0$), 선형 이론의 결과처럼 파도의 위상속도는 파장이 길면 길수록 빨라질 뿐만 아니라, s 는 a 에 비례하는 양이므로 파도의 연직 방향 크기가 커져도 빨라진다는 것을 뜻한다. 파도의 연직 방향 크기에 따라 파도의 위상속도가 달라진다는 점은 위에서 보인 바와 같이 비선형 이론

의 결과이며, 이와 같은 성질은 보통 **비선형 분산성**(nonlinear dispersion)이라고 부른다. 쌍곡선형 파동의 경우, 위와 같은 성질에 기인하여 쇄파 및 충격파 등의 해를 고려할 필요가 있었던 점을 상기하기 바란다.

이 절에서 지금까지 보인 과정은 편미분 방정식을 푸는 중요한 방법 중의 하나로 자리잡은 **섭동법**(perturbation method)의 기초를 이루고 있는데, 주요 변수를 미소량 ϵ의 **멱급수**(power series), 즉 **점근 급수**(asymptotic series)로 전개하고, 주어진 문제에 대입한 후, ϵ, ϵ^2, ϵ^3 등의 각 항이 선형 독립인 점을 고려하여 각 차수의 문제를 얻고 그들을 순차적으로 푸는 것을 근간으로 한다. 단 위의 문제에 있어서는 위상속도 c에 대해서도 점근 급수를 사용하여, 얻고자 하는 해가 발산하지 않는 조건, 즉 영속항을 제거하는 조건 등에 의해 전체적으로 합리적인 해를 구하였다. c에 대해 ϵ의 고차 항을 고려한다는 것은 시간 t에 대해 다른 비율로 변화하는 새로운 시간 척도를 도입하는 것과 등가이므로, 이 방법은 **다척도 방법**(multi-scale method) 또는 **좌표 확장법**(method of coordinate straining) 등으로 불리고 있다[18].

18) 이와 관련된 보다 많은 예제 및 방법에 대해서는 Nayfeh(1973)[17]을 참고하기 바란다.

10.3 스토크스의 고차 수면파 이론, 유한 수심

이하에서는 앞 절에서 보인 스토크스의 고차 근사 이론을 유한 수심의 수면파에 대해 적용하는 것을 먼저 보이기로 한다. 수면파에 대한 엄밀한 경계치 문제를 보인 후, 얻어진 문제의 근사해를 구하기로 하는데, 그 과정은 앞 절에서와 유사한 부분이 많지만 이 절의 독립성을 위해 식들의 중복성을 허용하기로 한다. 이 절의 내용은 끝 부분에서 다룰 천수파에 대한 비선형 분산성 이론의 기본적 사항과 밀접한 관계를 가지고 있음에 유의한다.

질량 보존 법칙은 속도 포텐셜 $\phi(x,y,t)$에 대한 라플라스 방정식으로 주어지고, 수표면 $\eta(x,t)$에서의 운동학적 및 동역학적 경계조건은 앞 절에서와 같이 얻을 수 있으며,

$$\nabla^2\phi = \phi_{xx} + \phi_{yy} = 0\,,\ \text{유체 영역에서,} \tag{10.81}$$

$$\eta_t - \phi_y + \phi_x\eta_x = 0\,,\ y = \eta(x,t)\ \text{에서,} \tag{10.82}$$

$$\phi_t + g\eta + \frac{|\nabla\phi|^2}{2} = 0\,,\ y = \eta(x,t)\ \text{에서,} \tag{10.83}$$

심해에 대한 바닥 조건은 비침투 조건이며 식 (9.6)으로부터 다음과 같이 얻는다.

$$\frac{\partial\phi}{\partial y} = 0\,,\ y = -h_0\ \text{에서.} \tag{10.84}$$

위 문제에 대해 영구파인, 다음과 같이 주어지는 해를 구하기로 하면,

$$\phi = \phi(\xi,y)\,,\ \eta = \eta(\xi)\,,\ \xi = x - ct\,, \tag{10.85}$$

변수 변환에 의해 수표면에서의 경계조건은 앞 절에서처럼 다음과 같이 다시 쓸 수 있다.

$$c\eta' + \phi_y - \phi_\xi\eta' = 0\,,\ y = \eta(\xi)\ \text{에서,} \tag{10.86}$$

$$-c\phi_\xi + g\eta + \frac{|\nabla\phi|^2}{2} = 0\,,\ y = \eta(\xi)\ \text{에서.} \tag{10.87}$$

이제 문제의 해가 다음과 같은 형태의 급수로 주어진다고 가정하고,

$$\phi = \epsilon\phi_1 + \epsilon^2\phi_2 + \epsilon^3\phi_3 + \cdots \ , \tag{10.88}$$

$$\eta = \epsilon\eta_1 + \epsilon^2\eta_2 + \epsilon^3\eta_3 + \cdots \ , \tag{10.89}$$

$$c = c_0 + \epsilon c_1 + \epsilon^2 c_2 + \epsilon^3 c_3 + \cdots \ , \tag{10.90}$$

이들을 식 (10.81), (10.84)에 대입하여 다음을 얻는다.

$$\nabla^2\phi_i = 0\,,\ i = 1,\,2,\,3,\cdots\ ,\ \text{유체 영역에서,} \tag{10.91}$$

$$\frac{\partial\phi_i}{\partial y} = 0\,,\ i = 1,\,2,\,3,\cdots\ ,\ y = -h_0\ \text{에서.} \tag{10.92}$$

한편 수표면에서의 경계조건에 대해서는 앞 절에서와 동일한 과정을 거쳐 운동학적 및 동역학적 경계조건에 대해 다음 결과를 얻는다.

$$\begin{aligned}&\left(c_0\eta_1{}' + \tilde{\phi}_{1y}\right)\epsilon + \left(c_0\eta_2{}' + \tilde{\phi}_{2y} + c_1\eta_1{}' + \eta_1\tilde{\phi}_{1yy} - \tilde{\phi}_{1\xi}\eta_1{}'\right)\epsilon^2\\&+\left(c_0\eta_3{}' + \tilde{\phi}_{3y} + c_1\eta_2{}' + c_2\eta_1{}' + \eta_1\tilde{\phi}_{2yy} + \eta_2\tilde{\phi}_{1yy}\right.\\&\left.+\frac{\eta_1^2}{2}\tilde{\phi}_{1yyy} - \tilde{\phi}_{1\xi}\eta_2{}' - \tilde{\phi}_{2\xi}\eta_1{}' + \eta_1\tilde{\phi}_{1\xi y}\eta_1{}'\right)\epsilon^3 + \cdots = 0,\end{aligned} \tag{10.93}$$

$$\begin{aligned}&\left(-c_0\tilde{\phi}_{1\xi} + g\eta_1\right)\epsilon + \left\{-c_0\tilde{\phi}_{2\xi} + g\eta_2 - c_1\tilde{\phi}_{1\xi} - c_0\eta_1\tilde{\phi}_{1\xi y} + \frac{1}{2}\left(\tilde{\phi}_{1\xi}^2 + \tilde{\phi}_{1y}^2\right)\right\}\epsilon^2\\&+\left\{-c_0\tilde{\phi}_{3\xi} + g\eta_3 - c_0\left(\eta_1\tilde{\phi}_{2\xi y} + \eta_2\tilde{\phi}_{1\xi y} + \frac{\eta_1^2}{2}\tilde{\phi}_{1\xi yy}\right) - c_1\left(\tilde{\phi}_{2\xi} + \eta_1\tilde{\phi}_{1\xi y}\right)\right.\\&\left.-c_2\tilde{\phi}_{1\xi} + \tilde{\phi}_{1\xi}\left(\tilde{\phi}_{2\xi} + \eta_1\tilde{\phi}_{1\xi y}\right) + \tilde{\phi}_{1y}\left(\tilde{\phi}_{2y} + \eta_1\tilde{\phi}_{1yy}\right)\right\}\epsilon^3 + \cdots = 0.\end{aligned} \tag{10.94}$$

이상에서 보았듯이 앞 절과 달라진 부분은 식 (10.84)로 주어지는 바닥 조건뿐이지만, 이에 기인하여 앞 절과는 다른 꽤 복잡한 변화가 일어나는 것에 주의하기 바란다.

1) ϵ에 대한 문제

1차 문제는 식 (10.91), (10.92), (10.93), (10.94)로부터 다음과 같이 얻는다.

$$\nabla^2\phi_1 = 0\,,\ \text{유체 영역에서,} \tag{10.95}$$

$$\frac{\partial\phi_1}{\partial y} = 0\,,\ y = -h_0\,\text{에서,} \tag{10.96}$$

$$c_0\eta_1{}' + \tilde{\phi}_{1y} = 0, \tag{10.97}$$

$$-c_0\tilde{\phi}_{1\xi} + g\eta_1 = 0. \tag{10.98}$$

이 문제는 유한 수심의 선형 수면파에 대한 식과 본질적으로 같은 식이며, 식 (10.97)과 (10.98)에서 η_1을 소거하여 앞 절에서와 같이 통합 수표면 조건을 얻는다.

$$\tilde{\phi}_{1\xi\xi} + \frac{g}{c_0^2}\tilde{\phi}_{1y} = 0. \tag{10.99}$$

식 (10.95), (10.96)을 고려하여 ϕ_1을 임의의 실수 k애 대해 다음과 같이 가정하기로 하고,

$$\phi_1 = \alpha_1\frac{\cosh ky_1}{\sinh kh_0}\sin k\xi\,,\ y_1 = y + h_0\,, \tag{10.100}$$

여기서 y_1은 바닥으로부터 잰 연직 거리이며, 이 식을 통합 수표면 조건, 식 (10.99)에 대입하여 다음을 얻는다.

$$-k\frac{\cosh kh_0}{\sinh kh_0}+\frac{g}{c_0^2}=0\,,\;\;\therefore\; c_0^2=\frac{g}{k}\tanh kh_0. \qquad (10.101)$$

이 식은 유한 수심에 대한 결과, 식 (9.21)과 같으며, 분산관계식이다.

이를 식 (10.98)에 대입하여 η_1을 다음과 같이 얻는다.

$$\eta_1=\alpha_1\frac{c_0 k}{g\tanh kh_0}\cos k\xi=\frac{\alpha_1}{c_0}\cos k\xi=a\cos k\xi,\;\;\alpha_1=c_0 a. \qquad (10.102)$$

위 결과를 식 (10.100)에 대입하여 다음을 얻고,

$$\phi_1=c_0 a\frac{\cosh ky_1}{\sinh kh_0}\sin k\xi\,, \qquad (10.103)$$

이 식은 선형 수면파에 대한 속도 포텐셜, 식 (9.12)와 동일한 결과이다. 고차 문제를 다룰 때의 편의를 위해 ϕ_1, η_1을 다음과 같이 간단히 표기하기로 한다.

$$\phi_1=c_0 a\sigma_1^{-1}\Gamma_1 S_1\,,\;\;\eta_1=aC_1,\;\;c_0^2=\frac{g}{k}\tanh kh_0, \qquad (10.104)$$

$$(\Gamma_n,C_n,S_n)=(\cosh nky_1,\cos nk\xi,\sin nk\xi)\,,\;\;n=1,\,2,\,3,\cdots\,, \qquad (10.105)$$

$$(\sinh nkh_0,\cosh nkh_0,\tanh nkh_0)=(\sigma_n,\gamma_n,\tau_n)\,,\;\;n=1,\,2,\,3,\cdots\,. \qquad (10.106)$$

단 편의상 아래에서는 $(\Gamma_n, C_n, S_n, \sigma_n, \gamma_n, \tau_n)$의 하첨자 1은 생략하여 쓰기로 한다. 식 (10.104)를 심해 수면파에 대한 결과, 식 (10.50)과 비교하면 y 방향의 변화를 나타내는 함수가 지수 함수 e^{ky}로부터 $\dfrac{\cosh ky_1}{\sinh kh_0}$로 바뀐 것과, 분산관계식으로 볼 수 있는 $c_0(k)$가 변화하였음을 알 수 있다. 하지만 다음 차수부터는 심해에 대한 결과와 꽤 다른 결과가 얻어짐에 유의한다.

2) ϵ^2에 대한 문제

2차 문제는 식 (10.91), (10.92), (10.93), (10.94)로부터 다음과 같이 얻는다.

$$\nabla^2\phi_2 = 0\,,\ \text{유체 영역에서,} \tag{10.107}$$

$$\frac{\partial\phi_2}{\partial y} = 0\,,\ y = -h_0\ \text{에서,} \tag{10.108}$$

$$c_0\eta_2' + \tilde{\phi}_{2y} = -c_1\eta_1' - \eta_1\tilde{\phi}_{1yy} + \tilde{\phi}_{1\xi}\eta_1' = f_2, \tag{10.109}$$

$$-c_0\tilde{\phi}_{2\xi} + g\eta_2 = c_1\tilde{\phi}_{1\xi} + c_0\eta_1\tilde{\phi}_{1\xi y} - \frac{1}{2}\left(\tilde{\phi}_{1\xi}^2 + \tilde{\phi}_{1y}^2\right) = g_2. \tag{10.110}$$

식 (10.109), (10.110)의 좌변은 1차 문제의 식 (10.97), (10.98)과 그 형태가 같고, 그 우변은 1차 문제의 해로 구성되어 있으므로, 이미 알려져 있으며, 식 (10.104)를 대입하여 f_2, g_2에 대해 각각 다음을 얻는다.

$$f_2 = c_1akS - 2c_0a^2k^2\tau^{-1}CS = c_1akS - c_0a^2k^2\tau^{-1}S_2, \tag{10.111}$$

$$g_2 = c_1c_0ak\tau^{-1}C + \frac{c_0^2a^2k^2}{4}\left\{-\sigma^{-2} + \left(3-\tau^{-2}\right)C_2\right\}. \tag{10.112}$$

위에서 마지막 식을 얻기 위해 $1-\tau^{-2} = -\sigma^{-2}$의 항등식을 이용하였다.

식 (10.109)와 (10.110)에서 η_2를 소거하여 통합 수표면 조건을 다음과 같이 얻는데,

$$\tilde{\phi}_{2\xi\xi} + \frac{g}{c_0^2}\tilde{\phi}_{2y} = \tilde{\phi}_{2\xi\xi} + k\tau^{-1}\tilde{\phi}_{2y} = k\tau^{-1}f_2 - \frac{g_{2\xi}}{c_0} = r_2, \tag{10.113}$$

이 식에 식 (10.111), (10.112)를 대입하여 다음을 얻는다.

$$r_2 = k\tau^{-1}\left(c_1 akS - c_0 a^2 k^2 \tau^{-1} S_2\right) - \left\{-c_1 ak^2\tau^{-1}S - \frac{c_0 a^2 k^3}{2}(3-\tau^{-2})S_2\right\}$$

$$= 2c_1 ak^2\tau^{-1}S - \frac{3c_0 a^2 k^3(1-\tau^2)}{2\tau^2}S_2 . \tag{10.114}$$

그러므로 2차 문제에 대한 통합 수표면 조건은 다음과 같은데,

$$\tilde{\phi}_{2\xi\xi} + k\tau^{-1}\tilde{\phi}_{2y} = 2c_1 ak^2\tau^{-1}S - \frac{3c_0 a^2 k^3(1-\tau^2)}{2\tau^2}S_2 , \tag{10.115}$$

이 식의 좌변은 1차 문제에 대한 통합 수표면 조건, 식 (10.99)와 같은 형태이고, 우변 첫째 항은 영속항이므로 다음이 성립해야 하며,

$$c_1 = 0 , \tag{10.116}$$

ϕ_2에 대해 다음 식을 얻는다.

$$\tilde{\phi}_{2\xi\xi} + k\tau^{-1}\tilde{\phi}_{2y} = -\frac{3c_0 a^2 k^3(1-\tau^2)}{2\tau^2}S_2 . \tag{10.117}$$

무한 수심인 심해의 경우에는 $\tau \to 1$ 이므로 위 식의 우변이 영이 되며, 분산관계식의 변화에 따라 유한 수심에 대해 영이 아닌 ϕ_2가 얻어짐을 알 수 있다.

식 (10.107), (10.108)을 만족하는 ϕ_2를 다음과 같이 가정하고,

$$\phi_2 = \alpha_2\sigma_2^{-1}\Gamma_2 S_2, \tag{10.118}$$

이를 식 (10.117)에 대입하여 α_2를 다음과 같이 얻으며([연습문제 2] 참조),

$$\alpha_2 = \frac{3c_0 a^2 k(1-\tau^2)}{4\tau^3} , \tag{10.119}$$

이를 식 (10.118)에 대입하고 정리하여 ϕ_2를 다음과 같이 얻는다.

$$\phi_2 = \frac{3c_0 a^2 k(1-\tau^2)}{4\tau^3}\frac{\Gamma_2}{\sigma_2}S_2 = \frac{3\,c_0\,a^2 k}{8\,\sigma^4}\Gamma_2 S_2. \tag{10.120}$$

η_2는 식 (10.110)에 식 (10.112)와 위 식을 대입하여 다음과 같이 얻는다.

$$\begin{aligned}\eta_2 &= \frac{g_2}{g}+\frac{c_0\,\tilde{\phi}_{2\xi}}{g} = \frac{c_0^2 a^2 k^2}{4g}\{-\sigma^{-2}+(3-\tau^{-2})C_2\}+\frac{c_0^2}{g}\frac{3\,a^2k^2(1-\tau^2)}{2\tau^3\tau_2}C_2 \\ &= \frac{a^2k\tau}{4}\{-\sigma^{-2}+(3-\tau^{-2})C_2+3(\tau^{-2}-1)(\tau^{-2}+1)C_2\} \\ &= -a^2k\frac{1-\tau^2}{4\tau}+\frac{a^2k}{4\tau^3}(3-\tau^2)C_2.\end{aligned} \tag{10.121}$$

위에서 셋째 등호를 얻기 위해서 $\tau_2 = 2\tau^{-1}(\tau^{-2}+1)^{-1}$을 사용하였다.

2차 문제의 해로부터 ϵ^2 항들을 고려하면 파도의 위상속도, 다시 말하면 분산관계식에는 변화가 없지만, 속도 포텐셜과 수면파의 변위에는 위에서 보인 바와 같이 **2차 조화 함수**(second harmonic)의 보정항들이 발생하는 것을 알 수 있다. 수면파의 변위는 음의 상수 항을 포함하고 있어 평균 수면의 침하가 발생하는 것을 뜻하는데, 이는 ϕ_2에 $-g\,a^2k\frac{1-\tau^2}{4\tau}t$를 더해 줌으로써 원래의 수면을 유지할 수 있으며, 다만 이 항은 ϕ_2의 도함수에는 영향을 미치지 않으므로, 이하의 논의에서는 식 (10.120)으로 주어진 ϕ_2는 그대로 사용하고, 식 (10.121)은 다음 식으로 대체하기로 한다.

$$\eta_2 = \frac{a^2k}{4\tau^3}(3-\tau^2)C_2. \tag{10.122}$$

kh_0가 증가하여 심해로 간주할 수 있는 경우에는, $\tau\to 1$이므로, $\phi_2\to 0$를 얻으며, 또한 식 (10.122)로 주어진 η_2도 심해 수면파에 대한 η_2에 수렴함을 확인할 수 있다.

3) ϵ^3에 대한 문제

3차 문제는 식 (10.91), (10.92), (10.93), (10.94)로부터 $c_1 = 0$을 고려하여 다음과 같이 얻는다.

$$\nabla^2 \phi_3 = 0, \text{ 유체 영역에서,} \tag{10.123}$$

$$\frac{\partial \phi_3}{\partial y} = 0, \ y = -h_0 \text{ 에서,} \tag{10.124}$$

$$\begin{aligned} c_0 \eta_3' + \tilde{\phi}_{3y} &= -c_2 \eta_1' - \eta_1 \tilde{\phi}_{2yy} - \eta_2 \tilde{\phi}_{1yy} + \tilde{\phi}_{2\xi} \eta_1 \\ &- \frac{\eta_1^2}{2} \tilde{\phi}_{1yyy} + \tilde{\phi}_{1\xi} \eta_2' - \eta_1 \tilde{\phi}_{1\xi y} \eta_1' = f_3, \end{aligned} \tag{10.125}$$

$$\begin{aligned} -c_0 \tilde{\phi}_{3\xi} + g\eta_3 &= c_0 \left(\eta_1 \tilde{\phi}_{2\xi y} + \eta_2 \tilde{\phi}_{1\xi y} + \frac{\eta_1^2}{2} \tilde{\phi}_{1\xi yy} \right) + c_2 \tilde{\phi}_{1\xi} \\ &- \tilde{\phi}_{1\xi} \left(\tilde{\phi}_{2\xi} + \eta_1 \tilde{\phi}_{1\xi y} \right) - \tilde{\phi}_{1y} \left(\tilde{\phi}_{2y} + \eta_1 \tilde{\phi}_{1yy} \right) = g_3. \end{aligned} \tag{10.126}$$

수표면 조건의 좌변은 1차 및 2차 문제의 수표면 조건과 같은 형태를 가지고, 그 우변은 이미 알려져 있으며, 식 (10.104), (10.120), (10.122)를 대입하여 f_3, g_3에 대해 각각 다음을 얻는다([연습문제 3] 참조).

$$\begin{aligned} f_3 &= c_2 akS - \frac{c_0 a^3 k^3}{4} \{ 6\gamma_2 \sigma^{-4} CS_2 + (3 - \tau^2) \tau^{-4} SC_2 \\ &+ 2(3 - \tau^2) \tau^{-4} CS_2 + 3\gamma_2 \sigma^{-4} SC_2 + 6SC^2 \} \\ &= c_2 akS - \frac{c_0 a^3 k^3}{8\tau^4} \{ (6 - \tau^2) S + 3(6 - \tau^2 - 2\tau^4) S_3 \}, \end{aligned} \tag{10.127}$$

$$g_3 = \frac{c_0^2 a^3 k^3}{4\tau}\left\{\frac{12}{\sigma^2}CC_2 + \frac{3-\tau^2}{\tau^2}C_2C + 2C^3\right\} + \frac{c_0 c_2 ak}{\tau}C$$

$$-\frac{c_0^2 a^3 k^3}{4\tau}\left\{\frac{3(1+\tau^2)}{\sigma^2\tau^2}CC_2 + C^3 + \frac{6}{\sigma^2}SS_2 + 4CS^2\right\}$$

$$= \frac{c_0 c_2 ak}{\tau}C + \frac{c_0^2 a^3 k^3}{8\tau^5}\{(-3+9\tau^2-9\tau^4)C + 3(-1+7\tau^2-5\tau^4)C_3\}. \qquad (10.128)$$

식 (10.125)와 (10.126)에서 η_3를 소거하여 통합 수표면 조건을 다음과 같이 얻는데,

$$\tilde{\phi}_{3\xi\xi} + \frac{g}{c_0^2}\tilde{\phi}_{3y} = \tilde{\phi}_{3\xi\xi} + k\tau^{-1}\tilde{\phi}_{3y} = k\tau^{-1}f_3 - \frac{g_{3\xi}}{c_0} = r_3, \qquad (10.129)$$

이 식에 식 (10.127), (10.128)을 대입하여 다음을 얻는다.

$$r_3 = k\tau^{-1}\left[c_2 akS - \frac{c_0 a^3 k^3}{8\tau^4}\{(6-\tau^2)S + 3(6-\tau^2-2\tau^4)S_3\}\right]$$

$$+ k\tau^{-1}\left[c_2 akS + \frac{c_0 a^3 k^3}{8\tau^4}\{(-3+9\tau^2-9\tau^4)S + 9(-1+7\tau^2-5\tau^4)S_3\}\right]$$

$$= \frac{2c_2 ak^2}{\tau}S + \frac{c_0 a^3 k^4}{8\tau^5}\{(-9+10\tau^2-9\tau^4)S + (-27+66\tau^2-39\tau^4)S_3\}. \qquad (10.130)$$

그러므로 3차 문제에 대한 통합 수표면 조건은 다음과 같은데,

$$\tilde{\phi}_{3\xi\xi} + k\tau^{-1}\tilde{\phi}_{3y} = \frac{ak^2}{\tau}\left\{2c_2 + \frac{c_0 a^2 k^2}{8\tau^4}(-9+10\tau^2-9\tau^4)\right\}S$$

$$+ \frac{3c_0 a^3 k^4}{8\tau^5}(-9+22\tau^2-13\tau^4)S_3, \qquad (10.131)$$

영속항을 제거하기 위해서는 다음 조건이 만족되어야 하고,

$$c_2 = \frac{a^2k^2}{16\tau^4}(9 - 10\tau^2 + 9\tau^4)c_0\,, \tag{10.132}$$

ϕ_3에 대해 다음 식을 얻는다.

$$\tilde{\phi}_{3\xi\xi} + k\tau^{-1}\tilde{\phi}_{23} = \frac{3\,c_0\,a^3\,k^4}{8\tau^5}(-9 + 22\tau^2 - 13\tau^4)S_3\,. \tag{10.133}$$

무한 수심인 심해의 경우, $\tau \rightarrow 1$ 이므로 위 식의 우변은 영이 됨에 유의한다.

식 (10.123), (10.124)를 만족하는 ϕ_3을 다음과 같이 가정하고,

$$\phi_3 = \alpha_3\sigma_3^{-1}\Gamma_3 S_3, \tag{10.134}$$

이를 식 (10.133))에 대입하여 α_3를 다음과 같이 얻으며([연습문제 4] 참조),

$$\alpha_3 = \frac{c_0\,a^3k^2}{64\tau^6}(3+\tau^2)(9 - 22\tau^2 + 13\tau^4), \tag{10.135}$$

이를 식 (10.134)에 대입하고 정리하여 ϕ_3를 다음과 같이 얻는다.

$$\phi_3 = \frac{c_0\,a^3k^2}{64\tau^6}(3+\tau^2)(9 - 22\tau^2 + 13\tau^4)\frac{\Gamma_3}{\sigma_3}S_3 = \frac{c_0\,a^3k^2(9-4\sigma^2)}{64\sigma^7}\Gamma_3 S_3\,. \tag{10.136}$$

η_3는 식 (10.126)에 식 (10.128), (10.132)와 위 식을 대입하여 다음과 같이 얻는다 ([연습문제 5] 참조).

$$\eta_3 = \frac{g_3}{g} + \frac{c_0\,\tilde{\phi}_{3\xi}}{g} = \frac{a^3k^2}{16\tau^4}(9 - 10\tau^2 + 9\tau^4)\,C$$

$$+ \frac{a^3k^2}{8\tau^4}\{(-3 + 9\tau^2 - 9\tau^4)\,C + 3(-1 + 7\tau^2 - 5\tau^4)\,C_3\}$$

$$+\frac{3a^3k^2}{64\sigma^6}(9-4\sigma^2)(1+4\sigma^2)\,C_3$$

$$=\frac{a^3k^2}{16\tau^4}(3+8\tau^2-9\tau^4)\,C+\frac{3a^3k^2}{64\tau^6}(9-3\tau^2+3\tau^4-\tau^6)\,C_3\,. \qquad (10.137)$$

3차 문제의 해로부터 식 (10.132)에 보인 바와 같이 위상속도의 보정항을 얻었고, 또 속도 포텐셜, 파의 변위 등에 대해 3차 조화 함수를 포함하는 보정항들을 각각 식 (10.136), (10.137)에 보인 바와 같이 얻었다.

지금까지 얻은 3차 문제까지의 해들을 종합하여 정리하면 아래와 같다.

$$\phi=c_0A\left\{\frac{\Gamma}{\sigma}S+\frac{3s}{4\tau^3}(1-\tau^2)\frac{\Gamma_2}{\sigma_2}S_2\right.$$

$$\left.+\frac{s^2}{64\tau^6}(3+\tau^2)(9-22\tau^2+13\tau^4)\frac{\Gamma_3}{\sigma_3}S_3\right\}+O(\epsilon^4), \qquad (10.138)$$

$$\eta=A\left[\left\{1+\frac{s^2}{16\tau^4}(3+8\tau^2-9\tau^4)\right\}C+\frac{s}{4\tau^3}(3-\tau^2)C_2\right.$$

$$\left.+\frac{3s^2}{64\tau^6}(9-3\tau^2+3\tau^4-\tau^6)\,C_3\right]+O(\epsilon^4)\,, \qquad (10.139)$$

$$c=c_0\left\{1+\frac{s^2}{16\tau^4}(9-10\tau^2+9\tau^4)\right\}+O(\epsilon^3),\ \ c_0^2=\frac{g}{k}\tau=\frac{g}{k}\tanh kh_0\,. \qquad (10.140)$$

심해 수면파의 경우와는 달리 속도 포텐셜에 대해 매 차수마다 보정항을 얻었으므로, 유한 수심의 경우 유체 입자의 속도와 관련하여서는 선형 이론에 의한 예측이 파의 기울기가 조금만 과도하여도 꽤 부정확한 결과를 얻을 수 있음을 알 수 있다. kh_0가 증가하여 심해로 간주할 수 있는 경우에는, $\dfrac{\Gamma}{\sigma}\rightarrow e^{ky}$, $\tau\rightarrow 1$이므로, ϕ, η, c 모두 심해 수면파에 대한 값들로 수렴함을 확인할 수 있다.

위상속도에 대해서는 c^2을 고려하는 것이 편리하므로 다음을 생각하는데,

$$c^2 = c_0^2\left\{1 + \frac{s^2}{8\tau^4}(9 - 10\tau^2 + 9\tau^4)\right\} + O(\epsilon^3), \tag{10.141}$$

$$\therefore\ c^2 \simeq \frac{g\tau}{k}\left\{1 + \frac{s^2}{8\tau^4}(9 - 10\tau^2 + 9\tau^4)\right\}, \tag{10.142}$$

위 식의 양변에 k^2 을 곱하여 다음 결과를 얻는다.

$$\omega^2 = gk\tau\left\{1 + \frac{s^2}{8\tau^4}(9 - 10\tau^2 + 9\tau^4)\right\}. \tag{10.143}$$

이 식 우변 괄호 안의 첫째 항은 유한 수심의 수면파에 대한 선형 이론에서 얻었던 분산관계식, 식 (9.21)과 같으므로, 위 식은 분산관계식의 3차 근사로 볼 수 있고 ($\because\ c_1 = 0$), 둘째 항은 기울기의 증가에 따라 무시할 수 없는 영향을 끼칠 것으로 볼 수 있는 비선형 보정항이다.

식 (10.139)에서 ϵ^2 항까지 고려하면 다음을 얻는데,

$$\eta = A\left\{C + \frac{s}{4\tau^3}(3 - \tau^2)C_2\right\} + O(\epsilon^3), \tag{10.144}$$

스토크스 고차 근사가 유효하기 위해서는 위 식 우변 괄호 안의 첫째 항이 둘째 항보다는 상당히 커야 할 것이므로 다음 조건을 얻는다.

$$\frac{s}{4\tau^3}(3 - \tau^2) \ll 1\,. \tag{10.145}$$

심해 수면파에 대해서는 $\tau \rightarrow 1$이 성립하므로, 위의 조건은 $s = Ak \ll 1$이 되어 통상 고려되는 선형화의 조건과 일관된 결과를 주고 있음을 확인할 수 있다. 한편, 천수에 대해서는 $\tau \rightarrow kh_0 \ll 1$이 성립하므로, 위 조건은 다음과 같이 바꾸어 쓸 수 있으며,

$$s^3 \ll \tau^3 \ll 1, \tag{10.146}$$

천수 수면파의 경우 일반적인 선형 이론의 유효성은 매우 작은 기울기의 파도에 대해서만 성립할 것임을 알 수 있다.

한편 식 (10.145)는 천수 수면파에 대해 다음과 같이 다시 쓸 수 있는데,

$$\frac{s}{\tau^3}=\frac{Ak}{(kh_0)^3}=\frac{A}{h_0}\frac{1}{(kh_0)^2}\ll 1,\ \ \therefore\ \frac{A}{h_0}\ll (kh_0)^2\ll 1, \tag{10.147}$$

여기서 $\dfrac{A}{h_0}$는 파도의 크기, 또는 비선형성을 나타내는 척도이고, kh_0는 분산성을 나타내는 척도로 볼 수 있다.

Ursell(1953){13}은 다음과 같은 무차원 매개변수, 즉 **Ursell 수**(Ursell number), Ur를 정의하였다.

$$Ur=\frac{H}{h_0}\left(\frac{\lambda}{h_0}\right)^2. \tag{10.148}$$

여기서 H는 파도의 **파고**(waveheight)이다. 이 식의 우변과 식 (10.147)에서 고려한 양을 비교하면 본질적으로 같은 크기의 양임을 알 수 있고, 또 $Ur=O(1)$이면 명백히 스토크스의 고차 근사는 성립하지 않을 것이고, 그런 영역의 문제를 다루기 위해서는 분산성과 비선형성이 적절히 균형을 이루는 이론을 사용해야 할 것이다. 특히 10.1절에서 고려하였던 깊이 방향 평균화를 사용한 천수에 대한 비선형 이론에서는 분산성이 무시되었던 점을 지적해 두며, 비선형 분산성 천수파에 대한 이론은 13장을 참조하기 바란다.

연습문제

1. 식 (10.66), (10.67)로 정의된 f_3, g_3에 식 (10.50), (10.63)을 대입하여 식 (10.68), (10.69)의 결과를 보이시오.

2. ϕ_2를 아래에 다시 보인 식 (10.118)과 같이 가정하고,

$$\phi_2 = \alpha_2 \sigma_2^{-1} \Gamma_2 S_2, \tag{10.118}$$

이를 식 (10.117)에 대입하여 α_2가 다음과 같이 얻어짐을 보이시오.

$$\alpha_2 = \frac{3c_0 a^2 k(1-\tau^2)}{4\tau^3}. \tag{10.119}$$

3. 식 (10.104), (10.120), (10.122)를 식 (10.125), (10.126)에 대입하여 f_3, g_3에 대해 식 (10.127), (10.128)을 구하시오.

4. 식 (10.134)를 식 (10.133)에 대입하여 α_3를 식 (10.135)와 같이 얻음을 보이시오.

5. 식 (10.126)에 식 (10.128), (10.132), (10.136)을 대입하여 η_3를 식 (10.137)과 같이 얻음을 보이시오.

11 경사 해안-수평 1차원 문제

앞 장까지는 수심이 일정한 문제를 주로 다루었으나, 이 장에서는 바닥이 경사진 수평 1차원의 **경사 해안**(sloping beach) 문제, 즉 수심의 변화를 무시할 수 없는 경우에 대해 다루기로 한다. 수평 1차원의 문제는 다음 장에서 다룰 수평 2차원 문제의 특수한 경우로 수면파가 해변에 수직으로 입사하는 **수직 입사**(normal incidence) 문제로 볼 수도 있다. 이상유체를 가정하고 중력에 기인하는 수면파와 관련하여, 먼저 1절에서는 깊이 방향의 평균화를 도입하여 얻은 선형 천수파 이론의 결과를 살펴보고 그 한계를 알아보며, 2절에서는 깊이 방향의 평균화를 도입하지 않은 선형 수면파 이론에 의해 얻어지는 해의 특성에 대해 생각한다. 3절에서는 2절에서 얻은 해와 관련하여 물리적으로는 더 의미가 있다고 볼 수 있는, **해변**(shoreline)에서 **대수적 특이성**(logarithmic singularity)을 가지는 해에 대해 논의하며, 4절에서는 2절에서 얻은 해에 **천수 근사**(shallow water approximation)를 도입할 때 얻어지는 결과에 대해 고찰한다.

11.1 선형 천수파 이론

10.1절에서 수심의 변화가 있는 천수 영역의 수면파 $\eta(x,t)$에 대해 깊이 방향의 평균화를 도입하여 기본 방정식을 유도하며, 비선형 항들을 무시하여 아래에 다시 보인 식 (10.21)을 얻었다(그림 11.1 참조).

$$\eta_{tt}-\left(gh_0\eta_x\right)_x=0\,. \tag{10.21}$$

여기서 g는 중력 가속도이다.

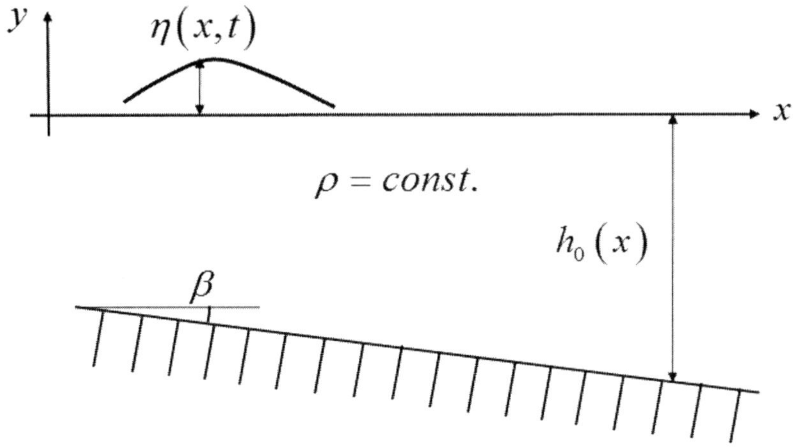

그림 11.1 경사 해안에 대한 개략도

바닥의 경사각 $\beta \ll 1$ 일 경우, 수심 $h_0(x)$를 다음과 같이 바꾸어 쓸 수 있으므로,

$$h_0(x) = x\tan\beta \simeq \beta x\,, \tag{11.1}$$

이를 식 (10.21)에 대입하여 다음을 얻는다.

$$\eta_{tt} - \left(g\,\beta\,x\,\eta_x\right)_x = \eta_{tt} - g\,\beta\eta_x - g\,\beta\,x\,\eta_{xx} = 0\,. \tag{11.2}$$

$\eta(x,t)$에 대해 다음과 같은 변수 분리형의 가정을 도입하는데

$$\eta(x,t) = Re f(x)\,e^{-i\omega t}\,, \tag{11.3}$$

여기서 $f(x)$는 복소 함수이고, 이를 식 (11.2)에 대입하여 다음을 얻는다.

$$-\omega^2 f - g\beta\frac{df}{dx} - g\beta x\frac{d^2 f}{dx^2} = 0\,,\ \ \therefore x\frac{d^2 f}{dx^2} + \frac{df}{dx} + \alpha^2 f = 0\,,\ \ \alpha^2 = \frac{\omega^2}{g\beta}\,. \tag{11.4}$$

여기서 α^2의 차원은 L^{-1}이다.

위의 결과에 다음과 같이 정의되는 무차원 변수 ξ를 도입하기로 하면,

$$4\alpha^2 x = \xi^2 , \tag{11.5}$$

미분 연산자들에 대해 다음을 얻고,

$$\frac{d}{dx} = \frac{d\xi}{dx}\frac{d}{d\xi} = \frac{2\alpha^2}{\xi}\frac{d}{d\xi} , \tag{11.6}$$

$$\frac{d^2}{dx^2} = \frac{d\xi}{dx}\frac{d}{d\xi}\left(\frac{2\alpha^2}{\xi}\frac{d}{d\xi}\right) = -\frac{4\alpha^4}{\xi^3}\frac{d}{d\xi} + \frac{4\alpha^4}{\xi^2}\frac{d^2}{d\xi^2} , \tag{11.7}$$

이들과 식 (11.5)를 식 (11.4)에 대입하여 다음을 얻는다.

$$\frac{\xi^2}{4\alpha^2}\left(\frac{4\alpha^4}{\xi^2}\frac{d^2 f}{d\xi^2} - \frac{4\alpha^4}{\xi^3}\frac{df}{d\xi}\right) + \frac{2\alpha^2}{\xi}\frac{df}{d\xi} + \alpha^2 f = 0 ,$$

$$\therefore \frac{d^2 f}{d\xi^2} + \frac{1}{\xi}\frac{df}{d\xi} + f = 0 . \tag{11.8}$$

이 미분 방정식은 **0차 베셀 미분 방정식**(Bessel differential equation of order zero)으로 매우 잘 알려진 식이며, 그 일반해는 다음과 같이 주어진다.

$$f(x) = AJ_0(2\alpha\sqrt{x}) + BY_0(2\alpha\sqrt{x}) , \ \alpha = \frac{\omega}{\sqrt{g\beta}} . \tag{11.9}$$

여기서 $J_0(\xi)$, $Y_0(\xi)$는 **제1종 및 제2종 0차 베셀 함수**(zeroth order Bessel functions of first and second kind) 이며, A, B는 아직 정해지지 않은 복소 상수이다[19].

$J_0(\xi)$와 $Y_0(\xi)$의 $\xi \to 0$, $\xi \to \infty$ 일 때의 점근 근사는 각각 다음과 같다.

19) 베셀 함수와 관련하여서는 이승준(2014)[8]을 참고하기 바란다.

$$J_0 = 1\,,\ \ Y_0 \sim \frac{2}{\pi}\ln\xi\,,\ \ \xi \to 0 \text{ 일 때}, \tag{11.10}$$

$$J_0 \sim a_0 \cos\xi_1,\ \ Y_0 \sim a_0 \sin\xi_1\,,\ \ a_0 = \sqrt{\frac{2}{\pi\xi}}\,,\ \ \xi_1 = \xi - \frac{\pi}{4}\,,\ \ \xi \to \infty \text{ 일 때}. \tag{11.11}$$

따라서 $x \to \infty$ 일 때, η는 다음과 같은데,

$$\eta \sim a_0\, Re\left\{\frac{A}{2}\left(e^{i\xi_1} + e^{-i\xi_1}\right) - \frac{iB}{2}\left(e^{i\xi_1} - e^{-i\xi_1}\right)\right\} e^{-i\omega t}, \tag{11.12}$$

이를 진행파의 형태로 정리하면 다음을 얻으며,

$$\eta \sim a_0\, Re\left\{A_1 e^{i(\xi_1 - \omega t)} + A_2 e^{-i(\xi_1 + \omega t)}\right\},\ \ A_1 = \frac{A - iB}{2}\,,\ \ A_2 = \frac{A + iB}{2}\,, \tag{11.13}$$

이 식 우변 괄호 안의 첫째 항은 먼 바다로 나가는(outgoing) **반사파**(reflected wave)이고, 둘째 항은 해변을 향해서 들어오는(incoming) **입사파**(incident wave)이다.

만약 위에서 $B = 0$ 이면 $A_1 = A_2$ 를 얻고, 이는 해변에서의 **완전 반사**(perfect reflection)에 상응하는 해가 되며, 사실 식 (11.8)의 해로 식 (11.9)와 같이 베셀 함수로 해를 취할 수도 있지만 다음과 같이 정의되는 **제1종 및 제2종 0차 한켈 함수**(zeroth order Hankel functions of first and second kind) $H_0^{(1)}(\xi)$, $H_0^{(2)}(\xi)$ 를 사용할 수도 있는데,

$$H_0^{(1)}(\xi) = J_0(\xi) + i\,Y_0(\xi)\,,\ \ H_0^{(2)}(\xi) = J_0(\xi) - i\,Y_0(\xi)\,, \tag{11.14}$$

이들을 이용하여 $f(x)$ 를 나타내면 다음을 얻고,

$$f(x) = A_1 H_0^{(1)}(2\alpha\sqrt{x}) + A_2 H_0^{(2)}(2\alpha\sqrt{x}),\ \ \alpha = \frac{\omega}{\sqrt{g\beta}}\,, \tag{11.15}$$

식 (11.11)에 따르면 $H_0^{(1)}(\xi)$, $H_0^{(2)}(\xi)$ 의 $\xi \to \infty$ 일 때의 점근 근사는 다음과 같으므로,

$$H_0^{(1)}(\xi) \sim a_0 e^{i\xi_1},\ H_0^{(2)}(\xi) \sim a_0 e^{-i\xi_1}, \tag{11.16}$$

식 (11.15)는 식 (11.13)과 같은 결과를 주는 것을 확인할 수 있다.

위에서 구한 해를 **지변 함수**(slowly-varying functions)의 관점에서 보면, $A_2 = 0$일 때, 즉 반사파에 대해 수면파의 변위 $\eta(x,t)$는 다음과 같이 쓸 수 있고,

$$\eta(x,t) = Re\, a(x,t)\, e^{i\theta(x,t)}, \tag{11.17}$$

위에서 우리가 구한 해는 다음과 같이 쓸 수 있으므로,

$$\eta(x,t) = Re\, A_1 H_0^{(1)}(2\alpha\sqrt{x})e^{-i\omega t}, \tag{11.18}$$

위의 두 식의 비교로부터 $a(x,t)$에 대해 다음을 얻는다.

$$a(x,t) = A_1 a_0 = \frac{A_1}{\sqrt{\pi\omega}}\left(\frac{g\beta}{x}\right)^{1/4} \propto x^{-1/4},\ x \gg 1 \text{에 대해.} \tag{11.19}$$

이 식에 의하면 수심의 증가에 따라 반사파의 크기는 $x^{-1/4}$에 비례하여 감소하며, 위의 논의는 입사파에 대해서도 같은 방식으로 적용할 수 있으므로, 입사파의 경우에는 수심의 감소에 따라 수면파의 크기가 $x^{-1/4}$에 비례하여 증가한다. 수심의 변화에 따른 이와 같은 파도의 크기의 변화는 **그린 법칙**(Green's law)으로 알려져 있다.

한편 위상함수 $\theta(x,t)$에 대해서는 다음을 얻으므로,

$$\theta(x,t) = 2\alpha\sqrt{x} - \omega t - \frac{\pi}{4} = 2\omega\sqrt{\frac{x}{g\beta}} - \omega t - \frac{\pi}{4},\ x \gg 1 \text{에 대해,} \tag{11.20}$$

국부(local) 파수와 진동수에 대해 다음을 얻는다.

$$\theta_x = \frac{\omega}{\sqrt{g\beta x}} = k \simeq \frac{\omega}{\sqrt{gh_0}},\ -\theta_t = \omega. \tag{11.21}$$

수면파의 파수는 수심 $h_0(x)$의 증가에 따라 감소하므로 그 파장은 $\sqrt{h_0}$ 에 비례하여 증가함을 알 수 있다. 위 결과로부터 위상속도 c를 다음과 같이 얻는데,

$$c = \frac{\omega}{k} = \sqrt{g\beta x} \simeq \sqrt{gh_0(x)} = c_0(x)\,, \tag{11.22}$$

이 결과는 선형 천수파에 대한 우리의 기대와 일관되는 결과이다.

위에서 얻은 결과는 천수파에 대한 조건, $kh_0 \ll 1$이 만족되어야 유효하므로, 식 (11.21)을 사용하면 다음 조건이 성립해야 하며,

$$kh_0 \simeq \omega\sqrt{\frac{h_0}{g}} \ll 1\,,\ \ \therefore\ h_0(x) \simeq \beta x \ll \frac{g}{\omega^2}\,, \tag{11.23}$$

실제 이와 같은 조건이 만족되는 것은 $\beta \ll 1$일 때, 꽤 제한적인 범위의 x에 대해서 뿐인 점에 유의한다.

11.2 선형 수면파 이론의 일반해

이 절에서는 깊이 방향 평균화를 도입하지 않고, 또 천수를 가정하지 않은 채, 선형 이론을 사용하여 경사 해안에서의 수면파에 대한 기본 방정식을 먼저 유도하고 그에 대한 해를 구하기로 한다. 먼 바다로부터 입사파가 해변을 향해 들어오는 경우, 시간이 꽤 지난 후, 바닥이 경사진 경사 해안의 수면 상에 어떠한 수면파가 생성될 것인지에 대해 생각하기로 하면, 이에 대한 선형 경계치 문제는 다음과 같이 주어진다(그림 11.2 참조).

질량 보존 법칙으로부터 다음과 같이 속도 포텐셜 $\phi(x,y,t)$에 대한 라플라스 방정식을 얻고,

$$\phi_{xx} + \phi_{yy} = 0\,, \text{ 유체 영역에서,} \tag{11.24}$$

바닥에서의 비침투 조건은 식 (8.69)로부터 다음과 같이 주어지며,

$$\frac{\partial \phi}{\partial n} = 0,\ \ y = -x\tan\beta \text{ 에서,} \tag{11.25}$$

수표면에서의 선형화된 통합 수표면 조건은 식 (9.5)에서 $T=0$으로 취하여 다음과 같이 쓸 수 있다.

$$\phi_{tt} + g\,\phi_y = 0\,,\ \ y = 0 \text{ 에서.} \tag{11.26}$$

위의 문제를 풀어서 $\phi(x,y,t)$를 구하면 식 (9.4)에서 $T=0$으로 취하여 수면파의 변위 $\eta(x,t)$를 다음과 같이 얻는다.

$$\eta(x,t) = -\frac{\phi_t(x,0,t)}{g}\,. \tag{11.27}$$

그림 11.2에 보인 바와 같이 바닥에서의 법선 방향 단위 벡터 $\hat{n} = (\sin\beta,\ \cos\beta)$로 주어지므로, 식 (11.25)는 다음과 같이 다시 쓸 수 있다.

$$\phi_x \sin\beta + \phi_y \cos\beta = 0\,,\ \ y = -x\tan\beta \text{ 에서.} \tag{11.28}$$

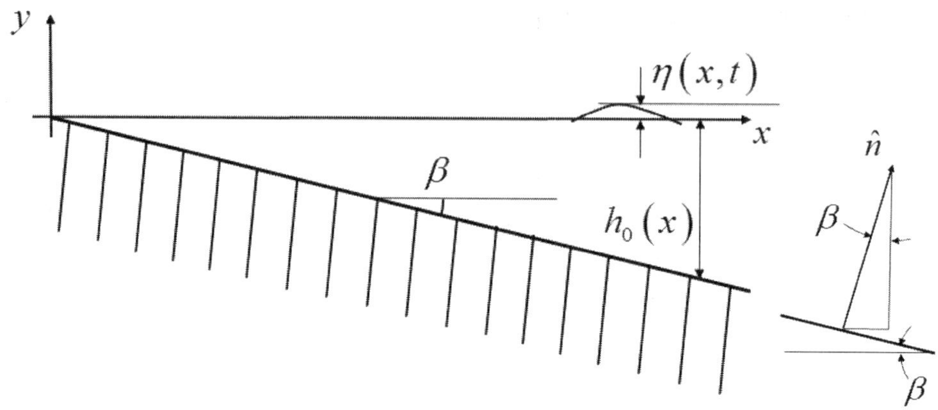

그림 11.2 경사 해안과 바닥에서의 법선 방향 단위 벡터 $\hat{n}$

시간에 따라 조화 함수처럼 변화하는 해를 구하기로 하고, 속도 포텐셜을 다음과 같은 변수 분리형으로 가정하는데,

$$\phi(x,y,t) = \frac{g^2}{\omega^3} Re\, f(x,y)\, e^{-i\omega t}, \tag{11.29}$$

여기서 우변의 $\frac{g^2}{\omega^3}$은 속도 포텐셜의 차원과 같은 차원을 가지는 양이며, $f(x,y)$는 무차원으로 복소 함수이다. 이를 주어진 문제, 식 (11.24), (11.28), (11.26), (11.27)에 대입하여 다음을 얻는다.

$$f_{xx} + f_{yy} = 0, \text{ 유체 영역에서,} \tag{11.30}$$

$$f_x \sin\beta + f_y \cos\beta = 0,\ \ y = -x\tan\beta \text{ 에서,} \tag{11.31}$$

$$f_y - Kf = 0,\ \ K = \frac{\omega^2}{g},\ \ y = 0 \text{ 에서,} \tag{11.32}$$

$$\eta(x,t) = K^{-1} Re\, i\, f(x,0)\, e^{-i\omega t}. \tag{11.33}$$

K의 차원은 L^{-1}로 무한 수심의 수면파에 대해서는 파수로 정의되었던 양임에 유의한다.

Hanson(1926){14}은 위의 식 (11.30), (11.31), (1.32)로 구성되는 문제에 대해 β가 다음 식으로 주어지는 특수한 경우들에 대해 해를 지수 함수들의 합으로 구할 수 있음을 보였는데,

$$\beta = \frac{\pi}{2N}, \quad N = 2, 3, \cdots, \tag{11.34}$$

예를 들어 $N=2$, 즉 $\beta = \pi/4$인 경우, 위 문제에 대한 해는 다음과 같이 주어질 수 있다.

$$f(x,y) = \frac{\sqrt{2}}{4}\big(e^{iKx + Ky + i\pi/4} + e^{-Kx - iKy + i\pi/4} + e^{-iKx + Ky - i\pi/4} + e^{-Kx + iKy - i\pi/4}\big). \tag{11.35}$$

우변의 각 항은 명백히 식 (11.30)을 만족하고, 첫째, 셋째 항은 각각, 그리고 둘째, 넷째 항은 그 합이 수표면 조건, 식 (11.32)를 만족하며, 바닥에서는 $y=-x$가 성립하므로, 첫째, 둘째 항의 합과 셋째, 넷째 항의 합이 식 (11.31)로부터 얻어지는 $f_x = -f_y$를 각각 만족함을 쉽게 보일 수 있다.

이 식 우변의 첫째 항은 반사파, 셋째 항은 입사파에 각각 상응하며, 둘째, 넷째 항은 x에 대해 지수 함수적으로 감소하여 $x \gg 1$인 영역에서는 영향을 미치지 못한다.

Whitham(1979)[18]은 위의 식 (11.30), (11.31), (1.32)로 구성되는 문제에 대해, 위의 식 (11.35)의 일반화된 형태라고 볼 수 있는 해를 제안하였다. 복소 변수 ζ에 대해 식 (11.30)의 요소해인 $e^{\zeta x \pm i\zeta y}$의 복소 적분 형태로 해를 다음과 같이 가정하였는데,

$$f(x,y) = \frac{1}{4\pi i}\int_C \left\{m_1(\zeta)\,e^{\zeta(x+iy)} + m_2(\zeta)\,e^{\zeta(x-iy)}\right\}d\zeta, \tag{11.36}$$

여기서 적분 경로 C는 차후에 정하기로 한다.

위의 식을 수표면 조건인 식 (11.32)에 대입하여 다음을 얻으며,

$$(i\zeta - K)m_1 - (i\zeta + K)m_2 = 0, \tag{11.37}$$

이 식으로부터 다음을 얻는다.

$$m_2 = \frac{i\zeta - K}{i\zeta + K} m_1 = \frac{\zeta + iK}{\zeta - iK} m_1 . \tag{11.38}$$

바닥은 극 좌표 $r = \sqrt{x^2 + y^2}$ 을 사용하여 다음과 같이 나타낼 수 있으므로,

$$(x, y) = r(\cos\beta, -\sin\beta), \quad \therefore\ x \pm iy = re^{\mp i\beta}, \tag{11.39}$$

이를 식 (11.36)에 대입한 뒤, 그 결과를 바닥 조건인 식 (11.31)에 대입하면 다음을 얻는다.

$$\int_C m_1 e^{\zeta r e^{-i\beta}} \zeta(\sin\beta + i\cos\beta) d\zeta + \int_C m_2 e^{\zeta r e^{i\beta}} \zeta(\sin\beta - i\cos\beta) d\zeta = 0,$$

$$\therefore \int_C e^{\zeta r e^{-i\beta}} \zeta e^{-i\beta} m_1(\zeta) d\zeta - \int_C e^{\zeta r e^{i\beta}} \zeta e^{i\beta} m_2(\zeta) d\zeta = 0 . \tag{11.40}$$

여기서 첫째 적분에 대해 $\zeta = e^{2i\beta}\mu = \alpha\mu$의 치환을 사용하면, 다음을 얻는데,

$$I = \alpha \int_{C_1} e^{\mu r e^{i\beta}} \mu e^{i\beta} m_1(\alpha\mu) d\mu, \tag{11.41}$$

이 식 우변 적분의 피적분 함수는 m_1의 자변수만 제외하면 식 (11.40) 둘째 적분의 피적분 함수와 같다. 만약 식 (11.41) 우변 적분의 경로 C_1을 원래의 적분 경로 C로 대체하는 것에 문제가 없다고 하면, 다시 말하면 C_1과 C 사이에 피적분 함수의 특이점이 존재하지 않는다고 하면, 식 (11.40)으로부터 다음 결과를 얻는다.

$$\alpha m_1(\alpha\zeta) = m_2(\zeta) = \frac{\zeta + iK}{\zeta - iK} m_1(\zeta), \quad \therefore\ m_1(\zeta) = \frac{\zeta - iK}{\zeta + iK} \alpha m_1(\alpha\zeta). \tag{11.42}$$

여기서 일단 C_1과 C 사이에 피적분 함수의 특이점이 존재하지 않음을 가정하기로 하고 차후 그 정당성에 대해 생각하기로 한다.

β의 값이 일반적인 경우에 대해 논의를 더 진행하는 것이 매우 힘들므로 이하에서는 식 (11.34)와 같은 형태로 주어지는 β에 대해서만 논의를 진행하기로 하는데, $N = 2$, 즉

$\beta = \pi/4$인 경우를 예로 들어 해를 얻는 과정을 살펴보기로 한다.

α를 다음과 같이 정의하기로 하면,

$$\alpha = e^{2i\beta} = e^{i\pi/N} = e^{i\pi/2} = i, \tag{11.43}$$

이를 식 (11.42)의 마지막 식에 대입하고, 이 식을 두 번 거듭 사용하여 다음 결과를 얻는데,

$$m_1(\zeta) = \frac{\zeta - iK}{\zeta + iK}\alpha m_1(\alpha\zeta) = \frac{\zeta - iK}{\zeta + iK}\alpha\left\{\frac{\alpha\zeta - iK}{\alpha\zeta + iK}\alpha m_1(\alpha^N\zeta)\right\},$$

$$\therefore (\zeta + iK)(\alpha\zeta + iK)m_1(\zeta) = -(\zeta - iK)(\alpha\zeta - iK)m_1(\alpha^N\zeta), \tag{11.44}$$

이 식의 양변을 α로 나누어 다음을 얻고,

$$(\zeta + iK)(\zeta + iK\alpha^{-1})m_1(\zeta) = -(\zeta - iK)(\zeta - iK\alpha^{-1})m_1(\alpha^N\zeta), \tag{11.45}$$

$\alpha^2 = \alpha^N = -1$, $\alpha^{-1} = -\alpha$임을 고려하면 다음을 얻는다.

$$(\zeta - iK\alpha^N)(\zeta - iK\alpha)m_1(\zeta) = -(\zeta + iK\alpha^N)(\zeta + iK\alpha)m_1(-\zeta). \tag{11.46}$$

k_n을 다음과 같이 정의하기로 하고,

$$k_n = iK\alpha^n, \ n = 0, 1, 2 = N, \tag{11.47}$$

이를 이용하여 식 (11.46)을 다시 쓰면 다음과 같다.

$$(\zeta - k_N)(\zeta - k_1)m_1(\zeta) = -(\zeta + k_N)(\zeta + k_1)m_1(-\zeta). \tag{11.48}$$

물론 위의 과정에서 $\alpha = i$를 이용하면 훨씬 간단히 위의 결과를 얻을 수 있지만, 일반적인 N에 대한 결과를 도출하는 과정을 보이기 위해 α를 그대로 사용하였다.

위 식으로부터 m_1의 해를 구하는 것이 일견 어려워 보이지만, 다음과 같은 해가 존재함

을 대입에 의해 쉽게 확인할 수 있으며,

$$m_1(\zeta) = \frac{\zeta^{N-1}}{(\zeta - k_1)(\zeta - k_N)} = \frac{\zeta}{(\zeta - k_1)(\zeta + iK)}, \tag{11.49}$$

이 결과를 일단 해로 받아들이고, 위 식을 식 (11.38)에 대입하여 m_2를 다음과 같이 얻는다.

$$m_2(\zeta) = \frac{\zeta^{N-1}}{(\zeta - k_1)(\zeta - k_0)} = \frac{\zeta}{(\zeta - k_1)(\zeta - iK)}. \tag{11.50}$$

식 (11.49), (11.50)을 식 (11.36)에 대입하여 $f(x,y)$를 다음과 같이 얻고,

$$f(x,y) = \frac{1}{4\pi i}\int_C \left(\frac{e^{i\zeta y}}{\zeta - k_N} + \frac{e^{-i\zeta y}}{\zeta - k_0} \right) \frac{\zeta e^{\zeta x}}{\zeta - k_1} d\zeta, \tag{11.51}$$

식 (11.33)으로 주어진 수면파의 변위를 구하는데 필요한 $f(x,0)$는 다음과 같이 얻는다.

$$f(x,0) = \frac{1}{4\pi i}\int_C \left(\frac{1}{\zeta - k_N} + \frac{1}{\zeta - k_0} \right) \frac{\zeta e^{\zeta x}}{\zeta - k_1} d\zeta,$$

$$\therefore f(x,0) = \frac{1}{2\pi i}\int_C \frac{\zeta^2 e^{\zeta x}}{(\zeta - k_0)(\zeta - k_1)(\zeta - k_N)} d\zeta. \tag{11.52}$$

식 (11.49)로 주어진 m_1의 유일성과 관련하여 만약 다른 해가 존재한다면 그 해는 물리적으로 타당하지 않은 해임을 보일 수 있으나 여기서는 생략하기로 하고, 단지 식 (11.52) 우변 적분의 피적분 함수와 관련하여 분모를 이루는 다항식의 차수가 분자의 차수보다 하나만 크다는 점을 지적해 두고 넘어 가기로 한다.

식 (11.52)의 피적분 함수는 3 개의 **단극점**(simple pole), $k_0 = iK$, $k_1 = iK\alpha = -K$, $k_2 = iK\alpha^N = -iK$를 가지며, 이들은 주어진 문제의 특성을 나타내는 수면파의 **고유 모드**(eigenmode)를 결정한다. $|\alpha^n| = |e^{2i\beta n}| = 1$이므로, 그림 11.3에 보인 바와 같이, 모든 단극점은 반경 K인 원주 상에 위치하며, k_0, k_N은 허수 축 상에 있고, k_1은 허수 축의 왼쪽에 위치한다.

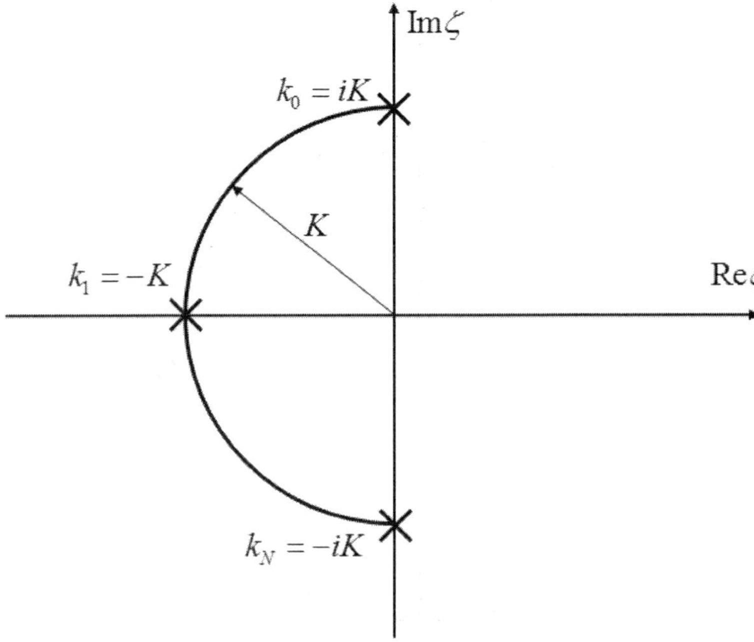

그림 11.3 $\beta = \pi/4$, 즉 $N = 2$인 경우에 대한 식 (11.51)의 단극점

식 (11.52) 우변 적분의 적분 경로 C가 그림 11.4에 보인 바와 같이 반경 $R > K$인 원이라고 하면, 식 (11.41)의 적분 경로 C_1은 C와 같으므로, 위에서 가정한 조건을 만족하며, 복소 적분의 값은 유수 정리에 의해 얻을 수 있고, 유수 $b_{-1}(k_n)$에서 지수 함수를 제외한 부분을 c_n 이라고 하면, 다음과 같이 쓸 수 있다.

$$f(x,0) = \sum_{n=0}^{N} c_n e^{k_n x}. \tag{11.53}$$

$N = 2$ 인 경우에 대해 다음을 얻는다([연습문제 1] 참조).

$$f(x,0) = \frac{e^{iKx}}{2(1-i)} + \frac{e^{-Kx}}{2} + \frac{e^{-iKx}}{2(1+i)}. \tag{11.54}$$

이 결과를 식 (11.33)에 대입하여 수면파의 변위를 다음과 같이 얻으며,

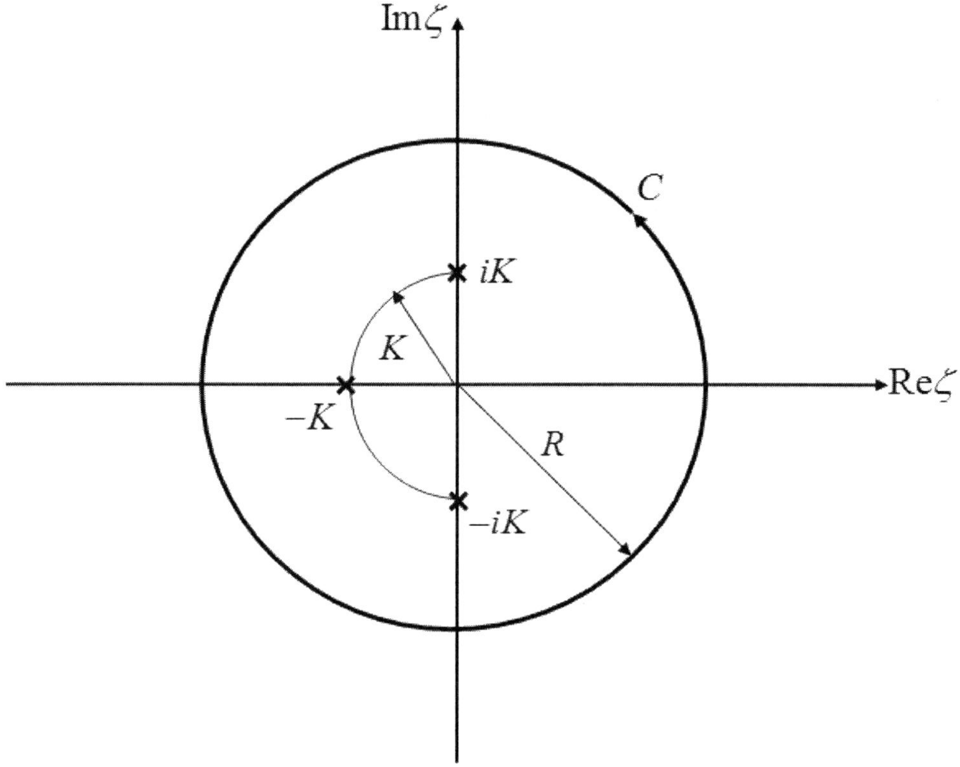

그림 11.4 $f(x,0)$에 대한 적분 경로

$$\eta(x,t) = \frac{1}{2\sqrt{2}K}\left\{-\sin\left(Kx - \omega t + \frac{\pi}{4}\right)\right.$$

$$\left. + \sqrt{2}e^{-Kx}\sin\omega t + \sin\left(Kx + \omega t + \frac{\pi}{4}\right)\right\}, \tag{11.55}$$

이 식에 따르면 k_0는 반사파, k_N은 입사파, k_1은 x에 대해 지수 함수적으로 감소하는, 소위 **급감파**(evanescent wave)에 각각 상응한다.

또한 식 (11.55)에서 입사파와 반사파의 진폭은 같으므로, 해변에서 완전 반사가 이루어지는 것을 알 수 있으며, $f(0,0)$에 대해 식 (11.54)로부터 다음을 얻으므로,

$$f(0,0) = \frac{1-i}{4} + \frac{1}{2} + \frac{1+i}{4} = 1\,, \tag{11.56}$$

위의 해는 $x=0$, 즉 해변에서 **유한한 값을 가지는**(bounded) 해이다.

$x \to \infty$ 일 때, 급감파, 즉 k_1에 기인하는 성분은 무시할 수 있을 만큼 작을 것이므로, 식 (11.51)로부터 다음을 얻는데,

$$f(x,y) \sim \frac{e^{Ky}}{2}\left(\frac{-ie^{-iKx}}{1-i}+\frac{ie^{iKx}}{1+i}\right),\ x \to \infty \text{ 일 때,} \tag{11.57}$$

이를 식 (11.29)에 대입하여 $x \to \infty$ 일 때의 속도 포텐셜에 대해 다음 결과를 얻는다.

$$\phi(x,y,t) \sim -\frac{g^2}{\omega^3}\frac{e^{Ky}}{2\sqrt{2}}\left\{\sin\left(Kx+\omega t-\frac{\pi}{4}\right)+\sin\left(Kx-\omega t-\frac{\pi}{4}\right)\right\}. \tag{11.58}$$

이 식 우변은 파수 K의 심해 수면파로 반사파와 입사파에 대한 속도 포텐셜이므로, $x \to \infty$ 의 가정과 일관되며 물리적으로도 타당한 결과를 얻는다.

한편 $x \to \infty$ 일 때 $f(x,0)$는 식 (11.57)로부터 얻을 수 있고, 또 해변에서의 $f(0,0)$는 식 (11.56)으로부터 얻을 수 있으므로, 해변에서의 파도의 크기와 먼 바다에서의 파도의 진폭의 비, 즉 **증폭비**(amplification ratio) ρ는 다음과 같이 얻는다.

$$\rho = \frac{|f(0,0)|}{|f(\infty,0)|} = \sqrt{2}\,. \tag{11.59}$$

이 결과에 따르면 $\beta = \frac{\pi}{4}$ 일 때, 수심의 감소에 따라 해변에서 수면파의 크기는 먼 바다에서의 파도의 크기에 비해 $\sqrt{2}$ 배 증가한다.

N이 일반적인 값을 가질 경우, 위에서 보인 것과 유사한 과정을 통해 경사 해안 문제에 대한 선형 수면파 이론의 **일반해**(general solution)에 상응하는 $f(x,y)$를 다음과 같이 얻을 수 있는데,

$$f(x,y) = \frac{1}{4\pi i}\int_C\left(\frac{e^{i\zeta y}}{\zeta-k_N}+\frac{e^{-i\zeta y}}{\zeta-k_0}\right)\frac{\zeta^{N-1}e^{\zeta x}}{(\zeta-k_1)(\zeta-k_2)\cdots(\zeta-k_{N-1})}\,d\zeta, \tag{11.60}$$

이 식의 피적분 함수는 $N+1$ 개의 단극점을 가지며, $k_1,\ k_2,\ \cdots,\ k_{N-1}$의 실수부는 모

두 영보다 작아서 급감파에 상응하고, $k_0 = iK$, $k_N = -iK$로 각각 반사파와 입사파에 상응한다. N이 짝수이면 $m = N/2$일 때 $k_m = -K$이며, N이 홀수이면 $Imk_n = 0$인 k_n은 존재하지 않는다.

수면파의 변위를 구하는데 필요한 $f(x,0)$는 식 (11.60)으로부터 다음과 같이 얻으며,

$$f(x,0) = \frac{1}{2\pi i}\int_C \frac{\zeta^N e^{\zeta x}}{(\zeta - k_0)(\zeta - k_1)\cdots(\zeta - k_N)}d\zeta, \tag{11.61}$$

따라서 해변인 원점 $(x,y) = (0,0)$에서 함수 f는 다음과 같이 주어지는데,

$$f(0,0) = \frac{1}{2\pi i}\int_C \frac{\zeta^N}{(\zeta - k_0)(\zeta - k_1)\cdots(\zeta - k_N)}d\zeta, \tag{11.62}$$

적분 경로 C를 반경 $R \to \infty$인 원으로 취하면, 위 식으로부터 다음 결과를 얻는다.

$$f(0,0) = \frac{1}{2\pi i}\int_C \frac{\zeta^N}{\zeta^{N+1}}d\zeta = 1. \tag{11.63}$$

식 (11.56)도 위 식과 일관된 결과를 보여주고 있다.

$x \to \infty$일 때, 급감파, 즉 k_1, k_2, $\cdots$, k_{N-1}에 기인하는 성분은 무시할 수 있을 만큼 작을 것이므로, 식 (11.61), (11.53)으로부터 다음을 얻는데,

$$f(x,0) \sim c_0 e^{iKx} + c_N e^{-iKx} = 2Re c_0 e^{iKx} = 2|c_0|\cos(Kx + \delta), \tag{11.64}$$

여기서 δ는 c_0의 **편각**(argument)이고, c_0, c_N은 각각 다음과 같다.

$$c_0 = \frac{1}{(1-\alpha)(1-\alpha^2)\cdots(1-\alpha^N)} = \frac{1}{2(1-\alpha)(1-\alpha^2)\cdots(1-\alpha^{N-1})}, \tag{11.65}$$

$$\begin{aligned} c_N &= \frac{1}{(1-\alpha^{-1})(1-\alpha^{-2})\cdots(1-\alpha^{-N})} \\ &= \frac{1}{2(1-\alpha^{-1})(1-\alpha^{-2})\cdots(1-\alpha^{-(N-1)})} = c_0^*. \end{aligned} \tag{11.66}$$

여기서 $\alpha = e^{2i\beta} = e^{i\pi/N}$이며 상첨자 *는 공액 복소수를 뜻한다.

c_0, c_N을 구하기 위해 먼저 1, α, α^2, $\cdots$, α^{N-1}, -1, $\alpha^{-(N-1)}$, $\cdots$, α^{-2}, α^{-1}은 다음과 같은 복소 변수 z의 $2N$차 방정식의 해인 것에 주목하고,

$$z^{2N} - 1 = 0, \tag{11.67}$$

또 위 식의 좌변을 인수 분해형으로 다음과 같이 쓸 수 있으므로,

$$z^{2N} - 1 = (z-1)(z-\alpha)\cdots(z-\alpha^{N-1})(z+1)(z-\alpha^{-(N-1)})\cdots(z-\alpha^{-1}), \tag{11.68}$$

이들로부터 다음 식을 얻는다.

$$\frac{z^2-1}{z^{2N}-1} = \frac{1}{(z-\alpha)\cdots(z-\alpha^{N-1})(z-\alpha^{-(N-1)})\cdots(z-\alpha^{-1})}. \tag{11.69}$$

한편, 식 (11.65), (11.66)으로부터 $4c_0 c_N = 4|c_0|^2$과 위 식 우변에 $z=1$을 대입한 결과는 같으므로 다음을 얻는다.

$$\lim_{z\to 1}\frac{z^2-1}{z^{2N}-1} = 4|c_o|^2. \tag{11.70}$$

위 식 좌변에 대해 **L'Hopital 규칙**(L'Hopital's rule)을 이용하여 다음을 얻으므로,

$$\lim_{z\to 1}\frac{z^2-1}{z^{2N}-1} = \lim_{z\to 1}\frac{2z}{2Nz^{2N-1}} = \frac{1}{N}, \tag{11.71}$$

결국 $|c_0|$를 다음과 같이 얻는다([연습문제 4] 참조).

$$|c_0| = \frac{1}{2\sqrt{N}}. \tag{11.72}$$

이 식과 식 (11.64)로부터 $|f(\infty, 0)| = \dfrac{1}{\sqrt{N}}$을 얻으며, 또 식 (11.63)으로부터 $|f(0,0)| = 1$를 얻으므로, 식 (11.59)에서 정의한 증폭비 ρ에 대해 다음을 얻는데,

$$\rho = \sqrt{N} = \sqrt{\frac{\pi}{2\beta}}, \tag{11.73}$$

식 (11.59)에서 얻었던 결과도 위 식과 일관된 결과를 주고 있음을 확인할 수 있다. 이 식에 따르면 N이 증가함에 따라, 다시 말하면 경사 해안의 기울기가 작아짐에 따라 증폭비는 $\beta^{-1/2}$에 비례하여 증가한다.

경사 해안과 관련하여 실제로 관심이 있는 경우는 $\beta \ll 1$인 경우인데, 위의 결과에 따르면 그와 같은 경우 해변에서의 파도의 크기가 매우 커지는 상황이 발생하며, 선형 이론의 가정이 성립하지 않게 될 것이다. 물론 실제로는 해안가에서 통상 **쇄파**(breaking waves)가 발생하며, 선형 이론의 범주 내에서 쇄파 현상은 파도의 크기가 무한히 커지는 경우에 상응하므로, 다음 절에서는 식 (11.61)과 관련하여 $x \to 0$일 때, 적분 결과가 대수적 특이성을 가지는 적분 경로에 대해 고찰하기로 한다.

11.3 해변에서 대수적 특이성을 가지는 해

$f(x,0)$에 대한 식 (11.61)과 관련하여 그림 11.5에 보인 적분 경로 C_1을 생각하는데, 경로 C_1을 택하여 얻는 $f(x,0)=f_1(x,0)$라고 하자.

먼저 실수 축 상에서 $Re\zeta\in(-\infty,-A)$, $A\gg 1$인 구간의 적분 $I(x)$에 대해 생각하면 다음을 얻으며,

$$I(x)=\int_{-\infty}^{-A}\frac{\zeta^N e^{\zeta x}}{(\zeta-k_0)(\zeta-k_1)\cdots(\zeta-k_N)}d\zeta=\int_{-\infty}^{-A}\frac{e^{\zeta x}}{\zeta}d\zeta+O(1), \quad (11.74)$$

마지막 적분에 대해 $\zeta x=-\xi$의 치환을 적용하여 다음을 얻는데,

$$I(x)\sim-\int_{Ax}^{\infty}\frac{e^{-\xi}}{\xi}d\xi=-E_1(Ax), \quad (11.75)$$

우변의 $E_1(\xi)$는 **지수적분**(exponential integral)으로 다음과 같은 급수로 주어진다(이승준 (2014)[8] 참조).

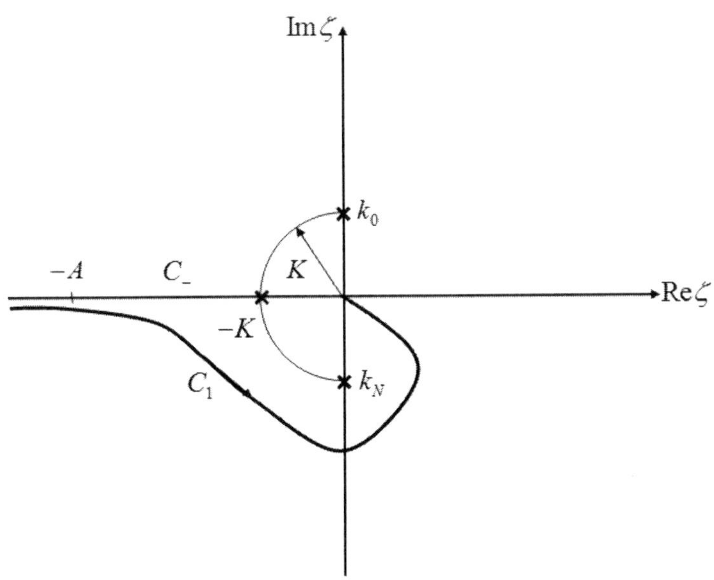

그림 11.5 $f_1(x,0)$에 대한 적분 경로 C_1

$$E_1(\xi) = -\gamma - \ln\xi - \sum_{n=1}^{\infty} \frac{(-1)^n \xi^n}{n\,n!}, \quad |\arg\xi| < \pi. \tag{11.76}$$

여기서 $\gamma = 0.5772$로 **오일러 상수**(Euler constant)라고 부르며, ξ는 음의 실수가 아닌 복소 변수이다.

따라서 적분 경로 C_1을 취하여 얻는 $f_1(x,0)$는 $x \to 0$일 때, 대수적 특이성을 가질 것임을 알 수 있다. 한편, 식 (11.74) 우변의 피적분 함수를 $G(\zeta, x)$라고 하면 **부분 분수**(partial fraction)를 이용하여 다음을 얻는데,

$$G(\zeta,x) = \frac{\zeta^N e^{\zeta x}}{(\zeta-k_0)(\zeta-k_1)\cdots(\zeta-k_N)} = \sum_{n=0}^{N} \frac{c_n e^{\zeta x}}{\zeta-k_n}, \tag{11.77}$$

여기서 c_n은 식 (11.53)에서 사용하였던 유수 $b_{-1}(k_n)$에서 지수 함수를 제외한 부분과 같은 양이다.

$f_1(x,0)$를 구하기 위해 그림 11.6에 보인 $C_1 + C_- = C_A$의 폐경로를 생각하면 다음을 얻는다.

$$\frac{1}{2\pi i}\int_{C_A} G(\zeta,x)d\zeta = \sum_{Im\,k_n<0} c_n e^{k_n x}, \tag{11.78}$$

$$\frac{1}{2\pi i}\int_{C_-} G(\zeta,x)d\zeta = -\frac{c_m}{2}e^{-Kx} - \frac{1}{2\pi i}PV\int_{-\infty}^{0} G(\zeta,x)d\zeta, \tag{11.79}$$

$$\therefore f_1(x,0) = \sum_{Im\,k_n<0} c_n e^{k_n x} + \frac{c_m}{2}e^{-Kx} + \sum_{n=0}^{N}\frac{c_n}{2\pi i}PV\int_{-\infty}^{0}\frac{e^{\zeta x}}{\zeta-k_n}d\zeta. \tag{11.80}$$

식 (11.78)은 유수 정리에 의해 얻고, 식 (11.79) 우변의 첫째 항에서 c_m은 N이 짝수일 때만 $\zeta = -K$ 주변의 적분으로부터 얻어지는데, $m = N/2$일 때 그 점에 대한 유수로부터 얻어지며, N이 홀수 일 때는 $c_m = 0$이 된다. 또 적분 앞의 PV는 $\epsilon \to 0$일 때, 구간 $\zeta \in (-K-\epsilon, -K+\epsilon)$에 대한 부분을 제외한 **주치 적분**(principal value integral)을 뜻하고, 식 (11.80) 우변의 마지막 항을 얻기 위해서는 식 (11.77)을 사용하였다.

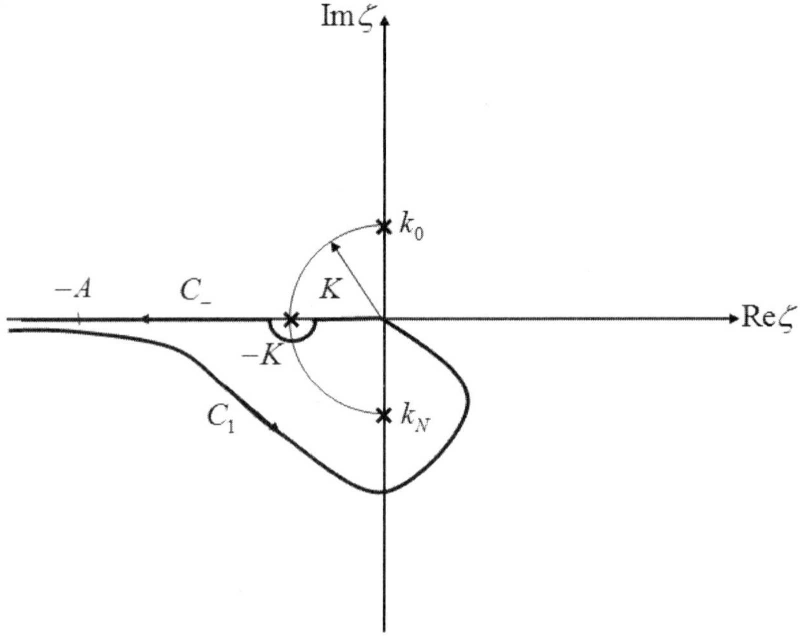

그림 11.6 $f_1(x,0)$에 대한 적분 경로 $C_1+C_-=C_A$

식 (11.80) 우변의 첫째 항은 $k_N=-iK$에 상응하는 항을 제외하면, $Re k_n<0$이므로, $x\gg 1$에 대해 큰 영향을 미치지 못할 것이며, 둘째 항 역시 지수 함수적으로 감소하는 양이다. 셋째 항의 주치 적분은 N이 짝수 일 때, $n\neq N/2$, 즉 $k_n\neq -K$에 대해서는 피적분 함수가 적분 경로인 음의 실수 축 상에서 특이점을 가지지 않으므로 $(\zeta-k_n)x=-\xi$의 치환을 사용하여 다음을 얻으며,

$$\int_{-\infty}^{0}\frac{e^{\zeta x}}{\zeta-k_n}d\zeta=-e^{k_n x}\int_{k_n x}^{\infty}\frac{e^{-\xi}}{\xi}d\xi=-e^{k_n x}E_1(k_n x), \tag{11.81}$$

$n=N/2$에 대해서는 주치 적분을 적용하여 식 (11.76)으로 주어진 지수적분을 그대로 사용할 수 있으므로, 결국 이들을 식 (11.80)에 대입하여 다음을 얻는다.

$$f_1(x,0)=\sum_{Im k_n<0}c_n e^{k_n x}+\frac{c_m}{2}e^{-Kx}-\frac{1}{2\pi i}\sum_{n=0}^{N}c_n e^{k_n x}E_1(k_n x). \tag{11.82}$$

위 식 우변의 둘째 항의 c_m은 N이 짝수일 때만 영이 아님에 다시 한 번 유의한다.

이 절의 도입부에서 생각하였던 것과 같이 적분 경로 C_1에 대한 해는 이 식 우변 셋째 항의 지수적분으로부터 $x \to 0$일 때 **대수적 특이성**(logarithmic singularity)을 보임을 확인할 수 있다.

한편, $x \to \infty$ 일 때의 $f_1(x,0)$는 다음과 같은 지수적분의 점근 전개를 사용하고,

$$E_1(\xi) \sim \frac{e^{-\xi}}{\xi}, \ \xi \to \infty \text{ 일 때}, \tag{11.83}$$

식 (11.82) 우변 첫째 항의 급수에서 $n = N$, 즉 $k_N = -iK$에 상응하는 항만 남으므로 다음과 같이 얻는다.

$$f_1(x,0) \sim c_N e^{-iKx} - \frac{1}{2\pi i x} \sum_{n=0}^{N} \frac{c_n}{k_n}, \ x \to \infty \text{ 일 때}. \tag{11.84}$$

이 식 우변의 첫째 항은 파수 K의 입사파이며, 둘째 항은 x^{-1}에 비례하여 감소하는 국부적인 수면 변화에 상응한다.

만약 $f(x,0)$에 대한 식 (11.61)과 관련하여 그림 11.7에 보인 적분 경로 C_2를 고려하기로 하고, 경로 C_2를 택하여 얻는 $f(x,0) = f_2(x,0)$라고 하면, 위에서 보인 것과 유사한 해석을 거쳐 다음과 같은 결과를 얻는다([연습문제 5] 참조).

$$f_2(x,0) = \sum_{Im k_n > 0} c_n e^{k_n x} - \frac{c_m}{2} e^{-Kx} + \sum_{n=0}^{N} \frac{c_n}{2\pi i} PV \int_{-\infty}^{0} \frac{e^{\zeta x}}{\zeta - k_n} d\zeta. \tag{11.85}$$

이 식 우변 셋째 항을 지수적분을 사용하여 나타내면 다음을 얻으며,

$$f_2(x,0) = \sum_{Im k_n > 0} c_n e^{k_n x} - \frac{c_m}{2} e^{-Kx} - \frac{1}{2\pi i} \sum_{n=0}^{N} c_n e^{k_n x} E_1(k_n x), \tag{11.86}$$

이 식으로부터 $f_2(x,0)$ 또한 $x \to 0$일 때 대수적 특이성을 보임이 확인된다.

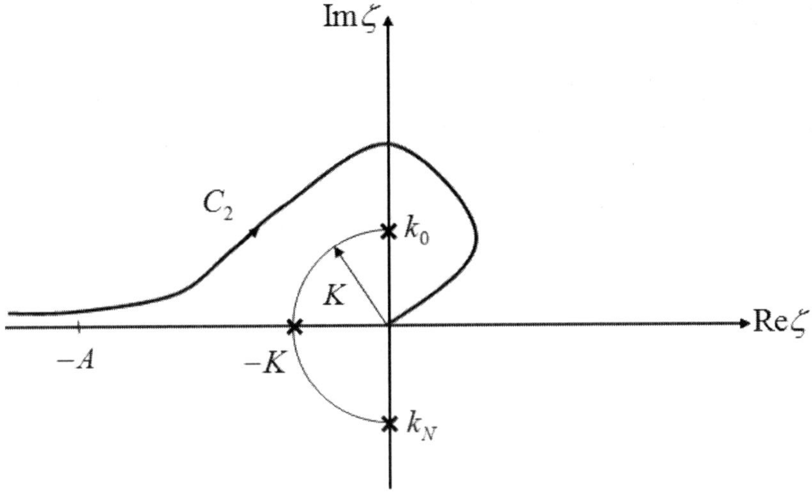

그림 11.7 $f_2(x,0)$에 대한 적분 경로 C_2

$x \to \infty$ 일 때의 $f_2(x,0)$는 지수적분의 점근 전개를 사용하고, 식 (11.86) 우변 첫째 항의 급수에서 $n=0$, 즉 $k_0 = iK$에 상응하는 항만 남으므로 다음과 같이 얻으며,

$$f_2(x,0) \sim c_0\, e^{iKx} - \frac{1}{2\pi i x}\sum_{n=0}^{N}\frac{c_n}{k_n}, \quad x \to \infty \text{ 일 때,} \tag{11.87}$$

여기서 우변 첫째 항은 파수 K의 반사파이고, 둘째 항은 x^{-1}에 비례하여 감소하는 국부적인 수면 변화에 상응한다.

위에서 얻은 $f_1(x,0)$과 $f_2(x,0)$의 어떠한 선형 결합도 원래 주어진 경계치 문제의 해에 상응하는 $f(x,0)$로 볼 수 있는데, $f_1(x,0)-f_2(x,0)$는 원점에서의 특이성을 가지지 않고, 또 $f_1(x,0)+f_2(x,0)$는 원점에서 대수적 특이성을 가져, 전자는 제1종 0차 베셀 함수 $J_0(x)$, 후자는 제2종 베셀 함수 $Y_0(x)$와 유사한 성질을 가진다. 또한 $f_1(x,0)$과 $f_2(x,0)$의 임의의 선형 결합에 의해 해변에서의 반사가 **부분 반사**(partial reflection)인 경우에 대한 해도 얻을 수 있으며, 이때 일반적으로는 해변에서의 대수적 특이성이 유지될 것으로 볼 수 있다.

11.4 선형 수면파 이론의 천수 근사

2절, 3절에서 보인 선형 수면파 이론은 수심과 바닥의 경사각 β에 대해 특별한 제한이 없었다. 그런데 경사 해안과 관련하여 실제로 관심이 있는 경우는 $\beta \ll 1$이므로, $\beta \to 0$, 다시 말하면 $N \to \infty$인 경우에 대해 $f(x,0)$를 주는 식 (11.61)의 근사를 구하기로 한다.

식 (11.77)에서 도입하였던 $G(\zeta,x)$를 사용하면 식 (11.61)은 다음과 같이 다시 쓸 수 있고,

$$f(x,0) = \frac{1}{2\pi i}\int_C G(\zeta,x)d\zeta, \tag{11.88}$$

피적분 함수 $G(\zeta, x)$와 관련하여 다음 식을 얻을 수 있다.

$$\zeta G(\zeta,x) = \frac{e^{x\zeta}}{\left(1-k_0\zeta^{-1}\right)\left(1-k_1\zeta^{-1}\right)\cdots\left(1-k_N\zeta^{-1}\right)}\,. \tag{11.89}$$

이 식 우변의 분모에 ln를 취하면 다음을 얻고,

$$I = \ln\left\{\left(1-k_0\zeta^{-1}\right)\left(1-k_1\zeta^{-1}\right)\cdots\left(1-k_N\zeta^{-1}\right)\right\} = \sum_{n=0}^{N}\ln\left(1-k_n\zeta^{-1}\right), \tag{11.90}$$

$|\Delta| \ll 1$일 때, $\ln(1-\Delta) \simeq -\Delta$, $k_n = iK\alpha^n$, $\alpha^N = -1$임을 이용하여 다음과 같은 근사식을 얻으며,

$$I \simeq -\zeta^{-1}\sum_{n=0}^{n=N}k_n = -\zeta^{-1}iK\frac{1-\alpha^{N+1}}{1-\alpha} = -iK\zeta^{-1}\frac{1+\alpha}{1-\alpha}, \tag{11.91}$$

또 $\beta \ll 1$일 때, $\alpha = e^{2i\beta} \simeq (1+2i\beta)$임을 이용하면 다음 근사식을 얻는다.

$$I \simeq iK\zeta^{-1}\frac{2(1+i\beta)}{2i\beta} \simeq \frac{K}{\beta\zeta}. \tag{11.92}$$

따라서 무차원 변수인 $\xi = \dfrac{\beta}{K}\zeta$를 도입하고, 위의 결과들을 이용하면 식 (11.89)로부터 다음을 얻는데,

$$\zeta G(\zeta, x) = e^{K\beta^{-1}x\xi - \xi^{-1}}, \tag{11.93}$$

이를 식 (11.88)에 대입하여 다음 결과를 얻는다.

$$f(x,0) \simeq \frac{1}{2\pi i}\int_C e^{\frac{Kx}{\beta}\xi - \xi^{-1}} \frac{d\xi}{\xi}. \tag{11.94}$$

한편 제1종 0차 베셀 함수 $J_0(z)$를 복소 적분으로 나타내는 다음 관계는 잘 알려져 있는데(Arfken(1985)[11] 참조),

$$J_0(\mu) = \frac{1}{2\pi i}\int_C e^{\frac{\mu^2}{4}\xi - \xi^{-1}} \frac{d\xi}{\xi}, \tag{11.95}$$

여기서 적분 경로는 그림 11.8에 보인 바와 같다.

이 식의 우변과 식 (11.94)의 우변을 비교하여 다음을 얻는다.

$$f(x,0) \simeq J_0(\mu),\ \mu = 2\sqrt{\frac{Kx}{\beta}} = 2\omega\sqrt{\frac{x}{g\beta}}. \tag{11.96}$$

단 여기서 $\beta \to 0$인 경우를 생각하고 있으므로, $x \ll 1$이 성립해야만 위 식이 의미를 가질 수 있으며, 따라서 위의 근사는 $\beta \to 0$이고, $\sqrt{\dfrac{Kx}{\beta}}$의 값은 고정된 경우에 대한 근사로 볼 수 있다. 다시 말하면 매우 작은 경사각의 천수 영역에 대한 선형 이론의 근사로 볼 수 있다.

1절에서 선형 천수파 이론을 사용하여 얻은 해에서 식 (11.9) 우변의 첫째 항만 취하고 $A = 1$로 하면, 다음을 얻는데,

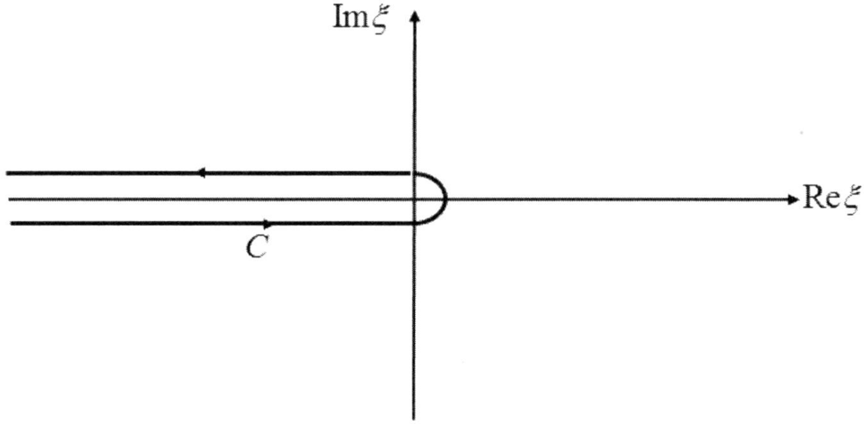

그림 11.8 $J_0(\mu)$ 에 대한 복소 적분의 적분 경로

$$f(x) = J_0\left(2\omega\sqrt{\frac{x}{g\beta}}\right), \tag{11.97}$$

이 식의 우변은 식 (11.96) 우변과 일치하며 식 (11.96)이 선형 이론의 천수 근사임을 다시 한 번 확인할 수 있다.

이하에서는 $\beta \to 0$ 또는 $N \to \infty$ 를 가정하고, 위에서 구한 천수 근사보다 조금 더 정확한 근사를 **최대경사 하강법**(method of steepest descent)을 사용하여 얻기로 한다.

먼저 식 (11.61)에서 적분 변수 $\zeta = i\,z$ 로 치환하고, $k_n = i\tau_n$ 이라고 하면 다음을 얻는데,

$$f(x,0) = \frac{1}{2\pi i}\int_C \frac{z^N e^{ixz}}{(z-\tau_0)(z-\tau_1)\cdots(z-\tau_N)}\,dz\,, \tag{11.98}$$

피적분 함수의 분모 $D(z)$ 를 다음과 같이 바꾸어 쓸 수 있으며,

$$D(z) = G(z)(z-\tau_0)^{1/2}(z-\tau_N)^{1/2}, \tag{11.99}$$

$$G(z) = (z-\tau_0)^{1/2}(z-\tau_1)\cdots(z-\tau_{N-1})(z-\tau_N)^{1/2}, \tag{11.100}$$

이 식은 $\tau_n = K\alpha^n = Ke^{2in\beta}$ 를 고려하여 다음과 같이 다시 바꾸어 쓸 수 있고,

$$z^{-N}G(z)=\left(1-Kz^{-1}\right)^{1/2}\left(1-Ke^{2i\beta}z^{-1}\right)\cdots\left(1-Ke^{2i(N-1)\beta}z^{-1}\right)\left(1+Kz^{-1}\right)^{1/2}, \quad (11.101)$$

위 식의 우변에 ln 를 취하면 다음을 얻는다.

$$\begin{aligned} I(z) &= \frac{1}{2}\ln\left(1-Kz^{-1}\right)+\ln\left(1-Kz^{-1}e^{2i\beta}\right)+\cdots \\ &\quad +\ln\left(1-Kz^{-1}e^{2i(N-1)\beta}\right)+\frac{1}{2}\ln\left(1+Kz^{-1}\right). \end{aligned} \quad (11.102)$$

이 식의 우변은 $\beta\to 0$, $N\to\infty$ 를 고려하여 적분 변수 $\sigma=\dfrac{n}{N}=n\dfrac{2\beta}{\pi}$, 즉 $2n\beta=\pi\sigma$ 를 사용하면 **사다리꼴 규칙**(trapezoidal rule)을 적용하여 다음과 같은 적분으로 근사할 수 있고,

$$I(z)\simeq N\int_0^1 \ln\left(1-Kz^{-1}e^{i\pi\sigma}\right)d\sigma, \quad (11.103)$$

위 식 우변의 적분을 다음과 같이 표기하면,

$$\int_0^1 \ln\left(1-Kz^{-1}e^{i\pi\sigma}\right)d\sigma=\frac{2i}{\pi}F(z), \quad (11.104)$$

이를 식 (11.103)에 대입하여 $I(z)=i\beta^{-1}F(z)$ 를 얻고, 따라서 식 (11.101), (11.102)로부터 $z^{-N}G(z)\simeq e^{i\beta^{-1}F(z)}$를 얻으므로, 이를 식 (11.98)에 대입하여 다음을 얻는다.

$$f(x,0)=\frac{1}{2\pi i}\int_C \frac{e^{i\beta^{-1}\{\beta xz-F(z)\}}}{(z-K)^{1/2}(z+K)^{1/2}}dz. \quad (11.105)$$

위 식 우변 피적분 함수의 분자는 지수 함수로 주어져 있는데, 이 지수 함수의 지수는 β^{-1}, 즉 매우 큰 숫자를 인수로 하고 있으므로, 고정된 βx 에 대해 위의 적분은 최대경사하강법을 사용하여 근사할 수 있다.

다음과 같은 복소 적분이 주어졌다고 할 때,

$$S(\mu) = \int_C g(z)e^{\mu w(z)}dz\,, \tag{11.106}$$

여기서 $\mu \to \infty$ 인 실수 매개변수이고, $g(z)$, $w(z)$는 복소 함수인데, 이 적분의 점근값은 $w(z)$의 실수부가 최대가 되는 $\frac{dw}{dz}=0$을 만족하는 점, 즉 **안장점**(saddle point)으로부터 $w(z)$의 허수부가 일정한 값을 가지는 경로, 즉 최대경사 하강 경로를 따른 적분에 의해 주어진다고 볼 수 있으므로, $w(z)$가 하나의 안장점 z_0를 가진다고 할 때, 식 (11.106)의 적분은 근사적으로 다음과 같이 주어진다.

$$S(\mu) \approx \sqrt{\frac{2\pi}{\mu|w''(z_0)|}}\,g(z_0)e^{\mu w(z_0)+i\epsilon}\,. \tag{11.107}$$

여기서 ϵ은 안장점 부근의 최대경사 하강 경로 상의 점을 z라고 할 때, $z-z_0$의 편각이다.

위의 식 (11.107)을 식 (11.105)에 적용하면 안장점 $z=k$는 다음 식으로 주어지고,

$$\beta x = \left.\frac{dF}{dz}\right|_{z=k}\,, \tag{11.108}$$

$f(x,0)$에 대해 $\beta \to 0$일 때에 대한 다음과 같은 점근 근사를 얻는다.

$$f(x,0) \approx -i\sqrt{\frac{\beta}{2\pi}}\,\frac{e^{i\{kx-F(k)+\epsilon\}}}{\{|F''(k)|(k^2-K^2)\}^{1/2}}\,. \tag{11.109}$$

이 식으로부터 수면파의 성질에 대한 정보를 얻기 위해서는 먼저 안장점 k를 구해야 하는데, 식 (11.104) 좌변의 적분에 $\xi = ze^{-i\pi\sigma}$, 즉 $d\sigma = \frac{i}{\pi}\frac{d\xi}{\xi}$의 치환을 도입하여 다음을 얻으므로,

$$F(z) = \frac{1}{2}\int_z^{-z}\ln\left(1-\frac{K}{\xi}\right)\frac{d\xi}{\xi}\,, \tag{11.110}$$

적분 구간을 음과 양으로 나누어 쓰고, 음의 구간에 대해 $\xi \to -\xi$로 치환해 주면 다음을 얻는다.

$$F(z) = \frac{1}{2}\int_0^z \ln\frac{\xi+K}{\xi-K}\frac{d\xi}{\xi}. \tag{11.111}$$

따라서 식 (11.108)에 이 식을 대입하여 다음을 얻으며,

$$\beta x\, k = \frac{1}{2}\ln\frac{k+K}{k-K}, \tag{11.112}$$

[연습문제 7]에서 보인 바와 같이 다음 관계가 성립하므로,

$$\gamma = \frac{1}{2}\ln\frac{a+b}{a-b} \Leftrightarrow b = a\tanh\gamma, \tag{11.113}$$

이 관계를 이용하면 식 (11.112)로부터 다음을 얻는다.

$$K = k\tanh k\beta x. \tag{11.114}$$

식 (11.32), $K = \dfrac{\omega^2}{g}$ 와 $h_0(x) \simeq \beta x$를 위 식에 대입하면 다음을 얻는데,

$$\omega^2 = gk\tanh kh_0(x), \tag{11.115}$$

이 식은 바로 유한 수심에 대한 분산관계식, 식 (9.16)임을 확인할 수 있다. 따라서 안장점을 결정하는 식 (11.112)는 파도의 진동수 ω가 주어졌을 때, 수면파의 파수, 즉 고유 모드를 결정하는 식이다.

또 지변 함수의 관점에서 보면 식 (11.109)에 상응하는 수면파의 위상함수는 다음과 같으므로,

$$\theta(x,t) = kx - F(k) - \omega t - \frac{\pi}{2} + \epsilon, \tag{11.116}$$

국부 파수의 정의 $\theta_x = k$와도 일관된 결과를 준다.

식 (11.109)로부터 얻는 수면파는 따라서 유한 수심에 대한 분산관계식을 만족하며, 전반부에서 얻은 천수 근사보다는 훨씬 넓은 영역에 대해 정확한 결과를 줄 것으로 기대할 수 있다.

$\beta = 6^\circ$, 즉 $0.1047\,rad$인 경우에 대한 **엄밀한**(exact) 선형 이론에 의한 수치 계산 결과 및 실험 결과와의 비교에 따르면, 이 절의 전반부에서 얻은 천수 근사는, $x \in (x_b, x_b + 2\lambda)$인 천수 영역에서 만족할 만한 결과를 주지만, 식 (11.109)로 주어지는 수면파는 $x \in \left(\frac{\lambda}{3}, \infty\right)$에 대해 만족할 만한 결과를 주는 것으로 알려져 있다. 여기서 $\lambda = \frac{2\pi}{K}$는 ω에 상응하는 심해 수면파의 파장이며, $x_b < \frac{\lambda}{3}$는 해변에 너무 근접하여 비선형 효과를 무시하기 힘든 x의 한계값이다.

연습문제

1. 유수 정리를 사용하여 식 (11.52), (11.53)으로부터 식 (11.54)의 결과를 구하시오.

2. $N=3$, 즉 $\beta=\pi/6$ 인 경우에 대해 11.2절에서 $N=2$에 대해 보였던 해석을 수행하여 일반적인 N에 대해 얻었던 결과와 일치하는지 확인하시오.

3. 일반적인 N에 대해 $f(x,y)$가 아래 다시 보인 식 (11.60)으로 얻어지는 것을 보이시오.

$$f(x,y)=\frac{1}{4\pi i}\int_C\left(\frac{e^{i\zeta y}}{\zeta-k_N}+\frac{e^{-i\zeta y}}{\zeta-k_0}\right)\frac{\zeta^{N-1}e^{\zeta x}}{(\zeta-k_1)(\zeta-k_2)\cdots(\zeta-k_{N-1})}d\zeta. \qquad (11.60)$$

4. 식 (11.65), (11.66)에 보인 $c_0=|c_0|e^{i\delta}$, $c_N=c_0^*$에 대해 $\dfrac{c_N}{c_0}=e^{-2i\delta}$를 사용하고 다음 관계를 이용하여 $\delta=\dfrac{N-1}{4}\pi$임을 보이고,

$$\frac{1-\alpha^n}{1-\alpha^{-n}}=\frac{1-\alpha^n}{\alpha^{-n}(\alpha^n-1)}=-\alpha^n, \qquad (\text{연}11.1)$$

$N=2$에 대해 얻었던 결과와 일치하는지 확인하시오.

5. $f(x,0)$에 대한 식 (11.61)과 관련하여 그림 11.7에 보인 적분 경로 C_2를 사용하여, 아래에 다시 보인 식 (11.85)를 구하시오.

$$f_2(x,0)=\sum_{Im\,k_n>0}c_ne^{k_nx}-\frac{c_m}{2}e^{-Kx}+\sum_{n=0}^{N}\frac{c_n}{2\pi i}PV\int_{-\infty}^{0}\frac{e^{\zeta x}}{\zeta-k_n}d\zeta. \qquad (11.85)$$

6. 식 (11.109)에서 $z-k$의 편각 ϵ을 구하시오.

7. 아래에 다시 보인 식 (11.113)을 증명하시오.

$$\gamma = \frac{1}{2}\ln\frac{a+b}{a-b} \Leftrightarrow a = \frac{b}{\tanh\gamma}. \tag{11.113}$$

[힌트] 양변에 2를 곱한 후, 지수 함수를 취한 뒤, a에 대해 정리하시오.

12 경사 해안-수평 2차원 문제

이 장에서는 경사 해안과 관련하여 수평 2차원의 수면파에 대해 고려하기로 하며, 좌표계는 그림 12.1에 보인 바와 같이 (x_1, x_2, y)의 우수계를 사용하는데, 편의에 따라 x_1 대신 x를 쓰기로 한다. 수심은 $h_0(x)$로 x_2 방향으로는 변화가 없다고 가정한다. 이 장에서 $\nabla = \left(\partial_x, \partial_{x_2}\right)$, $\underline{x} = (x, x_2)$, 또한 유체 입자의 수평 방향 속도 벡터 $\underline{u}_0 = (u_{0,} u_{20})$로 표기하기로 한다.

1절에서는 천수에서의 **파도 갇힘**(wave trapping)에 대해 간략하게 생각하고, 2절에서는 스토크스(Stokes, 1846){15} 이래로 잘 알려진 **가장자리 파도**(edge wave)에 대해 논의하며, 3절에서는 **경사 입사**(oblique incidence)와 관련된 수면파의 변화에 대해 고려하기로 한다.

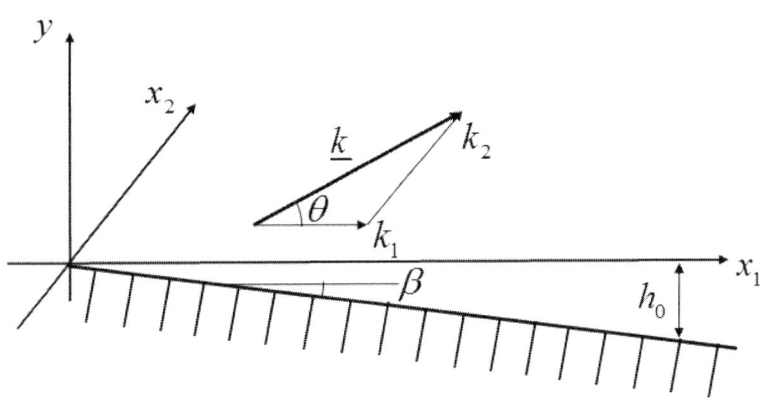

그림 12.1 경사 해안과 수평 2차원 수면파에 대한 개략도

12.1 천수에서의 파도 갇힘

지변 함수(slowly-varying functions)의 관점에서 수면파를 기술하면 그 위상함수 $\Theta(x, x_2, t)$와 국부 파수 벡터 $\underline{k}(x, x_2, t)$ 사이에는 식 (2.44)의 연장선 상에서 다음 관계가 성립한다.

$$\nabla \Theta = (k_1, k_2) = \underline{k} = k(\cos\theta, \sin\theta). \tag{12.1}$$

여기서 θ는 파도의 진행 방향과 양의 x 축 사이의 각도이다. 따라서 다음 관계를 얻는데,

$$\frac{\partial k_1}{\partial x_2} = \frac{\partial k_2}{\partial x}, \tag{12.2}$$

위에서 기술한 바와 같이 가정에 의해 수심 $h_0(x)$가 x_2에 대해 독립이므로, 위 식 좌변은 영이 되어야 하며, 따라서 다음을 얻는다.

$$\frac{\partial k_2}{\partial x} = \frac{\partial(k\sin\theta)}{\partial x} = 0, \quad \therefore\ k\sin\theta = const.. \tag{12.3}$$

위 식의 마지막 관계는 통상 **스넬의 법칙**(Snel's law)[20]이라고 불린다.

한편 위상함수 $\Theta(x, x_2, t)$와 국부 진동수 ω 사이에는 식 (2.45)의 연장선 상에서 다음 관계가 성립하므로,

$$\Theta_t = -\omega, \tag{12.4}$$

파수 벡터 $\underline{k}$와 진동수 ω에 대해 다음 식을 얻는다.

$$\frac{\partial \underline{k}}{\partial t} + \nabla\omega = \underline{0}. \tag{12.5}$$

20) 대부분의 책에 Snell로 나와 있으나, 근자의 네덜란드인의 영어 표기에 따라 Snel로 쓰기로 한다.

수심 $h_0(x)$가 시간 t에 대해 독립인 경우에는, 위 식 좌변의 첫째 항은 영이 되어야 하며, 따라서 다음을 얻고,

$$\nabla\omega = \underline{0}\,,\ \ \therefore\ \omega = const.,\tag{12.6}$$

그러므로 스넬의 법칙, 식 (12.3)과 식 (12.6)으로부터 다음을 얻는다.

$$\frac{k\sin\theta}{\omega} = \frac{\sin\theta}{c} = const. = \gamma.\tag{12.7}$$

먼 바다로부터 해변을 향해 파도가 입사할 때, 바닥의 위치를 나타내는 h_0가 시간의 함수가 아닐 경우, 식 (12.6)에 따르면 수심의 감소에 따라 수면파의 진동수는 변화하지 않은 채 파장만 변화한다. 진동수가 일정하므로 수면파의 위상속도는 파장에 비례하며, 천수 해역에서는 먼 바다에서의 파도에 비해 대체적으로 파장이 짧아지므로 위상속도 또한 감소한다. 따라서 위 식에 따르면 입사파의 경우 천수 해역에서 입사각 θ 또한 감소해야 하며, 바닥의 경사가 완만한 해변에서 θ는 거의 영에 가까운 값을 가지게 되고, 파정선이 해변에 평행한 소위 수직 입사에 가까운 상황이 되어야 하는데, 이는 일상적인 경험과 일치한다.

천수에 대해서는 식 (9.25)로부터 $c = c_0 = \sqrt{gh_0}$ 이므로 이를 식 (12.7)에 대입하여 다음을 얻는다.

$$\frac{\sin\theta}{\sqrt{gh_0}} = \gamma = \frac{\sin\theta_i}{\sqrt{gh_{0i}}},\qquad \therefore\ \sin\theta = \sqrt{\frac{h_0}{h_{0i}}}\,\sin\theta_i.\tag{12.8}$$

여기서 하첨자 i는 초기 상태를 뜻한다.

위 식의 마지막 관계에 따르면, 해변으로부터 먼 바다를 향해 나가는 반사파의 경우, h_0가 증가하여 우변 전체가 1에 가까운 값을 가지게 되면 $\theta \simeq \pi/2$의 값을 가지는데, 1보다 큰 값에 상응하는 θ의 값은 존재할 수 없으므로, 파도는 방향을 바꾸어 해변을 향하는 입사파로 변하게 된다. 결국 파도는 어느 수심 이상 더 깊은 바다로 나가지 못하고 해변 근처에 갇히는 현상이 발생하고, 이와 같은 현상을 **파도 갇힘**(wave trapping)이라고 부른다. 그림 12.2에 $\theta_i = 0.055\,rad$, $\omega = 0.628\,rad/s$, $\beta = 0.01$인 경우를 예로 들어 파도 갇힘이 발생한 경우에 대해 수면파의 진행 방향을 보였다.

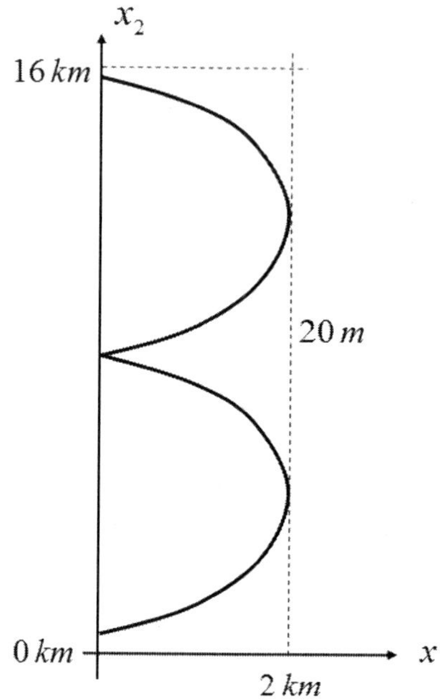

그림 12.2 해안에서의 파도 갇힘, $\theta_i = 0.055\ rad$,$\omega = 0.628\ rad/s$, $\beta = 0.01$

12.2 가장자리 파도

스토크스(Stokes, 1846){15}는 운하에서의 파도에 대해 논의하면서 운하의 **제방 가장자리**(edge of banks)를 따라서 전파하는 수면파에 대해 언급하였는데, 이와 같은 상황은 경사 해안에서도 그대로 발생할 수 있으며, 이와 같은 파도는 이래로 **가장자리 파도**(edge wave)라고 불리고 있다.

이 절에서는 먼저 깊이 방향 평균화를 도입하여 수평 2차원 천수 수면파에 대한 기본 방정식을 유도한 뒤, 그에 대한 선형해를 구하기로 한다. 10.1절에서 수평 1차원 문제에 대해 사용하였던 방법을 그대로 사용하기로 하면, 먼저 깊이 방향, 즉 y 방향으로 평균화한 수평 방향 속도 $\underline{u}(\underline{x},t)$를 다음과 같이 정의한다.

$$\underline{u}(\underline{x},t)=\frac{1}{h}\int_{-h_0}^{\eta}\underline{u}_0(\underline{x},y,t)\,dy\,,\ \ h(\underline{x},t)=\eta(\underline{x},t)+h_0(x)\,. \tag{12.9}$$

질량 보존 법칙을 적용하면 다음을 얻으며,

$$(\rho h)_t+\nabla\cdot(\rho h\underline{u})=0, \tag{12.10}$$

이 식에 비압축성 유체의 성질인 $\dfrac{d\rho}{dt}=0$을 이용하여 다음을 얻는다.

$$h_t+\nabla\cdot(\underline{u}h)=0\,. \tag{12.11}$$

또한 운동량 보존 법칙을 적용하면 다음을 얻는데,

$$(\rho h\underline{u})_t+\nabla\cdot(\rho h\underline{u}\,\underline{u})=-\nabla\int_{-h_0}^{\eta}p(\underline{x},y,t)\,dy+p_b\nabla h_0\,, \tag{12.12}$$

여기서 p_b는 $y=-h_0$에서의 압력이며, 압력 $p(\underline{x},y,t)$에 대해서는 다음과 같은 수정역학적인 근사를 사용하기로 하면,

$$p(\underline{x},y,t)=\rho g\{\eta(\underline{x},t)-y\}, \tag{12.13}$$

이를 식 (12.12)의 우변 적분에 대입하여 다음을 얻는다.

$$\int_{-h_0}^{\eta} p(\underline{x}, y, t)\, dy = \frac{\rho g}{2} h^2 . \tag{12.14}$$

이들을 식 (12.12)에 대입하여 다음을 얻고,

$$(\rho h \underline{u})_t + \nabla \cdot (\rho h \underline{u}\underline{u}) = -\nabla\left(\frac{\rho g}{2} h^2\right) + \rho g h \nabla h_0, \tag{12.15}$$

이 식 좌변에 식 (12.11)을 사용하고 정리하면 다음을 얻는다.

$$\underline{u}_t + \underline{u} \cdot \nabla \underline{u} + g \nabla \eta = \underline{0} . \tag{12.16}$$

위에서 얻은 식 (12.11), (12.16)에서 미지 함수 $\underline{u}$, η 자신 또는 그 도함수들의 곱으로 이루어지는 비선형 항들을 무시하면 다음을 얻으며,

$$\eta_t + \nabla \cdot (\underline{u} h_0) = 0 , \tag{12.17}$$

$$\underline{u}_t + g \nabla \eta = \underline{0} , \tag{12.18}$$

이 두 식으로부터 $\underline{u}$를 소거하면 선형 천수 이론에 근거한 $\eta(\underline{x}, t)$에 대한 편미분 방정식을 다음과 같이 얻는다.

$$\eta_{tt} - \nabla \cdot (g h_0 \nabla \eta) = 0 . \tag{12.19}$$

위 식의 해로서 가장자리 파도에 대해 다음을 가정하는데,

$$\eta(\underline{x}, t) = Re f(x) e^{i(kx_2 - \omega t)}, \tag{12.20}$$

여기서 $f(x)$는 **실수 함수**(real-valued function)이다. 이 식을 식 (12.19)에 대입하고,

$h_0 = \beta x$, $\nabla = \left(\dfrac{d}{dx}, ik\right)$를 이용하여 다음을 얻는다.

$$\omega^2 f + \left(\frac{d}{dx}, ik\right) \cdot \left\{g\beta x\left(\frac{d}{dx}, ik\right)f\right\} = 0,$$

$$\therefore\ xf'' + f' + \left(K\beta^{-1} - k^2 x\right)f = 0,\ K = \frac{\omega^2}{g}. \tag{12.21}$$

위 식은 $x \to \infty$ 일 때 다음과 같이 쓸 수 있으며,

$$f'' - k^2 f = 0, \tag{12.22}$$

이 식의 해로 물리적으로 타당한 해는 $f = e^{-kx}$이므로, 위의 식 (12.21)에 대해 다음을 가정하기로 하고,

$$f(x) = e^{-kx}F(x) = EF,\ E = e^{-kx}, \tag{12.23}$$

이를 식 (12.21)에 대입하여 다음을 얻는다.

$$x\left(k^2 F - 2kF' + F''\right) + (-kF + F') + \left(K\beta^{-1} - k^2 x\right)F = 0,$$

$$\therefore\ xF'' + (1 - 2kx)F' + \left(K\beta^{-1} - k\right)F = 0. \tag{12.24}$$

마지막으로 위 식에 $\xi = 2kx$ 의 치환을 도입하고 양변을 $2k$ 로 나누어, 다음 식을 얻는데,

$$\xi\frac{d^2 F}{d\xi^2} + (1 - \xi)\frac{dF}{d\xi} + nF = 0,\ n = \frac{1}{2}\left(\frac{K}{k\beta} - 1\right), \tag{12.25}$$

이 미분 방정식은 Laguerre 방정식으로 알려져 있으며, n이 자연수일 때, 그 해는 다음과 같은 **Laguerre 다항식**(Laguerre polynomial) $L_n(\xi)$로 주어진다(Arfken(1985)[11] 참조).

$$L_n(\xi) = n! \sum_{m=0}^{n} \frac{(-1)^m}{(m!)^2 (n-m)!} \xi^m, \; n = 0, 1, 2, \cdots, \tag{12.26}$$

$$L_0 = 1, \; L_1 = 1 - \xi, \; L_2 = 1 - 2\xi + \frac{\xi^2}{2}, \; \cdots. \tag{12.27}$$

따라서 식 (12.25)의 해는 $L_n(\xi)$로 주어지고, 이를 식 (12.23), (12.20)에 대입하여 $\eta(\underline{x}, t)$와 ω^2에 대해 다음을 얻는다.

$$\eta(\underline{x}, t) = Re\left\{e^{-kx} L_n(2kx) e^{i(kx_2 - \omega t)}\right\}, \; n = 0, 1, 2, \cdots, \tag{12.28}$$

$$\omega^2 = gK = g\beta k(2n+1), \; n = 0, 1, 2, \cdots. \tag{12.29}$$

이 해에 따르면 가장자리 파도는 x 축 방향으로 $e^{-kx} L_n(2kx)$ 처럼 감소하므로, 모든 n에 대해 $x \gg 1$인 영역에서 무시할 수 있을 정도로 작아질 것이다. $n = 0$인 경우는 식 (12.28), (12.29)로부터 다음을 얻는데,

$$\eta(\underline{x}, t) = Re\left\{e^{-kx} e^{i(kx_2 - \omega t)}\right\}, \; \omega^2 = gK = g\beta k, \tag{12.30}$$

이 파도는 바로 $\beta \ll 1$인 경우에 대한 스토크스의 가장자리 파도이다. 이 식을 심해 수면파에 대한 분산관계식, 식 (9.17) $\omega^2 = gk$와 비교하면 중력 가속도 g가 $g\beta$로 대체된 것으로 볼 수 있다.

식 (12.25) 둘째 식에 따르면, 바닥의 경사각, β와, 파수 벡터의 x_2 방향 성분, k가 주어진 경우, 특정한 값의 K, 또는 ω를 가진 가장자리 파도만 발생 가능한 것으로 해석할 수 있으며, 식 (12.30)으로 주어진 K는 식 (12.29)로 주어진 무한히 많은 값 중 최소값으로 **기본 모드**(fundamental mode)에 상응한다고 할 수 있다. 이는 마치 길이가 l인 양단이 고정된 **현**(string)의 경우, 그 파수 K가 다음 식으로 주어지는 특정한 값만 가질 수 있는 것과 유사하며,

$$K = \frac{n\pi}{l}, \; n = 1, 2, \cdots, \tag{12.31}$$

이런 관점에서는 식 (12.25)의 둘째 식, $K=\beta k(2n+1)$로 주어지는 K를 일종의 **고유값**(eigenvalue)으로 볼 수 있다. 이와 같은 해석에 따르면 가장자리 파도는 **이산 고유값**(discrete eigenvalue)에 상응하는 파도이다.

한편, 진동수 ω를 가지는 심해 수면파의 파수가 K인 점을 생각하면, 식 (12.30)으로 주어지는 파수 벡터의 x_2 방향 성분 $k=K\beta^{-1}$이므로, $\beta \ll 1$일 때, $k \gg K$가 되며, 이는 파장이 심해 수면파에 비해 매우 짧은 것을 의미하는데, 가장자리 파도가 해변을 포함하는 천수 근사인 점을 생각하면 타당한 결과로 볼 수 있다.

수면파의 파정선이 해변에 평행하지 않게 입사하는 경우를 **경사 입사**(oblique incidence)라고 하는데, 이때 $x\rightarrow\infty$에서 $\eta \sim e^{i(\underline{k}\cdot\underline{x}-\omega t)}$이어야 하므로 식 (12.28)로 주어진 파도는 경사 입사파를 나타내는데 사용할 수 없다. 이는 위 식이 천수 근사에 대한 해인 것과, 천수에서는 점근적으로 수직 입사가 발생하는 점들과 일관된 결과로 볼 수 있다.

한편, 다음과 같은 초기치 문제에 대한 해를 구할 때는,

$$\eta(\underline{x},0)=\eta_0(\underline{x}),\ \eta_t(\underline{x},0)=0, \tag{12.32}$$

위에서 구한 Laguerre 다항식을 급수해의 기본해로 사용할 수 있는데, 이는 식 (12.26)으로 정의된 $L_n(\xi)$가 $e^{-\xi}$를 **가중 함수**(weighting function)로 하여 $\xi\in[0,\infty)$에서 연속인 모든 함수로 이루어지는 함수 공간의 **직교정규 기저**(orthonoraml basis), 즉 **주기저**(principal basis)로 사용될 수 있다는 **Sturm-Liouville 정리**(Sturm-Liouville theorem)에 근거한다(이승준(2014)[8] 참조).

위의 초기조건을 만족하는 해 $\eta(\underline{x},t)$를 식 (7.7)의 연장선 상에서 x_2에 대한 푸리에 합성을 사용하여 나타내면 다음과 같고,

$$\eta(\underline{x},t)=Re\int_{-\infty}^{\infty}N(x,k)e^{i\{kx_2-W_n(k)t\}}dk,\ W_n(k)=\sqrt{g\beta|k|(2n+1)}, \tag{12.33}$$

여기서 $N(x,k)$를 다음과 같이 Laguerre 다항식을 사용하여 **고유 함수 전개**(eigenfunction expansion)하기로 한다.

$$N(x,k)=\sum_{n=0}^{\infty}A_n(k)e^{-|k|x}L_n(2|k|x). \tag{12.34}$$

여기서 지수 함수의 지수가 $|k|$로 된 이유는 $k \in (-\infty, \infty)$인 때문이며, 위 식 우변의 $e^{-|k|x}$는 Laguerre 다항식의 자변수가 $2|k|x$이므로, 원래는 가중 함수가 $e^{-2|k|x}$인데, 기저를 구성하는 함수를 $L_n(\xi)$ 대신, $e^{-\xi/2}L_n(\xi)$, 즉 $e^{-|k|x}L_n(2|k|x)$로 취하면 가중 함수를 고려할 필요가 없어지기 때문이다.

식 (12.33) 우변에 식 (12.34)를 대입하고, $t=0$을 취한 뒤, 양변에 $e^{-|k|x}L_n(2|k|x)$를 곱하여 x에 대해 0부터 ∞까지 적분하는데, 초기조건인 식 (12.32)를 이용하면 $A_n(k)$와 관련된 다음 식을 얻으며,

$$Re\int_{-\infty}^{\infty}\frac{A_n(k)}{2|k|}e^{ikx_2}dk = \int_0^{\infty}e^{-|k|x}L_n(2|k|x)\eta_0(x,x_2)dx \equiv N_0(k,x_2), \quad (12.35)$$

이 식 좌변을 얻는 데는 다음과 같은 $e^{-|k|x}L_n(2|k|x)$의 직교성을 이용하였다.

$$\int_0^{\infty}e^{-\xi}L_m(\xi)L_n(\xi)\,d\xi = \delta_{mn},\ m=0,1,\cdots,\ n=0,1,\cdots. \quad (12.36)$$

푸리에 변환에 관한 식, 식 (7.5)로부터 식 (12.35)의 좌변은 $N_0(k,x_2)$의 x_2에 대한 푸리에 변환에 비례하는 양이므로 다음을 얻으며,

$$\frac{A_n(k)}{|k|} = \frac{1}{\pi}\int_{-\infty}^{\infty}N_0(k,x_2)e^{-ikx_2}dx_2, \quad (12.37)$$

이 식 우변에 식 (12.35) 첫째 등호 우변의 식을 대입하여 $A_n(k)$에 대한 식을 다음과 같이 얻는다.

$$A_n(k) = \frac{|k|}{\pi}\int_0^{\infty}e^{-|k|x}L_n(2|k|x)\eta_0(x,x_2)dx\int_{-\infty}^{\infty}e^{-ikx_2}dx_2. \quad (12.38)$$

위 식으로부터 $A_n^*(k) = A_n(-k)$를 얻으므로, 식 (12.35) 좌변 적분 앞의 Re은 필요하지 않음을 알 수 있다. 결국 주어진 $\eta_0(\underline{x})$를 사용하여 이 식으로부터 $A_n(k)$를 얻고, 이를 식 (12.34)에 대입한 뒤, 그 결과를 식 (12.33)에 대입하여 $\eta(\underline{x},t)$를 얻을 수 있다.

11.1절의 식 (11.9)에서 $A=1$, $B=0$으로 놓고 이에 상응하는 수면파를 구하면 다음과 같은데,

$$\eta(x,t) = J_0(2\alpha\sqrt{x})\cos(\alpha\sqrt{g\beta}\,t), \tag{12.39}$$

이하에서는 위에서 얻은 식 (12.33)의 해가 이와 같이 베셀 함수로 주어지는 결과와 어떤 연관성을 가지는지에 대해 생각하기로 한다.

초기조건으로 주어진 $\eta_0(\underline{x})$가 x_2 방향으로 꽤 긴 길이의 파도라고 하고, $\eta_0(\underline{x})$를 다음과 같이 변수 분리형으로 다시 쓰기로 하면,

$$\eta_0(\underline{x}) = f(x)M(x_2), \tag{12.40}$$

이 식을 식 (12.38)에 대입하여 다음을 얻는데,

$$A_n(k) = \frac{|k|}{\pi}\int_0^{\infty} e^{-|k|x}L_n(2|k|x)f(x)dx\int_{-\infty}^{\infty} M(x_2)e^{-ikx_2}dx_2, \tag{12.41}$$

간단한 경우를 생각하여 만약 $M(x_2)=1$이라고 하면, $\int_{-\infty}^{\infty} e^{-ikx_2}dx_2 = 2\pi\delta(k)$를 이용하여 다음 결과를 얻는다.

$$A_n(k) = \left\{2|k|\int_0^{\infty} e^{-|k|x}L_n(2|k|x)f(x)dx\right\}\delta(k) \equiv B_n(k)\delta(k). \tag{12.42}$$

이 식을 식 (12.34)에 대입한 뒤, 그 결과를 식 (12.33)에 대입하여 다음과 같이 $\eta(\underline{x},t)$를 얻는데,

$$\begin{aligned}\eta(\underline{x},t) &= Re\sum_{n=0}^{\infty}\int_{-\infty}^{\infty} B_n(k)\delta(k)e^{-|k|x}L_n(2|k|x)e^{i\{kx_2 - W_n(k)t\}}dk \\ &= \sum_{n=0}^{\infty}\lim_{k\to 0}\left\{2|k|\int_0^{\infty} L_n(2|k|\xi)f(\xi)d\xi\, L_n(2|k|x)\cos W_n(k)t\right\},\end{aligned} \tag{12.43}$$

[연습문제 2]에서 보인 바와 같이 다음이 성립하므로,

$$L_n(s) \sim J_0(2\sqrt{ns}),\ s \to 0,\ n \to \infty,\ ns \text{ 는 유한할 때}, \tag{12.44}$$

이를 이용하여 식 (12.43)으로부터 다음을 얻는다.

$$\eta(\underline{x}, t) \simeq \sum_{n=0}^{\infty} \lim_{k \to 0} \left\{ 2|k| \int_0^{\infty} J_0(2\alpha_n \sqrt{\xi}) f(\xi) d\xi \, J_0(2\alpha_n \sqrt{x}) \cos W_n(k) t \right\}, \tag{12.45}$$

$$\alpha_n = \sqrt{2n|k|},\ W_n(k) = \sqrt{g\beta|k|(2n+1)}. \tag{12.46}$$

여기서 $n|k|$ 는 유한한 양이라고 하면, **리만 합**(Riemann sum)과 **리만 적분**(Riemann integral)과 관련하여 다음 관계를 이용하는데(이승준(2014)[8] 참조),

$$2n|k| \to \kappa,\ 2|k| \to d\kappa,\ \alpha_n \to \sqrt{\kappa},\ W_n \to \sqrt{g\beta\kappa}, \tag{12.47}$$

식 (12.45) 우변의 급수를 적분으로 근사하여 다음과 같이 다시 쓸 수 있고,

$$\eta(\underline{x}, t) \simeq \int_0^{\infty} I(\kappa) J_0(2\sqrt{\kappa x}) \cos(\sqrt{g\beta\kappa}\, t) d\kappa, \tag{12.48}$$

$$I(\kappa) = \int_0^{\infty} J_0(2\sqrt{\kappa\xi}) f(\xi) d\xi, \tag{12.49}$$

여기서 $I(\kappa)$에 대해 $\sqrt{2\kappa} = \mu$, $\sqrt{2\xi} = \zeta$의 변환을 도입하면 다음을 얻는다.

$$I\left(\frac{\mu^2}{2}\right) = \int_0^{\infty} \zeta J_0(\mu\zeta) b(\zeta) d\zeta,\ b(\zeta) = f\left(\frac{\zeta^2}{2}\right). \tag{12.50}$$

위 첫째 식의 우변은 $b(\zeta)$의 **한켈 변환**(Hankel transform), $\bar{b}(\mu)$로 알려져 있으며, 푸리에 변환의 삼각 함수 대신 베셀 함수를 사용하여 적분 변환한 것이고, 피적분 함수에 포

함된 ζ는 베셀 함수와 관련된 가중 함수이며, 그 역변환은 다음과 같이 주어진다 (Greenberg(1978)[19] 참조).

$$b(\zeta) = \int_0^\infty \mu J_0(\mu\zeta)\bar{b}(\mu)d\mu . \tag{12.51}$$

식 (12.50)의 결과를 식 (12.48)에 대입하면 다음을 얻는다.

$$\eta(\underline{x}, t) \simeq \int_0^\infty \bar{b}(\sqrt{2\kappa})J_0(2\sqrt{\kappa x})\cos(\sqrt{g\beta\kappa}\, t)d\kappa. \tag{12.52}$$

위의 식 (12.39)와 비교하면 $\alpha = \sqrt{\kappa}$ 라고 할 때, 11.1절에서 얻었던 $J_0(2\alpha\sqrt{x})\cos(\alpha\sqrt{g\beta}\,t)$는, x에 대해 일반적인 형태의 함수로 주어진 파도에 대한 적분 변환을 위한 **요소해**(elementary solution)였음을 알 수 있다.

12.3 선형 이론과 경사 입사

이 절에서는 11.2절에서 수평 1차원 문제에 대해 얻었던 선형 이론을 사용하여 수평 2차원 문제에 대한 경계치 문제를 유도하고 그 해를 얻은 후, 해의 성질에 대해 논의하기로 한다.

질량 보존 법칙으로부터 다음과 같이 속도 포텐셜 $\phi(\underline{x},y,t)$에 대한 라플라스 방정식을 얻고,

$$\nabla^2\phi + \phi_{yy} = 0\,,\ \text{유체 영역에서,} \tag{12.53}$$

바닥에서의 비침투 조건은 식 (8.69)로부터 다음과 같이 주어지며,

$$\frac{\partial\phi}{\partial n} = 0,\ \ y = -\,x\tan\beta\ \text{에서,} \tag{12.54}$$

수표면에서의 선형화된 통합 수표면 조건은 식 (9.5)에서 $T=0$으로 취하여 다음과 같이 쓸 수 있다.

$$\phi_{tt} + g\,\phi_y = 0\,,\ \ y = 0\ \text{에서.} \tag{12.55}$$

바닥과 수표면에서의 경계조건은 수평 1차원 문제에 대한 식들과 동일한 형태로 주어짐에 유의한다.

위의 문제를 풀어서 $\phi(\underline{x},y,t)$를 구하면 식 (9.4)에서 $T=0$으로 취하여 수면파의 변위 $\eta(\underline{x},t)$를 다음과 같이 얻는다.

$$\eta(\underline{x},t) = -\,\frac{\phi_t(\underline{x},0,t)}{g}\,. \tag{12.56}$$

바닥에서의 법선 방향 단위 벡터는 11.2절에서와 같이 $\hat{n} = (\sin\beta,\ \cos\beta)$로 주어지므로, 식 (12.54)는 다음과 같이 다시 쓸 수 있다.

$$\phi_x\sin\beta + \phi_y\cos\beta = 0\,,\ \ y = -\,x\tan\beta\ \text{에서.} \tag{12.57}$$

시간에 따라 조화 함수처럼 변화하는 해를 구하기로 하고, 속도 포텐셜을 다음과 같은 변수 분리형으로 가정하는데,

$$\phi(\underline{x},y,t) = \frac{g^2}{\omega^3} Re\, f(x,y)\, e^{i(kx_2 - \omega t)}, \tag{12.58}$$

여기서 우변의 $\frac{g^2}{\omega^3}$은 속도 포텐셜의 차원과 같은 차원을 가지는 양이며, $f(x,y)$는 무차원으로 일반적으로 복소 함수이다. 이를 주어진 문제, 식 (12.53), (12.57), (12.55), (12.56)에 대입하여 다음을 얻는다.

$$f_{xx} + f_{yy} - k^2 f = 0,\ \text{유체 영역에서,} \tag{12.59}$$

$$f_x \sin\beta + f_y \cos\beta = 0,\ y = -x\tan\beta\ \text{에서,} \tag{12.60}$$

$$f_y - Kf = 0,\ K = \frac{\omega^2}{g},\ y = 0\ \text{에서,} \tag{12.61}$$

$$\eta(x,t) = K^{-1} Re\, i\, f(x,0)\, e^{i(kx_2 - \omega t)}. \tag{12.62}$$

가장자리 파도와 관련하여 스토크스(Stokes, 1846){15}는 위의 식 (12.59), (12.60), (12.61)로 구성되는 문제를 다음 식으로 주어지는 $f(x,y)$가 임의의 β에 대해 만족함을 보였다.

$$f(x,y) = e^{-kx\cos\beta + ky\sin\beta},\ K = \frac{\omega^2}{g} = k\sin\beta. \tag{12.63}$$

이 식을 위 문제에 직접 대입하여 위의 문제를 만족하는 것을 쉽게 보일 수 있는데, 식 (12.30) 아래에서 언급한 바와 같이 β, k가 주어진 경우 경사 해안 문제에 대한 이산 고유값 $K = k\sin\beta < k$를 얻으며, 이에 상응하는 가장자리 파도는 x 방향으로는 지수 함수적으로 감소하므로 $x \gg 1$에서는 알아보기 힘들 것이다.

Hanson(1926){14}은 β가 $N = 2, 3, \cdots$일 때, $\frac{\pi}{2N}$로 주어지는 특수한 경우에 대해 위

문제의 해를 구하였으며, 예를 들어 $N=2$, 즉 $\beta=\frac{\pi}{4}$인 경우에 대해 다음과 같이 주어지는 해를 구하였다.

$$f(x,y)=\frac{1}{4}\left(1+i\frac{K}{\kappa}\right)\left(e^{i\kappa x+Ky}+e^{-i\kappa y-Kx}\right)$$
$$+\frac{1}{4}\left(1-i\frac{K}{\kappa}\right)\left(e^{-i\kappa x+Ky}+e^{i\kappa y-Kx}\right),\ K^2=k^2+\kappa^2. \qquad (12.64)$$

식 (12.64) 우변의 각 항은 명백히 식 (12.59)를 만족하고, 첫째, 셋째 항은 각각, 그리고 둘째, 넷째 항은 그 합이 수표면 조건, 식 (12.61)을 만족하며, 바닥에서는 $y=-x$가 성립하므로, 첫째, 둘째 항의 합과 셋째, 넷째 항의 합이 식 (12.60)으로부터 얻어지는 $f_x=-f_y$를 각각 만족함을 쉽게 보일 수 있다([연습문제 3] 참조).

식 (12.64) 우변의 첫째 항은 파수 벡터 $\underline{k}=(\kappa,k)=K(\cos\theta,\sin\theta)$, $\theta=\tan^{-1}\frac{k}{\kappa}\leq\frac{\pi}{2}$의 수면파에 상응하므로 양의 x 축에 대해 θ의 경사각을 가지는 반사파, 셋째 항은 파수 벡터 $\underline{k}=(-\kappa,k)$로 양의 x 축에 대해 $\pi-\theta$의 경사각을 가지는 입사파에 각각 상응하며, 둘째, 넷째 항은 x에 대해 지수 함수적으로 감소하여 $x\gg 1$인 영역에서는 영향을 미치지 못한다. 반사파와 입사파의 크기는 식 (12.62)로부터 모두 $\sqrt{\kappa^2+K^2}/(4\kappa K)$임을 얻으므로, 식 (12.64)로 주어지는 해는 경사 입사에 대해 해변에서 완전 반사가 이루어짐을 뜻한다.

가장자리 파도의 경우에는 이산 고유값 $K<k$였던 것에 반해, 경사 입사의 경우에는 식 (12.64) 둘째 식으로부터 $K>k$를 얻으며, $\kappa\in[0,\infty)$이므로, 경사 입사의 경우 K는 **연속 고유값**(continuous eigenvalue) 또는 **연속 스펙트럼**(continuous spectrum)을 가진다고 할 수 있다. $\kappa=0$, 즉 $K=k$인 경우에는 x 축 방향으로는 변화 없이 해변에 평행하게 진행하는 파도, 또 $k=0$, 즉 $K=\kappa$인 경우에는 수평 1차원 문제에서 고려했던 수직 입사에 각각 상응한다.

나아가 Peters(1952){16}는 임의의 β에 대해 $K>k$를 만족하는 경사 입사에 대한 해를 구했고, 또 Ursell(1952){17}은 $K<k$를 만족하는 가장자리 파도가 여러 개 존재할 수 있음을 보였다. Ursell의 해는 다음과 같은 파수를 가지는데,

$$K=k\sin(2j+1)\beta,\ j=0,1,\cdots;\ (2j+1)\leq\frac{\pi}{2\beta}, \qquad (12.65)$$

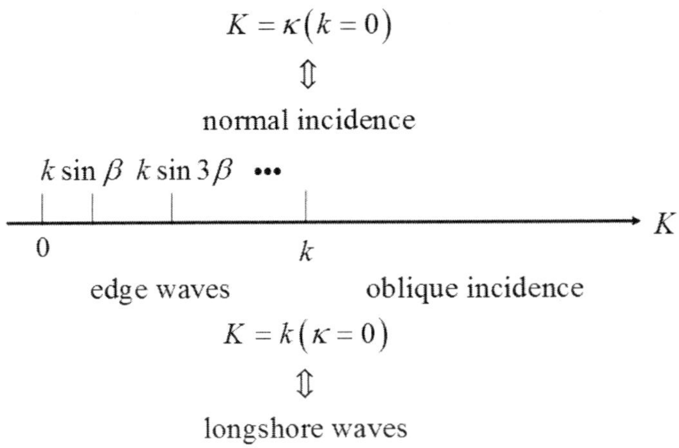

그림 12.3 경사 해안 문제의 스펙트럼 K

따라서 $\beta \to 0$의 경우에는 다수의 가장자리 파도가 발생할 수 있음을 밝혔다.

위에서 기술한 경사 해안 문제의 스펙트럼 K를 그림 12.3에 종합하여 보였다.

Whitham(1979)[18]은 위에서 얻어진 가장자리 파도와 경사 입사에 상응하는 파도들을 한 번에 얻을 수 있는 방법을 제안한 바 있는데, 이하에서는 그의 해를 소개하기로 한다. 11.2절에서 보였던 바와 같이 $N=2$, 즉 $\beta = \dfrac{\pi}{2N} = \dfrac{\pi}{4}$인 경우를 예로 들어 해를 얻는 과정을 살펴본 후, N이 일반적인 값을 가지는 경우에 대해 논의하기로 한다.

식 (12.59)는 $e^{px \pm qy}$, $(p,q) = k(\cos\sigma, \sin\sigma)$의 기본해를 가지는데, 따라서 $p + iq = ke^{i\sigma}$로 쓸 수 있으며, 11.2절에서와 같이 복소 변수 $\zeta = \dfrac{k}{2}e^{i\sigma}$를 도입하고 $\tau = \dfrac{k}{2}$라고 하면 p, q에 대해 다음을 얻으므로,

$$p(\zeta) = \zeta + \frac{\tau^2}{\zeta}, \ \pm q(\zeta) = \mp i\left(\zeta - \frac{\tau^2}{\zeta}\right) = \mp iq_0(\zeta), \ q_0(\zeta) = \left(\zeta - \frac{k^2}{4\zeta}\right), \quad (12.66)$$

이를 이용하여 다음과 같은 복소 적분으로 일반해가 주어진다고 가정한다.

$$f(x,y) = \frac{1}{4\pi i}\int_C \left\{ m_1(\zeta) e^{\left(\zeta + \frac{\tau^2}{\zeta}\right)x + i\left(\zeta - \frac{\tau^2}{\zeta}\right)y} + m_2(\zeta) e^{\left(\zeta + \frac{\tau^2}{\zeta}\right)x - i\left(\zeta - \frac{\tau^2}{\zeta}\right)y} \right\} d\zeta. \quad (12.67)$$

여기서 $\zeta = 0$는 위 적분의 **본질적 특이점**(essential singularity)인 점에 유의하며, 적분 경로 C에 대해서는 차후에 논의하기로 한다.

위의 식을 수표면 조건인 식 (12.61)에 대입하여 다음을 얻으며,

$$\{i\, q_0(\zeta) - K\} m_1 - \{i\, q_0(\zeta) + K\} m_2 = 0\,, \tag{12.68}$$

이로부터 다음을 얻는다.

$$m_2 = \frac{i\, q_0(\zeta) - K}{i\, q_0(\zeta) + K} m_1 = \frac{\zeta^2 + iK\zeta - \tau^2}{\zeta^2 - iK\zeta - \tau^2} m_1\,. \tag{12.69}$$

수평 1차원 문제에 대해서 얻었던 식 (11.38)과는 달리 마지막 우변 분수식의 분자, 분모가 ζ의 2차 다항식으로 주어지고 있는 점에 유의한다.

극 좌표 r을 사용하면 바닥에 대해 $x \pm iy = re^{\mp i\beta}$를 얻고, 이를 식 (12.67)에 대입하고, 바닥 조건, 식 (12.60)을 사용하면 $\alpha = e^{2i\beta}$라고 할 때, 11.2절에서와 같은 과정을 거쳐 다음을 얻는다.

$$\alpha\, m_1(\alpha\,\zeta) = m_2(\zeta) = \frac{\zeta^2 + iK\zeta - \tau^2}{\zeta^2 - iK\zeta - \tau^2} m_1(\zeta)\,,\ \tau^2 = \frac{k^2}{4}\,,$$

$$\therefore\ m_1(\zeta) = \frac{\zeta^2 - iK\zeta - \tau^2}{\zeta^2 + iK\zeta - \tau^2} \alpha\, m_1(\alpha\,\zeta),\ \alpha = e^{2i\beta}\,. \tag{12.70}$$

이하에서는 먼저 $N = 2$, 즉 $\beta = \pi/4$인 경우를 예로 들어 해를 얻는 과정을 살펴보는데, $\alpha = e^{i\pi/2} = i$를 고려하고, 다음과 같은 정의를 사용하면,

$$Q_n(\zeta) = \zeta^2 - iK\alpha^n\zeta - \alpha^{2n}\tau^2,\ n = 0, 1, 2 = N, \tag{12.71}$$

식 (12.69), (12.70)은 각각 다음과 같이 다시 쓸 수 있다.

$$m_2 = \frac{Q_N}{Q_0} m_1\,, \tag{12.72}$$

$$m_1(\zeta) = \frac{Q_0}{Q_N}\alpha\, m_1(\alpha\,\zeta). \tag{12.73}$$

식 (12.73)을 두 번 거듭 사용하여 다음 결과를 얻는데([연습문제 4] 참조),

$$m_1(\zeta) = \frac{Q_0}{Q_N}\alpha\, m_1(\alpha\,\zeta) = \frac{Q_0}{Q_N}\alpha\left\{\frac{Q_0(\alpha\,\zeta)}{Q_N(\alpha\zeta)}\alpha\, m_1(\alpha^N\zeta)\right\},$$

$$\therefore\ Q_N\,Q_1\,m_1(\zeta) = -\,Q_N^-\,Q_1^-\,m_1(-\,\zeta)\,, \tag{12.74}$$

여기서 마지막 식을 얻기 위해, $Q_0(\zeta) = Q_N^-(\zeta)$, $Q_n(\alpha\zeta) = \alpha^2 Q_{n-1}(\zeta)$, $n = 1, N$과, $Q_0(\alpha\zeta) = \alpha^2 Q_1^-(\zeta)$를 사용하였고, Q_n^-는 Q_n의 K를 $-K$로 대체한 2차 다항식이다. 위 식으로부터 m_1을 다음과 같이 얻으며,

$$m_1(\zeta) = \frac{\zeta^{2N-1}}{Q_1\,Q_N}\,, \tag{12.75}$$

이 식 우변 분모는 $2N$차 다항식임에 비해, 분자는 $2N-1$차임에 유의한다.

위 식을 식 (12.72)에 대입하여 m_2를 다음과 같이 얻고,

$$m_2(\zeta) = \frac{\zeta^{2N-1}}{Q_0\,Q_1}\,, \tag{12.76}$$

식 (12.75), (12.76)을 식 (12.67)에 대입하여 $f(x,y)$를 다음과 같이 얻으며,

$$f(x,y) = \frac{1}{4\pi i}\int_C\left(\frac{e^{-qy}}{Q_2} + \frac{e^{qy}}{Q_0}\right)\frac{\zeta^3 e^{px}}{Q_1}d\zeta,\ p(\zeta) = \zeta + \frac{\tau^2}{\zeta},\ q(\zeta) = -\,i\left(\zeta - \frac{\tau^2}{\zeta}\right), \tag{12.77}$$

수면파의 변위를 구하는데 필요한 $f(x,0)$는 다음과 같이 얻는다.

$$f(x,0) = \frac{1}{4\pi i}\int_C\left(\frac{1}{Q_2} + \frac{1}{Q_0}\right)\frac{\zeta^3 e^{px}}{Q_1}d\zeta = \frac{1}{2\pi i}\int_C\frac{(\zeta^2-\tau^2)\zeta^3 e^{px}}{Q_0\,Q_1\,Q_N}d\zeta. \tag{12.78}$$

Q_n 은 2차 다항식이므로 근의 공식을 사용하여 다음을 얻는데,

$$Q_n = (\zeta - \mu_n)(\zeta - \nu_n), \ n = 0, 1, 2 = N, \qquad (12.79)$$

$$(\mu_n, \nu_n) = i\,\alpha^n(\mu, \nu) = i\,\alpha^n\left(\frac{K+\kappa}{2}, \frac{K-\kappa}{2}\right), \ \kappa = \sqrt{K^2 - k^2}, \qquad (12.80)$$

여기서 μ, ν는 일반적으로 복소수이며, $K > k$, 또는 $K < k$에 따라 두 가지 경우가 발생한다. 11.2절에서 보였던 바와 마찬가지로 식 (12.77), (12.78)로 주어진 복소 적분은 그 적분 경로를 어떻게 취하느냐에 따라 다른 결과를 주는데, 해변에서 유한한 값을 가지는 경사 입사, $K > k$에 대한 경우, 그리고 가장자리 파도, $K < k$에 대한 해에 대해 차례로 생각하기로 한다.

1) $K > k$일 때,

μ, ν는 양의 실수이며, $\nu < \mu < K$가 성립하고, 식 (12.78) 우변의 피적분 함수는 6개의 단극점, $\mu_n = i\alpha^n\mu$, $\nu_n = i\alpha^n\nu$, $n = 0, 1, 2 = N$을 가지며, 이들은 주어진 문제의 특성을 나타내는 수면파의 고유 모드를 결정한다. 그림 12.4에 보인 바와 같이, 모든 단극점은 반경이 각각 μ, ν인 두 원주 상에 위치하며, μ_0, μ_N, ν_0, ν_N은 허수 축 상에 있고, μ_1, ν_1은 허수 축의 왼쪽에 위치한다.

이들 단극점에 의해 결정되는 고유 모드는 e^{px}의 인자를 가지는데, 단극점에서의 p 값에 대해 다음을 얻으므로,

$$(p_{1n}, p_{2n}) = (p(\mu_n), p(\nu_n)) = i(\mu\alpha^n - \tau^2\alpha^{-n}\mu^{-1}, \nu\alpha^n - \tau^2\alpha^{-n}\nu^{-1}),$$

$$\therefore \ Re(p_{1n}, p_{2n}) = -(\mu + \tau^2\mu^{-1}, \nu + \tau^2\nu^{-1})\sin\frac{n\pi}{N}, \ n = 0, 1, 2 = N, \qquad (12.81)$$

즉, $n \neq 0, N$일 때는 그 실수부가 항상 0보다 작으므로, x 축 방향으로 지수 함수적으로 감소함을 알 수 있다.

적분 경로 C를 그림 12.5에 보인 바와 같이 허수 축 왼쪽에서는 반경 K인 원을 포함하며 원점을 제외한 경로를 취하면, 식 (12.78) 우변 복소 적분의 값은 유수 정리

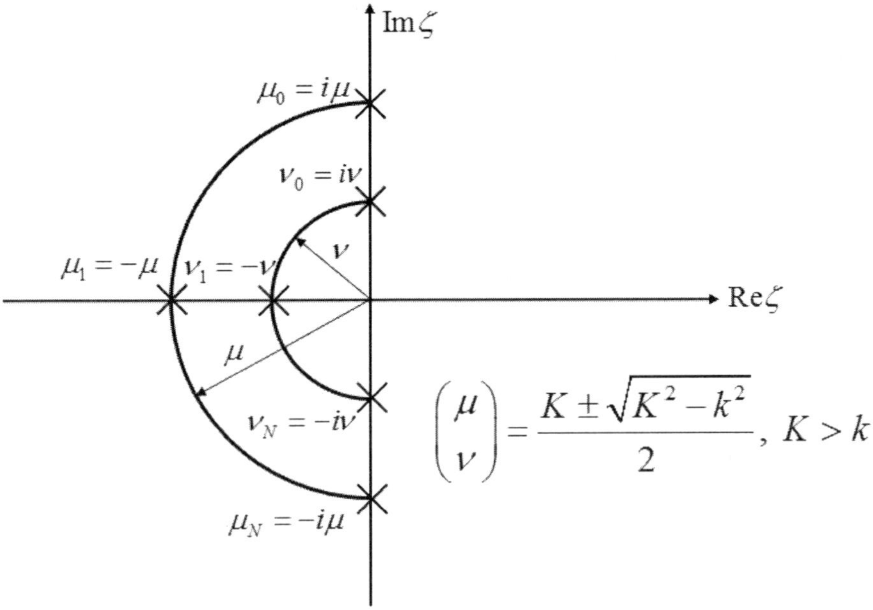

그림 12.4 $\beta = \pi/4$, 즉 $N = 2$인 경우에 대한 식 (12.78)의 단극점, $K > k$

에 의해 얻을 수 있고, 유수 $b_{-1}(\mu_n)$, $b_{-1}(\nu_n)$에서 지수 함수를 제외한 부분을 각각 c_n, d_n이라고 하면, 다음과 같이 쓸 수 있으며,

$$f(x,0) = \sum_{n=0}^{N} \left(c_n e^{p_{1n} x} + d_n e^{p_{2n} x} \right), \tag{12.82}$$

예를 들어 c_0, d_0, c_N, d_N은 다음과 같이 얻는다([연습문제 5] 참조).

$$c_0 = \frac{\left(\mu_0^2 - \tau^2\right)\mu_0^3}{i\kappa\, Q_1(\mu_0) Q_N(\mu_0)}, \quad d_0 = -\frac{\left(\nu_0^2 - \tau^2\right)\nu_0^3}{i\kappa\, Q_1(\nu_0) Q_N(\nu_0)}, \tag{12.83}$$

$$c_N = -\frac{\left(\mu_N^2 - \tau^2\right)\mu_N^3}{i\kappa\, Q_0(\mu_N) Q_1(\mu_N)}, \quad d_N = \frac{\left(\nu_N^2 - \tau^2\right)\nu_N^3}{i\kappa\, Q_0(\nu_N) Q_1(\nu_N)}. \tag{12.84}$$

$x \to \infty$ 일 때, 급감파, 즉 μ_1, ν_1 에 기인하는 성분은 무시할 수 있을 만큼 작고, 식 (12.80)으로부터 다음을 얻으며,

$$\mu\nu = \tau^2,\ \mu - \nu = \kappa, \tag{12.85}$$

이를 이용하여 식 (12.81)로부터 다음을 얻는다.

$$(p_{10}, p_{20}) = i(\mu - \tau^2\mu^{-1}, \nu - \tau^2\nu^{-1}) = i(\kappa, -\kappa), \tag{12.86}$$

$$(p_{1N}, p_{2N}) = -i(\mu - \tau^2\mu^{-1}, \nu - \tau^2\nu^{-1}) = -i(\kappa, -\kappa). \tag{12.87}$$

이들을 식 (12.82)에 대입하여 다음을 얻는데,

$$\begin{aligned} f(x,0) &\sim (c_0 e^{i\kappa x} + d_0 e^{-i\kappa x}) + (c_N e^{-i\kappa x} + d_N e^{i\kappa x}) \\ &= (c_0 + d_N)e^{i\kappa x} + (c_N + d_0)e^{-i\kappa x},\ x \to \infty \text{ 일 때}, \end{aligned} \tag{12.88}$$

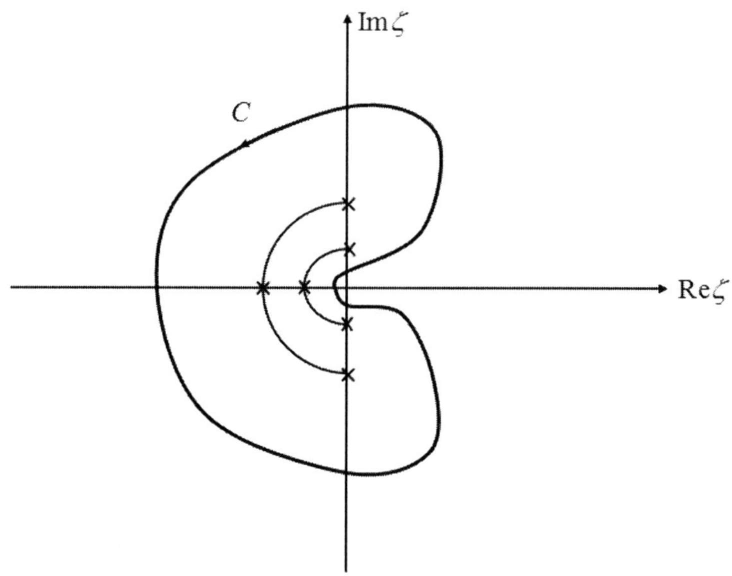

그림 12.5 $f(x,0)$ 에 대한 적분 경로

위 식 등호 우변의 첫째 항은 파수 벡터 $\underline{k} = (\kappa, k) = K(\cos\theta, \sin\theta)$, 양의 x 축에 대해 $\theta = \tan^{-1}\dfrac{k}{\kappa}$의 경사각을 가지는 반사파, 둘째 항은 파수 벡터 $\underline{k} = (-\kappa, k)$로 양의 x 축에 대해 $\pi - \theta$의 경사각을 가지는 입사파에 각각 상응한다.

반사파의 크기 $|c_0 + d_N|K^{-1}$, 입사파의 크기 $|c_N + d_0|K^{-1}$는 식 (12.83), (12.84)로부터 모두 $\sqrt{\kappa^2 + K^2}/(4\kappa K)$임을 얻으므로([연습문제 6] 참조), 위의 결과는 Hanson의 해, 식 (12.64)와 일관된 결과이며, 또 위에서 얻은 해는 경사 입사에 대해 해변에서 완전 반사가 이루어짐을 뜻한다.

한편, 해변에서의 수면파를 구하기 위해 원점에서의 f를 고려하면 다음을 얻는데,

$$f(0,0) = \frac{1}{2\pi i}\int_C \frac{(\zeta^2 - \tau^2)\zeta^3}{Q_0 Q_1 Q_N} d\zeta, \tag{12.89}$$

이 식의 피적분 함수는 원점이 특이점이 아니므로, 적분 경로 C를 반경 $R \to \infty$인 원으로 잡으면 다음을 얻으며,

$$f(0,0) = \frac{1}{2\pi i}\int_{C_\infty} \frac{d\zeta}{\zeta} = 1, \tag{12.90}$$

따라서 증폭비 ρ는 다음과 같이 얻는다.

$$\rho = \frac{|f(0,0)|}{|f(\infty,0)|} = \frac{2\kappa}{\sqrt{K^2 + \kappa^2}} = \frac{2\sqrt{1-\delta^2}}{\sqrt{2-\delta^2}}, \quad \delta = \frac{k}{K} < 1. \tag{12.91}$$

$k \to 0$이면 $\delta \to 0$이므로, 식 (11.59)에서 수직 입사에 대해 얻었던 값 $\sqrt{2}$에 수렴함을 알 수 있다.

2) $K < k$일 때,

$K = k\sin\gamma$로 놓을 수 있고, 식 (12.80)으로부터 다음을 얻으며,

$$(\mu_n, \nu_n) = \alpha^n \tau (e^{i\gamma}, -e^{-i\gamma}), \tag{12.92}$$

그림 12.6에 보인 바와 같이 이들은 반경이 $\tau = \frac{k}{2}$ 인 원주 상에 위치하며, 따라서 식 (12.78) 우변의 피적분 함수는 μ_0, ν_2의 단극점, $\mu_1 = \nu_0$, $\mu_2 = \nu_1$ 의 **중극점**(double pole) 등, 모두 4 개의 극점을 가진다.

그런데 이들 극점에 의해 결정되는 고유 모드는 e^{px} 의 인자를 가지며, 극점에서의 p 값에 대해 다음을 얻는다.

$$\begin{aligned}(p_{1n}, p_{2n}) &= (p(\mu_n), p(\nu_n)) = \tau(\alpha^n e^{i\gamma} - \alpha^{-n} e^{-i\gamma}, -\alpha^n e^{-i\gamma} - \alpha^{-n} e^{i\gamma}) \\ &= k(\cos(\gamma + 2n\beta), -\cos(\gamma - 2n\beta)). \qquad (12.93)\end{aligned}$$

즉 이들은 모두 실수 값을 가지는데 $\beta = \frac{\pi}{4}$ 이므로 p_{10} 와 p_{22} 는 0 보다 크다는 결과를 얻으며, 따라서 x 축 방향으로 지수 함수적으로 증가하여 물리적으로 타당하지 않은 결과를 얻는다. 아래에서는 이와 같은 상황을 방지하기 위해 먼저 그림 12.7에 보인 것과 같은 적분 경로를 생각하기로 한다.

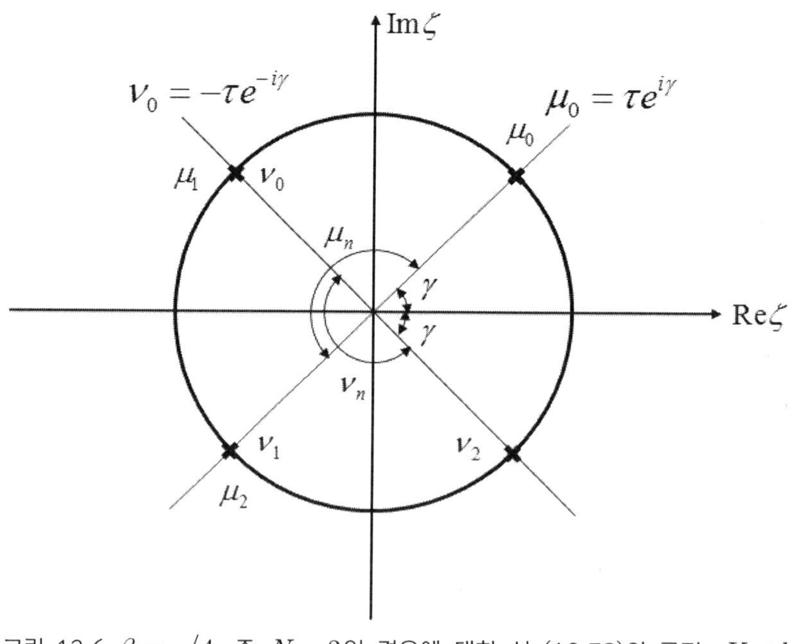

그림 12.6 $\beta = \pi/4$, 즉 $N = 2$인 경우에 대한 식 (12.78)의 극점, $K < k$

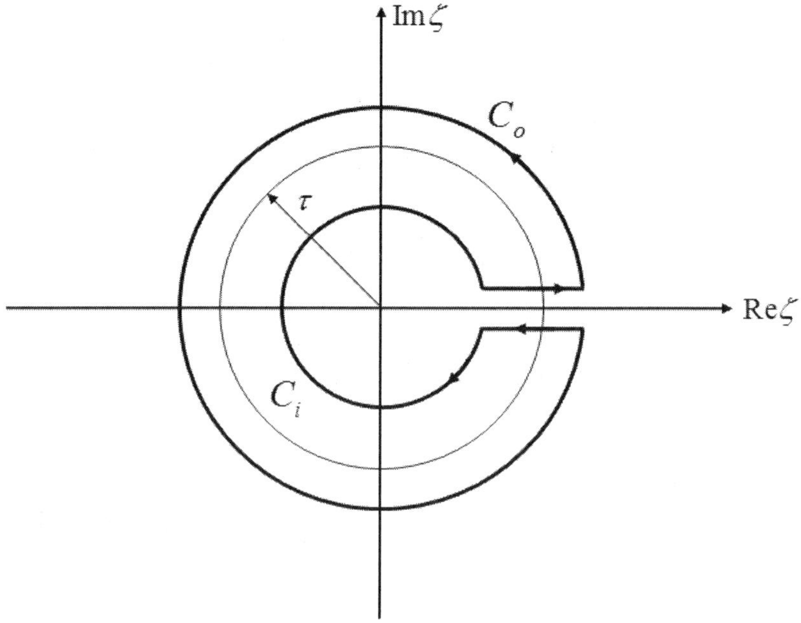

그림 12.7 $\beta=\pi/4$, 즉 $N=2$인 경우, 가장자리 파도에 대한 적분 경로

그림 12.7에 보인 적분 경로는 안쪽의 원과 바깥쪽의 원, 그리고 그들을 잇는 두 직선 경로들로 구성되는데, 두 직선 경로 사이의 수직 거리가 무한히 가까워진다면 두 직선 경로에서의 적분은 서로 상쇄되므로 생각하지 않아도 된다. 두 원은 반경 $\tau=\dfrac{k}{2}$ 인 원에 대해 서로 역의 관계에 있는 소위 **역원**(inverse circle)인데, 안쪽 원의 반경 R_i와 바깥쪽 원의 반경 R_o는 $R_iR_o=\tau^2$을 만족한다. 따라서 C_i 상에서의 적분 변수에 대해 $\zeta=\tau^2\xi^{-1}$의 치환을 도입하면, ξ에 대한 적분은 C_o 상에서의 적분으로 바뀌며 또 Q_n에 대해 다음을 얻으므로,

$$\begin{aligned}Q_n\left(\tau^2\xi^{-1}\right)&=\tau^2\xi^{-2}\alpha^{2n}\left(\tau^2\alpha^{2(N-n)}+iK\alpha^{N-n}\xi-\xi^2\right),\\&=-\tau^2\xi^{-2}\alpha^{2n}Q_{N-n}(\xi),\quad n=0,1,2=N,\end{aligned}\tag{12.94}$$

이들을 이용하여 C_i에 대한 적분 I_i에 대해 다음을 얻으며,

$$I_i = -\frac{1}{2\pi i}\int_{C_o}\frac{(\tau^4\xi^{-2}-\tau^2)\tau^6\xi^{-3}e^{px}}{\tau^6\xi^{-6}Q_0(\xi)Q_1(\xi)Q_N(\xi)}\tau^2\xi^{-2}d\xi$$

$$= \frac{1}{2\pi i}\int_{C_o}\frac{(\xi^2-\tau^2)\tau^4 e^{px}}{\xi Q_0(\xi)Q_1(\xi)Q_N(\xi)}d\xi, \qquad (12.95)$$

따라서 식 (12.78)로부터 $f(x,0)$에 대해 다음을 얻는다.

$$f(x,0) = \frac{1}{2\pi i}\int_{C_o}\frac{(\zeta^2-\tau^2)(\zeta^4+\tau^4)e^{px}}{\zeta Q_0\,Q_1\,Q_N}d\zeta. \qquad (12.96)$$

위 식 우변의 피적분 함수는 원래의 적분 경로 안에 4 개의 극점을 가지는데, 분자의 $(\zeta^4+\tau^4)$ 항 때문에 4 개의 영점(zero)도 가진다. 이 영점은 다음과 같이 주어지므로,

$$\zeta = \tau e^{i\pi(2j+1)/4},\ \ j=0,1,2,3, \qquad (12.97)$$

$\gamma < \frac{\pi}{2}$에 대해 예를 들어 만약 $j=0$에 상응하는 영점의 편각이 $\frac{\pi}{4}=\gamma$라고 하면, 위의 4 개의 영점은 4 개의 극점의 위치와 정확히 일치한다. 따라서 단극점은 더 이상 극점이 아니며, 중극점은 단극점으로 바뀌게 되는데, p_{10}와 p_{22}는 단극점인 μ_0, ν_2에 상응하는 p의 값이므로, 이들은 더 이상 극점이 아니고, 위에서 지적한 바 있던 x 축 방향으로 지수 함수적으로 증가하는 문제는 해결되었다고 할 수 있다.

따라서 식 (12.92)와 관련하여 도입되었던 $\gamma=\frac{\pi}{4}=\beta$로 취하면, 식 (12.96)의 $f(x,0)$에 상응하는 $f(x,y)$를 다음과 같이 얻을 수 있는데([연습문제 7] 참조),

$$f(x,y) = \frac{1}{4\pi i}\int_{C_o}\left(\frac{e^{-qy}}{Q_2}+\frac{e^{qy}}{Q_0}\right)\frac{(\zeta^4+\tau^4)e^{px}}{\zeta Q_1}d\zeta, \qquad (12.98)$$

이 적분도 $f(x,0)$에 대한 복소 적분과 같이, 피적분 함수가 $\mu_1=\nu_0$, $\mu_2=\nu_1$의 두 개의 단극점을 가지며, 위의 논의로부터 피적분 함수 I에 대해 다음을 얻는다.

$$\begin{aligned}\zeta e^{-px} I &= \left(\frac{e^{-qy}}{Q_2}+\frac{e^{qy}}{Q_0}\right)\frac{(\zeta^4+\tau^4)}{Q_1} \\ &= \left\{\frac{e^{-qy}}{(\zeta-\mu_2)(\zeta-\nu_2)}+\frac{e^{qy}}{(\zeta-\mu_0)(\zeta-\nu_0)}\right\}\frac{(\zeta-\mu_0)(\zeta-\mu_1)(\zeta-\nu_1)(\zeta-\nu_2)}{(\zeta-\mu_1)(\zeta-\nu_1)} \\ &= \frac{(\zeta-\mu_0)}{(\zeta-\mu_2)}e^{-qy}+\frac{(\zeta-\nu_2)}{(\zeta-\nu_0)}e^{qy}. \end{aligned} \tag{12.99}$$

이를 식 (12.98)에 대입하여 다음을 얻고,

$$f(x,y)=\frac{1}{4\pi i}\int_{C_o}\left\{\frac{(\zeta-\mu_0)}{(\zeta-\mu_2)}e^{-qy}+\frac{(\zeta-\nu_2)}{(\zeta-\nu_0)}e^{qy}\right\}\frac{e^{px}}{\zeta}\,d\zeta, \tag{12.100}$$

유수 정리에 의해 다음 결과를 얻는다.

$$f(x,y)=\frac{1}{2}\left\{\left(1-\frac{\mu_0}{\mu_2}\right)e^{-q(\mu_2)y+p(\mu_2)x}+\left(1-\frac{\nu_2}{\nu_0}\right)e^{q(\nu_0)y+p(\nu_0)x}\right\}. \tag{12.101}$$

식 (12.93)으로부터 $p_{12}=-k\cos\beta=p_{20}$를 얻고, 또 q에 대해 다음을 얻으므로,

$$\begin{aligned}(q_{1n},q_{2n}) = (q(\mu_n),q(\nu_n)) &= -i\tau\left(\alpha^n e^{i\gamma}-\alpha^{-n}e^{-i\gamma},\ -\alpha^n e^{-i\gamma}+\alpha^{-n}e^{i\gamma}\right) \\ &= k(\sin(\gamma+2n\beta),\ \sin(\gamma-2n\beta)), \end{aligned} \tag{12.102}$$

이 식으로부터 $q_{12}=-k\sin\beta=-q_{20}$를 얻고, 이들을 식 (12.101)에 대입하여 다음을 얻는다.

$$f(x,y)=2e^{ky\sin\beta-kx\cos\beta}. \tag{12.103}$$

이 결과는 바로 식 (12.63)에서 얻었던 스토크스의 가장자리 파도와 상수 2를 제외하면 동일한 결과이다.

이상으로 $K>k$일 때에 대해 식 (12.82)로 경사 입사에 대한 해를 구했으며, $K<k$일 때에 대해 식 (12.103)으로 가장자리 파도에 대한 해를 구하였는데, 두 결과는 동일한 피적

분 함수를 가지는 복소 적분에 대해 적분 경로를 다르게 취함으로써 얻은 점에 유의한다.

N이 일반적인 값을 가질 경우, 위에서 보인 것과 유사한 과정을 통해 경사 해안 문제에 대한 선형 수면파 이론의 일반해에 상응하는 $f(x,y)$를 다음과 같이 얻을 수 있고,

$$f(x,y)=\frac{1}{4\pi i}\int_C\left(\frac{e^{-qy}}{Q_N}+\frac{e^{qy}}{Q_0}\right)\frac{\zeta^{2N-1}e^{px}}{Q_1Q_2\cdots Q_{N-1}}d\zeta, \quad (12.104)$$

수면파의 변위를 구하는데 필요한 $f(x,0)$는 다음과 같이 얻는다.

$$f(x,0)=\frac{1}{2\pi i}\int_C\frac{(\zeta^2-\tau^2)\zeta^{2N-1}e^{px}}{Q_0Q_1\cdots Q_N}d\zeta. \quad (12.105)$$

1) $K>k$일 때,

식 (12.105) 우변의 피적분 함수는 그림 12.4에 보인 것과 같이 반경이 $\mu=\frac{K+\kappa}{2}$, $\nu=\frac{K-\kappa}{2}$인 두 원의 원주 상에 각각 $N+1$개의 단극점을 가진다. 그림 12.5에 보인 바와 같은 적분 경로를 취하면, 식 (12.81)에 보인 바와 같이 $p(\mu_n)$, $p(\nu_n)$의 실수부가 $n\neq 0, N$일 때는 항상 0보다 작으므로, x 축 방향으로 지수 함수적으로 감소한다.

$x\to\infty$ 일 때 $f(x,0)$는 식 (12.88)로 주어지며, 반사파와 입사파의 크기에 각각 상응하는 $|c_0+d_N|$, $|c_N+d_0|$에 대해 [연습문제 7]에서 보인 바와 같이 다음 결과를 얻는다.

$$|c_0+d_N|=|c_0+d_N|=\frac{1}{2}\left\{\frac{1}{N}\frac{1+\epsilon}{1-\epsilon}\frac{1+(-\epsilon)^N}{1-(-\epsilon)^N}\right\}^{1/2},\ \epsilon=\frac{\nu}{\mu}=\frac{K-\kappa}{K+\kappa}. \quad (12.106)$$

그러므로 경사 입사에 대해서도 완전 반사가 이루어지는 것을 알 수 있다.

또한 $f(0,0)$에 대해서도 반경 $R\to\infty$인 원을 적분 경로로 취하면 식 (12.90)에서 보인 바와 같이 $f(0,0)=1$을 얻으며, 따라서 증폭비 ρ에 대해 다음을 얻는다.

$$\rho=\frac{|f(0,0)|}{|f(\infty,0)|}=\left\{N\frac{1-\epsilon}{1+\epsilon}\frac{1-(-\epsilon)^N}{1+(-\epsilon)^N}\right\}^{1/2},\ \epsilon=\frac{K-\kappa}{K+\kappa}. \quad (12.107)$$

$k \to 0$ 이면 $\epsilon \to 0$ 이므로, 식 (11.73)에서 수직 입사에 대해 얻었던 값 $\sqrt{N}$ 을 얻음을 확인할 수 있다. 한편, $\kappa \to 0$ 이면 $\epsilon \to 1$ 이므로, N이 짝수이면 0 이 되고, N이 홀수이면 1 이 되는 결과를 얻는데, 이는 짝수인 경우 반사파와 입사파의 위상차가 π 가 되어 서로 상쇄되고, 홀수인 경우, 위상차가 0 이 되는 것에 따른 결과이며, $K \simeq k$인 영역에서의 선형 해석의 한계를 보여주는 결과로 보인다.

2) $K < k$ 일 때,

식 (12.104) 또는 (12.105)에 대해 그림 12.7에 보인 적분 경로를 취하면 위에서 보인 것과 같은 과정을 거쳐 $f(x,y)$, $f(x,0)$ 를 다음과 같이 얻는다.

$$f(x,y) = \frac{1}{4\pi i}\int_{C_o}\left(\frac{e^{-qy}}{Q_N} + \frac{e^{qy}}{Q_0}\right)\frac{(\zeta^{2N} + \tau^{2N})e^{px}}{Q_1 Q_2 \cdots Q_{N-1}}\frac{d\zeta}{\zeta}, \tag{12.108}$$

$$f(x,0) = \frac{1}{4\pi i}\int_{C_o}\frac{(\zeta^2 - \tau^2)(\zeta^{2N} + \tau^{2N})e^{px}}{Q_0 Q_1 \cdots Q_{N-1} Q_N}\frac{d\zeta}{\zeta}. \tag{12.109}$$

식 (12.109) 우변의 피적분 함수 I와 관련하여 다음을 생각하면,

$$\begin{aligned}\zeta e^{-px} I &= \frac{(\zeta^2 - \tau^2)(\zeta^{2N} + \tau^{2N})}{Q_0 Q_1 \cdots Q_N} \\ &= \frac{(\zeta - \tau)(\zeta + \tau)(\zeta - e^{i\pi/2N}\tau)(\zeta - e^{3i\pi/2N}\tau)\cdots(\zeta - e^{(4N-1)i\pi/2N}\tau)}{(\zeta - \mu_0)(\zeta - \nu_0)\cdots(\zeta - \mu_N)(\zeta - \nu_N)},\end{aligned} \tag{12.110}$$

여기서 μ_n, ν_n 은 아래에 다시 보인 식 (12.92)로 주어지는데,

$$(\mu_n, \nu_n) = \alpha^n \tau(e^{i\gamma}, -e^{-i\gamma}), \tag{12.92}$$

$\gamma = \dfrac{\pi}{2N}$ 라고 하면 $\beta = \dfrac{\pi}{2N}$ 이고, $\alpha = e^{2i\beta} = e^{i\pi/N}$ 이므로, $\mu_{N-1} = \nu_0$, $\mu_N = \nu_1$ 를 제외한 극점은 모두 상쇄되어 식 (12.110)은 다음과 같이 쓸 수 있다.

$$\zeta e^{-px} I = \frac{(\zeta-\tau)(\zeta+\tau)}{(\zeta-\nu_0)(\zeta-\mu_N)}. \tag{12.111}$$

이 결과는 식 (12.99)에 상응하며, 스토크스의 가장자리 파도에 해당한다. 한편, $\beta \ll 1$, 즉 $N \gg 2$이면, 그림 12.8에 보인 바와 같이 예를 들어 $\gamma = 3\beta$로 취하더라도 $\gamma < \frac{\pi}{2}$일 것이며, 이때는 상쇄되지 않고 남는 단극점의 수가 4 개로 증가하며, 이는 가장자리 파도의 새로운 모드가 발생하는 것을 뜻한다.

뿐만 아니라 다음 식으로 결정되는 γ에 대해,

$$\gamma = (2j+1)\beta, \ j = 0, 1, \cdots, J, \tag{12.112}$$

여기서 J는 그에 상응하는 γ가 $\gamma \le \frac{\pi}{2}$를 만족하는 최대의 정수라고 하면, 위와 유사한 상황이 그대로 성립하므로, $\beta \ll 1$일 경우에는 매우 많은 모드의 가장자리 파도가 발생할 수 있고, 이는 식 (12.65)로 주어진 Ursell의 결과와 일관된다.

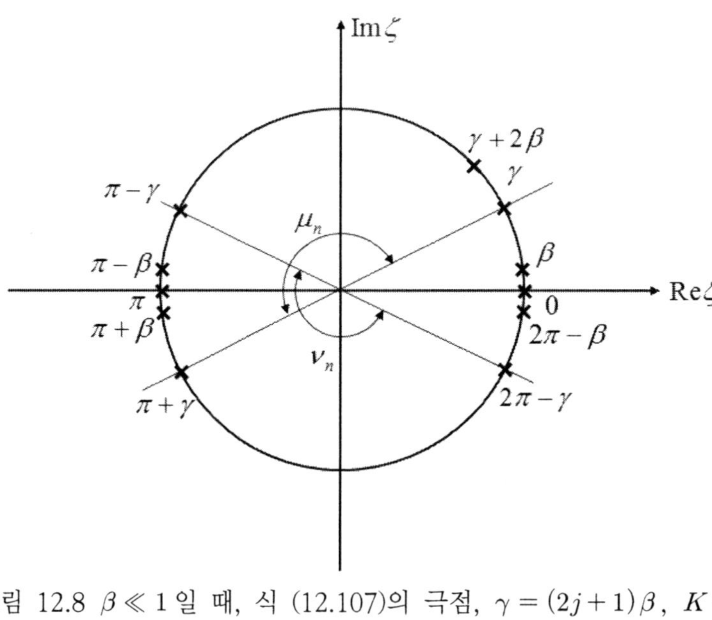

그림 12.8 $\beta \ll 1$일 때, 식 (12.107)의 극점, $\gamma = (2j+1)\beta$, $K < k$

아래에서는 위에서 고려한 가장자리 파도와 관련하여 $\beta\to 0$ 인 극한에 대해 고려하여 식 (12.28), (12.29)로 구한 선형 천수파 이론의 해와 어떤 연결 고리를 가지는지 보이기로 한다.

$\beta\to 0$ 일 때는 식 (12.112)를 만족하는 $J\to\infty$ 일 것이며, 식 (12.111) 대신에 I와 관련하여 다음과 같은 결과를 얻을 수 있고,

$$\zeta e^{-px} I = \frac{(\zeta-\tau)(\zeta+\tau)(\zeta-e^{i\pi/2N}\tau)\cdots(\zeta-e^{(2j+1)i\pi/2N}\tau)}{(\zeta-\nu_0)\cdots(\zeta-\nu_j)}$$

$$\times\frac{(\zeta-e^{\{2-(2j+1/2N)\}i\pi}\tau)\cdots(\zeta-e^{\{2-(1/2N)\}i\pi}\tau)}{(\zeta-\mu_N)\cdots(\zeta-\mu_{N-j})\}},\ j=0,1,\cdots,J, \quad (12.113)$$

$\beta\to 0$ 이므로, $e^{(j/N)i\pi}\to 1$, $(\mu_{N-j},\nu_j)\to\tau(-\alpha^{-j}e^{i\gamma},-\alpha^j e^{-i\gamma})\to(\tau,-\tau)$로 볼 수 있으므로 다음을 얻는다.

$$\zeta e^{-px} I \sim \frac{(\zeta-\tau)(\zeta+\tau)(\zeta-\tau)^{2j}}{(\zeta+\tau)^{2j+2}} = \left(\frac{\zeta-\tau}{\zeta+\tau}\right)^{2j+1}. \quad (12.114)$$

이 결과를 식 (12.109)에 대입하면 다음을 얻으며,

$$f(x,0)\sim\frac{1}{2\pi i}\int_{C_o}\left(\frac{\zeta-\tau}{\zeta+\tau}\right)^{2j+1} e^{px}\frac{d\zeta}{\zeta}, \quad (12.115)$$

여기에 다음과 같은 변수변환을 도입한 뒤,

$$p(\zeta)=\zeta+\tau^2\zeta^{-1}=k(2\xi-1),$$
$$\therefore\ \zeta+\tau=k\{\xi+\sqrt{\xi(\xi-1)}\},\ \frac{d\zeta}{d\xi}=\frac{\zeta}{\sqrt{\xi(\xi-1)}}, \quad (12.116)$$

이를 식 (12.115)에 대입하고 정리하여 다음을 얻는다.

$$f(x,0) \sim \frac{e^{-kx}}{2\pi i}\int_{C_1}\frac{(\xi-1)^j}{\xi^{j+1}}e^{2k\xi x}d\xi. \tag{12.117}$$

여기서 적분 경로는 C_o가 변환에 의해 바뀐 경로이다.

한편, Laguerre 다항식은 다음과 같은 적분으로 나타낼 수 있는 것이 알려져 있는데 (Arfken(1985)[11] 참조),

$$L_n(2kx) = \frac{e^{2kx}}{2\pi i}\int_C \frac{s^n e^{-s}}{(s-2kx)^{n+1}}ds, \tag{12.118}$$

이 식 우변의 적분에 $s=-2kx(\xi-1)$의 치환을 도입하면 다음을 얻으므로,

$$L_n(2kx) = \frac{1}{2\pi i}\int_C \frac{(\xi-1)^n e^{2kx\xi}}{\xi^{n+1}}d\xi, \tag{12.119}$$

이 식을 식 (12.117)에 이용하여 결국 다음 결과를 얻는다.

$$f(x,0) \sim e^{-kx}L_j(2kx). \tag{12.120}$$

이는 바로 식 (12.28)에서 선형 천수 이론을 사용하여 얻었던 결과와 일관된다.

또한 식 (12.92)와 관련하여 $K=k\sin\gamma$라고 하였는데, 여기에 식 (12.112)를 대입하면 다음을 얻으므로,

$$K_j = k\sin\gamma_j \sim k(2j+1)\beta, \tag{12.121}$$

이는 그림 12.3에 보인 경사 해안 문제의 스펙트럼과 일관된 결과이다.

연습문제

1. 그림 12.2에 보인 경우에 대해 파도의 진행 방향이 그림에 보인 바와 같이 얻어짐을 보이시오.

2. 식 (12.26)으로부터 다음을 얻으며,

$$\lim_{n\to\infty} L_n(s) = \lim_{n\to\infty} \sum_{m=0}^{n} \frac{(-1)^m n!}{(m!)^2 (n-m)!} s^m , \tag{연12.1}$$

제1종 0차 베셀 함수의 정의로부터 다음을 얻으므로,

$$J_0(2\sqrt{ns}) = \sum_{m=0}^{\infty} \frac{(-1)^m}{(m!)^2} n^m s^m , \tag{연12.2}$$

$s\to 0$, $n\to\infty$, ns는 유한할 때를 고려하여 식 (12.44)를 얻으시오.

3. 식 (12.64) 우변이 식 (12.59), (12.60), (12.61)을 만족하는 것을 대입에 의해 보이시오.

4. 식 (12.73)을 두 번 거듭 사용하여 식 (12.74)를 얻음을 보이시오.

5. 식 (12.78) 우변의 적분에 대해 그림 12.5에 보인 경로를 취하고 유수 정리를 사용하여 식 (12.83), (12.84)를 구하시오.

6. 식 (12.83), (12.84)로부터 $|c_0 + d_N| = |c_N + d_0| = \sqrt{\kappa^2 + K^2}/(4\kappa)$ 임을 보이시오.

7. N이 일반적인 값을 가질 경우에 대해, $x\to\infty$ 일 때 $f(x,0)$는 식 (12.88)로 주어지는 것을 보이고, 식 (12.106)을 구하시오.

13 비선형 분산성 천수파

이 장에서는 이상유체의 비회전성 유동으로 볼 수 있는 수평 1차원 천수 수면파와 관련하여 비선형성과 분산성이 균형을 이루는 경우에 대한 기본 방정식들을 유도하고, 그들의 해에 대해 고찰하기로 한다(그림 13.1 참조). 이 분야의 연구에 관한 역사적 고찰에 대해서는 Mei(1989)[20]를 참조하기 바란다.

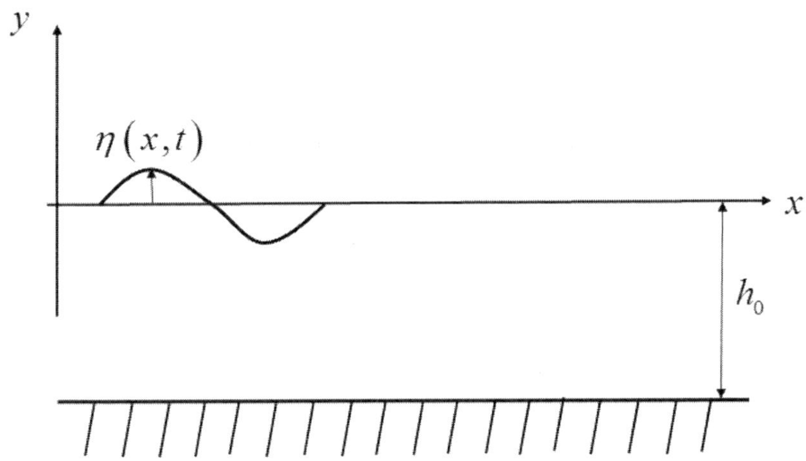

그림 13.1 수평 1차원 천수 수면파에 대한 개략도

1절에서는 비선형 분산성 천수파에 대해 Boussinesq(1872){18}에 의해 유도된 기본적인 방정식인 **Boussinesq 방정식**(Boussinesq equation)을 Rayleigh(1876){19}의 방법을 이용하여 유도하고, 2절에서는 파도의 진행 방향을 양의 x 축 방향으로 한정시켜 Korteweg & de Vries(1895){20}에 의해 얻어진 **KdV 방정식**(KdV, Korteweg-de Vries equation)을 유도하기로 하며, 3절에서는 전파 속도와 형태가 일정한 소위 **영구파**(permanent wave)인 KdV 방정식의 해에 대해 고찰하고, 4절에서는 KdV 방정식을 **정규화**(normalize)하여 그 해의 특성에 대해 논의하기로 한다.

13.1 Boussinesq 방정식

10.3절 끝 부분에서 천수 수면파에 대한 스토크스의 고차 이론의 유효성에 대해 논의하면서 아래에 다시 보인 식 (10.148)로 Ursell 수, Ur를 정의하고,

$$Ur = \frac{H}{h_0}\left(\frac{\lambda}{h_0}\right)^2, \qquad (10.148)$$

$Ur = O(1)$일 경우, 즉 비선형성과 분산성이 균형을 이루는 경우에 대한 적절한 이론의 필요성에 대해 논의한 바 있다.

천수 수면파에 대한 기본 방정식은 먼저 속도 포텐셜 $\phi(x,y,t)$를 도입하면, 10.3절로부터 다음과 같이 얻는다.

$$\phi_{xx} + \phi_{yy} = 0\,, \text{ 유체 영역에서,} \qquad (13.1)$$

$$\eta_t - \phi_y + \phi_x \eta_x = 0\,,\ y = \eta(x,t) \text{ 에서,} \qquad (13.2)$$

$$\phi_t + g\eta + \frac{|\nabla\phi|^2}{2} = 0\,,\ y = \eta(x,t) \text{ 에서,} \qquad (13.3)$$

$$\frac{\partial\phi}{\partial y} = 0\,,\ y = -h_0 \text{ 에서.} \qquad (13.4)$$

비선형성과 분산성이 균형을 이루는 경우를 보다 쉽게 알아 볼 수 있도록 다음과 같은 무차원 변수를 사용하기로 하는데,

$$x = \frac{x^*}{l},\ (y,\eta,h) = \frac{(y^*,\eta^*,h^*)}{h_0}\,,\ t = \frac{c_0 t^*}{l}\,,\ \phi = \frac{\phi^*}{c_0\, l}\,, \qquad (13.5)$$

여기서 위의 식들 우변의 상첨자 * 는 원래의 차원량을 나타내고, 좌변은 무차원량을 나타내며, l은 파의 특성 길이, $c_0 = \sqrt{gh_0}$ 이고, h^*는 바닥의 변화도 고려할 수 있도록 도입된 양이다.

이들 무차원 변수를 사용하여 원래의 방정식 (13.1), (13.2), (13.3), (13.4)를 다시 쓰면 다음을 얻는다.

$$\phi_{xx}+\beta^{-1}\phi_{yy}=0\,,\ \beta=\left(\frac{h_0}{l}\right)^2\ll 1,\ \text{유체 영역에서,} \tag{13.6}$$

$$\eta_t+\phi_x\eta_x-\beta^{-1}\phi_y=0\,,\ y=\eta(x,t)\ \text{에서,} \tag{13.7}$$

$$\phi_t+\eta+\frac{1}{2}\left(\phi_x^2+\beta^{-1}\phi_y^2\right)=0\,,\ y=\eta(x,t)\ \text{에서,} \tag{13.8}$$

$$\phi_y=0\,,\ y=-1\ \text{에서.} \tag{13.9}$$

여기서 분산성을 나타내는 미소 매개변수 β를 정의하는데, 파장 λ가 아닌 파의 특성 길이 l을 사용하였음에 유의한다.

특성파의 크기를 a라고 하고, 비선형성에 대한 매개변수 $\alpha=\dfrac{a}{h_0}\ll 1$라고 하면, $\phi=O(\alpha)$를 가정할 수 있으며, λ 대신 l을 사용하여 정의된 Ursell 수, Ur에 대한 가정으로부터 다음을 얻는다.

$$Ur=\frac{H}{h_0}\left(\frac{l}{h_0}\right)^2=O(1)\,,\ \therefore\ O(\alpha)=O(\beta)\,. \tag{13.10}$$

식 (13.6)을 보면 $\phi_{yy}\ll 1$이어야 하므로, 바닥에서의 속도 포텐셜 $\phi_1(x,t)\equiv\phi(x,-1,t)$를 도입하기로 하고, Rayleigh(1876)을 따라 식 (13.6)을 y에 대해 두 번 적분하면 다음을 얻는데,

$$\beta\int_{-1}^{y}\phi_{xx}\,dy+\phi_y=0\,, \tag{13.11}$$

$$\beta\int_{-1}^{y}\int_{-1}^{y}\phi_{xx}\,dydy+\phi(\underline{x},t)-\phi_1(x,t)=0\,, \tag{13.12}$$

여기서 우변의 적분 상수는 $x \to -\infty$ 에서의 조건으로부터 얻는다. 따라서 식 (13.12)로부터 $\phi(\underline{x},t)$와 $\phi_1(x,t)$에 대해 다음 관계를 얻는다.

$$\phi(\underline{x},t) = \phi_1(x,t) + \beta \int_{-1}^{y} \int_{-1}^{y} \phi_{xx}\, dy dy\,. \tag{13.13}$$

이 식에 따르면 $\phi(\underline{x},t)$과 $\phi_1(x,t)$의 차이는 매우 작은 양으로 볼 수 있으며, 우변 적분의 피적분 함수인 ϕ_{xx}에 ϕ_1을 대입하여 $\phi(\underline{x},t)$에 대한 근사식을 다음과 같이 얻을 수 있고,

$$\phi(\underline{x},t) \simeq \phi_1(x,t) - \beta \frac{(1+y)^2}{2} \phi_{1xx}\,, \tag{13.14}$$

이 결과를 다시 한 번 식 (13.13) 우변 적분의 피적분 함수에 대입하여 다음 결과를 얻을 수 있다.

$$\phi(\underline{x},t) = \phi_1(x,t) - \beta \frac{(1+y)^2}{2} \phi_{1xx} + \beta^2 \frac{(1+y)^4}{4!} \phi_{1xxxx} + O(\alpha\beta^3). \tag{13.15}$$

위의 식 (13.14), (13.15)로 주어진 $\phi(\underline{x},t)$는 라플라스 방정식과 바닥에서의 경계조건을 만족함에 유의한다.

식 (13.15)를 식 (13.7), (13.8)에 대입하고 $O(\alpha\beta)$인 항까지만 고려하면 다음을 얻는다.

$$\eta_t + \phi_{1x}\eta_x + (1+\eta)\phi_{1xx} - \frac{\beta}{6}\phi_{1xxxx} = 0\,, \tag{13.16}$$

$$\phi_{1t} + \eta + \frac{1}{2}\left(\phi_{1x}^2 - \beta\phi_{1xxt}\right) = 0\,. \tag{13.17}$$

이제 천수 수면파에 대해 10.1절 등에서 사용했던 깊이 방향 평균화를 도입하여 **층평균 속도 포텐셜**(mean layer velocity potential) $f(x,t)$를 다음과 같이 정의하면,

$$f(x,t) = \frac{1}{1+\eta} \int_{-1}^{\eta} \left\{ \phi_1 - \beta \frac{(1+y)^2}{2} \phi_{1xx} + \beta^2 \frac{(1+y)^4}{4!} \phi_{1xxxx} \right\} dy, \tag{13.18}$$

다음 결과를 얻으며,

$$f(x,t) = \phi_1 - \frac{\beta}{6}\phi_{1xx} + o(\alpha\beta), \tag{13.19}$$

역으로 또 다음 관계도 성립한다.

$$\phi_1(x,t) = f + \frac{\beta}{6} f_{xx} + o(\alpha\beta). \tag{13.20}$$

이 관계를 식 (13.16), (13.17)에 대입하면 다음을 얻으며,

$$\eta_t + \{(1+\eta)f_x\}_x = 0, \tag{13.21}$$

$$\eta = -f_t - \frac{1}{2}f_x^2 + \frac{\beta}{3}f_{xxt}, \tag{13.22}$$

식 (13.22)를 사용하여 식 (13.21)로부터 η를 소거하면 다음을 얻는데,

$$f_{tt} - f_{xx} + 2f_x f_{xt} + f_t f_{xx} - \frac{\beta}{3} f_{xxtt} = 0, \tag{13.23}$$

이 식은 통상 Boussinesq **방정식**(Boussinesq equation)으로 불린다.

식 (13.23)에서 비선형 항들을 무시하면 다음과 같은 선형 Boussinesq 방정식을 얻는데,

$$f_{tt} - f_{xx} - \frac{\beta}{3} f_{xxtt} = 0, \tag{13.24}$$

이 식은 식 (2.34)와 본질적으로 같으며, 또 7.1절에서 고려하였고, 아래에 다시 보인 분산성 파도의 특성과 관련된 대응성을 상기하고,

$$\frac{\partial}{\partial t} \Leftrightarrow -i\omega, \ \frac{\partial}{\partial x} \Leftrightarrow ik, \tag{7.8}$$

이를 식 (13.24)에 적용하면 다음과 같은 분산관계식을 얻는다.

$$-\omega^2 + k^2 - \frac{\beta}{3}k^2\omega^2 = 0, \ \therefore \ \omega^2 = k^2\left(1 + \frac{\beta}{3}k^2\right)^{-1}. \tag{13.25}$$

이 식은 식 (2.35), (7.9)와 본질적으로 같은 식이다.

차원량인 ω, k에 상첨자 $*$를 사용하여 아래에 다시 보인 유한 수심에 대한 분산관계식, 식 (9.16)과 관련하여,

$$\omega^{*2} = gk^*\tanh k^* h_0, \tag{13.26}$$

다음과 같은 무차원량들을 이용하여 다시 쓰면,

$$\omega = \frac{\omega^* l}{c_0}, \ k = k^* l, \tag{13.27}$$

다음 결과를 얻는데,

$$\omega^2 = \frac{k}{\sqrt{\beta}}\tanh\sqrt{\beta}\,k, \tag{13.28}$$

$\beta \ll 1$을 고려하면 다음 식을 얻으므로,

$$\omega^2 = k^2\left(1 - \frac{\beta}{3}k^2\right) + O(\beta^2), \tag{13.29}$$

위의 식 (13.25)와 일관된 결과임을 알 수 있다.

위의 논의로부터 Boussinesq 방정식은 그 선형 방정식이 유한 수심에 대한 분산관계식의 천수 근사를 만족하고 있고, 또 식 (13.23) 좌변의 비선형 항들도 무차원 양들의 크기를 고려하여 결정되었으므로, 비선형성과 분산성이 균형있게 고려된 식으로 볼 수 있다.

13.2 Korteweg-deVries 방정식

앞 절에서 얻었던 Boussinesq 방정식은 2계 편미분 방정식으로 2.1절에서 생각하였던 파동 방정식, 식 (2.1) $\phi_{tt} = c_0^2 \phi_{xx}$ 과 같이 x 축을 따라 양과 음의 방향으로 움직이는 파도를 모두 나타낼 수 있다. 한편, x 축을 따라 양의 방향으로 움직이는 파도만 고려해도 되는 경우에는, 2.1절의 식 (2.2), $\phi_t + c_0 \phi_x = 0$ 에서 본 바와 같이, 1계 편미분 방정식으로 바꾸어 생각할 수 있다. 이 절에서는 Boussinesq 방정식에 대해 파도의 전파 방향을 x 축을 따라 양의 방향으로만 한정할 때 얻어지는 방정식에 대해 논의하기로 한다.

유체 입자의 x 방향 속도 성분을 $u_0(\underline{x},t)$라고 하고, **층평균 수평 방향 속도**(layer mean horizontal velocity) $u(x,t)$를 다음과 같이 정의하고,

$$u(x,t) = \frac{1}{1+\eta}\int_{-1}^{\eta} u_0(\underline{x},t)dy = \frac{1}{1+\eta}\int_{-1}^{\eta} \phi_x(\underline{x},t)dy\,, \tag{13.30}$$

이 식 우변 적분의 피적분 함수에 식 (13.14)를 대입하면 다음을 얻으며,

$$u(x,t) \simeq \frac{1}{1+\eta}\int_{-1}^{\eta}\left\{\phi_{1x} - \frac{\beta(1+y)^2}{2}\phi_{1xxx}\right\}dy = \phi_{1x} - \frac{\beta}{6}\phi_{1xxx}\,, \tag{13.31}$$

이 식 우변에 식 (13.20)을 이용하면 $u(x,t)$와 층평균 속도 포텐셜 사이의 관계에 대해 다음을 얻는다.

$$u(x,t) = f_x + o(\alpha\beta)\,. \tag{13.32}$$

따라서 이 관계를 식 (13.21), (13.22)에 적용하면 다음을 얻으며,

$$\eta_t + \{(1+\eta)u\}_x = 0\,, \tag{13.33}$$

$$\eta_x + u_t + uu_x - \frac{\beta}{3}u_{xxt} = 0\,, \tag{13.34}$$

위 두 식의 최저차 근사는 다음과 같다.

$$\eta_t + u_x = 0\,, \tag{13.35}$$

$$\eta_x + u_t = 0\,. \tag{13.36}$$

위 두 식으로부터 u를 소거하면 다음을 얻고,

$$\eta_{tt} + \eta_{xx} = 0\,, \tag{13.37}$$

이는 식 (2.1)에서 보았던 파동 방정식이다.

여기서 양의 x 축 방향으로만 움직이는 파도, 즉 오른쪽으로 움직이는 **단방향성 파도** (unidirectional wave)에 대해서만 고려하기로 하면, 식 (13.35), (13.36)으로부터 다음을 얻는데,

$$\eta_t + \eta_x = 0\,,\ u = \eta\,, \tag{13.38}$$

그 다음 차수의 근사에 대해 u와 η 사이의 관계에 대해 다음과 같이 가정할 수 있다.

$$u = \eta + \alpha A + \beta B\,. \tag{13.39}$$

여기서 A, B는 $O(\alpha) = O(\beta)$의 크기를 가지는 양이다.

이 식을 식 (13.33), (13.34)에 대입하면 다음을 얻으며,

$$\eta_t + \eta_x + \alpha A_x + \beta B_x + 2\eta\eta_x = 0\,, \tag{13.40}$$

$$\eta_x + \eta_t + \alpha A_t + \beta B_t + \eta\eta_x - \frac{\beta}{3}\eta_{xxt} = 0\,, \tag{13.41}$$

위 두 식이 일관되기 위해서는 다음이 성립해야 하는데,

$$\alpha(A_x - A_t) = -\eta\eta_x\,, \tag{13.42}$$

$$\beta(B_x - B_t) = -\frac{\beta}{3}\eta_{xxt}\,, \tag{13.43}$$

최저차 근사에 따르면 $A_x = -A_t$, $B_x = -B_t$가 성립해야 하므로, 이들을 위 식에 사용하여 다음을 얻는다.

$$\alpha A = -\frac{\eta^2}{4}, \quad B = \frac{\beta}{6}\eta_{xx}. \tag{13.44}$$

이 결과를 식 (13.39), (13.40)에 대입하면 다음 차수 근사에 대해 다음을 얻는다.

$$u = \eta - \frac{\eta^2}{4} + \frac{\beta}{6}\eta_{xx}, \tag{13.45}$$

$$\eta_t + \left(1 + \frac{3}{2}\eta\right)\eta_x + \frac{\beta}{6}\eta_{xxx} = 0. \tag{13.46}$$

식 (13.46)은 통상 **KdV 방정식**(KdV equation)이라고 불린다.

위 식 좌변에서 분산성을 나타내는 마지막 항을 무시하면, 4.1절에서 고려한 쌍곡선형 파도에 대한 전형적인 비선형 방정식, 식 (4.11)의 특수한 경우로 볼 수 있어 만약 분산성을 대표하는 항이 포함되어 있지 않다면 이 방정식은 4장에서 고려한 충격파, 또는 쇄파 등의 해를 고려해야 하는 문제임에 유의한다.

한편, KdV 방정식의 비선형 항을 무시하면 다음과 같은 선형 KdV 방정식을 얻으며,

$$\eta_t + \eta_x + \frac{\beta}{6}\eta_{xxx} = 0, \tag{13.47}$$

이 식에 앞 절에서도 사용하였던 식 (7.8)로 주어지는 대응성을 사용하면 다음과 같은 분산관계식을 얻는데,

$$\omega = k - \frac{\beta}{6}k^3 = k\left(1 - \frac{\beta}{6}k^2\right), \tag{13.48}$$

이 식은 앞 절에서 얻었던 식 (13.25)와 일관된 결과이다.

단 실제 이들 방정식을 사용함에 있어 원래의 가정에서 벗어나는 크기의 k를 가지는 파도를 다루는 경우, 위 식 (13.48) 우변은 $k \gg 1$에 대해 $O(k^3)$의 크기를 가지는 한편, 식 (13.25) 우변은 $O(1)$의 크기를 가지므로, 수치해와 관련하여 보다 안정된 결과를 줄 수

있다. 같은 이유로 KdV 방정식도 식 (13.46) 좌변의 마지막 항의 η_{xxx} 를 최저차 항 근사로는 같은 크기를 가지는 $-\eta_{xxt}$로 대체하여 다음과 같은 **균정 KdV 방정식**(regularized KdV equation)을 고려하면,

$$\eta_t + \left(1 + \frac{3}{2}\eta\right)\eta_x - \frac{\beta}{6}\eta_{xxt} = 0\,, \tag{13.49}$$

이 식에 상응하는 선형 방정식의 분산관계식은 식 (13.48) 대신 다음과 같이 얻어지는데,

$$\omega = k\left(1 + \frac{\beta}{6}k^2\right)^{-1}, \tag{13.50}$$

이 식 우변은 $k \gg 1$ 에 대해 $O(k^{-1})$ 의 크기를 가지므로 수치해의 관점에서는 훨씬 안정된 결과를 줄 것이다.

위에서 KdV 방정식을 유도하는데 사용했던 방법은 수표면 상의 압력 분포, 수중 물체, 수저의 운동 등을 포함한 소위 외부 교란체에 의한 천수파 생성과 관련된 식을 유도하는데 그대로 사용할 수 있으며, 이에 대해서는 Lee(1985){21}를 참조하기 바란다.

13.3 KdV 방정식에 대한 영구파 형태의 해

식 (13.46)의 KdV 방정식을 식 (13.5)에 보였던 원래의 차원량으로 나타내기로 하면 다음을 얻으며,

$$\frac{1}{c_0}\eta_t + (1+a\eta)\eta_x + b\,\eta_{xxx} = 0\,,\ \ a = \frac{3}{2h_0}\,,\ \ b = \frac{h_0^2}{6}\,, \tag{13.51}$$

여기서 상첨자 *는 편의상 생략하였고, a, b의 차원은 각각 L^{-1}, L^2이며, 이 절에서는 차원량을 사용함에 유의한다.

식 (13.51)의 KdV 방정식에 대해 $\xi = x - ct$, c는 속도의 차원을 가지는 정해진 상수일 때, $\eta(\xi)$의 형태로 주어지는 해를 구하기로 하면 대입에 의해 다음을 얻으며,

$$(1-\gamma)\frac{d\eta}{d\xi} + a\eta\frac{d\eta}{d\xi} + b\,\frac{d^3\eta}{d\xi^3} = 0\,,\quad \gamma = \frac{c}{c_0}\,, \tag{13.52}$$

이 식을 ξ에 대해 한 번 적분하여 다음을 얻는데,

$$(1-\gamma)\eta + \frac{a}{2}\eta^2 + b\,\frac{d^2\eta}{d\xi^2} + C_1 = 0\,, \tag{13.53}$$

여기서 C_1은 적분 상수이다.

식 (13.53)의 양변에 $\dfrac{d\eta}{d\xi}$를 곱하고 ξ에 대해 한 번 적분하고 정리하여 다음을 얻는데,

$$b\left(\frac{d\eta}{d\xi}\right)^2 = (\gamma-1)\eta^2 - \frac{a}{3}\eta^3 - 2C_1\eta - C_2\,, \tag{13.54}$$

여기서 C_2 또한 적분 상수이다.

특별한 경우로 먼저 $C_1 = C_2 = 0$인 경우를 고려하면, 식 (13.54)로부터 다음을 얻으며,

$$\sqrt{\frac{3b}{a}}\,\frac{d\eta}{d\xi} = \pm\,\eta\sqrt{H_0-\eta}\,,\ \ H_0 = \frac{3(\gamma-1)}{a} = 2\,h_0(\gamma-1)\,, \tag{13.55}$$

여기서 H_0의 차원은 L임에 유의한다. 이 식은 변수 분리형이므로 다음과 같이 다시 쓸 수 있고,

$$\sqrt{\frac{a}{3b}}\,\xi = \pm\int \frac{d\eta}{\eta\sqrt{H_0-\eta}}\,, \tag{13.56}$$

우변의 부호를 양으로 취하고, 피적분 함수에 $\eta = H_0\,\mathrm{sech}^2\theta$의 치환을 도입하면 다음을 얻는다.

$$\sqrt{\frac{a}{3b}}\,\xi = \frac{2}{\sqrt{H_0}}\int d\theta = \frac{2}{\sqrt{H_0}}\,\theta\,. \tag{13.57}$$

이 식과 식 (13.55)의 둘째 식으로부터 다음 결과를 얻는데,

$$\eta(\xi) = H_0\,\mathrm{sech}^2\sqrt{\frac{aH_0}{12b}}\,\xi = H_0\,\mathrm{sech}^2\sqrt{\frac{3H_0}{4h_0}}\,\frac{\xi}{h_0}\,,\ \ \gamma = \frac{c}{c_0} = 1 + \frac{H_0}{2h_0}\,, \tag{13.58}$$

이 식에 따르면 이 영구파는 모든 $\xi \in (-\infty, \infty)$에 대해 영보다 크고, 하나의 파정만을 가져 통상 **고립파**(solitary wave)라고 부르는데, H_0는 $\xi = 0$에서의 파도의 최대값으로 파고(waveheight)에 상응하는 양이다. 또한 이 영구파의 전파 속도 c는 파고 H_0의 함수로 주어지므로 비선형 분산성을 가지는 것을 확인할 수 있고, 큰 파도가 더 빨리 전파한다는 비선형성을 보여주고 있다.

고립파는 파정으로부터 멀어지면 파도의 크기가 지수 함수적으로 감소하므로, 파정 바로 부근에서만 꽤 큰 크기를 가지는데, 이와 같은 파정부의 범위는 $\dfrac{H_0}{h_0}$에 따라 결정되며, 이 매개변수의 값이 크면 클수록 파정부의 범위는 좁아져 상대적으로 보다 뾰쪽한 파형을 가진다. 다양한 실험 및 이론적 해석에 의해 $\dfrac{H_0}{h_0}$의 최대값은 0.78로 여겨지고 있다(Dean & Dalrymple(1991)[21] 참조).

다시 식 (13.54)로 돌아가, $C_1 = C_2 = 0$이 아닌 일반적인 경우를 고려하는데, $\eta = 0$에서 $\dfrac{d\eta}{d\xi} = 0$, 즉 기울기가 영이라고 가정해도 일반성을 잃지 않으므로, $C_2 = 0$을 가정할 수 있으며, 따라서 식 (13.54)를 다음과 같이 다시 쓸 수 있는데,

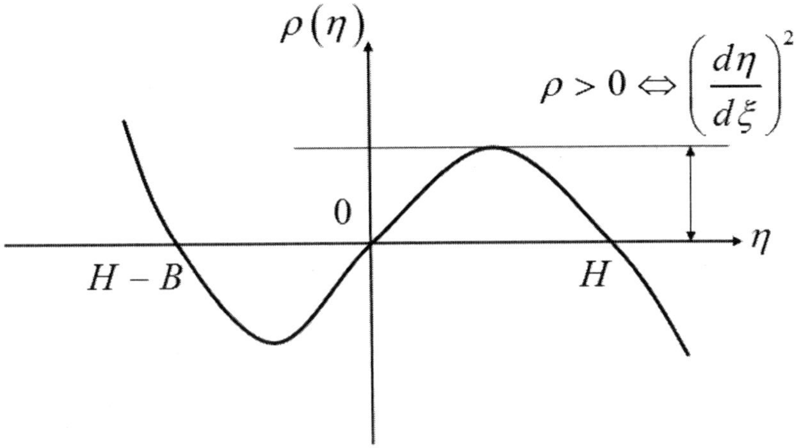

그림 13.2 식 (13.57)과 관련된 3차 다항식 $\rho(\eta)$

$$\frac{3b}{a}\left(\frac{d\eta}{d\xi}\right)^2 = -\eta^3 + H_0\eta^2 - \frac{6C_1}{a}\eta = \eta(H-\eta)\{\eta-(H-B)\} = \rho(\eta), \quad (13.59)$$

여기서 $H>0$, $B>H$를 가정하면, 위 식 우변의 3차 다항식 $\rho(\eta)$는 그림 13.2에 보인 것과 같은 형상을 가진다.

식 (13.59)의 좌변은 영보다 크므로, $\rho(\eta)>0$인 구간, $\eta\in[0, H]$만 식 (13.59)의 해에 상응하며, 위에서 고려했던 식 (13.58)로 주어지는 고립파는 $C_1=0$이므로, $H=B=H_0$인 경우에 해당하며, 따라서 $\eta=0$가 $\rho(\eta)$의 중근이 되는 경우이다. 지금 고려하고 있는 경우에 대해서는 **주기해**(periodic solution)를 생각할 수 있으며, 식 (13.59)의 주기해는 **Jacobi의 타원 함수**(Jacobian elliptic function)로 알려져 있고, 파도로서는 **크노이달 파**(cnoidal wave)로 불린다.

식 (13.59)가 변수 분리형임을 고려하여 다음과 같은 결과를 얻으며,

$$\sqrt{\frac{a}{3b}}\,\xi = \pm\int \frac{d\eta}{\sqrt{\eta(H-\eta)(\eta-H+B)}}, \quad (13.60)$$

우변의 부호를 양으로 취하고, 피적분 함수에 대해 $\eta=H\zeta^2$, $d\eta=2H\zeta d\zeta$의 치환을 도입하면 다음을 얻는데,

$$\sqrt{\frac{a}{3b}}\,\xi = \frac{2}{\sqrt{H}}\int \frac{d\zeta}{\sqrt{(1-\zeta^2)(\zeta^2-1+s^{-2})}},\ s=\sqrt{\frac{H}{B}}\in(0,1), \quad (13.61)$$

$$\therefore \sqrt{\frac{3B}{4h_0^3}}\,\xi = \int_z^1 \frac{d\zeta}{\sqrt{(1-\zeta^2)(1-s^2+s^2\zeta^2)}},\ z\in[0,H], \quad (13.62)$$

여기서 식 (13.62)의 우변 적분은 **제1종 타원 적분**(elliptic integral of the first kind)으로 주어질 수 있으며, 매개변수 s는 **타원 지수**(elliptic modulus)라고 불리고(이승준(2014)[8] 참조), 적분의 상한과 하한은 아래에서 기술할 크노이달 함수의 정의를 고려하여 정하였다.

제1종 타원 적분 $F(s,\theta)$는 다음과 같이 정의되는데,

$$F(s,\theta) = \int_0^\theta \frac{d\psi}{\sqrt{1-s^2\sin^2\psi}},\ s\in(0,1), \quad (13.63)$$

위의 $F(s,\theta)=u$로 놓으면, **크노이달 함수**(cnoidal function)를 다음 식으로 정의할 수 있다.

$$\mathrm{cn}\,u = \cos\theta,\ \text{또는}\ u = \mathrm{cn}^{-1}\cos\theta. \quad (13.64)$$

식 (13.63) 우변의 적분에 $\zeta=\cos\psi$의 치환을 도입하면 다음을 얻으며,

$$u = \int_z^1 \frac{d\zeta}{\sqrt{(1-\zeta^2)(1-s^2+s^2\zeta^2)}},\ s\in(0,1), \quad (13.65)$$

여기서 $z=\cos\theta$이므로, 식 (13.64)의 정의로부터 다음을 얻는다.

$$z = \mathrm{cn}\,u. \quad (13.66)$$

식 (13.65), (13.66)을 위의 식 (13.62)에 적용하면 다음을 얻으며,

$$z = \mathrm{cn}\sqrt{\frac{3B}{4h_0^3}}\,\xi,\ \therefore \eta(\xi) = H\,\mathrm{cn}^2\sqrt{\frac{3B}{4h_0}}\,\frac{\xi}{h_0}, \quad (13.67)$$

여기서 H는 파도의 파고를 나타내는 것을 확인할 수 있다. 크노이달 파도의 변위 또한 모든 $\xi \in (-\infty, \infty)$에 대해 영보다 크므로, 평형 상태에서 $\eta = 0$의 수평면을 유지하기 위해서는 위 식으로부터 적절한 상수를 빼 주어야 질량 보존에 위배되지 않을 것이다.

한편, 식 (13.55)의 둘째 식과 식 (13.59)로부터 크노이달 파의 전파 속도 c에 대해 다음을 얻는데,

$$H_0 = 2h_0(\gamma - 1) = 2H - B = H\left(2 - s^{-2}\right),$$

$$\therefore \gamma = \frac{c}{c_0} = 1 + \frac{2H - B}{2h_0} = 1 + \frac{H}{2h_0}\left(2 - s^{-2}\right), \qquad (13.68)$$

따라서 무차원 전파 속도 $\frac{c}{c_0}$는 무차원 변수인 $\frac{H}{h_0}$와 $\frac{B}{h_0}$(또는 타원 지수 s)의 함수이며, 클수록 빨리 전파하는 비선형성을 보여주고 있다. 전파 속도 c에 대해, $2H = B$(즉 $s^2 = \frac{1}{2}$)를 경계로 $2H < B$이면 $c < c_0$, $2H > B$이면 $c > c_0$임을 얻는다.

식 (13.64)로부터 $H \to 0$, 즉 $s \to 0$일 때에 대해 다음을 얻으므로,

$$\lim_{s \to 0} u = \theta, \qquad (13.69)$$

식 (13.64)로부터 $\mathrm{cn} \to \cos$를 얻고, 또 $H \to B$, 즉 $s \to 1$일 때에 대해 다음을 얻으므로,

$$\lim_{s \to 1} u = \ln\sqrt{\frac{1 + \sin\theta}{1 - \sin\theta}}, \quad \therefore \cos\theta \to \mathrm{sech}\, u, \qquad (13.70)$$

식 (13.64)로부터 $\mathrm{cn} \to \mathrm{sech}$를 얻으며, 따라서 크노이달 함수는 코싸인 함수와 sech 함수를 양 극한으로 하는 주기 함수임을 알 수 있다.

$s \to 1$일 때, 식 (13.59)와 관련하여 언급한 바와 같이 $H = B = H_0$가 성립하므로, 식 (13.67), (13.68)로부터 크노이달 파의 극한으로 식 (13.58)로 주어지는 고립파가 얻어짐을 확인할 수 있다.

한편 크노이달 파의 파장 λ는 다음 식으로 주어지는데,

$$\sqrt{\frac{3B}{4h_0^3}}\,\lambda = 2\int_0^1 \frac{d\zeta}{\sqrt{(1-\zeta^2)(1-s^2+s^2\zeta^2)}}\,, \tag{13.71}$$

식 (13.65), (13.63)으로부터 $z=0$는 $\theta=\frac{\pi}{2}$에 상응하므로, 위 식은 다음과 같이 다시 쓸 수 있으며,

$$\sqrt{\frac{3B}{4h_0^3}}\,\lambda = 2F\left(s,\frac{\pi}{2}\right) \equiv 2K(s)\,, \tag{13.72}$$

여기서 $K(s)$는 **제1종 완전 타원 적분**(complete elliptic integral of the first kind)으로 알려져 있고, 따라서 파장 λ에 대해 다음을 얻는다.

$$\frac{\lambda}{h_0} = \sqrt{\frac{h_0}{3B}}\,4K(s)\,,\ \ s=\sqrt{\frac{H}{B}} \in (0,1). \tag{13.73}$$

제1종 완전 타원 적분은 다음과 같은 급수로 주어지므로,

$$K(s) = \frac{\pi}{2}\left[1+\sum_{n=1}^{\infty}\left\{\frac{(2n-1)!!}{2^n n!}\right\}^2 s^{2n}\right], \tag{13.74}$$

이를 식 (13.73)에 대입하여 다음 결과를 얻으며,

$$\frac{\lambda}{h_0} = 2\pi\sqrt{\frac{h_0}{3B}}\left(1+\frac{s^2}{4}+\frac{9s^4}{64}+\cdots\right),\ \ s=\sqrt{\frac{H}{B}} \in (0,1), \tag{13.75}$$

이 식에 따르면 무차원 파장, $\frac{\lambda}{h_0}$는 무차원 변수인 s와 $\frac{B}{h_0}$의 함수로 주어진다. $s\to 0$일 때에 대해 다음을 얻으므로,

$$\frac{\lambda}{h_0} = 2\pi\sqrt{\frac{h_0}{3B}}\,,\ \ \therefore kh_0 = \sqrt{\frac{3B}{h_0}}\,, \tag{13.76}$$

무차원 변수인 $\dfrac{B}{h_0}$는 분산성을 나타내는 매개변수임을 알 수 있다. 식 (13.59)에서 3차 다항식 $\rho(\eta)$의 인수 분해를 위해 도입한 H와 B가 크노이달 파의 기하학적 형상 및 역학적 성질을 결정하며, $\dfrac{H}{h_0}=\alpha$는 비선형성, $\dfrac{B}{h_0}\propto\beta$는 분산성을 대표함을 알 수 있다.

위에서 식 (13.68)로 얻은 크노이달 파의 전파 속도 c와 파장 $\lambda=\dfrac{2\pi}{k}$을 이용하면 분산관계식을 다음과 같이 얻을 수 있으며,

$$\omega=ck\simeq\frac{c_0}{h_0}\sqrt{\frac{3B}{h_0}}\left(1+\frac{2H-B}{2h_0}\right)\frac{4}{4+s^2}, \tag{13.77}$$

따라서 무차원 진동수 $\dfrac{\omega h_0}{c_0}$는 무차원 변수인 $\dfrac{H}{h_0}$, $\dfrac{B}{h_0}$, s^2의 함수임을 확인할 수 있다. $s\to 0$일 때에 대해서는 다음을 얻는데,

$$\omega=\frac{c_0}{h_0}\sqrt{\frac{3B}{h_0}}\left(1-\frac{B}{2h_0}\right)=c_0k\left(1-\frac{k^2h_0^2}{6}\right), \tag{13.78}$$

이 결과는 식 (13.27)의 무차원량들을 고려하면 앞 절에서 선형 KdV 방정식에 대해 얻은 분산관계식, 식 (13.48)과 같은 식이다.

식 (13.75)로 주어진 λ를 사용하여 Ursell 수, Ur를 계산하면 다음을 얻는데,

$$Ur=\frac{H}{h_0}\left(\frac{\lambda}{h_0}\right)^2=\frac{(2\pi s)^2}{3}\left(1+\frac{s^2}{4}+\cdots\right)^2, \tag{13.79}$$

이 식의 우변은 $s\simeq 0.27$에서 1의 값을 가지므로 상당히 넓은 범위의 s에 상응하는 크노이달 파에 대해 $Ur=O(1)$의 가정이 타당함을 알 수 있다. 한편, $s\to 1$의 고립파의 경우에는 $K(1)\to\infty$이므로, $Ur\to\infty$를 얻는데, KdV 방정식의 수학적 해로 고립파가 얻어 지기는 하지만, 고립파가 $Ur=O(1)$의 가정을 만족시키지는 않음을 알 수 있다. 그럼에도 불구하고 수많은 실험을 통해 실험실에서 다양한 파고의 고립파를 재현해 내고 있으며, 식 (13.58)과 잘 일치하는 결과를 주고 있어, 수학적 가정이 만족되지 않는다고 해서

그러한 가정 하에 얻어진 해가 물리적으로 반드시 타당하지 않은 것은 아니라는 점을 시사하고 있다.

그림 13.3에 크노이달 파의 형상을 보였는데, 여기서 $\eta = 0$는 평형 상태의 수평면이 되도록 조절하여 얻었다. s의 증가에 따라 그 절대값으로 볼 때 음의 최대값보다 양의 최대값이 훨씬 커지는 것을 볼 수 있고, 양의 변위를 가지는 부분은 더욱 뾰쪽해지고, 음의 변위를 가지는 부분은 더욱 평퍼짐해지는 점은 10.2절 또는 10.3절에서 스토크스의 고차 근사로 얻었던 결과와 일관된다.

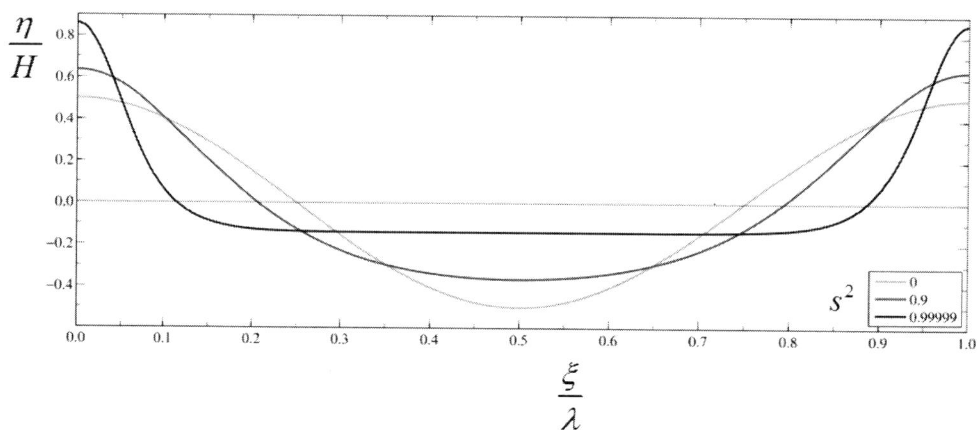

그림 13.3 크노이달 파의 형상

13.4 정규 KdV 방정식

KdV 방정식의 해를 구함에 있어, 가능한 한 간단한 형태의 방정식으로 만들어 다루는 것이 바람직하므로, 식 (13.46)으로 주어진 KdV 방정식을 다시 쓰면 다음을 얻으며,

$$\eta_t + (1 + a\eta)\eta_x + b\eta_{xxx} = 0\,,\ a = \frac{3}{2}\,,\ b = \frac{\beta}{6}\,, \tag{13.80}$$

이 식에 다음과 같은 변수 변환을 도입하기로 하면,

$$\xi = x - t\,,\ \tau = bt\,,\ N(\xi,\tau) = ab^{-1}\eta(x,t), \tag{13.81}$$

이들을 식 (13.80)에 사용하여 다음을 얻는다.

$$N_\tau + NN_\xi + N_{\xi\xi\xi} = 0\,. \tag{13.82}$$

이 식은 통상 **정규 KdV 방정식**(nKdV, normalized KdV equation)이라고 불린다.

아래에서는 nKdV 방정식의 해와 관련하여 논의하는데, 앞 절의 내용과 약간 중복되는 부분이 있지만, 이 절의 완정성을 위하여 중복을 허용하기로 하며, 이 절에서는 변수들이 다시 무차원량임에 유의한다. 먼저 편의상 식 (13.82)의 $N \rightarrow \eta$로 다시 쓰고, 그 식에 대해 $\eta(X)$, $X = \xi - c\tau$의 형태를 가지는 해를 구하기로 하면 다음을 얻으며([연습문제 2] 참조),

$$3\left(\frac{d\eta}{dX}\right)^2 = -\eta^3 + 3c\eta^2 + C_1\eta + C_2 = \rho(\eta)\,, \tag{13.83}$$

이 식의 우변을 다음과 같이 인수 분해형으로 다시 쓰기로 하면,

$$\rho(\eta) = -(\eta - \eta_1)(\eta - \eta_2)(\eta - \eta_3)\,,\ \eta_1 > \eta_2 > \eta_3, \tag{13.84}$$

$\eta \in (\eta_1, \eta_2)$ 구간에서 $\rho(\eta) > 0$이므로, 이 구간에 속하는 η에 대해 위 식들로부터 다음을 얻는다.

$$\sqrt{3}\,\frac{d\eta}{dX} = \sqrt{(\eta_1-\eta)(\eta-\eta_2)(\eta-\eta_3)}\ ,$$

$$\therefore\ \frac{X}{\sqrt{3}} = \pm\int\frac{d\eta}{\sqrt{(\eta_1-\eta)(\eta-\eta_2)(\eta-\eta_3)}}\ . \tag{13.85}$$

위 식 우변의 부호를 양으로 취하고, 피적분 함수에 $\eta=\eta_2+Hz^2$, $H=\eta_1-\eta_2$의 치환을 도입하면 다음을 얻으며,

$$\frac{X}{\sqrt{3}} = \frac{2s}{\sqrt{H}}\int\frac{dz}{\sqrt{(1-z^2)(1-s^2+s^2z^2)}}\ ,\ s^2=\frac{H}{\eta_1-\eta_3}\in(0,1)\ , \tag{13.86}$$

우변의 적분 구간을 $\mu\in(0,1)$부터 1까지로 택하면 다음을 얻는데,

$$\sqrt{\frac{\Delta}{12}}\,X = \int_\mu^1\frac{dz}{\sqrt{(1-z^2)(1-s^2+s^2z^2)}}\ ,\ \Delta=\eta_1-\eta_3=\frac{H}{s^2}\ , \tag{13.87}$$

이 식 우변의 적분을 식 (13.65)와 비교하여 다음 결과를 얻는다.

$$\mu=\mathrm{cn}\sqrt{\frac{\Delta}{12}}\,X,\ \ \therefore\ \eta(X)=\eta_2+H\mathrm{cn}^2\sqrt{\frac{\Delta}{12}}\,X\,. \tag{13.88}$$

물론 위에서 $\eta_2=0$으로 취한 결과는 앞 절에서 얻었던 식 (13.67)과 전적으로 같은 결과이며, 크노이달 파에 대해 η_2는 식 (13.67) 아래에서 논의한 바와 같이 $\eta=0$가 평형 상태의 수평면에 상응하도록 결정한다.

한편, $\eta_2=\eta_3=0$으로 취하면 앞 절에서 고립파에 대해 얻었던 식 (13.58)과 같은 결과를 얻는데, 식 (13.83)에서 $C_1=C_2=0$으로 취할 때 얻어지는 식을, p, q가 주어진 상수라고 할 때, 다음과 같이 쓰기로 하면,

$$\left(\frac{d\eta}{dX}\right)^2 = p\eta^2-q\eta^3\ , \tag{13.89}$$

[연습문제 3]에서 보인 바와 같이 위 식은 다음과 같은 고립파를 해로 가진다.

$$\eta(X) = \frac{p}{q}\,\mathrm{sech}^2\frac{\sqrt{p}}{2}X. \tag{13.90}$$

nKdV 방정식으로부터 얻은 식 (13.83)을 예로 생각하면, p, q에 대해 다음을 얻으며,

$$(p, q) = \left(c, \frac{1}{3}\right),\ \frac{p}{q} = 3c = H_0, \tag{13.91}$$

$\sqrt{p} = k$라고 하면, 식 (13.90)은 다음과 같이 바꾸어 쓸 수 있다.

$$\eta(\xi,\tau) = 3k^2\,\mathrm{sech}^2\frac{k\xi - k^3\tau}{2} = \frac{12k^2 e^{-\psi}}{(1+e^{-\psi})^2},\ \psi = k\xi - k^3\tau. \tag{13.92}$$

5.2절에서 다루었던 Burgers 방정식, 식 (5.27)과 nKdV 방정식인 식 (13.82)를 아래에 다시 보였다.

$$c_t + c c_x = \nu c_{xx}, \tag{5.27}$$

$$\eta_\tau + \eta\eta_\xi + \eta_{\xi\xi\xi} = 0. \tag{13.93}$$

이들을 비교하면 Burgers 방정식의 확산을 나타내는 항, νc_{xx}가 nKdV 방정식에서는 분산을 나타내는 항, $\eta_{\xi\xi\xi}$로 바뀐 차이밖에 없음을 알 수 있는데, 식 (13.92)의 형태를 보면 nKdV 방정식의 해를 구하는데 5.2절에서 고려하였던 Cole-Hopf 변환이 도움이 되지 않을까 생각할 수 있다.

Burgers 방정식에 대한 Cole-Hopf 변환은 2 단계로 이루어졌는데, 먼저 $c = \psi_x$의 치환을 도입하고, $\psi = -2\nu\ln\phi$의 치환을 사용하여 식 (5.27)을 선형 편미분 방정식으로 변환하였다. nKdV 방정식에 대해서도 먼저 $\eta = \phi_\xi$의 치환을 도입하면 식 (13.93)으로부터 다음을 얻는다.

$$\phi_\tau + \frac{1}{2}\phi_\xi^2 + \phi_{\xi\xi\xi} = 0. \tag{13.94}$$

다음으로 $\phi = \sigma \dfrac{\partial \ln F}{\partial \xi} = \sigma F^{-1} F_\xi$의 치환을 사용하는데, 여기서 σ는 아직 미정의 상수이고, 식 (13.94)로부터 다음 결과를 얻는다.

$$\left(-F^{-2}F_\tau F_\xi + F^{-1}F_{\xi\tau}\right) + \frac{\sigma}{2}\left(-F^{-2}F_\xi^2 + F^{-1}F_{\xi\xi}\right)^2$$
$$+\left(-6F^{-4}F_\xi^4 + 12F^{-3}F_\xi^2 F_{\xi\xi} - 3F^{-2}F_{\xi\xi}^2 - 4F^{-2}F_\xi F_{\xi\xi\xi} + F^{-1}F_{\xi\xi\xi\xi}\right) = 0\,. \quad (13.95)$$

이 식 좌변 둘째 괄호와 셋째 괄호의 처음 세 항을 비교하여 $\sigma = 12$로 택하면 다음을 얻는데,

$$\left(-F_\tau F_\xi + F F_{\xi\tau}\right) + 3F_{\xi\xi}^2 + \left(-4F_\xi F_{\xi\xi\xi} + F F_{\xi\xi\xi\xi}\right) = 0\,,$$

$$\therefore F\left(F_\tau + F_{\xi\xi\xi}\right)_\xi - F_\xi\left(F_\tau + F_{\xi\xi\xi}\right) - 3\left(F_\xi F_{\xi\xi\xi} - F_{\xi\xi}^2\right) = 0\,, \quad (13.96)$$

여기서 차후의 논의를 위해 다음과 같은 표기법을 사용하기로 하면,

$$\frac{\partial^n F}{\partial \xi^n} = F_n,\ \ [A(\xi), B(\xi)] = AB_1 - A_1 B, \quad (13.97)$$

식 (13.96)은 다음과 같이 다시 쓸 수 있다.

$$[F, F_\tau + F_3] - 3[F_1, F_2] = 0\,. \quad (13.98)$$

$F = 1 + e^{-\psi}$, $\psi = k\xi - k^3\tau$가 $F_\tau + F_3 = 0$을 만족하고, 또 좌변의 마지막 괄호에 대해서도 $[F_1, F_2] = 0$을 만족하므로, η와 F 사이의 다음 관계를 이용하여,

$$\eta = 12\frac{\partial^2 \ln F}{\partial \xi^2} = \frac{12[F, F_1]}{F^2}, \quad (13.99)$$

식 (13.92), 첫째 식의 마지막 결과, 즉 nKdV 방정식에 대한 영구파 형태의 해를 다시 얻는다.

광의의 Cole-Hopf 변환을 통해 nKdV 방정식으로부터 선형 편미분 방정식을 얻지는 못했지만, 식 (13.98)에서 중요한 역할을 했던 연산자는 $F_\tau + F_3 = 0$에 의해 주어지는데, 이 방정식은 식 (13.93)에서 비선형 항을 무시하면 얻어지는 식과 같다는 점에 유의한다.

1960년대의 응용수학 계를 흥분시켰던 점은 위와 같은 방법이 하나의 고립파, 또는 **고립자**(soliton)를 얻는 데만 사용될 수 있는 것이 아니라, 다수의 고립자에 대해 사용될 수 있다는 점이었으며, 비선형성과 분산성의 균형에 의해 생성될 수 있는 영구파에 대한 연구로부터 많은 새로운 수학적 기법들이 제안되었다. 보다 일반적인 논의는 전문 서적으로 미루기로 하고, 아래에서는 다수의 고립자와 관련된 결과만 간단히 소개하기로 한다.

하나의 고립자에 대해서는 $F = 1 + e^{-\psi}$, $\eta = 12\dfrac{\partial^2 \ln F}{\partial \xi^2}$에 의해 고립파가 얻어지는 것을 위에서 보았는데, 두 개의 고립자에 대해서는 먼저 다음과 같은 함수가 해가 될 수 있는가를 시도해 보기로 한다.

$$F = 1 + c_1 e^{-\psi_1} + c_2 e^{-\psi_2} = 1 + f^{(1)} + f^{(2)},\ \psi_i = k_i\xi - k_i^3\tau,\ f^{(i)} = c_i e^{-\psi_i}. \quad (13.100)$$

여기서 c_i는 임의의 상수이다. 위의 F를 식 (13.98)에 대입하면 좌변 첫째 괄호는 명백히 영이 되지만, 둘째 항으로부터 얻어지는 $\left[f^{(1)}, f^{(2)}\right] \neq 0$ 인데, 둘째 항을 구하면 다음을 얻는다.

$$\left[F_1, F_2\right] = F_1F_3 - F_2^2 = \left(k_1k_2^3 + k_2k_1^3 - 2k_1^2k_2^2\right)f^{(1)}f^{(2)} = k_1k_2\left(k_2 - k_1\right)^2 f^{(1)}f^{(2)}. \quad (13.101)$$

따라서 다음과 같이 F를 바꾸어 보기로 하는데,

$$F = 1 + f^{(1)} + f^{(2)} + \kappa f^{(1)}f^{(2)},\ \kappa = \frac{\left(k_2 - k_1\right)^2}{\left(k_2 + k_1\right)^2}, \quad (13.102)$$

놀랍게도 이 F는 식 (13.98)을 만족한다.

나아가 세 개의 고립자에 대해서는 다음과 같은 형태의 해가 발견되었고,

$$F = 1 + f^{(1)} + f^{(2)} + f^{(3)} + \kappa_1 f^{(1)}f^{(2)} + \kappa_2 f^{(2)}f^{(3)} + \kappa_3 f^{(3)}f^{(1)} + \kappa_4 f^{(1)}f^{(2)}f^{(3)}, \quad (13.103)$$

또 N 개의 고립자에 대해서는 다음과 같은 해를 얻었다.

$$F = \det A\,,\ \ A = (a_{ij}) = \left(\delta_{ij} + \frac{2k_i}{k_i + k_j} f^{(i)}\right). \tag{13.104}$$

여기서 우변의 det는 행렬값, 괄호는 $N \times N$ 행렬을 각각 뜻한다. 예를 들어 두 개의 고립자에 대해 위의 행렬 A는 다음과 같이 주어지며,

$$A = \begin{pmatrix} 1 + f^{(1)} & \dfrac{2k_1}{k_1 + k_2} f^{(2)} \\ \dfrac{2k_2}{k_2 + k_1} f^{(1)} & 1 + f^{(2)} \end{pmatrix}, \tag{13.105}$$

직접 계산에 의해 $\det A$가 식 (13.102)의 우변과 같음을 보일 수 있다.

큰 고립파가 뒤에 있고, 작은 고립파가 앞에 있는 초기조건에 대해 KdV 방정식을 만족하도록 수치 계산에 의해 문제를 풀 경우, 큰 고립파의 속도가 더 빠르므로 유한한 시간 내에 큰 고립파는 작은 고립파를 추월하게 되는데, 적절한 시간이 지난 후, 큰 고립파는 작은 고립파의 앞쪽에 나서며 이때 두 고립파 모두 원래의 형태를 유지하는 것이 밝혀졌다. 이와 같은 현상에 의해 고립파보다는 고립자의 이름으로 불리게 되었는데, 고립파가 마치 하나의 입자처럼 그 형태를 유지하는 것은 선형 비분산성 파도에 대한 문제의 해에서만 볼 수 있는 것으로 기대되었으나, 비선형성이 있는 경우에도 분산성이 그와 균형을 이루는 경우, 파동의 형태가 유지될 수 있다는 것은 파동 이론에 있어서 새로운 발견이었던 셈이다.

일반적으로 선형 이론의 문제점은 대상으로 삼고 있는 물리량의 크기가 일정한 값보다 커지면 적용 한계를 벗어난다는 것인데, 비선형 이론을 사용하여 비슷한 현상을 설명할 수 있는 경우에는 어느 정도까지는 그와 같은 제약을 벗어날 수 있다. 따라서 광범위한 물리 문제에 대해 위에서 논의한 비선형 분산성 이론의 개념, 방법론이 적용되기 시작하여 새로운 현상이 발견되기도 하고, 장기간 해석이 곤란했던 문제에 대한 해가 얻어지기도 하였으며, 이와 같은 해석 도구를 제공하는데 수면파에 대한 이론 및 실험은 그 견인차 역할을 하였다. 파동을 다루는 많은 다른 물리 분야와는 달리, 실제로 눈으로 볼 수 있는 파도를 만들어 실험을 진행할 수 있는 수면파의 경우, 미지의 현상을 실험실에서 쉽게 재현하여 이론 및 수치 계산과의 비교가 용이하였기 때문이다.

연습문제

1. 식 (13.67)로 주어지는 크노이달 파에 대해 $s = 0.5$ 에 대한 $\eta(\xi)$ 를 구하고, 평형 상태에서 $\eta = 0$ 의 수평면을 가지도록 식 (13.67) 우변으로부터 빼주어야 하는 상수를 구하시오.

2. 식 (13.83)을 구하시오.

3. 식 (13.55)로부터 고립파인 식 (13.58)을 구할 때와 같은 과정을 거쳐 식 (13.89)로부터 식 (13.90)을 구하시오.

4. 식 (13.104)를 사용하여 세 개의 고립자에 대한 해에 상응하는 F를 구하고, 식 (13.103)의 κ_i, $i = 1, 2, 3, 4$ 를 구하시오.

참고도서

[1] G. B. Whitham, Linear and nonlinear waves, John Wiley & Sons, 1974.

[2] M. D. Greenberg, Advanced Engineering Mathematics, 2nd Ed., Prentice Hall, 1998.

[3] J. N. Newman, Marine hydrodynamics, MIT Press, 1977.

[4] 이승준, 역사로 배우는 유체역학, GS인터비전, 2판, 2009.

[5] Y. C. Fung, Foundations of Solid Mechanics, Prentice Hall, 1965.

[6] R. P. Feynman et al., The Feynman Lectures on Physics, Vol. 2, Addison-Wesley Publishing Company, Inc., 1964.

[7] 이승준, 역사로 배우는 공학수학, GS인터비전, 2010.

[8] 이승준, 공학도를 위한 응용수학, GS인터비전, 2014.

[9] 이승준, 수면파역학, GS인터비전, 2016.

[10] H. W. Liepmann & A. Roshko, Elements of Gas Dynamics, John Wiley & Sons, 1957.

[11] G. Arfken, Mathematical methods for physicists, Academic Press, 1985.

[12] H. Lamb, Hydrodynamics, 6th Ed., Cambridge Univ. Press, 1932.

[13] N. E. Kochin, I. A. Kibel & N. V. Roze, Theoretical hydromechanics, translated from Russian 5th Ed. by D. Boyanovitch, 1964.

[14] J. V. Wehausen & E. V. Laitone, Surface Waves, In Encyclopedia of Physics, Vol. 9, Springer-Verlag, 1960.

[15] H. B. Phillips, Vector Analysis, 8th Printing, John Wiley & Sons, 1946.

[16] C.-S. Yih, Fluid Mechanics, McGraw-Hill, 1969.

[17] A. H. Nayfeh, Perturbation methods, Wiley, 1973.

[18] G. B. Whitham, Lectures on wave propagation, Springer Verlag, 1979.

[19] M. D. Greenberg, Foundations of applied mathematics, Prentice Hall, 1978.

[20] C. C. Mei, The applied dynamics of ocean surface waves, World Scientific, 1989.

[21] R. G. Dean & R. A. Dalrymple, Water wave mechanics for engineers and scientists, World Scientific, 1991.

참고문헌

{1} Poisson(1818), Mémoire sur la théorie des ondes(Treatise on the theory of waves), Mém. Acad. Roy. Sci. Inst. France (2) 1(1816), 71-186(1818).

{2} Cauchy(1827), Théorie de la propagation des ondes à la surface d'un fluide pesant d'une profondeur indéfinie(Theory of propagation of waves on the surface of fluid with infinite depth), Mém. présentés par divers Savants à l'Acad. Roy. Sci. Inst. France 1.

{3} D'Alembert(1747), "Recherches sur la courbe que forme une corde tenduë mise en vibration" (Researches on the curve that a tense cord forms [when] set into vibration), Histoire de l'académie royale des sciences et belles lettres de Berlin, vol. 3, pages 214-219. See also: D'Alembert (1747) "Suite des recherches sur la courbe que forme une corde tenduë mise en vibration" (Further researches on the curve that a tense cord forms [when] set into vibration), Histoire de l'académie royale des sciences et belles lettres de Berlin, vol. 3, pages 220-249. See also: D'Alembert (1750) "Addition au mémoire sur la courbe que forme une corde tenduë mise en vibration," Histoire de l'académie royale des sciences et belles lettres de Berlin, vol. 6, pages 355-360.

{4} Stokes(1847), On the theory of oscillatory waves, Transactions of the Cambridge Philosophical Society, Vol. 8, p441.

{5} Scott Russell(1844), Report on waves, Report of the British Association for 1844.

{6} Maxwell(1865), A dynamical theory of the electromagnetic field, Philosophical Transactions of the Royal Society of London 155, pp.459-512.

{7} Hertz(1887), Uber sehr schnelle electrische Schwingungen, Annalen der Physik, Vol. 267, no. 7, pp.421-448.

{8} Earnshaw(1858), On the mathematical theory of sound, Philosophical Transactions, 150, pp.130-148.

{9} Rimann(1858), Uber die Fortphlanzung ebener Luftwellen von endlicher Schwingungsweite, Gottingen Abhanlungen, Vol. 8, p.43.

{10} Kelvin(1887), On the waves produced by a single impulse in water of any depth, or in a dispersive medium, Philosophical Magazine, Vol. 23, 1887, pp.252-255.

{11} Josiah Willard Gibbs(1884) Vector Analysis: A Text-book for the Use of Students of Mathematics & Physics: Founded Upon the Lectures of J. W. Gibbs, compiled by Edwin Bidwell Wilson(1902).

{12} Lord Kelvin(1906), Deep sea ship-waves, Philosophical Magazine, Vol. 11, pp. 1-25.

{13} Ursell(1953), The long wave paradox in the theory of gravity waves, Proc. Cambridge Philosophical Society, 49, pp. 685-694.

{14} Hanson(1926), The theory of ship waves, Proc. Royal Soc. London, Series A, 111, pp.491-529.

{15} Stokes(1846), Report on recent researches on hydrodynamics, Report of the British Association for 1846, Part 1.

{16} Peters(1952), Water waves over sloping beaches and the solution of a mixed boundary value problem for $\triangle^2\phi - k^2\phi = 0$ in a sector, Comm. Pure and Appl. Math. 5, pp.87-108.

{17} Ursell(1952), Edge waves on a sloping beach, Proc. Royal Soc. London, Series A, 214, pp.79-97.

{18} Boussinesq(1872), Theorie des ondes et des remous qui se propagent le long d'un canal rectangulaire horizontal, en communiquant au liquide contenu dans ce canal des vitesses sensiblement pareilles de la surface au fond, J. Math. Pures Appl. Vol. 17, pp. 55-108.

{19} Rayleigh(1876), On waves, Phi;. Mag. Vol. 1, pp. 257-279.

{20} D. J. Korteweg and G. de Vries(1895), On the change of form of long waves advancing in a rectangular channel, and on a new type of long stationary waves, Phil. Mag. Vol. 39, pp. 422-443.

{21} Seung-Joon Lee(1985), Generation of long water waves by moving disturbances, Ph.D. Dissertation, CalTech.

찾아보기

【ㅇ】

【ㅈ】

【ㅍ】

【ㅎ】

【A】

【B】

【C】

【O】

【P】

【R】

수면파 이론

2017년 4월 12일 초판 인쇄
2017년 4월 17일 인쇄 발행

저　　자 이승준
발 행 인 송기수
발 행 처 도서출판 GS인터비전
편 집 처 도서출판 GS인터비전
인 쇄 처 대명프린팅
등록번호 제 25100-2016-000050 호
I S B N 979-11-5576-179-3(93530)

주　　소 서울 은평구 증산로 15길 69 2층
전　　화 02-976-7898
팩　　스 02-6468-7898
홈페이지 gsintervision.co.kr
E-Mail gsinter7@gmail.com

정 가 25,000원